Tamed
Ten species that
changed our world

# 飼いならす

## 世界を変えた10種の動植物

著　アリス・ロバーツ
訳　斉藤隆央

明石書店

イラスト　アリス・ロバーツ
扉写真　富澤享
装　幀　北尾崇（HON DESIGN）

飼いならす——世界を変えた10種の動植物　もくじ

## 凡例

一、本文中の［ ］内は、1行で示された語句は著者による注釈または補足、2行で示された語句や文章は訳者による注釈を表します。

一、索引は日本の読者の利便性を考え、原書から一部を割愛しました。

# 飼いならす——世界を変えた10種の動植物

野生の地が好きなフィービーとウィルフへ

# はじめに

「さあ、耳の穴ひろげて、耳の根すえて、耳の底にしまっておくのじゃ。そもそも事の始まり、事の起こり、事の次第というのはじゃ、よいかな、いまではおとなしい動物があばれまわっておった昔むかしの話だ。犬はあばれる、馬はあばれる、雌牛はあばれる……てんでにあばれまわって〈雨ざらしあばれ放題あしびきの山〉のなかを歩いておった。……」

ラドヤード・キプリング、『ひとり歩く猫』［『猫文学大全』（柳瀬尚紀編訳、河出書房新社）所収作品より引用］

かつて数十万年にわたり、われわれの祖先は、野生の動植物が頼りの世界に生きていた。彼らは狩猟採集民だった。究極のサバイバルの達人だが、世界をただありのままに受け止めていたのだ。それから「新石器革命」が――時代も、やり方も、場所もまちまちで――起きたが、世界じゅうで、この狩猟採集民は自分たち以外の種《しゅ》との関わり方を決定的に変えていった。彼らはそうした野生種を「飼いならし」、牧畜や農耕を営むようになった。動植物の飼育栽培は、現代世界への道をつけた。人口を増大させ、最初の文明を育《はぐく》ませたのである。

身近な種がたどってきたこれまでの長い歴史を明らかにすることで、こうした動植物がわれわれ自身の種の生存と繁栄にとってどれほど重要だったか――そして今もどれほど重要なのか――がわかるはずだ。そのような種はヒトと協同し、いまやまさに世界じゅうで見られるようになり、われわれの生活を著しく変えている。本書では、時代を掘り下げて彼らの——ときに驚くべき——起源をたどる。一方で、こうした動植物がヒトに飼いならされた際、ヒトの世界の一部となることでどのように変わったのかについても、明らかにしていこう。

## 飼育栽培された種の起源

ヴィクトリア朝の科学者チャールズ・ダーウィンは、『種の起源』（渡辺政隆訳、光文社など）——今日の進化生物学の礎《いしずえ》——の執筆に取りかかったとき、自分が爆弾を落とそうとしているのだと気づいていた。それも、生物学界にだけ落とそうとしているのではないと。彼には、自然選択という盲目的な作用が世代ごとに魔力を働かせることで、種が時間をかけて変化してきたプロセスについて、みずからの驚くべき知見を一足飛びに語る前に、なんらかのきちんとした土台を用意しないといけないことがわかっていた。読者を自分に付いてこさせる必要があったのだ。彼らは一緒に山へ登ることになる。それは困難を伴うだろうが、頂上からの眺めはすばらしいはずだ。

そこでダーウィンは、自分が暴いた新事実の説明に直行するのは避けた。むしろ、まる一章——私がもっている本では二七ページ——を割いて、ヒトの影響のもとで進化している種の例を語った。動植物の集団のなかには変異がある。そしてその変異の掛け合わせによって、農家や育種家は世代を重ねながら種や品種を変えていくことができる。ヒトは何百年、何千年もかけて一部の変異体の生存や繁殖をうながす一方、そのほかの繁栄を阻んできている。われわれの祖先はそうして飼育栽培された種や系統に変化を起こし、ヒトのニーズや欲求や好みをきちんと満たすまでそれらを陶冶した。ダーウィンは、飼育栽培された種に対してヒトの選択が及ぼす効果を「人為選択」と呼んだ。それなら読者も慣れ親しんでいるだろうと思ったのである。彼には、農家や育種家による選択――育種する特定の個体を選び出し、ほかを捨てること――が、何世代もかけて少しずつ変化をもたらすことや、そうした変化が長いあいだにたまる結果、時たま異なる系統や亜型が――ひとつの祖先の系統から――生まれることが説明できた。

実を言うと、生物に変化を起こす選択の力を語る、このゆるやかな導入は、単なる修辞的な手段ではなかった。ダーウィンがみずから飼育栽培の研究に乗り出したのは、もっと一般化して進化のメカニズム――野生の動植物がどのようにして次第に変化できたのか――の解明に役立ちうると思ったからだ。彼は「……家畜化された動物や栽培植物を注意深く研究することが、種の起源という曖昧《あいまい》模糊《もこ》とした問題を理解する最高の機会を提供してくれると考えた」と書き、さらにほとんど目を輝かさんばかりに「案の定、私の予想は当たっていた」と付け加えている〔かぎ括弧内は『種の起源』（渡辺政隆訳、光文社）より引用〕。

人為選択の効果を論じたあとでダーウィンは、地球上の生命の進化をもたらすメカニズム、つまり、長い時間をかけて変化を広め――新たな系統だけでなく――まったく新しい種までも次々と作り出す盲目的なプロセスとして、自然選択という重要な概念の導入へと話を進めた。

彼の本を今読むと、「人為（artificial）」という言葉につまずかされる。まず、この言葉にはほかの意味もある。「まがいもの」という意味だ。それは、ダーウィンがその言葉を使っている場合の意味ではない。彼は「作為によって」というつもりだった〔この点で日本語の定訳はダーウィンの考えた意味に近い〕。だがその場合でも、この言葉は意図的な行為をほのめかす。種を飼育栽培するプロセスにおいて、恣意的な意図の役割を誇張しすぎているのだ。現代の動植物の育種は慎重かつ意図的な狙いをもっておこなわれているにしても、われわれの大いなる協力者となった種とのかつてのつながりは、意外にも何の計画もなかったことを明らかにしている。

すると、「人為（artificial）」に代わる新しい言葉を考え出したい気もするが、別の問題もある。いまや人々が進化における自然選択の根本的な役割を認めているとしたら、そしてダーウィンがこの生物学的事実について大多数の人にわかってもらう必要がないとしたら――ヒトが飼育栽培種の進化に影響を及ぼしたやり方に対し、別の表現など本当に必要だろうか？

人為選択と自然選択を分けて説明することで、ダーウィンは自分の主張を組み立てて、挑発的な新しい考えを紹介することができたが、その区別は本当は偽りだ。物理的環境やほかの種ではなくわれわれヒトが、生物の個体群から多少なりともうまく繁殖しやすいものを選んでいくのを媒介していようが、実は関係ない。ほかの種がする場合はこんな区別はしないだろう。ミツバチが花に及ぼす選択圧を例にとろう。それは長い時間かけて花を変化させ、花粉媒介動物が惹かれるようなものにならせた。花の色や形や香りは、われわれの感覚を楽しませるためにそうなっているのではない――羽をもつ協力者を誘い込むために進化を遂げたのだ。ミツバチは人為選択をもたらしたのか？　これは単にハチの媒介による自然選択ではないのだろうか？　もしかしたら、われわれ自身が飼育栽培種に及ぼした影響についても、「人為選択」ではなく「ヒトの媒介による自然選択」と見なしたほうがいいのかもしれない（ちょっと語呂が悪いのは認めるが）。

自然選択は、特定の変種を淘汰する一方、ほかが生き残って繁殖する――次の世代に遺伝子を渡すことによって、大いなる成果を上げる。人為選択つまり「ヒトの媒介による自然選択」もたいてい同じようにして働き、農家や育種家は、ほかに比べておとなしくなかったり、生産性が低かったり、虚弱だったり、丈が低かったり、甘みがなかったりする動植物をはじく。ダーウィンは、この負の選択について『種の起源』にこう書いている。

植物の品種がいったん固定されたならば、種苗家は、いちばん優良な苗を選抜するということはもうしなくなる。単に苗床をよく調べ、その品種の標準から外れた「不良実生」を引き抜いて捨てるだけである。動物の育種でも、実際にこれと同じ選抜が行なわれている。最悪の個体を繁殖させるなどという不注意を犯すほどの間抜けはまずいないからである。［『種の起源』（渡辺政隆訳、光文社）より引用］

不良実生を引き抜いたり、繁殖させたくない動物をはじいたり、ただ一部の動物をほかよりよく世話したりすることで、ヒトは自然選択の強力な要因となった。われわれは、実に多様な動植物を人生というゲームで「協力者」になるように誘い込んだのである。

しかしいずれわかるが、時として、この「飼いならし」はほぼ偶然に起こるように見える。それに、動植物がなんと自分から飼いならされているかのように見えることもある。われわれは、かつて自分たちがそうだと思っていたほど全能ではないのかもしれない。なんらかの種を意図的にわれわれに役立つように仕込もうとしていても、実は「飼いならされる」生来の潜在能力を解放しているだけなのだ。

今日のわれわれに身近な動植物がたどってきた長い歴史は、見知らぬ異国の地へいざなう。そろそろその話をしよう。飼育栽培種のそれぞれがどのようにして出現したのか――起源はひとつで、それぞれが飼育栽培された発祥地はひとつだったか、それとももっと広い地域で、さまざまな野生の種や亜種が飼いならされ、交配されて雑種ができたのか――をめぐっては、盛んに議論がなされた。一九世紀にダーウィンは、飼育栽培種に見られる途方もない多様性は別々の野生種が存在することで説明できると考えた。一方、二〇世紀初頭の偉大な植物収集家で生物学者だったニコライ・ヴァヴィロフは、それぞれの発祥地はひとつに特定できると考えた。考古学や歴史学や植物学は多くの手がかりを与えてくれるが、未解決の問題も多く残している。しかし遺伝学――新たな史料――の登場によって、いまや競合する仮説を検証し、手に負えないように思える謎を解き、われわれの協力者となった動植物がたどった実際の歴史を明らかにすることのできる望みがある。

現生生物がもつ遺伝コードには、現在生きている生物を作り上げるための情報だけでなく、祖先の痕跡も含まれている。現生種のＤＮＡを見れば、その種の遠い過去——何千年、さらには何百万、何千万年も昔——を調べ、なんらかの手がかりを得ることができる。太古の化石から取り出したＤＮＡによる遺伝的な手がかりも加えれば、さらなる知見が得られる。初期の遺伝学で得られた成果は、遺伝コードのわずかな断片だけに限られていたが、最近のわずか数年で、遺伝学は全ゲノムを見るまでに視野を広げ、われわれにとりわけ身近ないくつかの種の起源や歴史について、驚くべき事実を次々と明らかにした。

こうして遺伝子が明らかにした事実のいくつかは、われわれが生物界を分けるそのやり方に異を唱えている。種を特定するというのは、役に立つ——そして有意義な——行為だ。種という枠組みには、特徴が互いに似かよっている——そしてほかと異なっている——生物の一群が含まれている。しかし、生物集団が進化によって時間をかけて変化するという事実は、種の境界線を引くことをかなり難しくする。確かにわれわれはいろいろな物を箱に入れて整理したがるが、本書でこの先何度も知ることになるように、生物はそうした制約から抜け出したがるようだ。どれだけ系統が分かれたら、真に別の種となるのだろう？　それは今でも分類学者を悩ませる問いだ。飼育栽培された動植物について言えば、野生の動植物の亜種と見なされて、飼いならされる前の祖先や——もしいれば——生き延びている野生の親類と同じ種名が与えられているものもある。生物学者のなかには、飼育栽培種に対し、野生の親類と非常によく似ていても、比較対照がしやすいようにまったく別の種名を用いることを主張している人もいる。命名をめぐる議論は、境界線がいかにあいまいであるかを示している。

いずれにせよ、飼育栽培種――ウシやニワトリからジャガイモやイネまで――の進化の軌跡は、すでに世界じゅうに散らばっていたアフリカの類人猿のそれと絡み合うことによって、多大な影響を受けた。その話は驚異に満ち多岐にわたるが、私は一〇種だけに的を絞った。そうした種のひとつは、われわれホモ・サピエンス（*Homo sapiens*）だ。われわれに起きた、野生の類人猿から文明化した人類への驚くべき変化は、われわれがどうにかして自分たちを飼いならしたことを示唆している。そして、そのあとでようやくほかの種を飼いならしはじめたのである。ヒトの話は最後の章に残しておこう。そこには多くの驚きや、ごく最近明らかになった――科学文献に出たばかりの――事実があるが、それまで待ってもらいたい。まずはほかの九種の話を読んでもらおう。どの種もヒトや、ヒトの歴史に大きな影響を与え、今日なおわれわれにとって重要な存在だ。それらの飼育栽培化は時間・空間的にばらばらに起きているので、本書ではこの先、人類社会が古今を通じて世界じゅうにおいて、さまざまな形で動植物と相互作用している事実を知ることになる。こうした動植物は、われわれ自身の移動に伴って世界じゅうに拡散し、ときにはその拡散が人類の移住をうながしさえした。イヌは狩人と一緒に走り、コムギやウシやイネは最初期の農耕民とともに移動し、ウマは人を乗せてステップ（草原）から歴史へ躍り出て、リンゴはウマの鞍につけた袋にしまわれ、ニワトリは諸帝国の拡大とともに広がり、ジャガイモやトウモロコシは偏西風に乗って大西洋を渡った。

東アジアと中東で一万一〇〇〇年ほど前に始まった新石器時代は、現代世界の礎を築いた。人類史全体で最も重要な発展を遂げたのである。われわれはほかの種と深く関わり合うようになった――そうした種は、われわれの進化の道筋と絡み合う共生関係にあるのだ。農耕は、世界人口を圧倒的に増やす力をもたらした。人口は今も増えているが、この惑星が養える限界に迫っている。そこで、すでに地球に住んでいる数より少なくとも一〇～二〇億人増えても養える持続可能な手だてを――早急に――考え出す必要がある。

いくつかの解決策はローテクかもしれない。有機農法は、一五年前でも、それをけなす人々が考えるよりもはるかに有望であることがわかっていた。だが、ハイテクも解決策の一翼を担うかもしれない。われわれは、最新の遺伝子操作――かつて人々が頼っていた選抜育種［特定の形質をもつ種を選んで、それ同士を掛け合わせていくこと］を飛び越えて、自分たちのニーズに合わせた厳密な遺伝子調整をおこなう手段――を受け入れたり（あるいは拒んだり）、およそ思いつくかぎりの新たな可能性を生み出しさえしたりすることに対し、態度を決める必要がある。

ほかにも難題がある。人口が今も増えていて、陸地の四割がすでに農耕・牧畜に使われている状況で、できるだけ多くの野生種を残すための最善策を示すのに、まだ根拠が足りないのだ。われわれは賢い――これは昔からつねにヒトの特徴だった。しかし、増えつづける人口による旺盛な食欲や、ヒトが生き延びるために多くの飼いならされた種が必要なことと、生物多様性や野生環境とのバランスをとる手だてを見つけようとするなら、これまで以上に賢くならないといけない。ときには、われわれヒトがこの惑星の病弊のように思えることもある。新石器革命の真の遺産が大量絶滅と生態系の破壊だとしたら、それは完全な破局となるだろう。われわれ――と協力者――にとって、もっと環境に優しい未来があるように望まなければならない。科学研究は、ヒトとほかの種との交流の歴史を明らかにするだけでなく、われわれが選べる未来の方向性を告げる強力なツールを与えてくれもするだろう。われわれに飼いならされた種の歴史をよく知ると、未来のプランを立てるのに役立つことになるのだ。

だが、まずは過去から始め、それが導く先を見ていこう。はるか先史時代にさかのぼって、旅を始める。そこは今とは似ても似つかない世界だ。都市はなく、集落もなく、農地もない。まだ氷河期の凍てつく魔の手に捕らえられていた。そこでわれわれは、最初の協力者に出会う。

# 1　イヌ　*Canis familiaris*

人間は目をさまして尋ねた。「あばれ犬がここで何をしてるんだ？」すると女はいった。「この名前はもうあばれ犬じゃないの、一友《いちとも》というのよ、いつまでもいつまでもいつまでも、あたしたちの友になるんですって。狩に出かけるときは連れていらしてね」

ラドヤード・キプリング、『ひとり歩く猫』［『猫文学大全』（柳瀬尚紀編訳、河出書房新社）所収作品より引用］

## 森のなかのオオカミ

太陽が沈み、気温は一段と下がった。寒く厳しい時期で、昼間がとても短くなり、狩りをして、テントを直し、火にくべる木を切る時間がやっとあるぐらいだ。外の気温は決して氷点より上にはならない。冬の終わりが近づくと、いつも困難な状況に追い込まれる。夏に乾燥させたベリーがついに底をつく。すると、朝食に肉、昼も肉、夕飯も肉になる。もちろん、ほとんどはトナカイの肉だ。しかし、ときたま趣向を変えて、ウマやウサギも少し。

この野営地にはテントが五つある。背の高い円錐形で、丈夫なティピー［北米先住民の野営用住居］に似ている。どのテントも七、八本のカラマツの柱を骨組みにして、獣の皮で覆い、全体を縫い合わせて、風に飛ばされないように縛りつけられていた。雪の下では、環状に並べた石がテントの裾を押さえている。ティピーの周囲に五〇センチメートル以上は積もった雪も、獣の皮の固定に役立っていた。ティピーとティピーのあいだは、雪が踏み固められている。野営地の中央には炉の残骸がある。今はほとんど使われていない。この凍える期間には、テントのなかで火を焚くほうがずっといいのだ。そのため、どのテントでも真ん中の炉で火が燃えていた。外との温度差は非常に大きい。夜に家族が自分たちのティピーに引っ込むと、毛皮の上着やズボンや長靴は扉のそばに脱ぎ捨てられ、山積みになっていた。

環状に配置されたティピーの外は、木を切る場所だ。ひとりかふたりが、テントのなかでずっと火を燃やせるように、倒したカラマツの木を一日じゅう切り分けていた。別の場所には、トナカイのわずかばかりの死骸がある。すでにばらばらに解体され、何本かのあばら骨と、血に染まった雪ぐらいしか残っていない。狩人たちがその日の朝に獲物を仕留め、野営地に持ち帰っていたのである。野営地に戻った彼らは、すぐさま腹を割き、まだ温かい肝臓を切り分けて食べ、血を飲んだ。残りは五つの家族で分けられ、それぞれのテントへ運ばれていった。ただし頭は別だ——舌と頬を取り除くと、角《つの》のついた頭蓋は森のはずれに戻される。若い男がそれを自分の腰帯に縛りつけると、カラマツの木を数メートルのぼって、枝と幹のあいだに差し込む。鳥葬だ。森の精霊と、トナカイ自身の霊魂に捧げるのである。

もう一度、主に肉ばかりの食事をしたあとで、家族は眠りにつきはじめる。子どもたちは、何枚も重ねたトナカイの毛皮の下にもぐり込む。それぞれのテントで最後に寝る大人は、火に薪《まき》を積む。火はもう一、二時間燃えつづけるだろう。やがてテントのなかの温度が、外の寒さと同じぐらいまで下がる。それでもトナカイの毛皮は彼らを暖めつづける。元の持ち主を、この寒冷な北の地で、凍える冬のあいだ暖めつづけていたのと同じように。

テントのてっぺんから立ちのぼる青白い煙が細くなり、会話のひそひそ声が静まると、野営地のはずれに残されたわずかな死骸が森から腐食動物を引き寄せる。タイガ［寒帯・亜寒帯の針葉樹林］から——影のように、音も立てずに忍び歩いて——現れ、オオカミたちは野営地に近づく。トナカイの残骸をすぐに平らげると、テントや中央の炉のまわりをうろつき、ほかに残骸がないか探してから、再び木々のあいだに姿を消した。

狩人は、オオカミがそばにいるのに慣れていた。ツンドラ地帯の縁《へり》にあるこのまばらな森で、自分たちと同じくかろうじて生きていたその動物と、精神的なつながりを感じさえしていたのだ。しかしこの冬、オオカミはこれまでよりいっそう頻繁に姿を見せた。毎晩、野営地にやってきたのだ。前の年までは、ときおり昼間にそばに来ていた――ティピーの環のなかには入らなかったが、十分近くまで。空腹に駆り立てられたのかもしれない。あるいはこのオオカミたちは、何年も、さらには何世代もかけて、大胆になっていったのかもしれない。たいてい、ヒトは彼らを大目に見た。だが、近くへ来すぎたら、石や骨や棒を投げつけた。

その長く厳しい――間違いなく、前の冬よりも長く厳しかった――冬の終わりに、一匹の子どものオオカミが、野営地の真ん中に入ってきた。七歳ぐらいの少女が丸太に座って自分の矢を直している。オオカミは少女のすぐそばまで来た。少女は作業の手を止める。そして矢を下に置くと、両手を膝にのせて、踏み固められた雪を見下ろした。オオカミが数歩近づく。少女は目を上げて、また戻す。するといっとき尻をついてしゃがみ込んだ。少女は目を上げ、若いオオカミの青い瞳をのぞき込む。心を通わせた驚きの瞬間だ。それからオオカミは、さっと立ち上がってくるりと向きを変え、走り去った。元のタイガへ。元の暗がりのなかへ。

その夏、オオカミはヒトのあとを追っているように見え、ヒトはトナカイの大群のあとを追って、だんだんと土地を移動していた。雪は解け、代わりに広大な草地が現れていた。トナカイは、草を食《は》んでは場所を移る。ヒトはいつもほんの少し後ろにいて、トナカイの群れが動きだすたびに野営地をたたみ、トナカイがどこかに落ち着くとまた野営地を設けた。通常、オオカミは夏には次第に姿を消していた。

ヒトが狩ったものの残りをあさるより、自分たちで狩りをしたほうが実入りが良くなるからだ。ところが、今年のオオカミは――少なくともその一部は――なぜかヒトのそばに引き寄せられ、狩りに加わりさえして倒した獲物のおこぼれにあずかっていた。

それは不安定で危うい協力関係だった。オオカミはヒトを警戒し、ヒトもオオカミを警戒した。この捕食者が野営地からヒトの赤ん坊をさらうという話はいくつもあったが、自分が実際に経験したという者はいないようだった。狩人がトナカイを仕留めたものの、オオカミが死肉を求め、狩人を追い払ったという話もあった。ヒトの部族で年長者たちは、疑り深く警戒していた。しかし、オオカミが狩りの成果を高めていたのは間違いなかった。トナカイやウマを群れから一頭だけ引き離すのを手伝い、ときには、狩人が槍を投げられるほど近くへ来る前に獲物を仕留めてしまうことさえあったのだ。オオカミは小さな獲物を追い立てもした。狩人は手ぶらで帰ることがめったになくなった。だから飢えることも少なくなった――とくに、厳しい冬の期間に。さらに多くのオオカミが昼間に野営地へ入ってきたが、攻撃の意志はなさそうだった。冬と夏がもう何度か過ぎると、ヒトの親はわが子をオオカミの人懐っこい子どもと遊ばせさえするようになる。テントのあいだのスペースで転げまわったり格闘ごっこをしたりさせたのだ。オオカミのなかには、野営地のそばで眠るものも出てきた。明らかに、オオカミの群れはヒトの集団に仲間入りしていた。テントを解体してまとめ、ヒトが移動すると、オオカミも一緒に付いていった。

だれがだれを飼いならしたのか？　オオカミがヒトを選んだのか、それともヒトがオオカミを選んだのだろうか？　始まりがどうであろうと、この協力関係はヒトの運命を変え、仲間となったイヌ科の体つきや行動を変えたはずだ。ほんの数世代で、とても人懐っこいオオカミが尻尾《しっぽ》を振りだした。彼らはイヌになりかけていた。

これはもちろんフィクションだ。しかし、現在とても確信がもてる科学的事実にもとづくフィクションである。現代のイヌはすばらしく多様だが、すべてオオカミの子孫にあたる。キツネでも、ジャッカルでも、コヨーテでも、野生のイヌとされるディンゴなどでさえなく、オオカミ。正確に言えば、ヨーロッパのタイリクオオカミ——ヨーロッパオオカミ——である。現代のイヌの遺伝子配列は、そのタイリクオオカミのものと九九・五パーセント以上共通している。

オオカミはなぜわれわれのそばに引き寄せられたのか？　かつて考古学者は、農耕の登場がきっかけだったのではないかと考えていた。家畜——場当たり的な捕食者にとっては楽な獲物——の誘惑は抗《あらが》いがたかったはずだ。ところが、農耕の最初期の形跡——人類の新しい時代である新石器時代の始まりを特徴づけるもの——は中東で一万二〇〇〇年ほど前にさかのぼるのに対し、イヌの骨格は、これよりはるかに昔の考古学的遺跡で見つかっている。ヒトと密接に触れ合い、協力関係を築くようになって変化したあらゆる動植物のなかでも、イヌは最古の協力者のように思われる。イヌを飼った最初の人々は、農耕民ではなく、氷河期の狩猟採集民だったのだ。だが、その協力関係は先史時代をどれほど昔までさかのぼれるのだろう？　そして、どこで、どのように、なぜそれが生じたのだろうか？

## 凍てつく遠い過去

イヌの飼育については、従来の話ではおよそ一万五〇〇〇年前、最終氷期の終わりごろに始まったと考えられている。それは氷床が北へ退きつつあったころで、木々やヒトやほかの動物が再びヨーロッパやアジアの高緯度地域に棲みつきだしていた。凍てつく北の地へぬくもりや生命が戻るにつれ、ツンドラが緑に染まり、川は滔々《とうとう》と流れ、海水面は上昇した。北米全土を覆っていた氷床も後退しだし、人類集団が、大陸のようだった長大なベーリング陸橋から新世界へ移住した。

家畜となったイヌが一万四〇〇〇年前から存在した決定的な証拠はいくつもある。明らかにイヌのもので、オオカミのものではない骨が、ヨーロッパからアジアや北米にかけて、考古学的遺跡で発掘されているのだ。しかし、そうした骨が比較的あとのイヌの標本である可能性もある。二一世紀の初頭に遺伝学者が考古学者と手を組み、飼育栽培種の起源にかんする疑問を探りだすと、こんな可能性が示された。イヌの飼育はそれまで考えられていたよりずっと早く、数万年前に始まっていたかもしれないというのだ。

遺伝学者は、イヌのミトコンドリアDNAに見られる差異のパターンを観察し、この遺伝子の小さなまとまりの「家系図」を再構成することで、イヌの起源の問題に迫りだした。その結果に対しては、複数の解釈ができた。再構成された「家系図」は、イヌの起源についてまったく違うふたつのモデルと合っていたのだ。ひとつのモデルは、イヌがおよそ一万五〇〇〇年前に複数の起源から生じたことを示していた。もうひとつは、ほとんどのイヌがもっと早くに――四万年前に――ひとつの起源をもつとする考えと合致していた。ふたつのモデルにおけるタイミングのずれは大きい。考えられる時期は、数万年違うばかりか、約二万年前とされる最終氷期のピークをあいだにはさんでいるのである。

ミトコンドリアDNAはわずか一本のひもで、生物の細胞のなかに収められた遺伝的遺産の、実はほんの一部にすぎない。染色体――細胞核に収められたDNAのまとまり――には、はるかに多くの情報がある。ミトコンドリアゲノムにある遺伝子は三七個だが、核ゲノムには二万個ほども遺伝子があるのだ（イヌでもヒトでも）。遺伝学者が次にイヌの核DNAを調べると、早いほうの時期の可能性が高まりだした。家畜となったイヌのゲノム――すべての染色体に含まれる遺伝子配列――の最初の概要は、二〇〇五年に『ネイチャー』誌の論文で公表された。家畜となったイヌは、明らかにヨーロッパオオカミに一番近かった。論文の著者（なんと二〇〇名を超えていた）は、イヌゲノムの全配列の決定に取り組んだだけでなく、DNA配列の文字が変わっている場所を――ゲノム上の二五〇万を超える位置で――調べ、イヌのさまざまな品種における変異個所の特定も手がけていた。その分析の結果、個々の品種と関連した遺伝的ボトルネックも明らかになった。つまりイヌのDNAから、それぞれの品種が、種全体に存在していた遺伝子変異のほんの一部を取り入れて、ひとにぎりの個体から始まっていたことがわかったのである。個々の品種は、その変異の少数のサンプルにすぎなかった。さまざまなイヌの品種の起源と関連したボトルネックは、実のところかなり最近のもので、おそらく三〇～九〇世代ぐらい前に起きたようだった。一世代の平均的な期間を三年とすれば、これはわずか九〇～二七〇年前ということになる。こうしたかなり最近の遺伝的ボトルネックのほかに、現生のイヌのDNAには、はるかに古いボトルネックの痕跡も見られる。いくらかのタイリクオオカミが最初に家畜化された――イヌになった――結果とおぼしきボトルネックだ。遺伝学者は、このボトルネックがおよそ九〇〇〇世代前――今から二万七〇〇〇年ほど前――に起きたと見積もっている。

この家畜化の時期が早かった可能性は、何かを見逃しているのではないかと考古学者や古生物学者に思わせ、ある研究チームはその可能性の調査に乗り出した。調べたのは、およそ三万六〇〇〇年前から一万年前にまでさかのぼる、ベルギーやウクライナやロシアの遺跡で見つかった大型のイヌ科――イヌかオオカミだったと思われる動物――の頭蓋九個である。彼らは、そうした頭蓋が実際にオオカミなのか家畜となったイヌなのかについて、何の臆測もしなかった。むしろ注意深い計測をおこない、その太古の頭蓋から得たデータを、明らかなイヌやオオカミのものなど、もっと最近のさまざまなイヌ科の頭蓋から得たデータと比較した。太古の頭蓋のうち五個は、オオカミのようだった。一個は特定できず、三個はオオカミよりイヌに近かった。オオカミに比べ、これらのイヌ科は鼻が短くて幅広で、脳頭蓋がわずかに広かった。こうした太古のイヌの頭蓋の一個は、実は非常に古かった。見つかった場所はベルギーのゴイエ洞窟で、貝殻のネックレスや骨の銛《もり》などの氷河期の人工物や、マンモスやオオヤマネコ、アカシカ、ホラアナライオン、ホラアナグマの骨が収められた宝庫であることがわかっていた。その洞窟は、明らかに数千年にわたり——あるいは数万年も——ヒトや動物に使われていた。それでも、放射性炭素年代測定によって、イヌの頭蓋とされるものの正確な年代が突き止められた。結果はおよそ三万六〇〇〇年前だった——知られているかぎり世界最古のイヌである。

ゴイエ洞窟についてとくに興味深いのは、この初期のイヌがもつ頭蓋の形が、オオカミのものと大きく異なっているという事実だった。この研究をおこなった古生物学者は、この明白な「イヌらしさ」から、家畜化のプロセス——いや、少なくともそれに関わる身体的変化の一部——がとてつもなく速かったことがわかると主張していた。そして、いったん頭蓋の形状が——オオカミに近いものからイヌに近いものに——変わると、何千年もそのままになった。

それでもこれは、最終氷期のピーク以前にまでさかのぼる、初期のイヌのように思えるもののただひとつの例にすぎない。驚くほど早すぎるので、ゴイエで見つかったものがなんらかの例外という可能性を考えたほうがいいようにも思える。年代が信頼できたとしても、見た目の変わったオオカミにすぎない可能性はないだろうか？　ところが、まもなくゴイエの遺物のほかに、かなり初期のイヌらしきものが加わった。二〇一一年、ゴイエなどの分析結果が公表されたわずか二年後に、ロシアの研究チームが、新たに太古のイヌに非常に近いものの証拠を公表したのである。今度はシベリアのアルタイ山脈で見つかった。

シベリアの頭蓋は、ラズボイニクヤ（「盗賊の」の意）洞窟で見つかった。アルタイ山脈の北西の隅にひっそりと隠れている石灰岩の洞窟だ。発掘は一九七〇年代の終わりに始まって一九九一年まで続き、何千もの骨が、洞窟の奥にある赤褐色の堆積物の層に埋まっているのが見つかった。その骨のなかには、アイベックス［野生のヤギの一種］、ハイエナ、ノウサギのものに加え、ひとつだけイヌに似た頭蓋があった。洞窟では石器は何も見つからなかったが、木炭のかけらがいくつかあって、太古のヒトも氷河期のあいだにそこを訪れていたことをうかがわせていた。

当初の分析では、ラズボイニクヤ洞窟の化石層から出たクマの骨が、放射性炭素年代測定で一万五〇〇〇年前ごろ――氷河期の末――と決定されていた。ほかの骨もすべて、似たような年代のものと見なされた。そのため、イヌの頭蓋も箱にしまわれてすぐに忘れ去られ、大学か博物館の収蔵庫の埃をかぶった棚の上で放っておかれたのだろう。またひとつ増えた、氷河期の最後に世界が再び暖まりだしたころのイヌの標本として。

だがロシアの科学者たちは、その頭蓋をもっと詳しく調べる価値があると判断した。そもそも、それは本当にイヌだったのか？　そこでラズボイニクヤの頭蓋――ほどなく「ラズボ」というあだ名が付いた――が計測され、太古のヨーロッパのオオカミ、現代のヨーロッパと北米のオオカミ、今から一〇〇〇年ほど前のグリーンランドのイヌの頭蓋と比較された。グリーンランドのイヌは、大型で「改良されていない」タイプのものだった――現代のイヌの品種に見られる驚くべき多様性を生み出した、極端なまでの選抜育種という遺伝の試練を経ていなかったのだ。ラズボは特定しにくい厄介な動物だった。ゴイエの遺物と同じく、鼻が比較的短くて幅広だった――イヌに近い特徴だ。ところが、ラズボには鉤状突起《こうじょう》――下顎の上部にある骨の突起で、重要な咀嚼筋である側頭筋が付着している――があり、これはむしろオオカミに近い。上の裂肉歯――筋肉や腱をちぎるのに役立つ、剪断《せんだん》するタイプの歯――

の長さも、オオカミの範囲に収まっていた。しかし、この歯は同じラズボの口にあるほかの歯に比べてかなり短かった。臼歯を二本積み重ねたより短く、むしろイヌに近い特徴だったのである。下の裂肉歯は現代のオオカミに見られるものより小さかったが、一方でそれは先史時代のオオカミの範囲に十分収まっていた。また顎全体での歯並びは、イヌの場合に考えられるほど詰まっていなかった。すると、鼻は短いが、ラズボの歯はイヌよりもオオカミに近いことになる。それでも、ラズボの頭蓋の計測結果は別のことを物語っていた。頭蓋の形状は、なによりもグリーンランドのイヌに近かったのだ。

もちろん、どのみちこれは厄介な話になるはずだった。初期のイヌは「オオカミでないもの」にすぎないのだから。それに、一部の身体構造や行動の特徴は確かにまとまって現れるにしても、大半の形質は少しずつ現れる。形質の変化は、世代を重ねながら起こるのだ。モザイクのピースが徐々に変化し、やがて全体が新しい絵になる。だからゴイエの頭蓋については、ずいぶん驚きだった。幅広の鼻と広い脳頭蓋という、頭蓋の形状に見られたふたつの明白な変化が、確かに初期のイヌで非常に早く現れたように見えるのだ。しかし、ラズボにおける頭蓋の形状と歯との食い違いについては、驚くことはない。

頭蓋の形状は一〇〇〇〇年前のグリーンランドのイヌに近いが、剪断する歯はむしろオオカミに近いことから、ロシアの科学者たちは、ラズボが初期段階のイヌ――家畜化の試みにおける最初期の例のひとつ――だった可能性が高いと結論づけた。だがそれでも、一万五〇〇〇年前の初期段階のイヌというのは喧伝するほどのものではない。そうしたイヌは山ほどいるのだ。そこへ、この頭蓋の新たな年代決定――ラズボ自体の骨サンプルを用いて、アリゾナ大学とオックスフォード大学とフローニンゲン大学の三つの研究室でおこなわれた直接年代測定――が騒ぎを起こした。頭蓋はおよそ三万三〇〇〇年前のものとわかったのだ。ゴイエ以外にもあったのである。

一件落着。骨も遺伝子も、家畜化の初期が、多少の前後はあるにしてもおよそ三万年前だったと言っているようなのだ。農耕の始まり（一番早くてユーラシア大陸で一万一〇〇〇年前ごろ）や、氷河期の寒さがゆるんで環境や社会が変化したこと（一万五〇〇〇年前ごろ）とも関係がなく、ヒトの一番の親友ははるか以前に生まれたように思われた。ずっとさかのぼって旧石器時代、最終氷期のピークより前、だれも村や町や都市に住んでいなかったころに。そのころヒトは皆、まだ放浪する狩猟採集民だった。われわれの祖先が住みかを定めるずっと前である。

ところがあいにく、家畜となったイヌの起源となる場所も定まってはいなかった。二〇一四年、別の遺伝学者のチームが論争に加わった。それまでさまざまな研究者が、イヌの家畜化の起源としてヨーロッパや東アジアや中東を主張していた。そこで遺伝学者たちは、イヌの地理的な起源をもっと念入りに調べようとした――そして、起源はひとつか複数のどちらの可能性が高いかという問題を探ろうとしたのである。彼らは三か所――ヨーロッパと中東と東アジア――のオオカミのほか、オーストラリアのディンゴ、バセンジー（西アフリカの猟犬の子孫）、キンイロジャッカルのゲノムを解読した。その結果、異なるイヌ科同士の交雑の証拠が多く見つかり、問題をいくらかこじれさせた。いくつかのイヌの品種には、かなり最近オオカミと交雑した痕跡がある。たとえば、自由にうろついている野犬は、きっと野生のオオカミとかなり頻繁に接触があったはずだ。しかし、遺伝学者たちはＤＮＡのデータをふるいにかけ、そうした比較的新しい交雑現象を通り越して、最初期のイヌの手がかりを最近の子孫の遺伝子に探した。その遺伝的証拠は、イヌの家畜化の起源がひとつだったことを示していた――さらに遺伝学者たちは、その起源の時期を一万六〇〇〇年前から一万一〇〇〇年前のあいだと見積もった。これはまだ、かつて一部の研究者が提唱していたように、イヌの家畜化が農耕の登場と結びついてはいない可能性を示していた。だが一方で、この年代は最終氷期のピークよりずっとあとで、ゴイエやラズボはピークをはさんだ反対側の、遠い過去に取り残されていた。

それどころか、こうした氷河期のイヌ自体が、ずっと論議の的になっていた。一部の研究者は、この動物がイヌ科であるとする証明に異を唱えた。ほかの考古学的証拠とまるで合っていないように見えたのだ。オオカミと論議を呼んだイヌ科との身体的な差異は、確かに微妙で、頭蓋の分析や解釈に用いられた手法に疑問が投げかけられた。ゴイエのイヌ科のサイズも問題視された。ずいぶん大きな頭蓋なので、体も大きかったにちがいなかった――ところが家畜化された動物は、一般に野生のものより小さいのだ。そのため、ひょっとしたらイヌではなく、今では絶滅している変種のオオカミにすぎないのかもしれない、と主張する研究者もいた。あるいは、ゴイエやラズボのものが本当に初期のイヌだったとしても、きっと行き止まりの系統だったのだろう。家畜化の実験に失敗して、突然中断した系統である。大半の考古学的証拠はまだ、現在見られるイヌの真の祖先がずっとあとに、最終氷期のピークを過ぎてから家畜化されたことを示していた。あとのほうの年代なら、マンモスやケブカサイなど、氷河期の大型動物相の絶滅をいくらか説明できるようにもなる。もしかしたらヒトが獰猛なイヌ科を仲間にしてチームを組み、狩りをして絶滅させたのかもしれないのだ。ゴイエ洞窟で見つかったイヌ科がイヌであることに対する異論は、あまりにも激しく、怒りがこもっているように見えた。この初期の「イヌ」は、現在の理論体系とまったく合っていなかったのである。たとえ本当にイヌだったとしても、現代の猟犬の祖先とは考えにくかった。イヌの家畜化を探る研究は論争に満ちている。こんなことを言うのもなんだが、イヌの古生物学は dog-eat-dog（骨肉相食む）世界なのだ。

だが、骨もＤＮＡも明確な答えをもたらす気配がなかった。二〇一五年の初めには、家畜化の年代は遅く、氷河期のピークのあとだという証拠が積み上がっているように思われた。ゴイエとラズボをめぐる騒ぎが過ぎて、そうした初期の「イヌに似た」頭蓋は、変わった見かけのオオカミ――あるいは子孫が死に絶えた初期のイヌ――にすぎないのではないかと考えられていたのである。

一方、現生のイヌとオオカミのDNAから推測された一万六〇〇〇～一万一〇〇〇年前という家畜化の年代は、変異率と世代期間について、いくつか重要な仮定に頼っていた。実際の変異率が仮定より遅かったり、世代期間がもっと長かったりしたら、家畜化の年代はもっと早くなるだろう。DNAの差異が現代のイヌとオオカミのあいだに見られるほど蓄積されるのに、もっと長くかかっていたことになるからだ。

二〇一五年六月には、新たに目を引く遺伝学的証拠が公表された。今度は、現代のイヌやオオカミのゲノムをふるいにかけるのではなく、それらの祖先に手がかりを探し、遺伝学者が太古のDNAを追い求めた。ハーヴァードとストックホルムに拠点を置く、大西洋の両側にあるチームが、二〇一〇年にロシアのタイミル半島への遠征で見つかった肋骨を調べたのだ。その肋骨は見るからにイヌ科で、三万五〇〇〇年前のものだった。ミトコンドリアDNAの一部の配列決定から、研究者たちは、この骨の持ち主である動物の種を特定できた。オオカミだったのだ。次に、このタイミルのオオカミがもっていた太古のゲノムを、現代のオオカミやイヌのゲノムと比較した。太古と現代でゲノムに見られる差異の程度は、それまで考えられていた変異率と一致していなかった。現代のオオカミとタイミルのオオカミのあいだに見られる遺伝子の差異に、標準的な変異率をあてはめると、両者の共通祖先が生きていた年代は一万四〇〇〇～一万年前となった――だがこれは、タイミルのオオカミが生きていた実際の年代の半分にも満たない。すると、変異率はそれまで考えられていたよりも低かったにちがいない。想定されていた変異率の四〇パーセントか、場合によってはそれ未満だ。この新たな低い変異率を用いると、オオカミとイヌが分岐したと推定される年代は、一万六〇〇〇～一万一〇〇〇年前から、四万～二万七〇〇〇年前に変わる。

新たにわかったことは、それだけではなかった。遺伝学者はさらに、現代のイヌの品種がもつDNA

の変異に見られる特定のパターンを細かく調べた。塩基の一「文字」だけの変異を調べたのである。このような遺伝子変異を一塩基多型、あるいはもっと簡潔にSNPs（「スニップス」と読む）という。この一文字の変異は、ゲノムの進化史を語る良い指標となる。ありふれている――また、たいてい些末なので自然選択によって取り除かれない――からだ。現代のイヌの諸品種とタイミルのオオカミで少数（正確に言えば一七万）のSNPsを比べた結果、遺伝学者は、ほかよりオオカミの要素が多く含まれている品種があることに気づいた。これは、家畜となったイヌの誕生後、一部の集団が野生のオオカミと交雑していたことをほのめかしている。オオカミの要素がやや多く含まれていた品種は、シベリアンハスキー、グリーンランド・ドッグ、チャイニーズ・シャー・ペイ、フィニッシュ・スピッツなどだ。遺伝学者は、現代のオオカミの遺伝的多様性にも目を向け、北米のオオカミとヨーロッパのオオカミに分かれたのは、タイミルのオオカミの系統が生まれたあとだったにちがいない――だがおそらく、氷河期の終わりに海水面が上昇し、ベーリング陸橋が沈む前だった――ことを明らかにした。ベーリング陸橋は、海水面が低かった氷河期に北東アジアと北米を結んでいたのだ。

では、ゴイエやラズボも最新の遺伝学研究の恩恵にあずかったのだろうか？　家畜となったイヌが三万六〇〇〇～三万三〇〇〇年前に存在していたことも、その子孫が今もわれわれとともにいる可能性も、疑う理由はないように思える。しかし、遺伝学はここで最後に水を差した。ゴイエのミトコンドリアDNAは特異だった。太古や現代のオオカミともほかのイヌとも違っていたのだ。そのため、ゴイエは本当は何だったのだろうかと思わされる。家畜化の初期の実験だったが、その先へ進まなかったのか？　それとも、特異な太古のタイプのタイリクオオカミだが、今では存在しないのか？　ゴイエ洞窟で見つかったイヌ科の頭蓋の3D形状については、二〇一五年に精巧な分析結果が公表されているが、それは結局イヌよりもむしろオオカミに近いことを示唆している。したがって議論は続いている。一方、ラズボは、ミトコンドリアDNAの系統樹でイヌ側にうまく収まっているようだ。すると、ラズボは実際に初期のイヌだったようにも見える。きっと、今のわれわれの伴侶として、現生の近縁の親類がたくさんいるのだろう。

イヌの起源をめぐる議論はここ数年、まさに沸騰している。新技術や新発見は、理論を根本的に変える力を秘めているようだ。だから話はつねに変化している。それでも、さまざまな進歩——考古学で発見されたものの年代決定技術の向上から、DNA配列決定の高速化まで——によって、われわれの最古にして最も身近な協力者の起源を示す真の歴史が、ついに暗がりから姿を現しつつあるように見える。そしてそれは必ずや複雑な話になる。われわれの知っている人類史がどれほど込み入っているかを見てみるといい。先史時代——われわれ自身やほかの種の書き残されていない歴史——を知ろうとするとき、最初はとても素朴に、数千年、数万年にわたる複雑な交流をきれいにまとめた単純な話をなぜか期待するかもしれない。だが多くの科学的調査がなされ、詳細が明らかになるにつれ、当然全体像が変わる。タイミルのオオカミと太古や現代の親類でDNAを調べた研究は、家畜化のルーツをたどるのがどれほど厄介であるかを示している。

イヌの起源を氷河期までさかのぼらせたら、次に生じる疑問は「どこでイヌは家畜化されたのか？」だ。そして、ただ一か所でまず家畜化が始まってから広まったのか、それとも複数の時期と場所において野生のオオカミがイヌになったのだろうか？　これは突き止めるのが難しそうだ。イヌの家畜化は今から四万年前に始まり、その後も長くオオカミとの交雑が続き、今日なお起きているかもしれない。しかし、太古や現代のゲノムの秘密を解き明かせる最新の遺伝学的手法を武器に、われわれは少なくともその謎解きに挑むことができる。

## イヌの故郷を明らかにする

家畜化の年代をめぐる議論は紛糾しつづけたが、イヌが最初に家畜化された場所の特定も、同じぐらい論争に満ちている。かたや、遺伝子による結果は明快だ。イヌは明らかにタイリクオオカミが家畜化されたものである。だが、タイリクオオカミは分布が広い——今はヨーロッパとアジアと北米の大半にわたり、先史時代にはさらに地理的な範囲が広かった。では、そんな広大なタイリクオオカミの分布域のなかで、ヒトとの協力関係が始まったのはどこなのか？　すぐに北米は排除できる。ヒトが北米に到達したのは最終氷期のピークよりあとで、オオカミがイヌになる最初の変化がそこで起こったとするには遅すぎるのだ。オオカミとイヌのゲノムの解析からも、イヌがユーラシア大陸でオオカミから進化したにちがいないという証拠が得られている。イヌ科のゲノムの系統樹が、北米とユーラシア大陸のオオカミが分かれた初期の分岐と、ユーラシア大陸のオオカミとイヌが分かれたその後の分岐を明らかにしているのである。ユーラシア大陸の範囲では、どこが答えになるかまるでわからなかった。ヨーロッパも中東も東アジアも皆、われわれの協力者たるイヌ科がもともといた故郷として候補に挙げられた。

遺伝学者は——もうあなたも驚かないだろうが——まさにこの問題をめぐって議論を繰り返した。初期のミトコンドリアDNAの分析結果は、東アジアに——単一の——起源がある可能性を示していた。これを裏づけているように見えたのが、中国のオオカミと現代のイヌに共通する下顎骨の一部の特異な形状である。ゲノムワイド解析［ゲノム全体で多数の一塩基多型などを見つけて種々の形質との関連を調べること］の結果も単一の起源を裏づけていそうだったが、それに比べ、家畜化の発祥地についてはしばらくは明確でなかった。ユーラシア大陸のどこのオオカミも、現代のイヌとの近さが同じぐらいに思われたからだ。そこで、世界各地の現生のイヌがもつミトコンドリアDNAをさらに調べることで、この問題は解決できるように見えた。じっさい、あらゆる現代のイヌと太古のイヌとヨーロッパのオオカミのあいだに、明確なつながりらしきものがあるのを明らかにしてくれた。これは考古学的知見と一致していそうだった。太古のイヌの骨は東アジアと中東でも見つかっていたが、最初期のものは一万三〇〇〇年前までしかさかのぼれないのだ。一方、ヨーロッパやシベリアの先史時代のイヌは、今から一万五〇〇〇年から三万年以上も前のものまで存在する。イヌのもともとの祖先は、更新世――氷河期――のヨーロッパのオオカミだった可能性が高いのである。

二〇一六年、新たな証拠が現れた。まず、チベットのオオカミ（*Canis lupus chanco*）と現代のイヌとのつながりを示していて、アジア起源を裏づけているように考えられた下顎骨の一部が、詳しく調べられた。側頭筋が付着している鉤状突起は、チベットのオオカミと現代のイヌで同じような形だった。この大きな骨の突起が、著しく鉤状に後ろへ曲がっていたのだ。ところが、もっと広範な調査から、チベットのオオカミの八〇パーセントとイヌの二〇パーセントにだけ、下顎骨にこの形質が見られることがわかった。これではばらつきが大きすぎて、イヌの起源をアジアと推定するのには使えなかった。そして、イヌの東アジア起源を支持するこの形態学的主張がちょうど崩れたころ、二〇一六年に新たな遺伝学研究の結果が現れ、再び議論が活気づいた。

遺伝学者は、今度は一二〇パーセントの仕事をして、アイルランドのニューグレンジにある新石器時代の有名な遺跡から発掘された五〇〇〇年前のイヌについて、徹底的にゲノムを解読した。彼らはまた、ほかに五九体の太古のイヌについて、ミトコンドリアDNAも解読した。それから、こうして得たすべての遺伝学的データを、八〇の全ゲノムとさらに六〇五セットのSNPsも含め、現代のイヌから得られているデータと比較したのである。まず、新石器時代のニューグレンジのイヌの遺伝子は、現代の野犬のものとよく似ていた——ニューグレンジのイヌは、最終的に現代の品種に至ったような選抜育種を重ねて作られてはいなかったのだが。また、そのDNAはオオカミよりもよくデンプンを消化できることを示唆していたが、現代のイヌほどうまくは消化できないようだった。

しかし、本当に研究者の目を引いたのは、変異のパターン——いや、むしろその変異の断絶——だった。サーロース・ウルフドッグという現代の一品種は、ほかと一線を画していた。ほかのイヌ科の系樹から離れた、単独の小枝だったのである。これはそんなに意外ではない。その品種は、一九三〇年代にドイツ・シェパードとオオカミを掛け合わせてできたものなのだから——まさしく雑種だ。ところが、DNAに大きな分かれ目がもうひとつあり、東アジアのイヌとヨーロッパや中東のイヌのあいだに楔《くさび》が打ち込まれていた。新石器時代のニューグレンジのイヌのゲノムは、ユーラシア大陸西部のイヌのものと一番良く一致していた。だが、ミトコンドリアDNAは別のことを明らかにした。太古のヨーロッパのイヌの大半は、現代のヨーロッパのイヌとは異なる遺伝標識をもっていたのだ。遺伝学者は、太古のヨーロッパのイヌが、のちに東から押し寄せたイヌにほぼ取って代わられてしまったにちがいないと考えた。

その研究のすぐあと、別の研究で、一体ならず二体もの新石器時代のイヌ——今度はドイツのもの——について、全ゲノム解析の結果が報告された。一体は、ドイツの新石器時代の初めにあたる、七〇〇〇年前（紀元前五〇〇〇年）のもので、もう一体は、同じ時代の終わりにあたる、およそ四七〇〇年前（紀元前二七〇〇年）のものだ。新石器時代初期のイヌのゲノムは、アイルランドのニューグレンジのイヌのものとよく似ていた。一方、数千年離れた新石器時代後期のイヌとも——それに現代のヨーロッパのイヌとも——明らかな遺伝的つながりがあった。集団が大規模に入れ替わった痕跡は見られなかったのだ。それでも、後期のドイツのイヌには、祖先にかんする興味深いシグナルがほかにあった。

ずっと東から来たイヌとなんらかの交雑が起きていたことをほのめかしていたのである。これは、ステップ地方から黒海北岸へ西進し、そこからヤムナヤ文化がヨーロッパ全土に広がったという人類の大移動を、イヌがなぞったようなものだった。ヤムナヤの人々は騎馬遊牧民で、自分たちの亡骸を、焼き物の広口杯や動物の生贄とともに大きな塚の下に葬った。彼らはまた、イヌを一緒に連れて行っていたようだが、そのイヌはヨーロッパのイヌに取って代わるのではなく、それと混じり合った。ニューグレンジのイヌのミトコンドリアＤＮＡの系統——遺伝子構成のほんのわずかな一部分——が消えたのは、必ずしも集団が入れ替わったことを示しはしない。そうした消滅、すなわち特定の遺伝的系統の刈り込みは、しじゅう起きている。

だが、ニューグレンジを超えて家畜化そのものの起源にまでさかのぼると、イヌの祖先で起きた太古の東西の分裂は何を意味するのだろうか？　可能性はふたつある。イヌは一度誕生してから広まり、集団が事実上ふたつに分かれ、遺伝的にだんだん離れていき、深い溝ができたのかもしれない。あるいは、現代のイヌの起源はふたつあり、それらは遺伝的に異なるオオカミの集団に由来し、ひとつはユーラシア大陸西部のどこかで、もうひとつはユーラシア大陸東部のどこかなのかもしれない。この疑問の答えは、分かれたタイミング——と家畜化の年代——によって決まる。新石器時代のドイツのイヌ二体のゲノムを解読した結果は、これらの重要な出来事がいつ起きたのかを突き止めるのに役立つ。既存のデータに加え、遺伝学者はイヌとオオカミの分岐が起きた年代を四万二〇〇〇〜三万七〇〇〇年前と明らかにした。やがて、家畜化のあとの東西の分岐が、二万四〇〇〇〜一万八〇〇〇年前に起きた。すると、起源はひとつだった——その後ふたつに分かれた——可能性が高くなる。しかし、まだわからないのは、最初にどこで家畜化が起きたかだ。この疑問を解決するには、もっと古い——氷河期にさかのぼる、さらに早い時期のイヌの——ＤＮＡを解析するしかないだろう。だが現時点では、まだ結論は下されていない。太古のミトコンドリアＤＮＡと考古学的証拠は、ヨーロッパ起源の可能性が高いことを示している。しかし、現代のイヌと初期のイヌのゲノムワイド解析データは、東アジアに多様性のホットスポットがあることを明らかにしており、すると、イヌがほかのどこよりもそこに長く存在していたことがうかがえる。

もちろんこれでは、イヌの起源について最終的な決定に至ってはいない。だが、最近のわずか五年でどれだけのことがわかったかを考えると驚くばかりだ。遺伝学の草分けが、広がりゆく母系のミトコンドリアＤＮＡからわかったかすかな道を示してくれた。全ゲノムを解析する最新の手法のおかげで、遺伝子の全景が眺められるようになったのだ。これまで答えを出せなかった疑問が、いまや答えられるようになっている。この先数年で、過去に対するわれわれの視野はいっそう広がりを見せるだろう。イヌが家畜化によって生まれたことはすでにわかっている。おそらくはヨーロッパのどこかで、われわれの祖先が移動性の狩猟採集民だったころに。ほどなく、その協力関係を初めて形成した正確な場所がもっとよくわかるようになるかもしれない。

ところで、イヌが生まれる家畜化はどのようにして起きたのか？　そしていったいどれほど意図的だったのだろう？　われわれは、動植物の飼育栽培について、いわゆる「新石器革命」の一環として一万一〇〇〇年ほど前に自分たちの祖先が思いついたアイデアだと考えがちだ。そのころ祖先が原始的な狩猟採集民のライフスタイルを放棄して農場に居を定め、自分たちや環境をコントロールして文明の土台を据えたのだと。この単純化された見方には、間違っている点がたくさんある。とくに、飼育栽培は、われわれが往々にして考えるよりもおそらくはるかに——ヒトの視点から見て——意図的ではないゆるやかなプロセスなのだ。

## 最初の接触

氷河期の狩猟採集民とタイリクオオカミがどうやって協力するようになったのかは、想像するほかない。きっと何度もたくさんの場所で起こった——あるいは起こりかけた——のだろう。希薄な協力関係ができたが壊れてしまった場合もあったのではないか。歴史はレールに沿って目的地へ進みはしない。曲がりくねり、枝分かれして、えてして行き止まりに突き当たる（しかもそうした行き止まりはあとになってからしかわからない）。だが結局——科学でパワーアップされた後知恵から明らかになっているとおり——こうした協力関係の少なくともひとつが成功して固まったために、現在のヒトとその伴侶たるイヌの共同生活が確立されたのである。

実のところわかっていないのは、どちらがどちらを選んだのかだ。直感的に、われわれの祖先のヒトが、きっとみずからの運命の最高支配者として、オオカミを選んで隷属させ、何世代もかけて意図的にイヌに仕上げたのだろうと思うかもしれない。実際には、一部のオオカミを飼育種に変えたのには、意図はほとんど関わっていなかった可能性がある。最初はゆるい形態の共生だったとか。これは相互の利益にもとづくゆるやかな共同生活で、本章の冒頭に描いた話に近い。もしかしたら、実はオオカミがこのプロセスを進めたのかもしれない。彼らになんらかの狡猾なマスタープランがあったと考える必要はない。ただ食べかすの山をあさるだけであっても、ヒトのまわりをどんどんうろつくようになって、オオカミは自分たちを受け入れるように無意識にヒトを慣らしたのかもしれないのだ。まずは近所にいる者として。それから伴侶として。

二種間の協力関係が成功するかどうかは、両者の素質——相互の意欲——にかかっていたにちがいない。ヒトもイヌも社会性動物だが、それだけのことではないはずだ。なにしろ、われわれが協力しなかった社会性動物はたくさんいるのだから。ミーアキャット、サル、マウス——どれも、イヌのようには家畜化されなかった。私には、オオカミの行動に、ヒトとの絆を形成できるようにした特別な何かがあったかもしれないと思える。その答えになりうるものを見出すには、何頭かのオオカミに近づく必要があった。

セヴァーン川〔英国最長の河川〕の氾濫原から盛り上がった丘の上で、オオカミの小さな群れが古い森をうろつきまわっている。群れは五頭のオオカミだけで、皆兄弟だ。二頭は三歳で、三頭は四歳。ヨーロッパオオカミであり、細身で小型で脚が長い。英名の grey wolf（灰色のオオカミ）から思い浮かぶよりカラフルで、脇腹は小豆《あずき》色をして、尻のあたりはコショウをかけたように黒みが混じる。尻尾は根元と先端が黒い。上下の顎と頬は白く、ピンと立った黒い耳は黒い柔毛で縁取られている。

オオカミたちは頻繁になわばりを巡回し、森の獣道を早足で軽やかに駆け、流れるような動きで楽々と倒木を跳び越える。何かに驚くと急に駆け足になるが、やがて落ち着いて、寝転ぶ空き地を見つける。雨が降ると、下草にもぐって待避する。彼らは肉を食べる。ウマやウシ、ウサギ、さらにはニワトリも。しかし、カササギより大きなものは狩っていない。狩る必要がないのだ。彼らを世話するヒトが、必要な肉をすべて与えてくれるのだから。これは捕獲飼育されているオオカミの群れで、ワイルド・プレイス——ブリストル動物園の分園で、南グロスターシャーの原生地域のはずれにある——で暮らしている。

私はそのオオカミを見に行き、飼育員のひとりであるゾーイ・グリーンヒルとともに囲いの外の安全な場所にいた。ゾーイは毎日そばで働いていてオオカミたちのことをよく知っており、必要なときに獣医が検診できる小さな囲いへ移るのに慣れさせようとしていた。しかし、訓練もそこまでだった。オオカミを飼いならすつもりはなかったのだ。またオオカミは、ゾーイがそばにいるのには慣れても、まだ一般の人には警戒心をもち、急な動きや大きな音に驚きやすかった。囲いのなかの新しい物にも神経を尖らせた。ゾーイは、モミの木が何本か植えられたときには慣れるのにずいぶん時間がかかったと教えてくれた。私はこの集団——若い動物の小さな群れ——がとくに神経質なのだろうかとも思ったが、ワイルド・プレイスの動物の管理責任者であるウィル・ウォーカーは、これまで自分が目にしたオオカミは皆同じぐらい用心深く臆病だったと語っていた。

「オオカミは三つの違う群れを捕獲して飼育しましたが、積極的に人に近づいて、人のまわりで堂々としていられるオオカミには出会ったことがありません」。ウィルは言った。「私たちが囲いのなかで彼らを世話するとき、不測の事態に備えて必ず同時にふたり入りますが、オオカミはいつも距離をとり、囲いの反対側にいます。私たちをとても警戒していて、ときには食べたものを吐き出して逃げ去ることさえあるのです」

「そこがまさに謎なんです」。私は申し出た。「オオカミが自然の状態ではそんなに人を警戒するなら、いったいどうやって近づいて最終的に家畜化されたのでしょう？」

「確かにオオカミは神経質です。人に出くわすと、踵《きびす》を返して反対方向へ逃げます。でも、人は彼らと遊ぶことができるんですよ。オオカミに背を向け、スキップしながら木の陰に隠れると、囲いの反対側から彼らは一斉に尻尾を上げながら走ってきます。そして実に堂々としているように見えます。ところが、人が振り返ってオオカミを見ると、彼らはまた行ってしまいます。間違いなく探究心の強い動物で、私たちの行動をよく見ていますが、決して大胆ではないのです」

もちろん、オオカミが比較的最近になってこれほどヒトを警戒するようになったということも十分にありうる。だが、銃でなく槍をもつヒトでも遠い昔に彼らにとっては大きな脅威だっただろう。用心は、間違いなく望ましい生存本能だったのである。しかし、何かほかに、オオカミに臆病さを克服させたものがあった。

ウィルは私に、飼育員が朝のチェックをするときにオオカミがあとを追うことも教えてくれた。飼育員がフェンスに沿って歩くと、オオカミはフェンスの反対側を数歩遅れて早足で付いていく。きっと好奇心がまずオオカミをヒトに引き寄せたのにちがいない。それでも、狩猟採集民は移動性が高く、ずっと動いていたが、その好奇心はときおり短い出会いしかもたらさなかっただろう。持続的な協力関係を築くだけの機会はなかったのだ。

ここで環境の変化が大きな役割を演じる。およそ三万年前にアルタイ山脈で、そこへ住みついた狩猟採集民のヒトのコミュニティにとって、環境が次第に過ごしやすいものになった。彼らはまだ移動生活をしていたが、何か月か一個所にとどまってから移動していたのではなかろうか。人々が少し長く住みつきだすと、オオカミと関係を築く時間ができたはずだ。狩人の持ち帰った肉――と残った死骸――が強い誘惑となったのは間違いない。やがて、好奇心と空腹が、本来は用心深いオオカミをだんだんヒトへ近づけた。そしてひょっとしたら、臆病ささえも彼らに有利に働いたのかもしれない。オオカミは大きくて獰猛に見える動物だ。強面《こわもて》の捕食者なのである。しかし、彼らがあまり大胆ではなく、臆病に見えたら、人々はだんだん恐れをなくし、気を許すようになれたかもしれない。用心深い接触から、気を許し、ついには協力する関係へ――ヒトとヨーロッパオオカミというふたつのまったく異なる群れのあいだで、次第に協力関係が築かれたのである。

一部のオオカミがヒトとの付き合いを始めたとき、彼らの未来が変わり、彼ら自身が変わった。臆病だが友好的なオオカミは、ヒトに気を許されただろう。もっと不安定で、ときには攻撃的でさえあるようなオオカミは、追い払われるか、さらに悪い結果になっていたはずだ。ヒトは、自分たちのそばにいるオオカミに進化の圧力を加えていた。そして、なるべく友好的で攻撃性の低い動物を選び、その影響は、オオカミのそんな行動以外にも多く及んでいたのだろう。

## 友好的なキツネと謎めいた法則

一九五九年、ロシアの科学者ドミトリー・ベリャーエフは、（特定の行動に的を絞った）選抜育種により、動物が時間とともにどれだけ変わりうるかを確かめることにした。イヌの家畜化にはそのための鍵を握る根本的な特徴があり、生来の懐きやすさがどのオオカミの子でも正の選択を受ける一方、攻撃的な傾向は容赦なく根絶やしにされたはずだ、と考えたのである。そこで彼は、オオカミにかなり近い別の種――ギンギツネ（*Vulpes vulpes*）――で、家畜化にかんする有名な実験に乗り出した。各世代でとくによく懐くキツネを選び、そうしたキツネ同士を交配させていくと、彼のチームは懐きやすさがすばやく集団全体に広まることに気づいた。選抜育種を六世代終えると、集団の二パーセントがよく懐くようになった。一〇世代経ると、その数値は最大で一八パーセントになった。三〇世代では、半数のキツネがとてもよく懐いていた。二〇〇六年になるころには、継続中の実験でほとんどすべてのキツネがヒトに対して非常に友好的になっていた――まさしく家畜となったイヌのように。

だが、変わったのはキツネの行動だけではなかった。まだ銀色のキツネもいたが、赤くなったキツネもいた。それでも実は標準的な *Vulpes vulpes* の色なのであり、そんなに意外ではない。しかし、なかには白地に黒い模様の入った「ジョージアン・ホワイト」と呼ばれる変種になったキツネもいて、これは野生では決して見られないまったく新しいものだった。それどころか、家畜化されたジョージアン・ホワイトのギンギツネは、キツネの形をした小さな牧羊犬に驚くほどよく似ていた。またなかには、銀白色の地に茶色いまだらの入ったキツネもいた。耳の垂れたものもいた。さらに骨格のつくりの変化もあり、脚や鼻が短くなり、頭蓋が広がっていた。生殖の生理現象にも変化があった。野生のキツネは年に一度しか交尾しないが、飼いならされた雌のキツネは年に二度発情した。飼いならされたキツネは、野生のキツネよりも性的に成熟するのが早くもあった。

ヒトに友好的で攻撃性はないという、その実験でとくに選び抜かれた特性のほかにも、飼いならされたキツネはなじみ深い行動を示した。たとえば尻尾を上げて振ったり、哀れっぽい鳴き声を出して注意を引いたりした。飼育員をクンクン嗅いだり、なめたりもした。ヒトの仕草や視線に注意を払いもした。懐きやすさでキツネの選抜育種をしていったロシアの科学者たちは、最終的に、一緒に付いてきただけのように見えるが明らかにイヌに似た特性を、ほかにも多く見出したのである。

キツネを育種するこの実験の結果は、とりわけ友好的で攻撃性の低いオオカミが一万年以上前から世代を重ねながら急激に飼いならされていった可能性を示している。狩猟採集民は、各世代でとくに友好的な一〇パーセントのキツネだけを交配させるという厳密な手順に従ったロシアの科学者たちと違って、選抜育種をする必要はなかった。イヌの祖先となったオオカミは、ある程度自主的な選択をしたのだろう。とりわけ友好的なオオカミだけが、ヒトのすぐそばで暮らせるほど気を許したのだ。オオカミの群れは家族で、互いに近縁関係にある。一頭が気を許しやすく、ヒトに対して友好的でさえあったとしたら、同じ群れのメンバーも同じ遺伝子と行動傾向をもっていた可能性が高い。すると、群れ全体か、群れの大半が、協力関係を築き上げたのではなかろうか。飼いならされたオオカミは、ヒトと絆を形成し、ヒトの仕草や視線といった社会的な手がかりを理解しだした。イヌは、オオカミが決してしないようなやり方でヒトとアイコンタクトをとる。そしてイヌは、驚異的に思えるほどヒトの合図を理解するように進化を遂げた。私の飼っているボーダー・テリアはしつけがなっていなくて、やってほしいことをめったにしてくれないが、最近私は、スプリンガー・スパニエルが合図をとてもよく理解できることに驚いた。スコットランドのロング湖のほとりを、そのリニーという名のスパニエルと散歩したときのことだ。私が古びたボールを投げると、ボールはバウンドし、海藻のまとわりついた岩の合間に消えた。リニーはよく見ていなかったので、助けを求めて私を見た。私は「あっちよ、リニー！」と声を上げてそちらを指さしながら、自分で岩をよじ登ってボールを取ろうと思っていたが、リニーは私の指さした先を——完璧に——たどって、岩のすき間にある湿ったボールを見つけた。リニーが岸辺をはずむように戻ってまた私の足もとにそのボールを落としたとき、私は彼女と同じぐらい喜んだ。リニーは、私の指さしが指示の合図だと気づいたばかりか、その意味や、湿った臭い獲物への方向をどうたどればいいのかもわかったのである。彼女は明らかに、ヒトの合図に注意を払うだけでなく、驚くほどそれに従う行動を身につけた、連綿と続くイヌの系統から生まれていた。スプリンガー・スパニエルは猟犬で、獲物を追い立て、仕留めたものを取ってくるように仕込まれている。ぐしょぐしょのボールは、仕留められたカモの代わりなのだろう。リニーは今なお喜んでそれを私のもとへ取ってきたわけである。現代の犬種は比較的新しく作り出されたもので、大半はわずか二、三世紀で集中的に選抜育種を重ねた産物だ。しかし、ヒトの仕草を理解するというこの特異な能力がスパニエルで研ぎ澄まされたとはいえ、この行動の基礎はおそらく遠い昔に現れていたのだろう。最初期の家畜となったイヌは、きっとヒトの合図を理解していたにちがいない。現代にベリャーエフのキツネがそうしたように。

家畜となったイヌ——や例の家畜化されたキツネ——は、野生の祖先とはまったく異なるような解剖学的・生理的形質に加え、さまざまな行動も発達させたように見える。ところが、そうした形質の一部はまるっきり新しいものというわけではない。ウィル・ウォーカーから、オオカミもたまに尻尾を振るし、イヌのように吠えるのを聞いたことさえあると知らされて、私はびっくりした。

「けれども、危険を知らせる声として聞いたことがあるだけです」とウィルは言った。「囲いは電気柵になっていて、最初になかへ入れたとき、彼らは何だろうと思ってそれを調べ、つまり触れてしまい、吠えたのです。まるで、大きなイヌがそこにいるみたいに聞こえました。そのとき初めて、オオカミが吠えるのを耳にしましたが、とてもはっきりした吠え声でした。うれしいときに尻尾を振るほかにも、イヌの形質がひとととおり揃っていたんですよ」

これは大いに納得がいく。なにしろ、イヌは家畜化されたオオカミにすぎないのだから。われわれがイヌと関連づけている形質の多くは、いきなり現れたのではなく、すでに祖先のオオカミにあった行動の要素なのである。そうした形質は、確かにオオカミの行動のレパートリーにはっきり現れてはいないが、存在していた。オオカミが家畜化されると、既存の行動における一部の要素が選ばれたり強化されたりして一般化する一方、ほかの要素は選ばれずに排除されたのだ。

時とともに、飼いならされたオオカミとヒトとの関係は変わっていった。ふたつの種が一緒に暮らして互いに気を許すだけではなかった。共生だったのだ。麗《うるわ》しい友好関係の始まりである。ヒトはもはや、オオカミが野営地に十分近づけたときにタダで食料が手に入る単なる調達元ではなくなった。オオカミはもはや気を許されるだけの存在ではなくなり、積極的に関係をうながされた。明らかに、食料の見返りに提供できるものをもっていたのだ。その見返りには、大人と子どもの両方にとって伴侶になることも含まれていたのではないか。これはひょっとしたらずいぶんあいまいで些末に思えるためか、家畜化の理論ではめったに語られないが、私はそれが関係しなかったとは考えにくいと思う。そして、きっとオオカミの子のなかにはヒトに育てられたものもいたにちがいない。私の子たちがどれほどしつこく子犬を欲しがるかを思えば、氷河期のどこかの親がこの要求に屈したとしてもおかしくはない。

だがきっと、伴侶となったり、子どもを楽しませたりすることだけが、飼いならされたオオカミをそばに置くメリットではないだろう。かつて野生のオオカミのあいだでごくたまに危険を知らせるものだった吠え声は、ヒトとオオカミの共生関係を築くうえで重要な役目を果たしていた可能性もある。もしかすると、最初期のイヌは狩人と一緒に走って――獲物を追って狩り、さらには取って戻るまでして――役に立つ存在となっていたのかもしれない。農耕が始まると、イヌは家畜をクマやハイエナ――それにオオカミ――などの捕食者から守ることで重要な役割を果たしたのではないか。しかし、それよりはるか以前の氷河期には、野営地を守るのを手伝ったり、吠えて危険を知らせたりしてくれる飼いならされたオオカミがいると、本当に助かったにちがいない。

したがって、吠えたり尻尾を振ったりするのはまったく新しい形質ではない。イヌのこうした形質を説明するのに、何か新しい遺伝子変異を持ち出す必要はない。オオカミにすでに存在していたのだから。それでも、イヌとオオカミの違いの一部をこのようにしてうまく説明できたとしても、イヌとオオカミの形質の一部――あるいは、野生のギンギツネと実験で作った家畜種の形質――のあいだには、まだ生物学的にありえないほど大きな隔たりがあるように見える。それどころか、同じ謎は、現在に目を向けても存在する。現生のイヌに見られる差異の大きさである。その違いはまさに驚きで、チワワからチャウチャウ、ダルメシアン、ディンゴに至るまで、多様性はどんな野生種をもはるかに凌いでいる。

ダーウィンは、家畜となったイヌの種類の多さに興味をそそられた。そして、その多様性はたくさんの野生の犬種に由来するのではないかと考えたが、いまやわれわれには、イヌが単一の野生種に由来することがわかっている。タイリクオオカミ、*Canis lupus* だ。するとある意味で、現代のイヌのあらゆる変種がどこで生じたのかという、さらに大きな疑問がわく。多様性の起源に思いをめぐらせたダーウィンは、種類の多さは受精や胚発生になんらかの形で影響を及ぼす環境因子の多さで説明できるのではないかと考えた。ダーウィンには、一部の特徴が遺伝するとわかっていたが、どのように
して遺伝するのか

かはわからなかった。そこで彼は、環境因子――いわば育ち――が重要な役割を果たしているという考えを積極的に受け入れたのである。

二〇世紀の初めには、一九世紀の修道士で科学者でもあったグレゴール・メンデル――形質がどのように遺伝するかについての理解を大いに推し進めた人物――の成果が再発見され、遺伝学という生まれたての科学の土台が築かれた。博物学者の知見や、ダーウィンによる自然選択のメカニズムと組み合わせると、遺伝学は、進化がどのように働いたのかを説明するのに役立った。こうした生物学のばらばらの枝の統合については、一九四二年にジュリアン・ハクスリー――ダーウィンの大いなる支持者トマス・ヘンリー・ハクスリーの孫――が、自著『進化――現代の総合説』で語っている。だが、この総合説は難産だった。

ハクスリーは、一九世紀の終わりにダーウィニズム（ダーウィン説）が型にはまり込んでしまい、あまりにも理論的で、あまりにも適応主義的になったことを記している。生物のありとあらゆる形質は、自然選択によって作り上げられた適応形態として語られなければならなくなったと。ダーウィニズムは、自然神学に近いもの――神ではなく自然選択が設計者《デザイナー》の役に選ばれただけ――になっていたのだ。同じころ、遺伝を研究する遺伝学など、新たな生物分野が登場していた。実験遺伝学や実験発生学は、古典的なダーウィニズムと合わないものに思われた。

「ダーウィニズムの見方に固執する動物学者は」とハクスリーは書いている。「細胞学にせよ、遺伝学［発生機構学］にせよ、比較生理学にせよ、新たな分野の信奉者から、時代遅れの理論家だと見下されていた」。ところが次第に、一九二〇年代から四〇年代にかけて、いくつもの分野の考えがひとつに収斂していった。そして全体の部分と見たほうが納得しやすくなっていった。

生物学の新しい枝が互いに、また古い分野と総合をなし遂げるにつれ、対立する派閥は融和していった。そして融和はダーウィニズムを中心に収斂したのである。……過去二〇年の生物学は、新たな分野が次々と現れてはかなり単独で研究された期間を経て、より統合された科学となった。……ひとつの主要な結果として、ダーウィニズムの再生がなし遂げられたのだ。

「現代の総合説」で示された考えは、現代の進化生物学を支えつづけている。われわれは今、種のなかで起こる緩やかな変化が本質的にランダムな遺伝子変異によることを知っている。すると選択――自然選択であれ人為選択であれ――は、そうした変異に対して非ランダムに働き、有利な変異を好み、そうでない変異を淘汰する。それでも、家畜種の、とくにイヌの多様性はあまりにも大きく、遺伝子変化の時間的な蓄積だけでは――遺伝子のランダムな新変異と選抜育種による単純な相互作用では――説明できないように思われた。選択は、有利な遺伝子（と形質）をすばやく集団に広めることができるが、根本的に変異率を高めることはできないのだ。

ベリャーエフは、DNAの変異だけでなくほかの何かが、次第に飼いならされたキツネで起きたあらゆる変化をもたらしたはずだと考えたにちがいない。変化の速さだけではなく、家畜化されたギンギツネとイヌが実によく似ていることも、説明を必要とした。キツネに見られるこうしたすべての形質――尻尾を振ることから垂れた耳まで――が新たな変異によって生じ、イヌとよく似た点が偶然の一致であるとは、とうてい考えられない。個々の形質が完全にばらばらに現れたという可能性はなさそうに見える。むしろ、ひとつかふたつの根本的な遺伝子変異が広範な影響を与えていた――遺伝子が階層的に働き、一部のものがほかをコントロールしている――可能性が高いように思えるのだ。

また、特定の遺伝子をもっているだけでは話は終わらない。遺伝子のスイッチが入ったり切れたりもする。ベリャーエフは、行動のバリエーションを司る遺伝子群が個体発生のさなかに重要な制御の役割も果たす――ほかの遺伝子に連鎖的に影響を及ぼし、それらの遺伝子のスイッチをオンやオフにする――という仮説を立てた。ベリャーエフの実験を引き継いだロシアの科学者たちは、その遺伝子群が、コルチゾールという身体のストレス反応を媒介するホルモンと、セロトニンという神経伝達物質と関係しているのではないかと考えた。家畜化されたキツネは血中のコルチゾール濃度がきわめて低く、脳内のセロトニン濃度が高かった。コルチゾール濃度の低さはほかの家畜化された動物でも見られ、セロトニン濃度の高さは攻撃性の抑制と関係していた。だが、ここで真に重要なのは、このふたつの生物学的シグナルがキツネの胎児の発生に及ぼしうる影響である。

ロシアの科学者たちは、母親のコルチゾールとセロトニンが、胚発生のあいだや、さらには出生後に子がまだ乳を飲んでいるときに、ほかにどれだけの遺伝子を発現させるかに影響する可能性があると提言した。とりわけ従順なキツネを選ぶことによって、ストレス耐性や攻撃性の減少と関係するいくつかの重要な遺伝子について、なんらかの変異をもつ個体を選んでいたのかもしれない。だとすると、次の世代のキツネは胎内で特異なパターンのストレスホルモンにさらされて、その結果、発生途中のキツネの胎児で遺伝子のスイッチが――野生ではふつう起こらない形で――オンやオフになるのに影響を及ぼした可能性がある。自然選択のもとでかなり安定した状態に落ち着いていた胚発生のプログラムが、なんらかの方法で乱され、次第に家畜化されていくギンギツネのあいだに驚くほどの多様性を生み出すように見えたのは確かだ。研究者たちは、ほんのいくつかの遺伝子変異が広範な影響を及ぼし、さまざまな毛色のほか、垂れた耳やカールした尾などの変わった特徴ももたらしたのではないかと考えた。またほかの研究者は、甲状腺ホルモン――と関連遺伝子――の変化が、ストレス反応や懐きやすさ、体の大きさ、毛色に対してやはり広範な影響を及ぼした可能性を示唆した。したがって、ストレス耐性や懐きやすさに関わる遺伝子と関連のありそうな特定の一形質に的を絞った選抜育種は、ほかのたくさんの形質にすばやく影響を及ぼしえたのである。

われわれは、そうしたさまざまな影響をもたらすのに関わっている遺伝子の一部を突き止め、分子レベルでそれがどのように起きているのかを理解しはじめたばかりだ。遺伝学者はイヌのゲノムをくまなく調べはじめ、これまで選択されてきたかのように見えるDNAの特定の領域を探し求めた。この作業はひと筋縄ではいかない。移住、一部の集団の絶滅、そこかしこでの交雑や遺伝的隔離などのある、家畜となったイヌの込み入った歴史が、それを困難な作業にしているのだ。それでも、ゲノムのなかで際立つ領域があり、特定された上位二〇の領域のうち八つに、重要な神経学的機能をもつ遺伝子がある。そのひとつは、社会的行動と色素沈着の両方に影響することがすでに知られている。ASIPという略称をもつアグーチシグナル伝達タンパク質遺伝子だ。それがコードしているタンパク質は、毛包［皮膚内に陥入し、毛根を入れている袋状の上皮性組織］にあるメラニン細胞という色素産生細胞のスイッチを切り替えて、色の薄いタイプのメラニンを作り出すようにする。要するに、場所ごとに生える毛の色をコントロールし、濃くしたり薄くしたりするのだ。さらに、ASIPは脂肪代謝にも影響を与える――そしてマウスでは、攻撃性に影響を及ぼすこともわかっている。このひとつの遺伝子は、ある種の社会的行動を見せる動物を選抜育種すると、色合いと代謝の変化も付随しうることを、かなり見事に示している。だが、結果的に一緒に遺伝する形質のなかには、別々の遺伝子の影響を受けていそうなものもある。別々の遺伝子でも、染色体上ですぐそばにあることが肝要なのだ。特定の形質と特定の遺伝子に対して正の選択が強く働くと、えてして隣の遺伝子も一緒に遺伝するのである。

異なる形質がなぜか結びついていて一緒に遺伝するという概念は、かなり昔からあり、遺伝学以前にまでさかのぼる。これを多面発現（英語の pleiotropy は、ギリシャ語で「多くの形質」という意味）といい、この言葉が生まれたのは一九世紀の初期だ。『種の起源』にダーウィンはこう書いている。「……人為的な選抜を行ない、奇抜な特徴を増大させようとすると、目的としていない部位まで意図しないまま変えてしまうことになりがちである。これは、成長の相関作用という謎めいた法則のせいなのである」〔『種の起源』（渡辺政隆訳、光文社）より引用〕。この法則は、今ではもはるかに謎ではなくなっている。さまざまな形質が遺伝子と発生によって結びついていることがわかっているのだ。少なくともいくつかのケースで、この相関作用の明確な基礎が明らかになっている。アグーチシグナル伝達タンパク質と、それが体内で及ぼす広範な影響も、その一例だ。人為的な育種では頻繁に特定の遺伝子セットが一緒に運ばれるという、選択を攪乱する考えと組み合わさることで、多面発現は、イヌが一見したところ遺伝的によく似ているオオカミよりはるかに多様なわけを立派に説明してくれる。新たな遺伝子変異は、広範な——多面発現性の——影響を及ぼし、いろいろな形質を変える可能性がある。また場合によっては、新たな形質を加えるのにまったく新しい変異を必要とさえしないだろうし、野生ではふつう一緒にならない特定の遺伝子セットを組み合わせるだけでいい。こうして発生のプログラムが攪乱され、その過程で新たに珍しい変種が次々と生み出される。初期のイヌにさえ、現代の品種のどれよりもずっと前に、非常に高い多様性が見られた可能性が高いように思われる。実験で家畜化されたギンギツネに見られるように。

オオカミがイヌになった最初の家畜化も——野生のギンギツネがほんの五〇年で家畜種になったほど速くはないにしても——比較的速くなし遂げられたのではないか。その変化の根本的な分子機構を説明する新理論の数々は、ほぼ必ず多面発現があったことを示している。当初はおとなしさと懐きやすさに影響するものとして選び出した遺伝的変種の連鎖的な攪乱効果が、身体構造や生理機能や行動面に、広範で非常に速い変化をもたらしうるのだ。すると急に、困難で起こりにくそうな——野生から家畜への——移行が、はるかに容易で起こりやすそうにさえ見えてくる。ひょっとしたら、オオカミがイヌや

「ほぼイヌ」になったことは、とてもたくさんあるのかもしれない。そうした実験が今日まで生き延びる系統につながったケースは、ひとつかふたつしか遺伝的痕跡として見つかっていないとしても。

最終氷期の極大期に訪れた大寒波は、二万一〇〇〇年前から一万七〇〇〇年前にピークを迎え、ユーラシア大陸全土の動物に苦難をもたらした。氷床がヨーロッパにまで達し、シベリアはおそろしく寒くなって乾燥した。多くの系統が絶滅し、ときには種ごと死に絶えた。この破局的な環境で、少なからぬイヌの家畜化の実験が失われたとしても不思議はないだろう。この氷河期の極大期を迎える前に、狩猟採集民の野営地の端にあったタダの食料が、一部のオオカミの群れに大きな変化をもたらした可能性がある。

だれもが寒さに震え、ヒトもそうだった。そして、太古のイヌの系統には絶滅したものがあったとしても、専門家は、最終氷期のピークに生きていた狩猟採集民にとって、イヌをもつことは生存上決定的に有利だったかもしれないと主張している。これで、現生人類がひどい打撃を受けながらも最終氷期の極大期を生き延びたが、ネアンデルタール人は生き延びられなかった理由も説明できるのだろうか？　明快で魅力的な説明ではあるが、私はいつも警戒してしまう。単純すぎるのではないかと思うのだ。歴史は複雑なものであり、われわれは仮説を提示することはできても、検証しようとさえできないときには用心する必要がある。それでも、イヌが一部の狩猟採集民の生存と繁栄を助けたことを疑う理由はないように思える。

大寒波のあと、家畜となったイヌの化石証拠がヨーロッパ全土に現れだす。八〇〇〇年前までに、西ヨーロッパから東アジアまでの遺跡で見つかっている。すでに見たとおり、太古と現代のイヌから得られた最新の遺伝子データは単一の起源を示しているため、そうした完新世のイヌがすべて、各地のオオカミの集団から独立に家畜化されたとはとうてい考えにくい。むしろ、イヌはヒトの移動とともにやってきたか、各地のヒトの集団がどこかから手に入れたにちがいないのである。

先史時代のイヌは、少なくとも骨格から判断するに、まだかなりオオカミに近かった。それでも、あのロシアのキツネを手がかりにすれば、毛色や尻尾の巻き方や耳の垂れ方は相当多様になっていたはずだ。デンマークのスヴェアボーにある八〇〇〇年前の遺跡では、考古学者が大きさの違う三種類のイヌの証拠を見つけている。したがって、これほど初期でも、原初の品種とおぼしきものに分岐していたように見える。われわれの先史時代の祖先は、すでに特定のスキルをもつイヌを育種しようとしていたのかもしれない。警備や見張りをするイヌ、においを追うのがうまいイヌ、さらにはそりを引くのがうまいイヌなど。

## 特異な品種

農耕が始まって拡大してからは、イヌはいっそう広く行きわたった。そしてヒトの食べ物が変わっていくと、イヌのそれも変わっていったようだ。初期のイヌは肉を食べていた。ただし、ある研究によれば、親類にあたる野生のオオカミとは違う肉を食べていたかもしれない。チェコ共和国のプジェドモスティにある三万年前の遺跡で発掘された骨を分析した結果、その旧石器時代のイヌと考えられるイヌ科の動物はトナカイやジャコウウシの肉を食べていたが、オオカミはウマやマンモスの肉を食べていたことがわかっている。農耕が始まると、ヒトから手に入る食事のメニューは変わっただろう。定住生活を始めたヒトの集落のゴミ捨て場あたりをうろつくイヌには、拾いものがたくさんあったにちがいない。

現代のイヌの大半は、デンプンを消化する酵素をコードしているアミラーゼ遺伝子を複数もっている。

この遺伝子を多くもつイヌほど、多くのアミラーゼを膵臓《すいぞう》で産生する。これは、集落のゴミ捨て場で食べ物を見つけたり、食事の残飯を食べたりするときには非常に役に立つ。やがて、イヌの食性は肉食から雑食になった。協力関係にあるヒトの食性に近づいたのだ。ところが、アミラーゼ遺伝子の数は現代のイヌのあいだでかなり異なっている。アミラーゼ遺伝子の数の違いをたどると、ほとんどが品種の違いに行き着く。これにはいくつか理由が考えられるだろう。この違いが単なる偶然ではないことを確かめた研究者たちは、系統発生――品種の「系譜」――と関係しているのではないかと思った。しかし、実際にはそうではなさそうだった。研究者たちは、オオカミとの交雑によって一部の品種でアミラーゼ遺伝子の数が減ったのかもしれないとも考えたが、これもやはり違いのパターンを十分に説明できそうになかった。残る説明は、アミラーゼ遺伝子の数が太古のイヌの食べ物の違いを反映しているというものだ。

太古のイヌの骨サンプルに含まれる炭素と窒素の同位体を調べたところ、かつての食べ物を知る――その食べ物がどれほど多様だったかを示す――手がかりが得られている。たとえば、およそ九〇〇〇年前の中国では、イヌが食べていたものの六五～九〇パーセントは雑穀だった。一方、三〇〇〇年前の朝鮮の沿岸では、イヌは海生の哺乳類や魚を食べていた。各地でイヌは、さまざまな食べ物の試練を受けていた。そのうちに、彼らの遺伝子構成がそれに応じて変化したのである。

ゲノムに対するこの種の変化――特定の遺伝子の増加――は、減数分裂におけるミスのせいで起こる。減数分裂とは、卵子や精子（ほかの体細胞には染色体が二セット存在するのに対し、一セットしかない）を作る特殊なタイプの細胞分裂のことだ。減数分裂では、染色体がペアを組み、それからペアのあいだでDNAを交換する。この「乗り換え（交叉）」の際に生じるミスが、染色体上の遺伝子の重複をもたらすことがある。いったんそれが起こると、次の世代で、また減数分裂によって卵子や精子ができるときに、同様のミスが生じる可能性が増す。片方の染色体には同じ遺伝子が二個あり、もう片方には一個あると、対合の不具合や遺伝子重複が起こりやすくなるのだ。そのため、このエラーは結果的に特定の遺伝子の増殖をもたらしうる。またその変化が有益なら、自然選択はそうしたミスを淘汰せず、優遇することになる。

イヌはふたつのグループに分けられるように見える。アミラーゼ遺伝子が非常に少ないイヌと、多いイヌだ。現代のイヌで一番数が少ない——オオカミのように二個しかない——ものは、シベリアンハスキー、グリーンランド・ドッグ、オーストラリアのディンゴなどの品種に多い。アミラーゼ遺伝子数の多いイヌの分布は、地球上の農業地帯——先史時代にヒトが農耕を営んでいた場所——とかなりよく一致する。農耕が最初に始まった中東に起源をもつサルーキには、なんと二九個もこの遺伝子がある。しかし、こうした変化は農耕が始まって即座に起きたのではない。新石器時代のイヌには、農耕民と一緒に暮らしていたその後の子孫が見せたような、アミラーゼ遺伝子の急増は見られないのだ。

ヒトが農耕を始めた新石器時代に、イヌも初めてユーラシア大陸を出て広がりだす。そして農耕の拡大するルートをたどっていくのだ。サハラ以南のアフリカには、新石器時代が始まったあと、五六〇〇〇年前に現れ、さらに四〇〇〇年かけて南アフリカに到達する。メキシコの考古学的遺跡には五〇〇〇年前ごろに現れ、これはそこに最初の農耕民が登場した時期と一致しているが、南米の最南端に到達するのはそれから四〇〇〇年後である。ミトコンドリアDNAの研究結果は、こうした初期のアメリカのイヌの系統はすべて、ヨーロッパが南北アメリカを植民地化してからすっかり入れ替わったことを示唆していた。ところが、最新のゲノムワイド解析は別の話を語っている。過去五〇〇〇年のあいだに入植者とともにやってきたヨーロッパのイヌは、新世界に元からいたイヌと混じり合ったという話だ。

われわれがよく知る現代の品種は、登場までにはるかに長い時間がかかっている。それらはごく最近作り出されたものなのだ。イヌの遺伝子は、この歴史を物語っている。イヌの祖先には、二度の顕著な遺伝的ボトルネックの徴候が見られる。一度は家畜化の最初であり、もう一度は現代の品種が現れたときで、過去二〇〇年以内のことにすぎない。育種家は特定の形質を伸ばし、見事なまでに従順なイヌを作り出して、狩りや牧羊などに大いに役立たせることに的を絞りだした。だが、選抜育種による形質の可塑性そのものが魅力となり、特殊な形やサイズ、色、感触のイヌも育種されるようになった。現代の犬種の形態上の多様性は、オオカミだけでなくキツネやジャッカルも含む、ほかのイヌ科全体でのそれを上回る。

今日、イヌの品種は四〇〇近く存在し、その――すばらしく多様な――ほとんどは、一九世紀に登場したばかりだ。畜犬クラブが認めた種類の血統を作り出し存続させるための、厳密におこなう育種が始まったころである。イヌの系統樹で一番長く変わらない系統をもつ、最も古そうな品種は、実は比較的最近イヌがやってきた場所で見つかっている。イヌは東南アジアの島々に三五〇〇年前、南アフリカにおよそ一四〇〇年前にやってきたが、これらの地域には、いくつか「遺伝的に古い」品種――バセンジー、ニューギニア・シンギング・ドッグ、ディンゴ――が存在するのだ。この傾向は、そうした系統がほかのほとんどの品種より長く隔離されていたことを示している。長く変わらないからといって、その系統が最初に枝分かれしたというわけではなく、辺境で遺伝的にまるっきり独立したまま残ったということなのである。

さまざまな犬種のゲノム解析から、きわめて詳細な系統樹が作成されている。その系統樹には二三のクレードと呼ばれる集団が存在し、それぞれに、近縁の品種のグループを示すひとまとまりの枝が含まれている。たとえばヨーロッパのテリアはひとつのクレードを形成し、バセットハウンド、フォックスハウンド、オッターハウンドは、ダックスフントやビーグルとともに別のクレードを形成する。スパニエルとレトリーヴァーとセッターも、近縁関係にある集団だ。これまで育種の厳密なコントロールによって、こうしたクレードはおおかた別々のままだったが、いくつかの品種にはふたつ以上のクレードのDNAが含まれており、これは、特定の形質をもつ異なるイヌ同士が最近交雑して新たなタイプが生まれたことを示している。たとえばパグは、予想どおりほかのアジアの小型品種と遺伝的につながっているが、ヨーロッパの小型犬を含むコンパクトな集団の一部でもある。これは、パグがアジアから持ち出され、ヨーロッパのイヌと意図的に掛け合わされて新たな小型品種になったことをほのめかしている。遺伝子データは過去二〇〇年のうちにきっちり分かれた品種ができたことを示しているが、こうした品種がひとつの同質の集団から生まれたことも明らかだ。異なる形質の選択によって、前からイヌはそれぞれ特定の機能に適したタイプに分かれていたが、そうした古い区別がイヌの系統樹における二三のクレードの基礎となっている。

ところが、ルーツが古いと考えられる多くの品種は、最近再現されたものだとわかっている。ウルフハウンドは、名前からうかがえるように、みずからの野生の親類を——とてもうまく——狩るために利用されていた。一七八六年までに、アイルランドにオオカミはほとんどいなくなっていたので、ウルフハウンドも必要なくなっていた。一八四〇年になるころには、アイリッシュ・ウルフハウンドも絶滅していた。だがそこで、グロスターシャーに住んでいたスコットランド人、ジョージ・オーガスタス・グレアム大尉が、ある種のウルフハウンドをスコティッシュ・ディアハウンドと交配して「アイリッシュ・ウルフハウンド」を復活させた。今日のアイリッシュ・ウルフハウンドの個体群はごく少数の祖先に由来しているため、多くの品種と同じく近親交配を重ねている。これは品種の特徴の維持には役立つものの、遺伝的要素の強い病気のリスクを高める。アイリッシュ・ウルフハウンドのおよそ四〇パーセントはなんらかの心臓病を患い、二〇パーセントは癲癇《てんかん》をもっている。問題を抱えている血統はこれだけではない。多くの犬種は二〇世紀、ふたつの世界大戦のあいだに絶滅寸前にまで激減し、ほかのタイプのイヌと異系交配をして復活した。その後のきわめて厳密におこなわれた育種で、近親交配を重ねた集団が生み出されたが、品種内の遺伝的多様性がほとんどなくなり、病気——心臓病や癲癇から、失明や特殊ながんまで——のリスクが増した。特定の品種は、ある種の疾患に罹りやすい。ダルメシアンは失聴のリスクが高く、ラブラドールはしばしば股関節障害をもち、コッカー・スパニエルは白内障になりやすい。

イヌの品種は今ではかなり生殖隔離［生殖可能な集団同士の交雑がなんらかの理由で妨げられていること］されているとしても、遺伝子は、かつて品種間や原初の品種間で遺伝子流動がたくさんあったことを教えてくれる。別々の国の品種が同じ形質と遺伝子をもっていれば、過去に交雑があったにちがいないということがわかる。メキシカン・ヘアレス・ドッグとチャイニーズ・クレステッド・ドッグは、ともに無毛で歯が少なく、どちらの品種でも、そうした形質はひとつの遺伝子のまったく同じ変異がもたらしている。ふたつの異なるイヌの集団でこの遺伝子がまったく同じように変異する確率は、とてつもなく低い。むしろ、こうした共通の形質と遺伝子標識は、共通の祖先の存在を物語っている。ダックスフントとコーギーとバセットハウンドは、皆脚がとても短い。これらのイヌは、ほかの一六の犬種とともに、この種の萎縮に関わるまったく同じ遺伝子標識をもっている。一個の余分な遺伝子の挿入だ。この挿入は、初期のイヌで、現代の脚の短い品種が登場するはるか以前に、一度だけ起きた可能性が高い。

遺伝子研究は、懐きやすさを選択して生み出された変種の多面発現的な豊富さから、現代の品種での、特定のタスクに適した特徴の選択に至るまで、イヌの進化史を理解するこんなにも驚くべきチャンスを与えてくれる。ある種の変異とそれに関わる形質が初期のイヌにひょっこり現れ、のちに——はるかのちに——選抜育種によって促進・拡散されて今知られている品種ができたこともわかる。近親交配には病気のリスクを増すという問題があるため、遺伝学者はとくに多い病気の原因をつかもうとしており、ひょっとしたら、いっそう慎重な選抜育種と、遺伝子型同定にもとづく慎重な異系交配によって、そのリスクを低減できるかもしれない。

一部の品種は、家畜となったイヌの範囲を超えて異系交配された。そんな極端な異系交配が、サーロース・ウルフドッグを生み出した。一九三五年、雄のドイツ・シェパードと雌のヨーロッパオオカミを掛け合わせてできたのだ。オランダの育種家レーンデルト・サーロースは、獰猛でいかつい使役犬を作り出したかったのだが、結局できたのは、おとなしくて用心深い動物だった。別の品種――チェコスロバキアン・ウルフドッグ――も、ドイツ・シェパードとオオカミの異種交配により、今度は一九五五年にチェコスロバキアで生み出された。チェコスロバキアン・ウルフドッグは、もとは軍務のために育種されたのだが、捜索や救助にも使われており、次第にペットとしても人気が出ている。前に紹介したワイルド・プレイスのウィル・ウォーカーは、ストーム［嵐の意味］という名のチェコスロバキアン・ウルフドッグを飼っている。「彼女はほかのどの犬にも劣らず人懐っこいですよ。どの犬や人に会っても、好きになるんです」と彼は言った。「優秀な番犬にもなります。何にでも吠えて、私や家を懸命に守ろうとしてくれます」。「あなたはまるで、オオカミが野営地を守ってくれている狩猟採集民みたいですね！」と私は答えた。

だが、ウルフドッグ（半狼）の人気が高まる――テレビドラマ『ゲーム・オブ・スローンズ』にこの堂々たる動物が登場して人気に拍車がかかった――一方、家庭のペットとしてふさわしいかという懸念も高まっている。最近の交雑によって育種された動物と、サーロース・ウルフドッグやチェコスロバキアン・ウルフドッグなど、遺伝的に「オオカミ」より「イヌ」にはるかに近いものとして十分確立された品種とのあいだには、大きな違いがある。それなのに、ウルフドッグ――オオカミとイヌの雑種――

の育種家のなかには、ずっと最近の交雑でできたと宣伝しながら、予想外の野生の行動をとる可能性が懸念される動物を提供している者もいる。

ウルフドッグは、米国では何人もの子どもを襲って殺してしまっており、一部の州では全面的に飼育が禁止され、ほかの州では、交雑が五世代以上前に起きたものに限り、飼育が合法となっている。英国では、第一世代や第二世代のウルフドッグは、危険野生動物法――ライオンやトラの所有に適用されるのと同じ法規――で規制されるほど危険と見なされている。しかし購入者が「オオカミ要素の強さ」や「野生の外見」を求め、五〇〇〇ポンド〔七十数万円〕出して『ゲーム・オブ・スローンズ』のジョン・スノウの気分を味わいたがるおかげで、ウルフドッグは大きな商売になっている。交雑の産物が数世代でどれほど「オオカミらしく」なるかは、なかなかわかりにくい。第一世代の動物は遺伝子が五〇対五〇だが、そのあとは、卵子や精子が作られるときに起こるDNAのシャッフルが、複雑さをもたらす――第二世代のウルフドッグは、ゲノム内にオオカミの遺伝子を最大で七五パーセントもちうるが、最小では二五パーセントになるのだ。「オオカミとイヌの雑種」とされるもののなかには、まったくそうではなく、ドイツ・シェパードやハスキーやマラミュート――どれもすでにかなりオオカミに似ている――の雑種がオオカミによく似た動物になっただけという可能性もある。交雑から数世代経ったウルフドッグの「オオカミらしさ」は、遺伝子型同定をおこなわなければ突き止められない。また、そのオオカミらしさの遺伝的尺度をもってしても、それが個別の動物のとりうる行動とどのぐらい関係しているかを知ることは難しい。

オオカミとイヌの雑種については、反対に、イヌの遺伝子が野生のオオカミのゲノムに入り込む懸念もある。遺伝子研究から、ユーラシア大陸のオオカミの二五パーセントのゲノムに、イヌに由来する遺伝子が含まれていることがわかっている。これは、生態系保全の観点から問題となる――家畜となったイヌの遺伝子が野生のタイリクオオカミに入り込むと、*Canis lupus* に問題を引き起こすおそれがあるのではないか？　ヨーロッパでオオカミの個体数は、狩りと生息地の分断によって減少した。だが、交雑は有益な遺伝子や形質をもたらしもしただろう。北米のオオカミは、数千年前とまでは言わないが、数百年前のイヌとの交雑により、黒い毛色を獲得した。大半の交雑は、放し飼いの雄のイヌと雌のオオカミとの交尾によって起きるように見えるが、最近のある研究では、ラトビアの二頭のウルフドッグにイヌのミトコンドリアDNAが見つかっている。ミトコンドリアDNAは母親からしか遺伝しないので、このDNAがオオカミのゲノムに入るには、雌のイヌが雄のオオカミと交尾するしかない。イヌの遺伝子がオオカミの個体群に入ると、それをなくすのはとても難しい。一部の雑種は少しイヌに似ているが、多くは野生のオオカミによく似ている。そのため専門家は、交雑の影響を減らす最良の手は放し飼いのイヌの数を減らすことだと忠告している。放し飼いのイヌが野生のオオカミと交尾してしまったら、もう手遅れなのだ。

交雑はさまざまな疑問を投げかける。種の純粋性について、またかつて不可侵とされた種の境界を越えてどれほど交雑が起きているかについては、生物学的な疑問がいくつかある。繁殖力のある子孫を生む交雑が多いとしたら、われわれの決めた種の境界は厳密すぎるということになるのか？　現在、こうした問題が広く議論されている。ところが実際には、種の名前をつけて境界を引くのが仕事である分類学者は、教科書から思われそうなほど厳密に考えてはいない。種は――分岐する（そしてときには収斂する）――進化系統のスナップショットにすぎない。生命の系統樹で一番近い親類と、診断可能な形で異なることによって定義されているのだ。だが時として、種は人間の都合で定義される。とくに、飼育栽培種とその野生の祖先に対して別の種名をつけるときには。

交雑が起こる可能性は、野生種への飼育栽培種の遺伝子の「混入」に関わる倫理的な問題ももたらす。

飼育栽培種を作り出してしまったわれわれは、現在生き残っている近縁の野生種を懸命に守ろうとしている。しかしこれは、現実の世界に本当は存在しない「種の純粋性」という考えを呼び起こすのではないか？　これは手ごわい問題であり、われわれ自身の個体数が増え、協力関係を結ぶようになった種がわれわれのそばで次々と芽吹くにつれ、さらに差し迫った問題になるだろう。それほどの難問なのだ。われわれの協力者となった種は、人懐っこくて有用になり、われわれに不可欠な存在にさえなって、自分たちの未来を確たるものにした。ところが、彼らとともにわれわれは、残っている野生種に対して脅威となっている。

ヒトとオオカミがこの惑星で共存するための最も安全な手だては、互いに避けることのように思える。かつてわれわれの祖先は、オオカミに気を許していた——家畜化するほど長く。現在オオカミは、かつてよりはるかに生まれつきヒトを避けているかもしれない。オオカミは、家畜化されてイヌになることによって、非常に多くの点で変わったが、野生のオオカミも変わったのではなかろうか。われわれがオオカミを駆逐したり狩ったりすることで、きっとオオカミ自身の選択圧を働かせたのだろう。最も成功を収めたオオカミは、ヒトに近づかなかった可能性が高い。臆病でわれわれを避けるオオカミは、イヌと同じく、ヒトの媒介による選択の産物なのかもしれない。

タイリクオオカミとイヌの遺伝子研究によれば、イヌを生み出したオオカミの系統は、今では絶滅している。最終氷期の極大期あたりは大変な時だったので、それは確かに起こりえた。しかし、系統樹はもうひとつの見方ができる。その見方によれば、イヌを生み出したオオカミの系統は、決して絶滅してはいない。それどころか、その系統はオオカミの系統樹で最も個体数の多い枝、すなわちイヌなのである。遺伝子から言えば、イヌはタイリクオオカミに等しい。ほとんどの研究者は、イヌをタイリクオオカミの種、*Canis lupus* に含めてしまっている。かつて *Canis familiaris* と見なされていた別の種ではなく、

*Canis lupus familiaris* という亜種として。

だから、あなたがよく知っているあのテリアも、あのスパニエルも、あのレトリーヴァーも……根はオオカミなのだ。しかし、野生の親類よりはるかに人懐っこい——よく尻尾を振り、手をなめ、まったく危険でない——のである。

# 2　コムギ　*Triticum*

歴史は……われわれの命を奪う戦場を称える一方、われわれを栄えさせる畑のことは語らない。王の私生児の名前は知っていても、コムギの起源は教えられない。それが人の愚かさというものだ。

ジャン＝アンリ・カジミール・ファーブル、一九世紀フランスの博物学者

## 大地のなかの亡霊

八〇〇〇年前、ヨーロッパ北西部のどこかの海岸付近で、ひとつの種子が肥沃な大地に落ちた。それは遠く旅をしてきた。風に飛ばされたのではない。鳥がくちばしでくわえたり、腹に収めたりして運んだのでもない。舟に乗って旅をしたのだ。大事な積み荷の一部だったが、小さすぎて、森の空き地の地面に落ちてもだれも気づかなかった。

種子は生長しだした。発芽し、長い葉を伸ばす。だが、まわりの草のほうが強かった。闖入者《ちんにゅうしゃ》は自分の種子を生み出せず、枯れてしまった。それでも、その亡霊は土のなかに残っていた。腐生の菌類や細菌が最後のひとかけらまで力いっぱい分解したあとでも、その外来植物の分子はいくらか残存していたのだ。そして年々、林床の増大とともに、その土の層は深く埋まっていった。やがて木々が姿を消し、スゲやアシに取って代わられた。スゲやアシは、伸びては枯れ、腐りかけで倒れる。海面が上昇してい

くと、アシの草原はアッケシソウやマツナに置き換わった。潮が満ちると細かい土砂が運び込まれ、泥炭の上に泥の層ができる。しばらくは、この新たな干潟は大潮のときにしか水浸しにならなかった。やがて日に二度になり、その後、水没してマツナさえとどまれなくなる。さらに海面が上昇し、波がどんどん入ってくる。それでもまだ、古き外来植物の分子の亡霊は、ソレント海峡［英国南部の本土とワイト島のあいだにある］の海底で、深い泥炭の層に――何メートルもの粘土の下に埋もれて――残っていた。

## ロブスターが考古学的発見をなし遂げる

一九九九年、ワイト島北岸のボールドナー――ヤーマスのすぐ東――付近の海底に棲んでいた一匹のロブスターが、驚くべき発見をなし遂げた。ロブスターは、海中に沈んだ海食崖のふもとに巣穴を掘っていて、そこから砂や石ころを運び出していた。

ふたりのダイバーが、そのロブスターと、それが巣穴まで掘った溝を見つけた。溝は古いナラの倒木に沿って走っており、そのなかにダイバーは、ロブスターが巣穴から押し出した石を発見したのである。ふたりは海洋考古学者で、ボールドナー・クリフにある保存状態の良い水没林に関心をもっていた。そしてロブスターが掘り出した石をいくつか拾い、それが人工のものだと気づいた――加工したフリント（火打ち石）である。それは、この地域で考古学者が見つけた最初の石器ではなかったが、ほかのものは侵食によって地層から出て、潮流によって移動していた。ロブスターが見つけたフリントは、わずかな距離しか移動していないように見えた。そのためダイバーは、その人工物がもともとあった環境がおそらく崖のなかで、まさにロブスターが棲みかを作るのに選んだ場所なのではないかと考えた。

海底考古学者たちは本格的に仕事に取りかかった。一度に一時間もぐり、ボールドナー・クリフのふもとにあるそのエリアを調べては掘ったのだ。視界が悪く、潮流が速かったものの、彼らは驚くほどたくさんの考古学的遺物を見つけ、そこが陸地だったころの環境を構築しだした。太古の森の遺物――マツ、ナラ、ニレ、ハシバミ――も見つけた。根元を水につけたまま生長しやすいハンノキもあり、それは太古の川岸に生えていたのかもしれない。そして、かつてその川岸だったにちがいない砂の層のなかに、考古学者たちはヒトの活動の証拠を見出した。たくさんあったフリントのいくつかは焼けたあとがあり、それとともに、木炭や炭化したヘーゼルナッツ（ハシバミの実）の殻、英国最古のひもも見つかったのである。放射性炭素年代測定から、その遺跡には紀元前六〇〇〇年ごろにヒトが住んでいたことが判明している。そばには、焼けた層を含むくぼみと、中石器時代の家を支えていた高床《たかゆか》かもしれない――あくまで、かもしれない――積み上げた材木の形跡もあった。加工した材木も多くあり、太古の道具のあとがはっきり残っていた。そうした材木のなかには、縦に割ったナラ材――丸木舟の材料かもしれない――や、古い地層のなかに今も直立している柱もあった。その保存状態はすばらしく、この場所が大昔に放棄されたあと、すぐに泥炭が覆い、その場で遺物を封じ込めたにちがいないということがわかった。あとはそこにずっととどまり、八〇〇〇年後に幸運のロブスターがやってきて見つけるのをただ待っていたのである。

ボールドナー・クリフでの水中発掘作業は、二〇〇〇年から二〇一二年まで続いた。発掘されたものをすべて分析するには、さらに多くの年月がかかるだろう。さまざまな研究者が食いつけるほど――考古学と古環境学の見地から――たくさんあるのだ。ダイバーは、海底から引き上げた明らかに古い種々の遺物――欠けたフリント、木炭のかけら、炭化したヘーゼルナッツの殻――とともに、泥も持ち帰った。それもたくさん。そうした堆積物のサンプルには間違いなく、ボールドナー・クリフの先史時代の環境について、ふるいにかけ顕微鏡で観察することによって得られるわずかな手がかり——たとえば齧歯類の小さな骨や植物の小片、さらには花粉——がもっと含まれているはずだ。ところが二〇一三年、別の研究チームがワイト島の考古学者たちと連絡を取った。彼らは泥をほしがったが、最高性能の顕微鏡でも見えないはずのものを見つけようとしていた。分子を追い求めていたのだ。豊かな情報をもつ、長いひも状の分子。ＤＮＡである。

　彼ら遺伝学者は、ソレントの泥の調査に、先入観を捨てて取り組んだ。見つかる可能性のあるものを予想してから、それが見つかるか（あるいは見つからないか）確かめようとしたのではないのだ。ヘーゼルナッツの殻を含む層から得られたサンプルを調べ、「ショットガン配列決定」という——その名が示唆するとおり見境のない——手法を適用した。これは、仮説が先に立つ研究——優れた科学者が遵守に努めるべき絶対的基準となる「科学的方法」——とは正反対のように思える。だが、「科学的方法」はただひとつではない。時として、何かをよく知るために始める最良の手段は、ただ「そこに何があるか？」と問うだけの場合もあるのだ。それからデータを集めて理解しようとする。おそらく、そんなおおざっぱなアプローチでも——どのデータを集めるべきかを指示する——仮説はあるだろうが、実験というものはなく、ただよく見るだけだ。ゲノム研究の多くはこのようになされている。大量のデータを集め、パターンを探るのである。ソレントの調査の場合、仮説はとてもおおざっぱだった。「当時の生物がもっていた太古のＤＮＡがサンプルから見つかるだろう」というものだ。そして非常識に聞こえるかもしれないが、仮説をできるだけおおまかなものにし、先入観や期待を断《た》ったときにこそ、真に新しく刺激的なものが見つかる可能性が高くなると私は思う。

　ボールドナー・クリフの泥を調べた遺伝学者たちは、八〇〇〇年前（紀元前六〇〇〇年）にそこに棲んでいたもののさまざまなＤＮＡ配列を拾い出した。ナラ、ポプラ、リンゴ、ブナのほか、イネ科やハーブの遺伝的痕跡も見つかった。イヌ属——イヌやオオカミ——もいた。それにウシ属——ウシの古い祖先であるオーロックスが起源にちがいない——も。シカ、ライチョウ、齧歯《げっし》類の分子レベルの亡霊も、その堆積物にひそんでいた。少しずつ遺伝学者は、中石器時代の狩猟採集民が暮らしたソレントの森で営まれていた太古の生態系を組み上げていった。

ところが、海底から採取したＤＮＡの断片のなかに、まったく意外なものもあった。*Triticum*（コムギ属）の明白な痕跡である。コムギだ。あるはずのものではなかった。ここは英国で、農耕が始まる前だったのだ。堆積物のサンプルは、すでに花粉の存在が調べられていた。花粉は一般に、当時生えていた植物の良い指標となる。だが、サンプルのなかにコムギの花粉はなかった。間違いだったのか？　あまりにも異常な発見で、遺伝学者は、別の何かを目にしていたのでは絶対にないことを確かめる必要があった。しかし、その*Triticum*の配列は本物のようだった。研究チームは、そのシグナルが英国に自生していた何か別の「コムギに似たイネ科」——たとえばハマニンニクやシバムギ——のものではありえないか慎重に確かめたが、太古のＤＮＡはどれとも違っていた。むしろ、最も一致していたのは、ある種のコムギだった。*Triticum monococcum*すなわちヒトツブコムギである。このコムギの穂を構成する小穂《しょうすい》には、それぞれ一個の種子が丈夫な殻のなかに収まっている。ヒトツブコムギは、いち早く栽培化された穀物のひとつだが、英国には六〇〇〇年前（紀元前四〇〇〇年）になって到来したと考えられていた。ボールドナー・クリフにその明白な遺伝的痕跡が残された時期より、まるまる二〇〇〇年もあとのことだ。

したがって、ソレントの海底の堆積物に埋もれたヒトツブコムギは、はるか昔に短期間で遠くまで旅をしたことになる。栽培種のヒトツブコムギが生まれた場所は、四〇〇〇キロメートル離れた地中海東岸だ。そして、最初にヒトツブコムギやほかのコムギの発祥地に注目しだしたのは、一八八七年にモスクワで生まれた、植物学者にして遺伝学者でもある人物だった。

## ヴァヴィロフの果敢な探求

一九一六年、二九歳のニコライ・イヴァノヴィッチ・ヴァヴィロフが、サンクトペテルブルクからペルシャ（現代のイラン）への遠征に出発した。彼の胸中には、ある目的があった。世界でもとくに重要な作物のいくつかについて、起源を突き止めるという目的だ。

ヴァヴィロフは英国で、高名な生物学者ウィリアム・ベイトソンの教えを受けた。ベイトソンを通じ、ヴァヴィロフは遺伝にかんするメンデルの考えをよく知ることとなったようだ。ウィリアム・ベイトソンは、アウグスティノ会の修道士グレゴール・メンデルの業績——エンドウでおこなった有名な実験など——を掘り起こし、一般に広める役目を果たした。メンデルは、豆が緑になるか黄色になるか、滑らかになるかしわが寄るかに影響する「遺伝の単位」のようなものがあるにちがいないと結論した。彼には、その単位が何なのかはわからなかった——今では遺伝子だとわかっている——が、その存在は予言できたのである。そして一八六六年、ドイツで「遺伝の法則」を公表した。四〇年以上経って、ベイトソンがこの画期的な成果を英語に翻訳した。彼こそが、メンデルの知見と理論にもとづく遺伝の科学的研究の名前——「genetics（遺伝学）」——を考え出したのである。

ヴァヴィロフは、ダーウィンの自然選択による進化論もよく知っていた。英国にいたころ、多くの時間をダーウィンの個人蔵書——ダーウィンの息子フランシスが植物生理学の教授を務めていたケンブリッジ大学に保管されていた——にある書籍やメモを読みふけって過ごしていたのだ。ヴァヴィロフは、チャールズ・ダーウィンが、アルフォンス・ドゥ・カンドール——一八五五年に出版した大部の二冊で栽培植物の起源を探ったスイスの有名な植物学者——などの先達《せんだつ》の著作をいかに丹念かつ総合的に読んで学んでいたかを、わが目で確かめた。彼は明らかに、そうした本の余白や巻末に書き込まれたメモで、ダーウィンの思想の発展をたどるのを楽しんでいた。そして、ダーウィンの学識と、思想の精華と、生物のプロセスに対する明確な理解を称えていた。「ダーウィン以前、変異の概念や選択の大きな役割は、そこまで明確に、決定的に、そして具体的に提起されていなかった」と彼は書いている。

ニコライ・ヴァヴィロフは、種が——飼育栽培種も含めて——最初に現れた場所を突き止めるには、ダーウィンの思想が欠かせないと考えた。種の地理的な起源にかんするダーウィンの考え——『種の起源』ではっきり語られているもの——は、本質的にとても単純だ。どんな種の起源も、その種のなかに現在でも最も多くの種類が存在する場所だった可能性が高い。これは今なお、現代の研究の指針となっている。今日最も遺伝的——また表現型の——多様性が高い場所は、きっと種が最も長く存在している場所なのである。これは役立つ指針だが、問題に突き当たる。時とともに、動物や植物は移動するからだ。それでもヴァヴィロフは、近縁の野生種の多様性も重要な手がかりになりうると考えた。そこで、もう少し網を広げ、関心をもっている栽培作物のほかに、野生の親類にも目を向けたのだ。

ヴァヴィロフは国家の植物学者として働いた。具体的な任務は、植物の栽培種を研究し、ロシアの人民に農学や植物の品種改良の情報を提供することだった。だが彼は、自分の研究の歴史的・考古学的な面にも同じぐらい興味をもっていた。そして、栽培種の起源を突き止めることも、「諸民族の歴史的運命を説明する」うえで重要だろうと考えた。彼はまた、栽培化されたコムギの起源を明らかにするなかで、われわれの祖先が野生の食物の採集から栽培へ移行した——採集民から農耕民への移行をなし遂げた——人類史上きわめて重要な瞬間についての知見が得られそうなことにも気づいた。自分が有史以前の歴史を知ろうとしていることを悟ったのだ。種の最初の栽培化は、文字の発明のはるか以前になされていたはずなのである。彼はこう書いている。「人類の文明と農耕の歴史と起源は、まちがいなく、遺物や碑文や彫刻といった過去のどんな証拠資料からわかるよりもはるかに古いはずだ」

栽培種の起源の探求は、長いこと考古学者と歴史家と言語学者の領分だった。しかしヴァヴィロフは、植物学や新たな科学である遺伝学も大きく寄与できると考えた。それどころか、従来の証拠の中身をかなりけなしていた。「文献学者や考古学者や歴史家は『コムギ』と『オートムギ』と『オオムギ』で話をする」と一九二四年に彼は記している。「現在の植物学が知るところでは、コムギの栽培種は一三種に、オートムギは六種に区別され、それぞれ大きく異なっている」

そのうえ彼は、自分のしている研究が机上の科学ではないとも思っていた。現地へ行く必要があった。環境と、そこに生える植物を知る必要があった。また、なによりサンプルを必要とした。「ひとかたまりの穀物、ひとつかみの種子、ひと束の実り豊かな小穂に、このうえない科学的価値がある」と彼は書いている。

ヴァヴィロフは、多くの種類の栽培コムギの証拠を手にして、ペルシャ遠征から帰ってきた。彼はコムギの種を、染色体の数の違いによって三つのグループに分けた。軟質コムギの種は、普通コムギすなわちパンコムギ（*Triticum vulgare*）などで、二一対の染色体をもっていた。硬質コムギはエンマーコムギ（*Triticum dicoccoides*）などで、染色体は一四対であり、ヒトツブコムギ（*Triticum monococcum*）には染色体が七対しかない。故郷のロシアには、六、七種類の軟質コムギしか生えていなかった。ところがペルシャとブハラ（現代のウズベキスタン）とアフガニスタンで、ヴァヴィロフは六〇ほどの種類を記録した。彼の目には、アジア南西部がこのタイプの栽培コムギの故郷にちがいないことは明らかだった。硬質コムギの分布はやや異なり、最も多くの種類は地中海東岸に生えていた。ヒトツブコムギはまた違っていた。その野生種は、ギリシャから小アジア、シリア、パレスチナ、メソポタミアにわたる地域で見つかっていた。そこで彼は述べている。「おそらく、小アジア［アナトリア］とその隣接地域が、ヒトツブコムギの種類が多い中心のように思われる」

　ヴァヴィロフは、コムギのタイプによって異なる栽培化の中心地が、農学者――作物の改良に関心のある人間――である彼にとっても重要な意味のある形で、さまざまな種の特徴に影響を及ぼしたと考えた。エンマーコムギなどの硬質コムギが生まれた地中海沿岸では、春と秋は湿潤で、夏は乾燥している。硬質コムギは、発芽して生長を始めるのに水分を必要とするが、成熟するとかなり日照りに強かった。そこでヴァヴィロフは、エンマーコムギが最初に栽培化されたタイプのコムギであると考え、それについて「太古の農耕民にとってのパンコムギ」と記している。彼はまた、ヒトツブコムギがそのあとに生まれたことについて、興味深い見解をもっていた。

　最初期の農耕民は、コムギを育てはじめたとき、種子をまいた作物のそばで、ほかの植物が元気に生きているように見えることに気づいた。雑草を見つけたのだ。そうした雑草のなかに、やがて栽培化されたものがあったのだろう。野生のライムギやオートムギはどちらも、コムギやオオムギの畑に雑草としてよく生えていた。ヴァヴィロフは、ライムギが作物として育てられはじめたのは、冬のあいだ、あるいはやせた土壌や厳しい気候で、その雑草がコムギに取って代わったためではないかと主張した。そういう条件では、もともと植わっていた作物よりライムギのほうが強かったのだ。ペルシャを旅していたとき、ヴァヴィロフはエンマーコムギの畑に雑草のオートムギがはびこっているのを目にした。すると彼は、もっと北の地域でエンマーコムギを育てようとする農耕民がいたら、オートムギが畑を乗っ取るのに気づいたかもしれないと考えた。その農耕民は、結局オートムギを作物にせざるをえなかったのだ。

ヴァヴィロフは、雑草として一緒に生えだしてから、やがてそれ自体が作物になったと考えた植物の例を、ほかにも多く示した。アマナズナは初め、アマのなかに生える雑草だった。キバナスズシロ[葉野菜のルッコラとして知られる]は初め、アマの畑の雑草だった。ヴァヴィロフは、野生のニンジンがアフガニスタンのブドウ園に雑草としてよく生えていることにも気づき、「地元の農耕民に栽培されるように事実上自分から導いていた」と書いている。同様に、カラスノエンドウやエンドウやコリアンダーも、もとはきっと穀物の畑に生える雑草だったのだろう。さらにヴァヴィロフは、アナトリアのエンマーコムギの畑にはびこる雑草のひとつが、重要な穀物――ヒトツブコムギ――になった可能性も指摘した。

だがロシアでは、ヴァヴィロフの考えは広まらなかった。ダーウィンの説やメンデルの遺伝学は、スターリン支配のソヴィエトでは流行らなかったのである。ヴァヴィロフ自身が脅威と見なされだした。危険な雑草だと。彼の教え子だったトロフィム・ルイセンコ――ヴァヴィロフは「怒れる種《しゅ》」と形容している――が、ナイフを突き立ててきたのだ。ウクライナへの旅の途中で、ヴァヴィロフは逮捕され、サラトフ刑務所に投獄された。そのまま刑務所を出ることなく、一九四三年にそこで餓死した。

## 三日月と鎌

作物の起源にかんするヴァヴィロフの果敢で先駆的な研究に続き、中東の広い一帯を「農耕のゆりかご」とする植物学的・考古学的証拠がさらに集まった。チグリス川とユーフラテス川のあいだと周囲を含み、ヨルダン渓谷まで伸びるこの「肥沃な三日月地帯」――世界でいち早く農耕が始まった場所のひとつ――は、ユーラシア大陸の新石器文化の発祥地として有名になった。ここで、最初に栽培化されたコムギ、オオムギ、エンドウ、レンズマメ、ビターヴェッチ、ヒヨコマメ、アマ、すなわちユーラシア大陸の新石器文化の「創始作物」として知られるようになった植物すべてが登場したのだ。最近の研究では、ソラマメとイチジクもこのリストに加えるべきだと提言されている。

考古学は、かなり初期の農耕社会が、現在のトルコやシリア北部にあたる場所で、一万一六〇〇〜一万五〇〇〇年前に存在していたことを明らかにしている。一方、中東の人々が野生の穀物を、栽培化のはるか以前に利用していた証拠もある。栽培化された穀物――オオムギ、エンマーコムギ、ヒトツブコムギなど――の痕跡の多くは、それらの野生種の痕跡が含まれる深くて古い層のすぐ上にある、浅くて新しい地層に見つかっているのだ。考古学史上最初に現れるコムギやオオムギ、ライムギ、オートムギは、野生の穀物を採取したものなのである。

一万一四〇〇〜一万一二〇〇年前の野生のオオムギやオートムギが何千粒も、ヨルダン渓谷のギルガルで見つかっている。ユーフラテス河畔のアブ・フレイラでは、栽培化の初期の徴候を示す野生のライムギ――脱穀された形跡のある太い粒――が発掘されている。またいくつかの場所には、狩猟採集民が自分たちの採集した野生の穀物でしていた作業を示す、興味深い証拠もある。

南レヴァント全域の遺跡で、石に彫られた小さなくぼみの存在が、考古学者を何十年も悩ませていた。ある人々は、そうした椀状の穴が太古の石工たちのコンテストで作られたものなのではないかと言った。あるいは、性器を象徴化したものかもしれないとも（文化的人工物のなかに、実際にそうした重要な身体部位を表すものがあるかもしれないことは、私も全面的に認める――そうでなければ不思議だろう。しかし、昔のどんなこぶや穴も性的なものの暗示だとする解釈は、そうした人工物を作った太古の人間の心ではなく、考古学者の心を表しているように思わずにはいられない）。ともあれ、そのようなくぼみについては、もっと味気ない説明のほうがはるかに有望に思える。食べ物を作るために――具体的に言えば、穀物をすりつぶして粉にするために――使ったすり鉢の可能性が高いのだ。

　このすり鉢とされるものの多くは、ナトゥーフ文化――当地で新石器時代の最初の兆しが見られるよりもまるまる八〇〇年も早い、一万二五〇〇年前までに確立された文化――の遺跡で見つかっている。この文化の名前は、ヨルダン川西岸のワディ・アン＝ナトゥーフにある、一九二〇年代にドロシー・ギャロッドが発掘をおこなった洞窟に由来する。ナトゥーフ文化が興る時代は、考古学用語で終末期旧石器時代の後期という。これは、変化の暗示と期待に満ちた時期だ。社会や文化は、遺物にはっきり見られるとおりに発展していたが、まだ完全には新石器時代とは言えない。

　南レヴァントのナトゥーフ文化は、およそ一万四五〇〇年前に現れ、絶えず移動する暮らしから定住生活への重要な移行をもたらした。ナトゥーフ人はまだ狩猟採集民だったが、定住していたのだ。彼らは一時的な野営地ではなく、通年の恒久的な集落に住んでいた。やがて一万二五〇〇年前には、そうした集落の人々は、石にすり鉢のように見える椀状の穴を彫っていた。当時、この地域に生えていた唯一の大粒の穀物は、野生のオオムギだった。そこで、最近ある考古学者のチームが、この石のすり鉢を実際に使ってみることにした。どれだけうまく、オオムギの粒をすりつぶして粉にできるだろうかと思って。

　その実験は、考古学者たちにとってできるかぎり忠実に再現されたものだった。彼らは実験をするのに昔のナトゥーフ人の格好まではしなかったにしても、すべての作業をナトゥーフ式の道具でおこなうようにしたのだ。まず、野生のオオムギを石の鎌で収穫した。それまでの実験で、フリントで複製した鎌を使って茎を切ると、鎌と解釈されているフリントの考古学的道具に見られるのと同じ光沢が出ることがわかっていたのである。次に彼らは、小穂をかごに集めた。それから曲がった棒を使ってオオムギを脱穀し、芒《のぎ》――長い棘――を小穂から切り離す。さらに、円錐状のすり鉢のなかで木のすりこぎを使って小穂をつき砕き、芒の根元や殻を取り除く。そうして出たもみがらはそっと吹き飛ばした。むき出しになった粒をすり鉢に戻すと、木のすりこぎでかき混ぜてはつき砕き、すりつぶして粉にする。考古学者たちは最後に、その粉を使って生地を作り、それを薪の火の燃えさしにかざして、パン種の入っていない平たいパンを焼き上げた。こうして彼らは実験でできたパンを食べ、たぶんそのあとビールも飲んだ。

考古学者たちは、フズク・ムサの遺跡に実際にあった太古の石彫りのすり鉢を、この実験に使った。その遺跡には三一個の細い円錐状のすり鉢と、そばに広い脱穀場が四つあった。実験をもとに彼らは、フズク・ムサのナトゥーフ人が、一万二五〇〇年前に、一〇〇人ほどの住民の主食にできるほどのオオムギを容易に処理できたと推定した。また、円錐状のすり鉢が、穀物の粒の殻をとてもうまくむけるように思えるのも重要だった。殻のついたオオムギは、ひき割りやポリッジ［ひき割りを水などで煮た粥］や粗い粉にできた。しかし殻をむいたオオムギは、はるかに細かい粉にすりつぶせる。そして、そうする理由はただひとつ、パンを作るためだ。フズク・ムサに住んでいた太古の人々が、穀物の栽培が始まる一〇〇〇年以上も前に、オオムギを採集し、脱穀し、すりつぶして粉にし、食事をともにしていただろうと考えると、なんとも驚きである。

農耕が始まる何百年も前にすでにパンが中東で主食になっていたと考えると、新石器革命も理解しやすくなる。じっさい、人々が野生の穀物を採集して処理しだせば、そうした種――オオムギのみならず、コムギなどの穀物も――の栽培化はほぼ必然だったと私は思う。特定の食べ物に大きく依存するようになると、野生の穀物の収穫に頼るのはひどく危険になるかもしれない。自分でいくらか育てるほうがいい。しかしこれは、われわれの祖先が意図的に野生の植物の栽培を始めたように思わせる。農耕の始まりは、実は念入りな計画よりもずっと、偶然の出来事や発見がもたらした可能性が高いのだ。

栽培化された穀物を野生の祖先と区別する変化の少なくとも一部は、偶然に、あるいはヒトの行為がはからずももたらした結果として、生じたように見える。野生の穀物と栽培化された穀物との決定的な違いは、種子が生《な》る穂軸――コムギなどの穂を形成する部分――の強さにある。野生のタイプでは、穂軸はもろく、脱粒する。種子が実ると、それを収めた個々の小穂が穂から離れ、風に飛ばされるのだ。一方、栽培化された穀物の穂は、種子が実ったあともそのまま保たれる。穂軸が丈夫で、決してもろくない。これは、野生の草にとってはひどく不利な特徴になる。種子が離れて風で散らばることができないのだから。野生の環境では、問題となる変異なので、自然選択によって速やかに淘汰されてしまうだろう。ところが作物だと、丈夫な穂軸は有利になる。

穂が実るまで収穫されずにいると、もろい穂軸はすでに種子の多くを失っているだろう。だが、穂軸の丈夫な変異体は、小穂をすべてもちつづけている。そのため、まだ付いている種子がすべて脱穀場に運ばれることになる――一部は食べるため、残りは再びまくために。そうして、丈夫な穂軸を生む種子の割合が一世代ごとに増していく。これも、ほとんどみずからを選択していく形質の一例だ。農耕民は、種子のすべてをもちつづけている個体を自分で探し出す必要はなかった。ほとんどのコムギが実るまで待つだけで、収穫したコムギは穂軸の丈夫なタイプが比較的多くなったのである。したがって、この形質が広まったのは、おそらく初期の農耕の習慣がはからずももたらした結果だったのだろう。

実のところ、丈夫な穂軸の選択は、農耕が始まる前にされはじめていた可能性もある。あなたが狩猟採集民で、両腕いっぱいに抱えた野生の穀物を集落へ処理しにもち帰ったとしよう。道すがら、たくさんの種子を落とすだろう。しかし、採ったコムギのどれかが穂軸の丈夫な変異体だったら、その穂は種子を落とさない。あなたが帰って脱穀を始めると、どうしても一部の粒はまわりに散って、芽を出し育ってしまう。最初の畑は、なんらかの栽培がおこなわれる前に、脱穀場の周囲に現れたのだろうか？

確かにありうるが、結局は、穂軸の丈夫なコムギも種子をまく必要がある。その形質は、穀物を収穫して処理するやり方がはからずももたらした結果としてうながされたのかもしれないが、いったんこのようにしてコムギの特定の系統が進化を遂げると、ヒトとの協力関係にはまり込んだ。ヒトの助けなしには生き延びられなくなったのだ。脱穀場の隅でしか――あるいは、意図的に植えられる畑でしか――生育できなかったのだから。

穂軸の丈夫な形質は、人々が次第に穀物に頼りだし、それを栽培するようになると、三〇〇〇年ほどかけて、太古のコムギのあいだにゆっくりとだが確実に広まった。レヴァントのいくつかの遺跡では、一万一〇〇〇年前に、脱粒しないヒトツブコムギやエンマーコムギがわずかな割合で見つかっている。ところが九〇〇〇年前（紀元前七〇〇〇年）になるころには、多くの遺跡で、脱粒しないコムギが一〇〇パーセントになっていた。その形質が、太古の栽培作物のなかで明らかに標準――遺伝学用語では、その形質が「固定された」という――になっていたのだ。

野生種から栽培種へのコムギの変化は、長期にわたるプロセスだった。そのゆっくりした変化とともに、狩猟採集民から農耕民になった人々の使った道具も同じようにゆっくりと変わっていった。だんだんと、考古学的遺跡で見つかる鎌が増えていくのだ。おなじみの曲がった金属の刃ではなく、最初のころの鎌はフリントやチャートでできていた。なにしろ、まだ石器時代なのだから。刃は長く、木製の柄《え》にはまっていたようだ（保存状態の良いほんのいくつかが、このような形で見つかっているので、考古学者は知っている）。刃に沿って見られる特徴的な「鎌の光沢」は、シリカに富んだ茎を切るのに何度も使われて磨き上げられたことを示している。鎌はいきなり現れはしない。きっと、野生の穀物を腕いっぱいに抱えるほど収穫するのに使われる前に、長いことアシやスゲを刈るのに使われていた道具だったのだろう。およそ一万二〇〇〇年前から、鎌は考古学的記録にもう少し頻繁に現れてくる。見つかる場所のほとんどは、肥沃な三日月地帯の西端にあたるレヴァントだ。考古学者によれば、このように鎌の使用が増えたのは、新たに穀物に依存するようになったことを示しているという。レヴァントの人々が、取りつかれたようにアシをたくさん刈るようになったとは考えにくいので。

　九〇〇〇年前ごろ、鎌は肥沃な三日月地帯の全域でさらに多く使われるようになる。だが、完全にどこでもというわけではない。すると一部の考古学者は、鎌の使用が穀物を収穫するための絶対的な必要条件だったというよりも、むしろ文化的嗜好だったのではないかと考えた。これは、一見そう思うほど意外ではない。コムギやオオムギを、ペトラ渓谷に住むベドウィン〔アラビア系の遊牧民〕のベドゥル族が今もしているように手で摘むのは、石や金属の道具で収穫するのと効率が変わらない可能性もあるのだ。ひょっとしたら、近東で九〇〇〇〜六〇〇〇年前に鎌の使用が増えたのは、収穫の効率よりも文化的アイデンティティ――農耕の「象徴」――と関係があったのかもしれない。それでも鎌の数の増加は、単なる象徴を超えて、（当初はひとにぎりの遺跡で、採集された植物のごく一部でしかなかった）穀物への依存度が本当に高まったことを示しているようだ。紀元前七〇〇〇年までには、植物の遺物が残っているほとんどの遺跡で穀物が大多数を占めるようになっている。それに、刈って収穫されたコムギは小穂にしっかり付いていただけではなく、粒が野生の祖先のものより大きかった。やはり、野生では不利になるもの――大きすぎて風で飛び散らない種子――が、農耕民にとっては思いがけない恩恵となったのである。

　野生のコムギで穀粒のサイズは、穂軸の丈夫な形質が現れる前にやや大きくなっている。それから三〇〇〇〜四〇〇〇年かけて、粒はますます大きくなる。この大型化は、間違いなく遺伝子変異が一因だが、ある程度は環境の変化のためでもあるだろう。作物は、よく耕された土で育てられたり、雑草とあまり張り合わずに済んだり、さらには十分に水を与えられたりすると、大きくなれるのだから。

現代の栽培コムギの穀粒は、三つの要素からなる。まず、胚がある――なにしろこれは種子なのだ。それから、種皮（果皮）がある。これは穀粒の重量のおよそ一二パーセントを占め、一般に糠《ぬか》と呼ばれる。だが、穀粒で圧倒的にかさのある部分は、胚乳だ。それは穀粒の重量の八六パーセントを占める。卵の黄身（卵黄）のように、胚乳はコムギの胚が発生する際に栄養を与えるためのものだ。これにはデンプン――たくさんのデンプン――のほか、油とタンパク質も含まれている。そしてこの胚乳は、穀粒のサイズが増す――コムギのひと粒ひと粒により多くの栄養が詰め込まれる――につれ、不釣り合いなほど大きくなった。しかし、胚もサイズが増大した。胚乳には遠く及ばないが、それでも大幅に。また、発芽や初期の生長にかんして、大粒の穀物には真に重要な特徴がひとつある。小粒のものよりはるかに苗が丈夫になるのだ。

穀粒のサイズの増大は、初期の農耕民が大粒の個体を意図的に選択して起こったと考えるのが、理にかなっているように思える。ところが、やはりこの形質も、はからずも選択された可能性がある。きっと初期の農耕民は、ひと粒ひと粒のサイズではなく、自分たちの畑の広さや生産性を増すことを目指していただろう。大粒のコムギの品種は、苗が丈夫で、小粒の品種よりも生まれながらにして優位だっただけなのかもしれない。苗同士の競合が、風でまき散らされた野生種ではあまり起こらなかったように思えるが、高密度で植わった畑では激しくなっただろう。次第に、夏を迎えるごとに、畑は大粒の品種で満たされていき、農耕民を喜ばせたはずだ。

こうしたふたつの重要な形質――丈夫で脱粒しない穂軸と、大きな穀粒――は、どの種でも同時に発達したわけではない。イヌの懐きやすさと毛色とは違い、ひとかたまりになって遺伝する形質ではないのだ。それぞれ異なる速さで、違った理由で進化を遂げた。そして、氷河期の狩猟採集民に付いていきはじめたオオカミが家畜化へ向けて歩みだしたときのように、そのプロセスは、よく考えられるのとまるで違って、ヒトの企図とは関係なく始まったように思える。だが、明確な意図はなくても、ヒトの行為はそうした穀物に大きな変化をもたらした。ほとんど偶然に、生産性をぐんと高めたのである。栽培の形質が広まり、その種に固定されるにしたがい、それはヒトにとっていっそう価値のあるものになった。コムギは大昔の食事でどんどん重要性を増し、将来主食となることが約束されたのだ。

コムギの栽培化の長く込み入った歴史は、ほとんど恋愛小説のあらすじのように思える。パートナーになりうるふたり――この場合、*Homo*（ヒト属）のある種と*Triticum*（コムギ属）のある種――が出会う。両者は出会ってから別の道を歩む可能性も十分にあった。しかし、その出会いがそれぞれのなかの何かを呼び覚ました。両者はともに踊りだす。ともに成長する。ヒトの文化は*Triticum*を受け入れるように変わり、コムギはヒトをいっそう惹きつけるように変わるのである。

だが、ヒトとコムギのパートナー関係はもう少し複雑だ。たとえば、コムギのタイプはただひとつではない。現代の植物学でも、ヴァヴィロフが特定し、染色体のセットの数の違いで大きく三つに区別されているコムギのグループが、まだ認められている。そして現代の遺伝学は、それらのグループ間の複雑な関係を明らかにしているのだ。

ヒトツブコムギは、野生種も栽培種も、単純な二セット――たった七対――の染色体をもつグループに属している。これを遺伝学では二倍体の生物という（あなたや私もそうだ）。遠い昔のあるときに、ある系統で染色体の倍加が生じた。これは、基本的に細胞分裂のエラーとしてときどき起きている。細胞が染色体を倍加しても、ふたつに分裂しなければ、二倍の数の染色体をもつ一個の細胞が残る。こうした太古の倍加によって、一四対の染色体（七つの染色体の対の対と言ってもいい）をもつ四倍体のコムギができた。これが、エンマーコムギとデュラムコムギの野生の遠い祖先で、はるか昔――五〇万～一五万年前――に起きたのである。

やがて、栽培化されたエンマーコムギ（四倍体）と野生のタルホコムギ（二倍体）で交雑が起き、染色体を二一対もつタイプのコムギができた。対が三セットで六倍体だ。この交雑は一万年前ごろに起きたと考えられ、それによって*Triticum aestivum*——普通コムギあるいはパンコムギ——が生まれた。

染色体の倍加は、ずいぶんがめつい話に思える。ほとんどの生物は、二セットの染色体で完璧にうまくやっている。四セットは不必要に見える。六セットはひどく無駄に思える。それなのに、多くの植物は倍数性——複数のセットの染色体をもつこと——を示し、何の害にもなっていないようなのだ。むしろ、大きな利点をもたらすこともある。遺伝子が余分に存在すると、ひとつの遺伝子が変異で損傷しても、代わりにその機能を果たせる別のものがあることになる。変異した遺伝子は、ゲノムのなかで新奇な仕事をするようになることさえある。エンマーコムギとタルホコムギが交雑したときのように、違うものからの遺伝物質が一緒になると、雑種強勢［生じた雑種が両親よりも優れた形質を示すこと］がもたらされることもある。新たな変異がなくても、新たに組み合わさった遺伝子が一緒に働きだすのだ。さらに、倍数性は植物細胞のサイズの増大にも関与しやすく、種子を大きくして収量を増す効果ももたらしうる。だが、良いことづくしではない。倍数体は問題を起こすことがある。選ぶべき染色体のセットがそれだけ多いので、生殖が少しややこしくなる。また、ときに致命的なまでに、胚発生が混乱する。それでも、少なくともパンコムギでは、六倍性の進化は——いろいろ考え合わせると——良いことだったように見えるのは確かだ。

とくに、パンコムギの生産性は、特異な形状の穂をもたらす遺伝子変異によっていっそう高まった。このコムギの野生の祖先は平たい穂をもち、小穂が中央の穂軸の両側に互い違いに並んでいる。ところがパンコムギでは、ひとつの有利な変異によって、かなり違うものが生み出された。角張った穂で、小穂が密に詰まっている。ほかのイネ科とまったく違って見える、コムギの穂の標準的な形状だ。パンコムギ（*Triticum aestivum*）としてよく知られるエンマーコムギとタルホコムギの雑種は、すぐに生産性の高い穀物になり、初期の農耕民が見つけて栽培したように思われる。

こうしてコムギはヒトとパートナーの関係を結び、その絆は何千年も続いて時とともにますます強まるばかりになる。しかし、そもそもどこでそれは始まったのか？　大きく広がる肥沃な三日月地帯のなかの厳密にどこで、それぞれの種のコムギ――ヒトツブコムギ、エンマーコムギ、パンコムギ――は生まれたのだろう？

中東は二世紀にわたり考古学者にとってのメッカであり、新石器時代の作物の地理的な起源は、探すべき聖杯の少なくともひとつになっていた。ところが、個々の種に対し（ヴァヴィロフも良しとしたにちがいない）厳密なアプローチをする植物考古学という新しい学問分野でも、起源はややとらえがたく、曖昧なままだった。ごく最近までは。

## ここか、そこか、いたるところか

肥沃な三日月地帯は、現代のイスラエル、ヨルダン、レバノン、シリア、トルコ、イラン、イラクといった国々の一部を含む広大なエリアである。すでに見たとおり、穀物の種子――初めは野生種で、のちに栽培種に取って代わられる――は、この地域全体の考古学的遺跡で見つかっている。その地域は、野生のコムギ、オオムギ、ライムギの分布が重なっている場所でもある。しかしそのエリアは広い。ヴァヴィロフはそれぞれの種に注目し、さまざまな栽培種と野生種を丹念に記録して採取し、そのデータをもとにそれぞれの発祥地を推測した。しばらくは、遺伝学と考古学が一致しているように見えた。

オーストラリアの偉大な考古学者ゴードン・チャイルドは、ロンドンの考古学研究所にいたその道の大家で、農耕の発明を、人類史上きわめて重大な変革と見なした。そして一九二三年に「新石器革命」という言葉をこしらえた。狩猟採集から農耕への移行は、政権交代のようなものだった。古い体制が覆されたのだ。新しい波がメソポタミアとレヴァントの一帯に押し寄せ、行く手にある何もかもを一掃した。すべてが見事なまでにまとめてやってきた。アイデアが創造の源泉からさざなみのように広がり、新たな種が栽培化の中心地からあふれ出ていったのだ。考古学者たちが明らかにした、最初の作物すべてを含む「新石器パッケージ」［新石器時代になし遂げられた文化的進歩をまとめてこう呼ぶ］は、ヴァヴィロフの示した「発祥地」ときちんと対応していた。肥沃な三日月地帯の北側の弧は、世界を変えた革命の中心のように思われた。近東にいた原初の農耕民の精鋭集団が、果敢にも自然を手なずけた。そして急増した人々が新しいアイデアを携えて拡大していったのだ。

遺伝学者は、染色体の数の調査――ヴァヴィロフがしていたことと同じ――から、染色体に含まれるDNAの解読へと歩を進めた。一九九〇年代になるころには、遺伝学者が異なる植物でDNAの同じ部分をいくつか調べ、配列を比べられるところまで、テクノロジーが進歩していた。これは、ゲノムの小さな一領域を調べるだけよりも優れた手法だったので、遺伝学者はヒトツブコムギの野生種と栽培種を調べ、栽培種がただひとつの起源をもつ単純な系統樹を構成していることを見出した。ヒトツブコムギは、単独の集団から進化を遂げたようだったのだ。栽培化されたヒトツブコムギのDNAは、トルコ南東部にあるカラカ山脈のふもとに生える野生種のものに最も近かった。染色体を二セットもつコムギ――エンマーコムギなど――も、そうした分析でよく似た結果が出た。これも見たところ起源がひとつで、やはりカラカ山脈のように見えたのである。オオムギの起源も単一のようだったが、今度はヨルダン渓谷だった。遺伝学という新たな分子科学が、栽培作物の起源をめぐる議論に加わり、決着をつけたのだ。こうした研究から得られた結果は、ゴミ捨て場ではなく分子を扱い、考古学では決してできないやり方で確実性を示し、非常に広く読まれている科学誌に公表されるほど重視されるべきもので、決定的に思われた。

したがって、ヴァヴィロフとチャイルドは正しいようだった。穀物は、それぞれ単独の発祥地ですばやく栽培化されてから、農耕のブームが確立して広まった。新石器革命に関わる古くからの考えの正しさが裏づけられたのである。個々の栽培種で、中心となるエリアと、単一の起源が確かにあったのだ。さらには、トルコ南東部の一部の文化集団が、自分たちを精鋭の地位へと導き、人口を増やし住みかを拡大するような、驚くべきアイデアを思いついたようでさえあった。

こうして、とても見事な筋書きが生まれる。それが本当だったらいいのだが、二一世紀の初めごろには、そこにひびが入りだしていた。考古学者も植物考古学者も、栽培化は長期にわたる複雑なプロセスだった可能性が高いと主張していた。たとえば、ユーフラテス渓谷の植物考古学的証拠は、栽培化されたヒトツブコムギが、脱穀前に小穂が穂から離れて落ちない丈夫な穂軸――コムギの穂の中軸――を発達させるのに、一〇〇〇年かかったことを示唆していた。これは、初期の栽培種が最初から野生種と明確に隔てられ、交雑の起きた可能性がまったくなかった場合にのみ、遺伝子データと一致しうる。だが、その可能性はとうていなさそうに見えた。

農耕のルーツを探る考古学者たちは、幾度となく、新石器革命の発祥地の可能性として肥沃な三日月地帯の特定のエリアを指摘していた。キャスリーン・ケニヨンが一九五〇年代にパレスチナのエリコでおこなった調査は、当地の新石器時代の地層を深く探り、農耕は南レヴァントで始まったとする主張をもたらした。別の考古学者たちは、肥沃な三日月地帯の北端と東端（タウルス山脈とザグロス山脈の起伏に富む側面）を支持した。さらに、チグリス川とユーフラテス川とタウルス山脈に囲まれた「黄金の三角地帯」――「創始作物」の多くの野生種が互いに重なり合っているエリア――が中心地のようにも見えた。しかし考古学的証拠が集まるにつれ、はるかに広い地域で作物がネットワーク状に栽培化されたことを示しているように思えていった。また、農耕の初期の歴史には、出だしのつまずきや行き詰まりがちりばめられているようでもあった。中東で、新石器革命は、広いエリアで数千年にわたり、あちこちで散発的に始まったのである。

すると、二方面の証拠――考古学的証拠と遺伝学的証拠――が、栽培化のプロセスについて対照的な見方を提供していることになる。

コンピュータシミュレーションからは、遺伝子にもとづく結果が信用できないことがうかがえる。その手法ではきっと、単一の起源をもつ作物と、複数の起源をもち交雑の多い作物を確実に見分けられないのだろう。それでも、広範な栽培種の起源が必ずひとつに特定できるという考えが、幅を利かせていた。遺伝学の陣営内にも異論が出てきはじめるまでは。遺伝学者たちは、配列決定の網を広げるにしたがい、複雑さがあることを明らかにしていったのである。

中心となるエリアと単一の起源のパラダイムが、信頼のおける実際の知見ではなく、手法が作り上げた虚構かもしれないことを示す最初の手がかりは、オオムギの詳細な解析から得られている。植物には、葉緑体（植物細胞にある、光合成を「おこなう」小さな工場）のなかに――染色体のなかにあるものとは別に――余分なＤＮＡのかたまりがある。オオムギの葉緑体のＤＮＡに含まれる特定の部分の配列を調べると、この穀物の故郷が少なくともふたつあることが示された。オオムギの染色体のなかで、とくに脱粒しない穂を生み出す変異に関わる領域も、同じことを伝えていた。さらなる研究により、オオムギはヨルダン渓谷のほかにザグロス山脈のふもとでも栽培化されたという結論も導き出された。遺伝学者がもっと詳しい事実を探ると、さらに多くのことが明らかになった。ごく最近おこなわれたオオムギのゲノムワイド解析からは、栽培種のさまざまな系統が、近隣の野生種の系統との遺伝的なつながりを示していることがわかっている。野生の祖先はただひとつではなく、たくさんあるようだった。ある総説は、こうした新たな知見について、なんとも叙情的な出どころの存在をほのめかしているように見える［ここで叙情的と表現しているのは、次の引用にあるポエッツという人名に英語で「詩人」という意味があるため］。「ポエッツらは最近、オオムギに、ひとつの中心的な起源があるとする見方とは完全に反する遺伝的多様性のパターンがあることを明らかにした」

　だが、アナ・ポエッツは遺伝学者で（とはいえ――ひょっとしたら――彼女は詩人でもあるかもしれない。なにしろ、芸術的な面をもち合わせていない科学者はめったに見つからないのだから）、オオムギの栽培種と野生種に共通する変異について記した最近の論文の筆頭著者である。彼女のチームは、栽培種のオオムギが、単一の起源をもつのではなく、モザイク状の祖先をもつことを明らかにした。幅広い野生種に由来し、それぞれの野生種の残したしるしが、現代のゲノムにちりばめられていたのだ。野生種とのつながりに見えるものは、もちろん、はるかに最近の交雑による可能性もあったが、チームはこの可能性を排除した。オオムギの遺伝子のモザイクには、ずっと古いルーツがあったのである。

　遺伝学者たちがエンマーコムギをもっとよく調べたところ、初めに思ったよりも複雑な歴史が明らかになった。栽培化されたエンマーコムギの遺物は、一万年以上前のものが肥沃な三日月地帯の各地で見つかっていた。ところが、当初の遺伝子解析の結果は、栽培種のすべてが、トルコ南東部に生えている野生のエンマーコムギの単一集団に最も近いことを示していた。すると農耕は、肥沃な三日月地帯の小さな中心エリアで、おそらく一万一〇〇〇年前ごろに誕生したことになるように思われた。しかし、それから話が変わった。その後の研究で、エンマーコムギもモザイク状の祖先をもち、中東の広い地域にわたる、多くの種類の野生種と近い関係にあることがわかったのだ。

　同様の歴史はヒトツブコムギでも明らかになった。当初、その起源を探る遺伝子研究は、栽培化について単一の発祥地があることを示唆していた。ところが二〇〇七年になるころには、詳細な解析によって、栽培化された作物のもっと複雑な起源を知る手がかりが得られだしていた。遺伝的多様性の縮小はなかった。栽培化による「ボトルネック」はなかったのだ。むしろ作物の遺伝的多様性は、肥沃な三日月地帯の北側の弧に広がるさまざまな野生の祖先によってもたらされていた。

オオムギ、エンマーコムギ、さらにはヒトツブコムギの歴史が同じような道をたどっているので、栽培化が複数の中心から同時並行で進んだというのは、穀物の例外ではなく常態のようにも思える。トルコ南東部に栽培化の小さな「中心エリア」があるというのは、現在証拠で裏づけられてはいない。いまや、遺伝学は考古学とひとつの答えに収斂している。肥沃な三日月地帯に、栽培化の中心がたくさんあって互いに結びついていたのである。このように作物の起源があちこちに散在することは、各地の生息環境への適応形態を野生種から栽培種へ受け継がせてくれるので、栽培種が成功を収めるうえできわめて重要だったかもしれない。これは大いに納得がいく。ある地域の野生種は、すでにその地域の環境に適応しているはずなのだから。農耕民のだれかが、冷涼で湿潤なカラカ山脈のふもとで栽培化された穀物の種子を運び、温暖で乾燥した南レヴァントの平原で育てようとしても、うまくいきそうにないだろう。

だが、一部の適応形態は、元の地域の外でも有用だったのではないか。シリア砂漠に自生する野生のオオムギに由来する遺伝子群は、ヨーロッパとアジアの両方で実にさまざまな栽培種に見つかっている。このDNAのかたまりは、オオムギの栽培種全体に広まり、保存されたのだ。耐乾燥性など、生理的に重要な利点を与えている可能性がある。初期の栽培種で別々の集団が同じ遺伝子群をもつというのは、明らかになんらかの交雑があった証拠となる。そして、こうしたつながりは、種子が風に吹かれたり鳥に運ばれたりしてあちこち移動する以上のことを示しているように見える。近東の人類集団はよくつながり合っていた。物質文化の共通性は、アイデアがあちこちに伝わっていたことを明らかにしている。一方、物品もやりとりされていた。黒曜石という火山ガラスが人々に欲しがられ、現代のわれわれが取引をもちかけるように、集団間で受け渡されていた証拠があるのだ。栽培の知識も種子そのものも集団間でやりとりされたと考えるのは、まったく理にかなっているように思われる。しかし、種子の「取引」があったとしても、この新石器時代の夜明けに近東の各地でまず栽培されたのは――ほかのどこかからもち込まれた種ではなく――それぞれの地域の野生種だったことも明らかだ。

　これが皆古い歴史のように思えるとしても（じっさい古い歴史で、確かに十分興味深い）、こうした栽培化の知見や個々の形質の遺伝的基礎には、われわれにとってきわめて重要となりうる意味もある。たとえば、シリアの野生のオオムギがもつあのＤＮＡのかたまりがもたらす影響を正確に解明できれば、それでわかったことは将来の作物の改良に利用できるかもしれない。われわれは、栽培化をただ遠い昔に起きたことで、今の自分たちには関係ないと見なしてはいけない。確かに、一万～八〇〇〇年前には、大きな粒や丈夫な穂軸への進化など、作物の生物学的変化が集中的に起きた期間があった。だが、栽培種は決して進化を止めたのではないし、われわれは今もその進化に、ひょっとしたらかつて以上に意図的に、影響を及ぼしているのかもしれない。ヴァヴィロフには、栽培化された作物の遠い過去を探る研究が、現代の農学に役立つツールを生み出すことがわかっていた。ほぼ一〇〇年後の今でもそれは言え、遺伝学と考古学の収斂が、役立つようにうながしたり改変さえしたりできる種々の遺伝子――やゲノムに含まれるほかの領域――を際立たせている。今日の穀物を改良する取り組みは、ヒトが作物の種子をまいて育てはじめる前にすでに、野生の穀物を採集し、脱穀し、粉にして、パンを焼くことによって歩みだした道を進む、最新の一歩にすぎないのである。

　すると、すべて順調なように見える。遺伝学と考古学と植物考古学が重なり合ったのだ。そうしてこんな筋の通った話ができる。人々は一万二五〇〇〇年前までに野生の穀物を本格的に利用し、おそらくは細かく挽いた穀粉で平たいパンさえ作り、一万一〇〇〇年ほど前からは穀物の耕作が始まり、互いにつながり合う複数の中心地で次第に種が栽培化された。八〇〇〇年前ごろには、近東で育てられたコムギとオオムギの大半は、大粒で脱粒しないものになっていた。

学ぶべきことはいつでもある。現状において——私がこれを書いている時点で——わかっていることは、コムギの栽培化にかんする最終的な結論にはならないにちがいない。新たな証拠が見つかり調べられるにつれ、話は少しかそれ以上変わりそうだ。それでも、現時点で山ほど集まっている証拠がすっかり覆される可能性は、どう見ても低いだろう。まるで、物語の骨子があって、それは崩れそうにないかのようだ。われわれには、今のところ十分に、コムギの物語の「いつ」「どこで」「どのように」がわかっている。しかし、「なぜ」については——少なくともここまで語ったなかでは——まだ明かされてはいない。

そしてこれは、もしかすると最も興味深い疑問かもしれない。コムギは本来、草だからである。地味な草だ。一目瞭然の食材でないことは間違いない。ナトゥーフ人がおそらく野生のオオムギでしていたように、この草の種子を挽いて細かい粉にし、パンを作るところまでいけば、そう、私にもその魅力はわかる。だが、どうやってそこまでこぎつけるのか？　野生の草の小さな種子になど、食物としての魅力はまるでないように見える。もっと食欲をそそる種子やナッツや果実が、ほかにたくさんある。食べられるようにするのに大変な仕事がちっとも要らない、おいしいご馳走が。一万二五〇〇年前に何が起きて、人々は草のように地味で魅力のないものを栄養源と見なすようになったのだろう？　どうしてわれわれの祖先は、そんな食物になりそうにないものを利用するようになったのか？　そして、なぜそのときにそれが起きたのか？

## 気温と祭祀施設

考古学的遺跡に野生コムギの最初の証拠が――一万九〇〇〇年ほど前に――現れてから、形態上明確な栽培コムギの最初の証拠が八〇〇〇年ほどのちに現れるまで、ずいぶん間隔があいている。

シリアのアブ・フレイラ遺跡では、一万一〇〇〇～一万五〇〇〇年前に、栽培化された穀物が次第に野生のものに取って代わっていった。栽培種には、ヒトツブコムギ、エンマーコムギ、ライムギなどが含まれる。そうした種のどれが最初に栽培化されたのかを知ることは、不可能に近い。放射性炭素年代測定はきわめて正確だが、特定の年ではなくある範囲をつねに示すのだ。それでも、七対という比較的単純な染色体のセットをもつヒトツブコムギが、（ヴァヴィロフが言ったようにあとで草から栽培種になったものなのではなく）最初に栽培化されたコムギの種だった可能性が示唆されている。

だが、こうした草はなぜ、紀元前九〇〇〇～八〇〇〇年あたりから――それより早くも遅くもなく――栽培化されたのだろう？　この栽培化のタイミングは、外からの力が重要な役割を果たした可能性をほのめかしている。

最終氷期のピークにあたるおよそ二万年前から、世界は暖まりだした。これは、寒さに適応した動植物にとってはまずいことで、その生息域は縮小したが、温暖さを好む種（われわれヒトも含む）にとって、事態はいきなり好転した。一万三〇〇〇年前になるころには北半球の氷床が後退し、古い氷は高山に氷河として、またグリーンランドと北極を覆ったまま残った。気候は確実に穏やかになっていったのだ。植物が享受したのは、温暖さと降雨の増加だけではない。大気に重要な変化も起きた。氷河期が終わりに近づくと――一万五〇〇〇～一万二〇〇〇年前――大気中の二酸化炭素濃度が一八〇ｐｐｍから二七〇ｐｐｍに上昇したのである。実験から、その結果、多くの種類の植物で生産性が最大五〇パーセント上がり、もとから生命力の強い草でさえ一五パーセント上がったはずであることがわかっている。氷河期の終わりに二酸化炭素濃度が上昇したことが、農耕の発達のきっかけになったとは言えない。働いた要因はほかにもたくさんあった。しかし――これは重要な「しかし」だ――それは農耕が生まれるための必要条件だった可能性はあるし、ひょっとしたら、こうしたヒトの文化の発展がなぜもっと早く氷河期に起こらなかったのかを説明してくれるのかもしれない。

世界が温暖になり、植物が繁茂すると、草は頼もしい栄養源となった。大気中の二酸化炭素濃度が上がるにつれ、一個体あたりの穀粒の数が増え、野生の穀物の草本はサイズも生える密度も増した。天然の畑が収穫を待つばかりとなったのだ。すると、野生の草を食料源に選ぶことが、さほど意外ではないように見えはじめる。それは安定して頼れる、豊富な資源だった。そしてしばらく、地球にはその恵みがたっぷりあったのである。

その後、中断があった。かなり大きな中断だ――一〇〇〇年あまりの冬という。この世界的な気候条件の悪化は、ヤンガードリアス期として知られている。そのあまり耳慣れない名前は、花を指している。花びらが八つあるチョウノスケソウ、つまり*Dryas octopetala*（ドリアス・オクトペタラ）だ。この素朴な白いバラのような花をつける可憐な常緑小低木は、寒さを好む。湖沼の堆積物の層を一万数千年前までさかのぼれば、いくつかの層には*Dryas octopetala*の葉がたくさん含まれているので、その層は周辺が高山ツンドラだったときにできたことがわかる。スカンジナビアの湖底には、チョウノスケソウの葉を含む深い層があり、それは、比較的古い一万四〇〇〇年前の短い寒波のころ――オールダードリアス期――にできた。やがてできたもっと厚い層は、一万二九〇〇～一万一七〇〇年前――ヤンガードリアス期――のものである。

中東では、この世界的な寒波は降雨の減少――と霜が降りるほど寒い冬――として現れた。食料資源への影響は大きかったにちがいない。すると、もしかしたらこのかなり乾燥して寒かった時期に、人々は必死になって食料供給を安定させようとしたのかもしれない。自分たちが頼りはじめた作物を、ただ採集するのではなく、育てることにしようと。

ヤンガードリアス期の寒冷化は人々を作物の栽培にせきたてたかもしれないが、それまで数千年の温暖さと自然の恵みは、寒波の危機をいっそう厳しくするような変化をもたらした可能性がある。最終氷期の極大期を過ぎて世界が暖まりだすと、人口はにわかに増えはじめた。これは、農耕が誕生する前のことである。増大する人口が、なんらかの理由で狩猟採集から農耕への変化――逆方向の変化ではなく――を推し進めたのかもしれない。ひょっとして、ヤンガードリアス期が近づいていたころ、人口の増大がすでに資源を切迫させていたのだろうか。

氷河期後のベビーブームだけが、近東のホモ・サピエンスの集団に起きた変化なのではない。社会そのものも変わっていたのだ。そのなにより顕著な証拠は、北メソポタミアのトルコ南部にある驚くべき考古学的遺跡に見られる。二〇〇八年、私はこの遺跡を訪れる機会に恵まれた。ギョベクリ・テペだ。そのとき私は「これまで目にしたなかで最も壮麗な考古学的遺跡」と表現したが、今でも変わらない。案内してくれたのは、当地の発掘の責任者を務めていたドイツの考古学者クラウス・シュミットだが、彼は二〇一四年に六〇歳で亡くなっている。そのため、クラウスという親切なガイドとともにギョベクリ・テペを訪れた私の思い出は、いまや悲しみの色を帯びている。彼はこの地のために――そしてこの地が語るべき話のために――力を尽くし、その話をなんとしても多くの人と分かち合おうとしていた。

クラウスがそこを発見したのは一九九四年、旧石器時代の遺跡の候補を探して地形を調べていたときだった。「最初にこの場所を見たときから疑っていました。自然の力では、ここにあんな土の小山はできません」彼は言った。そして疑ったのは正しかった。小山は、石器時代の遺構が積み重なってできた「テル」と呼ばれるものだったのだ。土台となる石灰岩の台地から一五メートルほど盛り上がっていた。クラウスが調査を始めると、動かせない四角い石のブロックが複数見つかった。さらに深く掘って彼は、それらのブロックが、円状に配置された巨大なT型の石柱のてっぺんにすぎないことに気づいた。私がそこを訪れたとき、クラウスはそうしたストーンサークルを四つ発掘していたが、彼はその小山にまだいくつも埋まっていると考えていた。

クラウスの案内で小山の頂に立ち、眼下の発掘跡を眺めると、そのストーンサークルの光景に圧倒された。石柱は実に大きかったが、模様が施されてもいた。いくつかの石の側面には――キツネやイノシシ、ヒョウのような動物、鳥、サソリ、クモの――浅浮き彫りの彫刻があった。一方で、もっと立体感のある彫刻も石柱にセットで彫られていた。ひとつは柱の狭い面に身をかがめたオオカミで、もうひとつは牙をもつ獰猛な動物の頭だ。もっと抽象的な形として、幾何学的な繰り返し模様が彫られた石もあった。クラウスは、そうした彫刻が何を意味しているのかと考えた。動物の形は、失われた神話に含まれていた何かを表しているのだろうか？　あるいはひょっとして、巨石サークルの守護者なのか？彼はこれらの図像を象形文字以前のコミュニケーション手段と推測した。たとえ今ではその意味が失われているとしても、それを製作した人々にとって意味をもっていたにちがいないと。

ギョベクリ・テペは他に類を見ない存在だが、模倣したような建築物や図像はほかの遺跡にもある。よく似たT型の柱は、ネヴァリ・チョリの太古の集落や、近隣にあるほかの三つの遺跡で見つかっている。よく似た図像――ヘビやサソリや鳥を描いたもの――は、ジェルフ・エル・アフマルとテル・カラメルで発掘されたシャフト・ストレイトナー［矢柄をまっすぐにするための溝が彫られた石］や、チャヨヌ、ネヴァリ・チョリ、ジェルフ・エル・アフマルで発掘された石の器にも見られる。メソポタミアのこの一帯で、人々は明らかに共通の複雑な儀式や神話で結びついていたのだ。

いくつかの石には、柱の前端に、大きな腕と、その先に指を交互に組み合わせた手が彫られていた。こうした柱には、ほかに人間の体の部分はなく、腕と手だけが描かれていた。「石でできたこの存在は何者でしょうか？」クラウスはもったいをつけて私に尋ねた。「彼らは歴史上最初に描かれた神なのです」と彼は言った。おそらくそれは正しかったのだろう。

ギョベクリ・テペの小山には、考古学者の発掘跡以外に手がかりを与える地球物理学的調査から、こうした巨大なストーンサークルがおそらく二〇はあることがわかっている。ところが、炉など住居の存在を示すものはない。ここは人々が、モニュメントを造り、宴を催し、祈りを捧げる場所だった――しかし人々が住んでいた場所ではなかった――ように思われた。

ギョベクリ・テペでびっくり仰天させられるのは、その年代だ。そこは一万二〇〇〇年前に造られた。農耕民ではなく、狩猟採集民によって。それに、新石器時代の黎明期にヒトの社会が発展していたとする説は、間違いなく混乱を巻き起こす。従来の説明は次のようなものだった。


人口の増加で食料が多く必要になる。

人々がこのニーズを満たすべく農耕を導入する。

農耕によって余剰食料をため込めるようになる。

食料の余剰は少数の権力者によって管理され――複雑な階層社会が生まれる。

こうした新たな権力構造が、組織宗教という新たな発明によって支えられる。

ギョベクリ・テペは、この流れからは明らかに大きく逸脱していた。少なくとも北メソポタミアのこの片隅では、複雑な社会が狩猟採集民のなかに現れていたのだ。クラウスは、ギョベクリ・テペが分業のかつてない証拠を与えていると考えていた。「私たちが考えを変える必要があるのは明白です」。彼は私に言った。「狩猟採集民の仕事はふつう、私たちが理解しているような形の仕事ではありません」。だが、ギョベクリ・テペでは事情が明らかに違っていた。「彼らは採石場での仕事を始めました。そして、石を運んで立てる方法を考え出す技術者が登場したのです。さらに、石から彫刻や柱を生み出す仕事をする専門の石工もいました」。クラウスにとってギョベクリ・テペは、先見性のある強力なリーダーがいて、労働力を集め、芸術家を養える社会の具体的な証拠だった。それに、装飾のある巨大なストーンサークルを、組織宗教の徴候以外に解釈するのは不可能に近い。それどころか、これは強力な象徴をもち、祭祀施設の作り手にとって多くの神話と意味に満ちた、れっきとした信仰だ。ギョベクリ・テペより前、組織宗教が農耕以前に現れていたかもしれないという考えは、ほとんどありえなかった。しかしこの丘の上で、その予断と偏見は音を立てて崩れ落ちた。

クラウスさえも、ギョベクリ・テペの分類には悩まされた。新石器文化以前ではあったが、明らかに旧石器文化の最終段階とも違っていた。また、終末期旧石器文化とも言えない。クラウスは「中石器文化」と呼びたくなったが、北ヨーロッパの中石器文化とは異なっていた。北ヨーロッパの中石器文化は、もう少し定住性が高いがまだ移動生活をしていた狩猟採集民のものを指しているのだ。では、初期の新石器文化に分類できるのだろうか？　従来の新石器パッケージの概念――定住社会、土器、農耕――は、すでに近東では破綻しており、「先土器新石器文化」という呼び名が、定住生活と動植物の栽培は明らかにされているが土器はまだ誕生していない遺跡に対して使われている。するとギョベクリ・テペはどう呼べるだろう？　「先農耕先土器新石器文化」？　そうだとしても、そもそもなぜ「新石器」なのか？　こうした意外な変わり目に出くわすと、一般的な分類——と、特徴のパッケージという概念——はやや清々しいまでに破綻する。歴史は、それに先史時代さえも、われわれがそうであってほしいと思うほどきっちりとは仕分けられないのだ。

ギョベクリ・テペでの大建造物の製作には、地元の少数の集落を超える広がりをもつ共同体の活動が関わっていたにちがいない。そしてひょっとしたら、その協力と、冬至の考古学的記録に見られる別の特徴——大人数での饗宴の形跡——とのあいだにつながりがあるのかもしれない。紀元前一〇世紀に人が住んでいたハラン・チェミの集落遺跡は、すっかり宴会をするようにできていたように見え、住居に囲まれた中庭には焚き火の残骸や動物の骨が散らばっていた。ギョベクリ・テペそのものにも、砕かれた動物の骨——ガゼルからオーロックスや野生のロバにいたるまで——が大量に見つかっている。人々がここで何度も集まって宴に興じていたかのようだ。植物の遺物はこの遺跡にはきわめて少ないが、野生のヒトツブコムギとコムギとオオムギだったものは見つかっている。もしかすると、ご馳走には肉のほかに粥かパンもあったかもしれない。この地域で最終的になされた穀物の栽培は、パン作りではなくビール醸造に大いに力を注いだ文化から生まれた可能性さえ示唆されている。またそのアルコールが、こうした太古の宴で人付き合いを円滑に進めたのではなかろうか。ずっとあとの時代に、エジプトのピラミッドの建造で働いた人々には、ビールで報酬が支払われていた。ギョベクリ・テペでの労働にも、同じような報酬があったと考えられるだろうか？

青銅器時代と鉄器時代における饗宴の——人々を結びつけるものとして、またエリートが自分の高い地位を誇示する手段としての——重要性は、広く認められている。だが、もしかしたら饗宴のルーツははるかに古いのかもしれない。新石器時代の黎明期にまでさかのぼるほど。氷河期が終わってから気候が良くなると、人々が「余剰食料という形で」富をたくわえ「贅沢なご馳走を提供することで」影響力をおよぼす機会が与えられた可能性がある。階層社会が生まれるお膳立てが整ったのである。そこでクラウス・シュミットらは、饗宴が――ビールがあってもなくても――農耕を発達させる大きなきっかけになったのではないかと主張した。

こうした要因がすべて密接にからみ合っているので、ひとつだけ取り出して、人々が肥沃な三日月地帯やその外で一万年前ごろにコムギを栽培しだした唯一の理由と指摘することはできない。農耕は、氷河期の終端に大気中の二酸化炭素濃度が上がり、植物の生産性が高まるまでは、可能にさえならなかったように思える。それに人口の増大が、とくにヤンガードリアス期に気候が悪化したころに、資源を逼迫させたのかもしれない。一方、人口が増加したころに社会に変化があったことも明らかだ。今ではこの変化が農耕の導入以前だったことがわかっている。肥沃な三日月地帯における新石器時代の夜明けは、複雑な社会の出現と、権力をもつ人々や力強い信仰の登場と、ひょっとしたら宴をよく催しはじめたこととも、密接に結びついているように見える。

## レヴァントからソレントへ

農耕以前、われわれの知る文明以前に存在していた人類社会の複雑さは、アイデア――や物――がどのように伝わり広がるのかを知るのに役立つ。

考古学は、太古の社会のつながりについてすばらしい知見を与えてくれる。ギョベクリ・テペと同じ図像が、アナトリア南東部のチャヨヌやシリア北西部のテル・カラメルほども遠いほかの遺跡にもあることは、文化的なつながりが近東にどれほど広がりを見せていたのかを示している。チャヨヌとテル・

カラメルは三〇〇キロメートル以上も離れているのだ。地中海東岸の一帯に広がる栽培種が複数の発祥地をもつことは、小さな「中心エリア」という考えを吹き飛ばす一方、文化的なつながりや、アイデア――と種子――を拡散できた交流システムの存在を証拠立ててもいる。新石器文化は、トルコ南東部の一隅で生まれたのではない。中東全域やその外にも及ぶ、つながり合った複数の中心地から生まれたのである。栽培化されたヒトツブコムギは、キプロスでも八五〇〇年前のものが見つかっており、その時期は、北メソポタミアの古い「中心エリア」の遺跡と同じぐらい早い。

それから五〇〇〇年後の、ソレントの海底に沈んだ中石器時代の遺跡で見つかったヒトツブコムギについては、本章の冒頭で語ったとおりＤＮＡ指紋が得られている。そのコムギはどのように、地中海東岸からはるばる北西ヨーロッパのはずれまで、何千年も昔に旅をしたのだろうか？　二〇〇〇年前のローマ帝国に広がっていた交易網はよく知られている。だが考古学は、広域にわたる交易がもっと前に――鉄器時代、さらには青銅器時代や、それ以前の新石器時代に――存在していたことを明らかにした。しかし、中石器時代や終末期旧石器時代に糊口をしのいでいた、隔絶された狩猟採集民の小集団のあいだで、長距離の交易はどうか？　それは明らかに早すぎるように思える。

なるほど、はるかに最近の歴史研究による例を目にするまでは、そう思うかもしれない。北西沿岸部のアメリカ先住民は、数百キロメートルに及ぶ広大な範囲で交易のリンクを維持していた。物品や贈り物、結婚相手をやりとりしていたのだ。そうしたリンクは、力や威信にとって欠かせないものだった。オーストラリアでは、ヨーロッパ人が入植する以前に、先住民のコミュニティの交易網が大陸の隅々にまで広がっていた。また考古学者は、中石器時代に原材料や完成品がヨーロッパ全土で遠くまで運ばれていた証拠を次々と見つけている。フランス北西部のブルターニュでは、フリントが海岸から五〇キロメートルほど内陸へ運ばれている。ノルウェーのドレライト（粗粒玄武岩）でできた斧が、スウェーデンで見つかっている。リトアニアのフリントの刃物は、ほぼ六〇〇キロメートル離れたフィンランドでも見つかっている。バルト海東岸の琥珀もフィンランドへ行っている。デンマークにある中石器時代後期のベズベック埋葬地の墓には、ヘラジカとオーロックス——どちらの種も当時はその地で絶滅していた——の歯でできたペンダントが収められている。もちろん、物がそうした距離を移動するあいだに、何度か持ち主が変わった可能性もある。だが、そのように遠くまで運ばれた物品の分布を見ると、人々が陸路でも海路でも動きまわっていたことがわかる。考古学者は、中石器時代の人々が——おそらくアウトリガー［舟の外に張り出して取り付けられた浮材］付きの丸木舟で——最大で一〇〇キロメートルを航海していたと考えている。異郷の物を手に入れていたことは、平等主義の狩猟採集民のコミュニティが地位に関心をもつようになり、北ヨーロッパにおける社会変化が進んだことと関わりがあるように思われる。社会が階層化され、世界最古の階級制度が現れはじめたのである。それは英国貴族を描いたあのテレビドラマ『ダウントン・アビー』ほどではないが、考古学は、当時の高い地位の人と低い地位の人（富める者と貧しい者）の区別を明らかにしだしている。バルト海沿岸にある中石器時代の工夫を凝らされたいくつかの墓には、異郷の物品が収められている。おそらくこれは、社会的地位の象徴の役目を果たしていたのだろう。

社会の階層化は、中東で農耕の誕生をもたらした可能性があるのと同じく、北や西でもその移行をスムーズにしたかもしれない。最低限生きることしか考えていなければ、孤立していてもおかしくない。しかし異郷の物品や地位を手に入れたければ、もっと広い世界とつながりをもつ必要がある。だから中石器時代のヨーロッパの人々は、これまで想定されていたよりもはるかにつながり合っていたと思われる。

中石器時代に——物品とアイデアと人々の——交流網があったというのなら、西の狩猟採集民が東の最初の農耕民とすでにやりとりをしていたことになる。六五〇〇年前までに、農耕集団はドナウ渓谷にすっかり定住していた。北の狩猟採集民――まだ中石器文化の暮らしをしていた――は、南の新石器文化の人々から、土器やT型をしたシカの角の斧、骨のリングや櫛《くし》を入手した。きっとそれらと引き換えに毛皮や琥珀を渡したのだろう。それでも八〇〇〇年前というのは、ヨーロッパの北西のはずれにあった中石器時代の集落でヒトツブコムギの形跡が見つかるには、まだ非常に早い。こうした北の地方では、氷河期が凍てつく魔の手をゆるめたばかりだったのだから。

氷河期の終わりに起きた気候の温暖化は、中東の環境に影響を与えたが、北西ヨーロッパに及ぼした影響はいっそう大きかった。そこはかつて、氷床が覆い、何千年もその大陸の北部を凍てつく魔の手でとらえていた場所だった。氷の南側では、広大な土地が樹木のない凍土帯（ツンドラ）になっていた。温暖さに適応した種――ヒト、クマ、ナラの木など――の集団は、そんな氷床や凍土に覆われていた場所で死に絶えていた。

もっと南にいた親類は、南フランスやイベリア半島やイタリアのまだ居住可能なレフュジア（退避地）にしがみついていた。暖かさが戻り、氷床が退くと、北ヨーロッパの多くは、氷が解けて流れた川に運ばれた砂の堆積物と、氷河そのものが残した細かい漂礫土《ひょうれきど》に覆われていた。スゲ、イネ科の植物、ヒメカンバ、ヤナギが新たな土地に進出し、そこをステップツンドラに変えた。一万一六〇〇年前までにヤンガードリアス期の寒波が過ぎ去ると、カバノキやハシバミやマツが再び北へ広がりだした。

八〇〇〇年前までには、北ヨーロッパの土地は――英国とつながっていた半島も含め――ライムやニレ、ブナ、ナラの茂る森林に覆われていた。森には生命が満ちていた。オーロックスにヘラジカ、イノシシ、ノロジカ、アカシカ、マツテン、カワウソ、リス、オオカミ、それにたくさんの野鳥。沿岸の水域には、軟体動物や魚、アザラシ、イルカ、クジラがうようよいた。中石器時代の人々は、こうした資源をうまく利用していた――彼らは狩猟・漁獲・採集民だったのだ。弓矢をもち、イヌを従えて、陸の動物を狩った。カヌーと網、釣り針、釣り糸、罠といった装備で、海や川から魚を獲った。

ヒトはヤンガードリアス期の終わりに北ヨーロッパに再び住みつきだし、紀元前九六〇〇年ごろには英国に到達していた。最初に住みついた人々は、足を濡らす必要もなかった。氷河期の海水面は、現代より一二〇メートルも低かったのだ。氷が解けるとともに、海水面は上昇した。だが、氷床に覆われる前に存在した当初の動植物は、このまもなく島になる土地がまだヨーロッパ本土としっかりつながっていたときに、英国へ戻って再び定着していたのである。

考古学が明らかにした当時の一般的なイメージは、移動性の狩猟採集民の小集団というものだった。頻繁に移動し、ほとんど痕跡を残していないのだと。中石器時代の遺跡はふつう、ささやかな規模で、人が住んでいたのは短期間にすぎない。ところがヨークシャーのスター・カーでは、最近の発掘により、驚くほど大きな中石器時代の集落の存在が明らかになっている。この九〇〇〇年前の遺跡では、加工した木材の台座が湖畔に三〇メートルほど延びている。全体の面積はほぼ二ヘクタール（二万平方メートル）だ。そこまで大きな定住性のコミュニティなら、社会がある程度階層的になっていた可能性は非常に高い。

中石器時代には北西ヨーロッパを移動性の狩猟採集民の小集団が放浪していたとしても、少なくともいくつかの場所では、人類社会は複雑さを増していたようだ。この状況では、つまり従来考えられていたよりも大規模で、定住性が高く、複雑で、密接なつながりをもつ集団が存在していたとなると、ボールドナー・クリフで見つかったものはあまり意外ではなくなるかもしれない。

スター・カーとボールドナー・クリフがイングランドの両端にあることは、われわれが英国における中石器時代初期の社会の複雑さを過小評価していたにちがいないことを示唆している。また中東と同じように、社会の複雑さは、農耕の導入がもたらしたのではなく、それに先立っていたようだ。中石器時代の生活様式は、ずいぶん多様だった。かなり定住性が高かったように見えるコミュニティもあれば、航海術を発達させていた――地中海沿岸での黒曜石の交易や、遠洋漁業をしていた証拠がある――コミュニティもあった。

それでもなお、ボールドナー・クリフで見つかった八〇〇〇年前のヒトツブコムギのDNAは、思いがけない事実を明らかにしているように見えた。従来の調査手段――考古学と植物学――では、栽培化されたヒトツブコムギが九〇〇〇～一万年前にメソポタミア全域に見られ、キプロスにまであふれ出ていたことがわかっている。新石器文化は東から西へヨーロッパを渡り、およそ六〇〇〇年前までにはアイルランドに達していた。ヒトツブコムギは、七五〇〇年前にはドナウ盆地の中部で育てられており、やがて五〇〇〇年以上前にスイスとドイツに到達した。しかし、新石器文化の広がりは、地中海沿岸ではずっと速かったらしい。特別なタイプの土器は、西ヨーロッパの初期の遺跡に新石器パッケージのひとつとして到達し、海岸沿いに広がったようだ。最近の発掘からは、はるか西の南フランスの沿岸部に――七六〇〇年前までには――新石器文化の農耕民がいたことが明らかになっている。こうした初期のフランスの農耕民は、土器、飼育された羊、エンマーコムギのほか、ヒトツブコムギも手にしていた。フランスでのヒトツブコムギの決定的証拠は、ボールドナー・クリフで見つかった痕跡のわずか四〇〇年前なので、ギャップは埋まりかけているように見える。ボールドナー人が初期の農耕民だったとはだれも言っていないが、彼らは広い世界とつながっていた。近い大陸からの農産物が、農耕そのものが到来する前に英国にやってきていたのだ。

海底で見つかったヒトツブコムギの話は、新たな可能性に目を開かせてくれ、過去を明らかにするにあたってひとつの見方に凝り固まってはならないことに気づかせてくれる。どこであれ、何かの最初の標本を見つけるのは――不可能とまでは言わないが――難しい。遺伝学は、いまや考古学のツールのひとつとなっており、埋もれた小さな手がかりを引き出してみせている。さまざまな年代は過去へ押し戻されている。コムギの味、ひょっとしたらパンの味――新たな生活様式の体験――さえも、これまでだれにも考えられなかったほど早くイングランド南部の沿岸域にたどり着いていたのである。

　中石器時代の狩猟採集民になって、ボールドナーで野営しているとしよう。ある日、そんなあなたのもとに、海の向こうから旅人たちがやってくる。ときどき見かける遠方の部族だ。彼らが来ると、あなたは手厚くもてなす。一緒に腰を下ろして焼いたトナカイの肉を食べるのだ。すると彼らが別の何かを食卓にのせる。あなたの近所で手に入る食料とはずいぶん違う。硬い小さな種子だ。旅人たちは、その種子をすりつぶして水と混ぜ、手で練って伸ばしてから、炉の平らな石の上で焼いてみせる。その晩あなたは、未知のおいしいもの――平たいパン――を食べる。はるか海の向こうにいるわれわれはこれを日常的に食べているのだ、と彼らは語る。その小さな種子は、もとはシュメール［メソポタミア南部］の地――日が昇る地――の広大な草原からやってきたのだ。

　おそらく、そのコムギがどのようにしてボールドナーにたどり着いたのかについては、それどころか粥とパンのどちらにしてそこで食べられていたのかについても、わからないままだろう。だが、きっとあなたは、そうした中石器時代の狩猟採集民が、ヨーロッパの海岸線に沿っていやおうなしに忍び寄っていた、この違う生活様式について何か知っていたのだろうかと思いをめぐらすはずだ。彼らには、そのパンのもととなる穀物が、採集したものではなく意図的に育てられたものだとさえ考えられただろうか？　それでも遠からず、英国の森林さえも畑になるときが来ることになる。

# 3　ウシ　*Bos taurus*

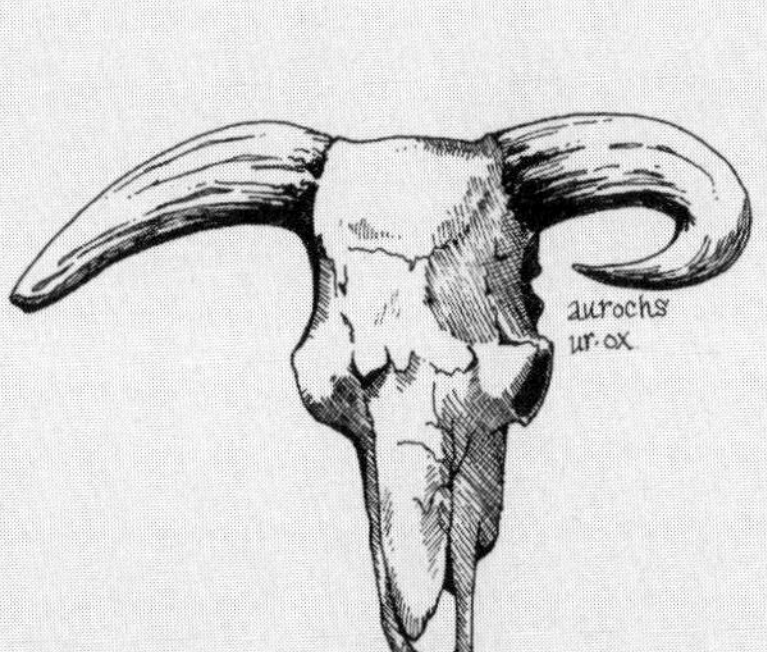

まだらの雌牛、目立つそばかす、
ぶちの雌牛、白いポツポツ、
点々と草地に四頭。
白い顔の古株と、
灰色のゲインゲンに、
王宮からの
白い雄牛も一緒。
それに、フックをつけた
小さな黒い子牛。
みんな一緒に家へお帰り。

――一二世紀のウェールズの詩

## 角《つの》の長い獣の謎

私は、書ける場所ならどこでも書く。どこにでもラップトップを持ち歩き、電車や飛行機に乗っていても、タクシーのなかでも書く。会合や撮影に出かけたときには、ホテルの部屋で書く。いろいろな街へ行っているときには、カフェに入って書く。それでも、一番良く筆が進むように思える場所は、家だ。

私は小さな家の出窓に腰かけてカタカタとキーを打つ。ちらりと顔を上げて見えるわが家の庭は、今は初秋の色がまだら模様を描いている。見目麗しいというだけの理由で私がそこに植えた雑多な栽培種で埋めつくされているのだ。オオハンゴンソウとムラサキバレンギクは花盛りで、緑のなかで黄色と紫がかった桃色の宝石のようだ。バラも再び花を咲かせだし、アーチをよじのぼって、ぬくもりの名残《なごり》にしがみついている。

庭の向こうには草原が広がり、遠くで銅ブナ——いまや銅色というより暗い紫色だ——の木々に縁取られている。その緑の草原で、朝もやのなかを動く影はウシだ。彼らは野放しの群れのなかでたむろして、干し草作りのあとにまた生えてきた青々とした草をむしり、日がな一日食べ歩いている。皆、若い雄だ。ときたま何かに驚いては、草原の端から端へ駆けていく。だがたいていは、ずいぶん静かにじっとしている。私は顔を上げたまま、思考を整理して話の筋道をまとめようとする。そして、彼らの存在が気持ちを落ち着かせてくれることに気づく。

こうしたウシが実は雄の子牛で、何頭かはかなりいかつい角をもっていても、私はそんなに怖がらずにその草原を横切ることができる。彼らは自分のまわりに人がいても、めったに大きな関心を示さない——それがトラックに乗った農場主でないかぎり。その後、秋から冬になるときに、農場主がハイラックス［トヨタのピックアップトラック］で草原に入り、車から干し草の束をまく。子牛は、寝かせた干し草の甘い味を求めてトラックのあとを追って走る。彼らはそうしたければ速く動けるのだ。しかしたいていは、じっとしているか、一歩ずつゆっくり動きながら草を食んでいる。私は群れのなかを突っ切ろうとはしない——それは無茶だろう。それでも、喜んで彼らのいる草原に踏み入る。一度か二度だけ、ある子牛にはびくついて、ゆっくりあとずさってゲートを出たが。

この生き物は私より大きい。大きさも重さも一〇倍で、六〇〇キログラムほどもある。成体の雄牛はその二倍にもなる。だが、ウシの古い祖先――オーロックス〔「原初のウシ」〕――はさらに大きく、最大のものは体重が一五〇〇キログラムもあったと推定されている。それを相手にしようとした狩猟採集民の果敢さには、敬意を表さざるをえない。そんなばかでかい動物をただ狩るのではなく、つかまえて飼いならそうとしたのだ。ロンドン博物館に展示されているオーロックスの頭蓋は、幅一メートルものいかつい角を二本もっており、狩猟採集民がまったくもって無茶な勇敢さを示したことにいっそう驚かされる。

氷河期のわれわれの祖先は、こうしたばかでかい獣と同じ環境で生きていた。彼らを狩るのはともかく、そんな巨大で恐ろしげな動物がいったいどうして飼いならされたのだろう?

## フォームビーの足跡

私は古いフォルクスワーゲンのバン――タイプ25シンクロ――で砂丘を越え、フォームビー〔イングランド北西部のリヴァプール近郊にある町〕の浜辺へ下りた。これは私の頼もしいキャンピングカーで、親しい師匠である考古学者ミック・アストンから買ったものだ。中はお洒落で、私は合板の内装に葛飾北斎風の波を描いていた。外見もすてきで、塗装は明るいメタリックグリーンだ。それでも本格的な仕様で、オイルパンガードを装着し、四輪駆動で浜辺の大きなくぼみからも抜け出すことができた（実際にやってみた）。この車の親類はサハラ砂漠を走破している。

そのため――ナショナル・トラスト〔自然環境と歴史的建造物の保護を目的に創設された英国のボランティア組織〕の承認も得て――私は、何の不安もなく自分のバンを運転して浜辺へ下りられた。自然保護官がランドローバーで先導してくれていた。

バンはうなりを立てながら砂丘の斜面を上がる。パワーの変化は感じられたが、タイヤは空転しなかった。われわれはそこで撮影をしていたのだ。ＢＢＣ２のドキュメンタリー番組『コースト』の最初のシリーズである。制作側は、撮影の妨げになる風雨を想定していなかった。そこでバンが避難所になった。湿気がなく暖がとれ、テレビクルーや協力者に小さなガスレンジを使って淹れた紅茶を提供することさえできた。

日が出てくると、われわれはバンから出て浜辺を調査し、テレビカメラにどう収めるかプランを立てた。砂は途方もなく遠くまで広がっていて、端まで見わたすことはほとんど不可能だった。

フォームビー・ビーチは、サウスポート・ビーチの南の延長線上にある。そのサウスポート・ビーチでは、一九二六年三月一六日、かつて戦闘機のパイロットだったサー・ヘンリー・シーグレーヴが、レディーバード（てんとう虫）という愛称をもつ真っ赤な四リッターエンジンのサンビーム・タイガーで、陸上での速度の世界記録を打ち立てている。彼が出した最高速度は、時速二四五キロメートルを少し超えていた。わずか一か月後にその記録は破られたが、シーグレーヴは一九二七年に記録を奪い返し、一九二九年にまた記録を更新した――今度はフロリダのデイトナ・ビーチで。一九二六年の記録樹立の日に撮られた写真は、浜辺に集まった人々とともに、その瞬間の熱狂をとらえている。見物人のなかには、砂丘にのぼり、レディーバードに乗ったシーグレーヴをもっとよく見ようとした者もいた。

しかし、ここの砂を切り裂いているのはレーシングカーだけではない。大潮のたびに、力強い波が浜辺に打ちつけ、砂を海へ引きずり込んで下の堆積層をむき出しにするのだ。この深い層にいざなわれて私はフォームビーを訪れた。私は地質学そのものにはそれほど強い関心はないが、そうした土砂やシルト（微砂）や石のなかに動物やヒトの痕跡が見つかりだすと、一気に興味をそそられる。そしてそれこそ、私がそこへ行った理由なのである。その細かい砂の下に眠る太古のシルト質の堆積物を撮影するためだ。九〇年前に打ち立てられた陸上での速度記録など、新しすぎる。つい最近、昨日の出来事だ。私が見たかったのは、何千年も前から残る過去の痕跡だった。それがこの浜辺にあると、私にはわかっていた。

一九八九年三月、元学校教師のゴードン・ロバーツは、砂浜沿いに犬の散歩をしていて、あらわになったばかりの深いシルトの層に、奇妙な跡があるのに気づいた。それは大きさも形も間隔も、ちょうど足跡にそっくりだった。じっくりそれを見ても、まさに足跡そのものだった。ゴードンはさらに多くの足跡を見つけた。だがすっかり度肝を抜かれたわけではない。地元の人なら、そうした跡が浜辺にときどき現れるのを知っていたからだ。それでも、やや不思議なことかもしれないが、だれもたいして気に留めていなかったようだ。

ゴードンはその足跡の存在を考古学者たちに知らせた。考古学者たちは、足跡が形成された時期を、シルトに含まれる有機物の放射性炭素年代測定など、さまざまな手法で決定することができた。結果は七〇〇〇～五〇〇〇年前と出た。英国で中石器時代から新石器時代への重大な移行を遂げる、先史時代でも興味深い時期だ。

足跡は――いったん大潮でむき出しになったら――たちまち洗い流され、せいぜい数週間しか残らない。その古さと重要性を知ったゴードンは、この珍しくも貴重な資料を保存しようと思い、足跡を記録するという個人的な企てに着手した。足跡を見つけては写真に収めたのだ。とりわけ保存状態の良い足跡に出くわしたときには、石膏で型を取った。ゴードンのガレージは足跡の型を入れた箱でいっぱいになっていった。二〇〇五年にフォームビー・ビーチで会ったとき、彼はすでに一八四列を超えるヒトの足跡――男も女も、大人も子どもも含め――を記録していた。そして私に自分が撮影した写真や取った石膏型をいくつか見せてくれた。足指や踏みしめる圧力が驚くほど詳細にわかるものもあった。そんなに精巧にかたどられた足跡がどうやってできたのだろう？　また、どうやってこれほど長い年月にわたり保存されたのか？

足跡ができた当時のリヴァプール湾付近の環境は、現在と大きく違っていたはずだ。大潮で浜辺に打ちつける波はなかった。海水面は低く、岸から離れて長い砂州があった。砂州の裏手には、干満のある潟と、ゆるい傾斜をもつぬかるんだ浜辺が広がっていた。そこは大潮ではほぼ水浸しになったが、波が力強く打ちつけるのではなく、水位が徐々に上がってそうなった。花粉の分析から、干潟の背後に、スゲやイネ科やアシの生える塩性湿地が広がり、それを縁取るようにマツやハンノキ、ハシバミ、カバノキの生える湿原林があったこともわかる。現代のわれわれと違って太古の祖先が、この海岸への行楽を楽しまなかったと考える理由はないが、そこはそうした中石器時代の狩猟採集民が利用するのに豊かな環境でもあっただろう。当時のこの地域については、考古学によって、活動は海岸や川の流域に沿って集中し、内陸になるほど減っていたことが明らかにされている。これは今もよく見られる状況だ。中石器時代の人々が残した多くの痕跡は、海岸付近や湖岸や川岸で見つかっている。こうした境界域の環境は、英国の内陸に行くほど鬱蒼としてくる森林よりも、狩猟採集民に多くのものを与えられたようだ。フォームビーでは、その深い森は、塩性湿地と干潟のある沿岸部から二キロメートル半ほど内陸で始まっていただろう。

ゴードンの取った石膏型を見て、踵《かかと》や土踏まずや足指が細部まで保存されるには、どれほど泥がべちゃべちゃだったのかがわかった。大人の足跡は、いかにも裸足の人のものらしく、足指が外に開いていた。しかし、足跡が残るためには、泥が湿って形を変えやすいままであってはいけない。暑い日にカチカチに固められる必要があった。やがて再び潮が満ちると、静かに上がってきた水が砂とシルトを運び入れ、細かい層を足跡の上にかぶせたにちがいない。それが何度も続き、ついには足跡がシルト層の下に深く埋まり、閉じ込められて保存された。そのあいだの数千年間に、砂丘が後退し、足跡を収めたシルト層を覆いつくした。そしていまや、砂丘はさらに後退して、アイリッシュ海の激しい力をもろに受けてそうした深層のシルトがあらわになり、上の層が剥がされてついに足跡がむき出しになったのだ。

考古学的記録において足跡は希少で、ヒトの行動に対してまたとない知見を与えてくれる。解剖学と歩行の専門家たちの協力を得て、ゴードンはかつてその浜辺を訪れた人々をつまびらかにしている。海岸線に沿ってゆっくり歩いていた女たちは、マテガイや小エビをとっていたのかもしれない。走っていた男たちは、狩りをしていたのかもしれない。駆けずり回って泥を掘っていた子どもは、今日浜辺で遊んでいる子どもと同じだ。

だが、ヒトの足跡のほかに、動物の足跡もあった。それは、その干潟にたくさんいた鳥たちを記録していた。ミヤコドリやツルなどの足跡はとくによくわかる。それから哺乳類もいた。イノシシ、オオカミ（あるいは大型のイヌ）、アカシカやノロジカ、ウマ。それに、明らかに先の割れた蹄《ひづめ》の跡とわかるのは、オーロックスだ。野生のウシである。

今から一〇年以上も前、あの寒くて風の強い撮影の日に、ゴードンとフォームビー・ビーチ沿いに歩きながら、地面に目を凝らしつづけていた。現れたばかりの足跡を探していたのだ。ほどなく、オーロックスの蹄の跡を見つけた。それは見逃しようがなかった。巨大だったのである。深くめりこんでもいた。ぬかるみに足を突っ込むオーロックスの重さがはっきり感じられる。ふたりで屈《かが》み込んで、その跡をじっと見る。私は、ウシの蹄の跡なら見慣れている。家の近くの農場では、雄の子牛が水の入った桶のまわりに集まり、じめじめした天気の日には、あたりはぬかるみの海になる。ときたま、少しのあいだ足跡が残るのにうってつけの天候条件になる日もある。にわか雨でぬかるみができたあと、強い陽射しで蹄の跡をまるごと残したまま固まるのだ。しかしこのオーロックスの足跡のサイズは、そうした子牛のものの優に倍はあった。

　フォームビーで最古のウシの足跡は、非常に大きいうえに、確実に中石器時代のものだ。そのため、中世にノーフォークの湿原へウシが追い立てられていたように、飼育されたウシが草を食むためにこの海岸へ来させられていたわけではない。その蹄の跡は、飼育種のものとしては早すぎる。絶対に間違いなく、現在見られるウシの野生の祖先のものだった。

　浜辺はその日、寒々としていた。けれども美しかった。われわれが撮影を続けるうちに、影が長くなり、砂丘はつかのま金の光を浴び、直後に太陽が海に沈んだ。一同が撮影を終え、用具一式をグリーンのバンの後部に詰め込むと、私はゴードンに礼を言い、砂丘を越えて車で去った。

　それからもゴードン・ロバーツは、フォームビー・ビーチで足跡の記録を集めつづけ、そうしたはかない痕跡の目録を作って保存した。彼は二〇一六年八月に世を去り、その遺産を残した。それはすばらしい記録として、将来の研究者の調査に役立つだろう。彼に会い、ともに歩いて、しじゅう動いている砂丘の脇で、あの長く続くシルト質の砂と太古の泥から足跡を探すことができたのは、とても幸運だったと思う。

## オーロックスを狩る

　フォームビー・ビーチでヒトの足跡がシカやオーロックスの蹄の跡のそばに見られたことから、一部の研究者は、当時の人々が沿岸部の干潟やアシの草原でそんな動物を狩っていたのではないかと考えた。シカやオーロックスの群れは——開けた場所で——きっと中石器時代の狩人を引き寄せたにちがいないと。それはまったくもって妥当な考えのようにも思えるが、あいにく、ヒトと動物の足跡がほぼ同時にできたのかどうかはわからない。なにしろ、私が家の近くの農場に、子牛が去った何時間もあとに入り、泥に足跡を残すこともあるのだから。

だが、真に意外だったのは、足跡が見つかった場所である。現代のアカシカが沿岸部で見つかるのは珍しいことではないが、オーロックスは長いこと森の動物と考えられていた。ところが、フォームビーの野生のウシは、湿原林の縁《へり》を歩いて草を食んでいただけではなかった。明らかに、アシが生えるこの海岸の開けた湿地にあえて出てきていたのである。すると、かつて一般に考えられていたような、森の臆病な生き物ではなかったことになる。

中石器時代の狩人がフォームビーでオーロックスを追っていたことを直接示す痕跡はないようだが、ほかの英国や北西ヨーロッパの遺跡にはたくさんの証拠がある。こうした証拠のほとんどは、ヨークシャーのスター・カーなど、中石器時代の多くの遺跡で見つかっている、解体処理の形跡があるオーロックスの骨だ。それ以前の旧石器時代の遺跡にも、同じように野生のウシの肉が食べられていた記録が残っている。さらにごく少数の遺跡には、狩って仕留めたこと自体の証拠が存在する。

二〇〇四年五月、オランダのアマチュアの考古学者が、骨片と二個のフリントの刃のかけらが散らばっている興味深い光景に出くわした。それらは、フリースラント州のチョンガー川とバルクウェフ（バルク通り）に近い地面にのっていた。この人工物は、どうやら最近水路が掘られたことで地表に出てきたようで、骨はしばらく野ざらしになり、日光で漂白されていた。

チョンガー川のこのあたりは「飼いならされて」いた。「野生の」曲がりくねった川筋が水路へと抑え込まれていたのだ。しかし人工物はもともと、大昔にその川のインコーナーの土手を形成していた砂の堆積物のなかにあった。水路を掘ったときに骨とフリントがあった遺跡はすっかり破壊されていたが

（考古学の言葉で「コンテクスト（周囲の状況）から切り離されていた」という）、それでもある程度役立つ情報を与えてくれたのである。

骨は、オーロックスの背骨と肋骨と足［ここでは四肢の先端部分を指す］のものだった。オーロックスとしては小さそうだったが、放射性炭素年代測定の結果はおよそ七五〇〇年前と出た。中石器時代の後期なので、飼育種のウシにしては早すぎる。オランダに飼育種のウシが初めて現れたのは、それより少なくとも一〇〇〇年後だ。それに、椎骨の本体から鰭《ひれ》のように突き出た棘《とげ》は、オーロックスのものに似て長かった――飼育種のウシのものよりはるかに長かったのである。足の骨もオーロックスに近く、長くてほっそりしていた。最終的に、その骨は小ぶりの雌のオーロックスのものと判断された。

したがって、太古の死んだ雌牛である。やはり何も変わったところはない――八本の骨に切り跡があるのを除けば。切り跡は、解体処理の証拠だ。何本かの椎骨には、焼いた跡も残っていた。

明らかにヒトがこの死骸と関わりをもっていたのだ。骨とともに見つかったフリントの二個のかけらは、組み合わせると一枚の刃になった。きっと、仕留めたオーロックの皮を剥ぎ、肉を解体処理するのに使った道具のひとつにちがいない。何本かの骨と同じように、フリントの刃にも焼き跡がついていた。中石器時代の狩人は、火を燃やし、ひょっとしたらまさにそこで一部の肉を調理して食べ、そのあと死骸の残りを頭も含めて運び去ったのかもしれない。

バルクウェフは、ヒトとオーロックスの死骸だったはずのもの――狩りで仕留めたとおぼしき一体の動物――との関わりが記録されている少数の遺跡のひとつにすぎない。ほかにもオランダに二か所、ドイツに二か所、デンマークに一か所、同じこと――狩りの終幕――を示していそうな遺跡がある。オーロックスの骨やそのかけらは、人々が暮らしていた場所でもたくさん見つかっている。食事のために住みかへ肉を持ち帰ったのである。ところがそうした場所でも、動物の骨の総数のうち、オーロックスのものはごくわずかな割合にしかならない。数は誤解を招く。オーロックスはとても大きな動物なので、一本の腿《もも》からとれる肉が、ビーバーやイノシシやシカの同じ部位の肉をはるかに上回るのだ。それに狩人は、イノシシなら家族で食べるためにまるごと野営地へ持ち帰ったとしても、オーロックスをまるごと持ち帰ろうとしたとは考えにくい。死骸はその場で切り分けられ、四肢がさらに皮とともに持ち帰りやすい大きさに分けられたのだろう。狩りをした場所では、わずかな残り物とともに、足がよく残されていた。

バルクウェフのオーロックスは、意外に小さいように見える。肩のあたりで体高がわずか一三四センチメートルと推定されているのだ。そのため、この雌は、中石器時代の狩人にとってあまり手ごわくないターゲットだったようでもあり、のちの多くのオーロックスが飼育種のウシか、ウシとオーロックスの雑種であると誤認されている可能性も高めている。もしかすると、骨学者がサイズだけを見たら間違いを犯しやすいかもしれない。

それでも、この七五〇〇年前のバルクウェフの雌牛はオーロックスだったにちがいない――古代種*Bos primigenius*の一員で、その多数の群れはユーラシア大陸全土に、大西洋岸から太平洋岸まで、南はインドやアフリカから北は北極ツンドラまで、広がっていたのだ――ということが、年代からわかっている。ヒトをはじめとする捕食者に狩られて、オーロックスはやがて絶滅した。それでも、古代ローマの時代にはまだ生きていた。大作『ガリア戦記』（高橋宏幸訳、岩波書店など）の第六巻で、ユリウス・カエサルはこうした「ウリ」――南ドイツ〔当時はゲルマニアと呼ばれた地域の一部〕のヘルキュニアの森に棲む野獣――について書いている。

体の大きさは象より少し小さく、外見や色や形は雄牛だ。力は強く、走るのがとても速い。人も動物も、見つけたら容赦しない。ゲルマニア人は、この獣を穴に落として仕留める。若い男はこの仕事で体を鍛え、この種の狩りを日常的におこない、最も多く仕留めた者は、その証拠として角《つの》を示し、大いに称えられる。だが、この獣は非常に幼いときでも人になつかず、飼いならすこともできない。

これは、広大な森に住む未開のゲルマニア人だけでなく、いかつい「ウリ」——飼いならせない、角のあるモンスター——の見事な描写となっている。

それなのに、もちろん今のわれわれは、この堂々たる動物の一部がかつて飼いならされたことを知っている。この種が絶滅したことについては話したが、一部の系統は生き延びている。現代まで生き延びたオーロックスの子孫が、ヒトの協力者となっているのだ。バルクウェフのオーロックスが、ヨーロッパの北西の縁《へり》を流れるチョンガー川の土手で死を遂げたころ、東方にいた親類の一部はすでに飼いならされていた。それは、肉や皮を——中石器時代の狩人にとってオーロックスが格好の獲物になっていたのと同じ理由で——入手するためだけではなく、「乳」を得るためでもあった。ヒトとウシの関係が変わろうとしていたのである。

## レイヨウの乳と磨いていない歯

いまやわれわれは、乳を飲むということに慣れすぎていて、最初にそれを思いつくのはどんな感じだったかと一歩引いて考えるのは難しい。しかし、乳や乳製品へのなじみ深さからどうにかして脱することができれば、ヒト以外の哺乳類の乳を飲むということが、なんとも奇妙な考えに思えてくる。

乳を生み出す乳腺をもつことは、哺乳類の決定的な特徴だ。乳は、子を養うために雌が生み出す。これはすばらしい生存戦略と言える。母親が食べ物を探すために幼子《おさなご》を放置しなくて済むのである。子と一緒にいて、自分の体からじかに栄養を与えることができる。子は、大きくなって自分でいろいろできるようになると、母のもとを離れて周囲の環境から自分の食べ物を探せるようになる。

人間の乳を朝食のシリアルにかけたり、紅茶に入れたりするというのをなんとも思わない人は、ほとんどいないと思う。だが、ほかの哺乳類の乳を飲むことは、問題なく受け入れられるのだ。しかもわれわれは、それを何千年も前からやっている。しかし、ほかの哺乳類の乳腺から乳を搾ってそれを飲むということを、だれが思いついたのだろう？

私は、最初の農耕民の祖先にあたる狩猟採集民が、すでに乳を飲んでいたのではないかと思う。新石器時代以前にヒトが乳を飲んでいた証拠はまだ見つかっていないが、だれも確かめていないからなのかもしれないし、まれにしか起こらなかったからなのかもしれない。私には、現代のいくつかの狩猟採集民社会で過ごして、彼らが獲物を隅々まで食べつくすのを目にする機会があった。狩りで獲物がとれると、食卓に並ぶのは肉だけではない。臓物や脳のほか、胃の内容物も皆、おいしくて栄養になる。シベリアで私は、トナカイを狩った人々が、仕留めたばかりのトナカイの腹にナイフを入れ、まだ温かい肝臓を切り取って生で食べ、体腔にカップを突っ込んで血をすくい上げて飲むのを見た。

人類学者のジョージ・シルバーバウアーは、ボツワナのカラハリ砂漠に住むブッシュマン（サン族）のコミュニティで一〇年以上暮らし、その狩猟採集民が自分たちの狩ったレイヨウを――乳房に至るまで――どのように利用しているかを事細かに書き記している。「授乳期の大型のレイヨウの乳房は、直火で焼くとご馳走になる。乳房のなかに乳があれば、皮を剥ぐ前に絞って飲む」

北米の中央平原に伝わるある話からは、レイヨウの乳房と乳が、当地の狩猟採集民のあいだでもご馳走として珍重されていたことがうかがえる。雌のレイヨウを仕留めたあと、カイオワ族のふたりの首長が、「乳の袋」をだれのものにすべきかをめぐって言い争ったという。片方の首長がどちらの乳房も自分のものだと言うと、もう片方の首長はこのことで屈辱を味わったあまり、荷物をまとめ、親族を皆連れて新たな土地を目指して北へ向かった。こうして分かれた一派は、「レイヨウの乳で心が沈み込んで去った人々」と翻訳される名前で知られるようになったらしい。残ったほうの首長の利己心は、部族をそこまで分裂させるほどとはとうてい思えないが、この話は実は権威の失墜に関わるもののようだ。レイヨウの珍重される乳房を分け合うのを拒否したことが、それを象徴しているのである。

このように、過去にも最近にも、狩猟採集民がみずから狩った動物の乳を飲んでいた事例があるので、太古の狩猟採集民も同じことをしていたのではないかと言ってもよさそうだ。彼らはきっと、仕留めた獲物を同じように徹底的に利用し、その貴重な資源を無駄にしなかったにちがいない。動物が飼いならされる前にだれも乳を飲んでいなかったと言うのは、ばかげているように思える。乳は狩猟採集民の食事で重要なものではなかっただろうが、食事のなかにまったくなかったとも考えにくい。考古科学における新たな進歩は、われわれの祖先の食事を探る機会を与えてくれた。乳にかんしては、祖先の歯に手がかりがひそんでいるかもしれない。

カルシウムは歯や骨の健康にとって欠かせないもので、乳はこの元素の優れた供給源だ。多くの元素と同じく、カルシウムにも自然界にわずかに異なる形態がいくつか存在し、それを同位体という。そうした同位体の存在比は、骨や歯など、ヒトと動物の組織のサンプルで計測できる。炭素や窒素の同位体の存在比は、食事の指標として使えることがわかっている。炭素の同位体からは、生物が一生のあいだに食べた植物の種類がおおまかにわかり、窒素の同位体は、食事が植物中心か動物中心か、また食事に海産物が含まれているかどうかを教えてくれるのだ。そのためしばらくのあいだ、考古科学者は、カルシウムの同位体の存在比が太古の食事における乳や乳製品の手がかりを提供してくれるのではないかという期待を抱いていた。彼らは太古の動物やヒトの骨を調べ、ヒトとほかの動物とでカルシウム同位体比が異なることに気づいた。ところがかなり残念なことに、ヒトのあいだでは、時代による変化は見られなかった。中石器時代のヒトと新石器時代のヒト（それぞれ、飼いならされたウシがいなくて生きていたヒトと、いて生きていたヒト）で、骨のカルシウム同位体比が変わらなかったのだ。だからあいにく、この分析方法では、考古科学者の期待に応えてくれなさそうに見える。

しかし、歯は別の手段を提供してくれる。一般に、今日のわれわれに比べ、太古の祖先ははるかに健康な歯をもっていた。食事に糖分が少なかったため、虫歯にあまりひどく悩まされなかったのだ。太古の歯にもたまに虫歯の穴が見つかるが、現代の西洋社会での多さには及ぶべくもない。一方で、われわれの祖先は歯磨きをきちんとしていなかった。そのように歯の衛生状態に気をつけていないと、歯垢がたまり、やがて石灰化して非常に硬くなる。硬い歯石の付着は、太古の歯にはよく見られ、しかもその状態で終わらない。歯石は歯ぐきの炎症をもたらし、さらに奥の骨にまで影響を及ぼす――骨が引っ込みだし、ついには歯が抜け落ちるのだ。もちろん、そうなるころには、歯は考古科学で調べられなくなっている可能性が高い。だが、まだ元の顎に付いていて歯石の貼りついた歯が墓のなかに残っていれば、太古の食事についていくらか興味深い手がかりを与えてくれる。

歯石ができる際、そのなかに食物の小さな粒が閉じ込められる。一番小さなレベルのものは、デンプン粒（貯蔵された糖がぎっしり詰まったまとまり）やプラント・オパール（生きている植物の構造を支えるのに役立つ、シリカの豊富な微小構造）などだ。研究室で、こうした粒子を分析し、同定することができる。歯石を調べると、太古の食事について驚くべき事実がいろいろ明らかになった。汚い歯のおかげで、四万六〇〇〇〇年前に現在のイラクにあたる地域にいたネアンデルタール人は、調理した穀物――おそらくはオオムギ――を食べていたことや、イースター島の住人がサツマイモを食べていたことや、先史時代のスーダンにいた人々は、今では雑草と見なされているハマスゲという植物を食べていたことがわかっているのだ。

それは大変結構なのだが、ヒトの食事のなかに乳があったか否かについてはどうなのだろう？　乳の微化石はない。しかし、かなり特徴的な分子がいくつかあり、そのひとつはきわめて大きな手がかりになることが明らかになっている。それは乳清タンパク質、もっと正式な呼び名で言えばβラクトグロブリン（ＢＬＧ）だ。そして考古学者にとって重要なのは、ＢＬＧが動物の乳には存在するが、ヒトの乳にはないということである。それはまた、比較的細菌によって壊されにくいので、長期間残りやすい。このタンパク質にはもうひとつ、動物の種によって異なるという有用な特徴がある。ウシと、スイギュウと、ヒツジと、ヤギと、ウマで、ＢＬＧの違いがわかるのだ。

二〇一四年、国際的な研究チームが、太古のさまざまなサンプルでＢＬＧを探した研究結果を公表した。彼らは、青銅器時代（紀元前三〇〇〇年にまでさかのぼる）に酪農の証拠が多くあるヨーロッパとロシアの歯石には、ウシやヒツジやヤギのＢＬＧをたくさん見つけ、同じ時代に酪農の証拠がない西アフリカの歯石には、まったく見つけられなかった。ここまではいいだろう。このＢＬＧ研究は、グリーンランドにあった中世の北欧人の居住地がなぜ最終的に打ち捨てられたのかという問題に、ある程度解決の光も当てた。ほかの――なんと窒素同位体の――研究では、気候が悪化していた期間に五〇〇年以上かけて、グリーンランドのヴァイキングが次第に家畜を食べなくなり、アザラシなどの海産物をよく食べるようになって、ついには一五世紀に居住地を捨てたことが示されている。魚の骨は古い遺跡ではうまく保存されていないことが多いので、のちのヴァイキングはアザラシのほかに魚も食べていた可能性が高い。科学者で作家でもあるジャレド・ダイアモンドが著書『文明崩壊』（楡井浩一訳、草思社）で示唆したように、グリーンランドのヴァイキングは、食事について病的なまでに頑固だったのではなく、順応しようとしていたようだ。グリーンランドのコロニーを打ち捨てた理由がなんであれ、海産物を食べるのを嫌がったためではなかった。

ヴァイキングの歯石の分析から、食事の変化がもうひとつ明らかになっている。西暦一〇〇〇年ごろ、初期のグリーンランドのヴァイキングは乳製品をたくさん摂取していた。ところが四世紀後、歯石からBLGが消えている。彼らの食事にもう家畜はなく、乳製品の入手自体ができなくなっていたのだ。ひょっとしたら、乳を出す家畜の群れを失って、このヴァイキングのコロニーの終焉が早まったのかもしれない。だが、グリーンランドの居住地を打ち捨てた本当の理由は、もっと明白に経済的なものだった可能性もある。グリーンランドのヴァイキングは、セイウチやその牙を売っていた。しかし、アフリカの象牙が市場に供給されだすと、ヴァイキングたちの商品はあまり高価なものではなくなってしまった。すると、牙の市場が暴落してこの地を離れる羽目になり、もはやチーズをたくさん得ることもできなくなったのではないか。

以上の話は興味深く、βラクトグロブリンから太古の食事を再現できるという新たな可能性には胸がときめく。だが、先述の最新の研究は、青銅器時代よりさらに前までさかのぼって調べてはいない。近いうちに、だれかがもっと古い歯の乳清タンパク質を調べるだろうし、私は新石器時代に家畜化や酪農が始まる前にも、祖先の狩猟採集民の磨いていない歯のなかに、かすかな痕跡が見つかると思いたい。

## 壺のかけらと牛飼い

　われわれの祖先は歯磨きにほとんど関心がなかったばかりか、洗い物もあまり熱心にやらなかったようだ。これまでのところ、ヒトが動物の乳を飲んでいたことを決定的に示す最初期の証拠は、紀元前五〇〇〇～七〇〇〇年にまでさかのぼる、近東の古い壺のかけらの内側に残る脂肪かすから得られている。ブリストル大学のリチャード・エヴァーシェッドが率いるチームは、南東ヨーロッパとアナトリアとレヴァントで発掘された二二二五個の壺のかけらを調べた。すると、マルマラ海の近くで、乳が利用されていた初期のホットスポット（多発地点）が見つかった。乳と土器に関わるこの研究は、肥沃な三日月地帯を離れて、アナトリアの緑豊かな北西の隅へといざなう。それもそのはず。この地域にある新石器時代の遺跡には、家畜化されたウシの骨が高い割合で存在し、そこは中東の大半の地域に比べ、降水量が多い青々とした牧草地なのだ。その骨は、みずからの物語を語る。この遺物のなかに若い動物がたくさん存在するので、初期の農耕民は肉と乳のためにウシを育てていたように思われるのである。

　古い壺のかけらを調べたこの研究結果は、いくぶん明白なようにも見えるが、エヴァーシェッドらがこうした乳脂肪の痕跡を見つけるまで、酪農は新石器時代の生活様式に比較的あとから加わったと考えられていた。動物が初めて家畜化されて数千年後、土器が発明されておそらく二〇〇〇年後に登場したのではないかと。ところが新たな証拠によって酪農は、紀元前六〇〇〇～七〇〇〇年ごろ、西アジアに最初の土器が現れた時期にまで押し戻された。これは偶然の一致にとどまらないものなのか？　ひょっとしたら、乳を保管して加工するものが必要になって、土器の発明がうながされたのかもしれない。

　それでも、乳――と土器――の最初の証拠は、紀元前八〇〇〇～九〇〇〇年ごろにウシやヒツジやヤギなどの家畜が最初に登場してから二〇〇〇年ほどあとに現れている。先述の手法は巧みではあるが、それではもっと前に乳が利用されていたかどうかを知ることはできない。まだ土器がない世界には、乳脂肪が貼りつく壺のかけらがないからだ。

土器についた乳脂肪の証拠でもうひとつ残念なのは、歯石に含まれる乳清タンパク質と違って、乳がどの動物のものなのかがわからないということだ。ヒツジとも、ヤギとも、ウシとも考えられた。だが、新石器時代の遺跡に残る動物の骨を詳しく調べることで、それが解明できる可能性はあり、じっさい、バルカン半島中央部にある一一の遺跡でおこなわれた調査で、まさにその解明がなされている。こうした遺跡で見つかったウシの骨の分析から、時代とともに成体の割合が増えていることがわかった。平均して、新石器時代の遺物では、ウシの骨のうち成体のものはおよそ二五パーセントにすぎなかった。若いウシの数が多いと、ほぼ肉のために動物を育てていたことになりそうだ。その後、紀元前二五〇〇年からの青銅器時代の遺跡では、ウシの骨の五〇パーセントが成体のものになっている。このような高齢化は、乳などの「副産物」が（またひょっとしたら牽引の仕事も）より重要になっていたことをほのめかしている。ヒツジの骨でも、同じような傾向が見られる。この傾向がほかのどこにでも当てはまるとしたら、最初のウシやヒツジは肉のために家畜化され、搾乳はあとからおこなわれるようになったと考えられる。ところが、同じバルカン半島の調査で、ヤギの骨は別のことを明らかにしていた。新石器時代――バルカン半島では紀元前六〇〇〇年ごろに始まる――の初めから成体の割合が高く、この地域でヤギを飼っていた人は、ずっと肉だけでなく乳のためにも家畜化したヤギを利用していたと言えそうなのだ。ヤギを手に入れたとたん、ヤギの乳を飲んでいたのである。

とはいえ、ほかに最近公表された研究結果は、バルカン半島の調査結果を一般化することには慎重になるようにうながしている。ほかの遺跡で、ウシの乳が新石器時代の初期から利用されていた十分な証拠があるのだ。またしても、手がかりは壺のかけらから得られている。今度ついていたのはチーズだ。チーズを作るためにはまず、カゼインという特殊な乳タンパク質の粒を手に入れる必要がある。これが互いにくっつきだし、タンパク質の網を形成してそのなかに脂肪球をとらえる。このタンパク質と脂肪が凝固したものが、カード（凝乳）だ。これができたあとには、可溶性のタンパク質を含む希薄な液体が残る——乳清である。このように乳をカードと乳清に変える方法は、主にふたつある。乳を酸化するか、酵素——たいていレンニン——を加えるかだ。乳を温めて、このプロセスを加速することもできる。

　こうした方法はどれも、たとえば新しいレシピや保存手段を試した新石器時代の農耕民が、偶然発見したにちがいない。あなたが新石器時代の農耕民で、ある日家畜を放牧しに行くのに、乳をもっていきたかったとしよう。土器でもいいが、持ち運ぶにはちょっと重い。そこで、ヤギの胃でできた袋を使うことにする。そんなにおかしな考えではない。このような袋は、よく水を入れるのに使われている。ともあれあなたは、それに乳を入れて出かける。その日、あなたがもってきた乳をひと口飲もうとすると、おかしなことが起きている。水っぽくなって、かたまりがいくつかできていたのだ。レンニン——ヤギの胃の内側についている酵素——が、乳を変質させていたのである。しかしあなたは、それを捨てずに家へ持ち帰り、家族に見せる。家族は皆、このまったく新しい乳製品にびっくりする。だが、それはさらに良いものになる。カードを乳清から取り分けると、チーズのもとになるのだ。チーズクロス（目の粗い薄地の綿布）か金属のザルを使ってもいいだろう。新石器時代の人々なら、チーズクロスや枝編み細工のザルを使っていた可能性はあるが、当然ながら、どちらもどこの遺跡にも見つかっていない。布はたいてい、時の試練に耐えられるたぐいのものではない。それに金属のザルの登場は、まだ新石器時代よりずっと先のことだった。それでも、穴のあいた壺はたくさん見つかっており、これはチーズの濾《こ》し器と広く考えられている。一部の人は、こうした壺について、明かりやハチミツの濾過から、ビール作りまで、ほかの用途の可能性も提示した。そこでリチャード・エヴァーシェッドのチームは、紀元前五二〇〇年にまでさかのぼる、新石器時代のポーランドの遺跡で見つかった穴あきの壺のかけら五〇個に目をつけた。

エヴァーシェッドらは、こうした穴あき土器のかけらの四〇パーセントに脂肪のかすを見つけた。しかも、ひとつを除いてすべてが乳脂肪だった。これはチーズ濾し器であるという説の裏づけとなった――また、先史時代のチーズの存在を示す、最初の決定的な証拠だった。乳を加工することで、先史時代の人々は、研究者のためにも役に立つことをした。生乳のかすは土器に長くは残らないが、乳を加工すると脂肪が変化し、はるかに長持ちするようになるのである。そして、ポーランドのそうした遺跡では、動物の骨の八〇パーセントがウシのものだ。乳脂肪はウシのものでもヤギやヒツジのものでもありえたが、ポーランドの新石器時代の農耕民は、確かにウシの乳を搾り、その乳からチーズを作っていた可能性が高いように思える。家畜化されたオーロックスが普及していたのである。

## 骨と遺伝子

家畜となったウシの存在を示す最初期の考古学的証拠は、ユーフラテス川のちょうど土手の上にある、ジャーデ・エル＝ムガラという先土器新石器時代の遺跡の骨として得られている。ここは驚くべき遺跡で、太古の農耕集落が、その後青銅器時代に墓地として使われるようになった場所だ。深く掘り下げた新石器時代の層には、いくつかのヒトの墓のほかに、骨を彫刻した装飾品や、壁画のある大きな円形の建造物もあり、さらに初期の農耕民が飼っていた動物を解体したあとの骨も見つかっている。ユーフラテス川河畔のそのあたりでは、なだらかに起伏する草原が、冬から春にかけて初期の家畜の群れにとって申し分のない牧草地となっていた。乾燥した夏の数か月には、集落の人々は、今の人々もそうしているように、自分たちの家畜を川岸まで、さらには別の丘まで連れて行くこともできただろう。何頭かのオーロックスをとらえて育種し、野生の群れを手なずけるという、ひと筋縄ではいかない――あの大きな角《つの》を考えてみるといい――仕事から、農耕民は家畜化のプロセスを開始した。オーロックスに比べ、家畜化されたウシの骨は小さく、雄と雌の差が小さい。角の形も違い、それは、頭蓋から突き出た角心《かくしん》という骨を反映している。こうした頭蓋に見られる初期のウシの証拠は、一万八〇〇〜一万三〇〇〇年前にまでさかのぼる。レヴァントで、穀物栽培の確かな証拠が初めて現れるのと同じころだ。しかし、ヒツジとヤギは、もう少し早く家畜化されたと考えられている。ほんの数世紀前かもしれない。これらの動物の家畜化は、作物の栽培化が始まる前に開始していたとしても納得できそうだ。牧畜――動物の群れの面倒を見ること――は、狩猟採集民の移動性の生活様式と、農耕民の定住性の生活様式とのほぼ中間に位置するからである。だが、狩猟採集から牧畜への移行は非常に速かった可能性がある。トルコの遺跡アシクリ・ヒュユクは、人々が多様な野生動物を食べていたころから、食べていた動物の九〇パーセントがヒツジになるまで、たった数世紀ほどで変わったことを示している。アシクリ・ヒュユクの先土器新石器時代の人々にそうしたヒツジの群れを手なずけさせた要因がなんであれ、彼らはうまいこと肉の保存方法を見出し――つまり歩く食料庫を生み出し――食料源を十分頼れるものにしたのだ。

初期の遺伝子研究から、ヒツジとヤギの家畜化は別々の場所で何度も起きたが、すべておおよそ南西アジアのなかだったことがうかがえる。実のところ、どちらの種でも、家畜化の中心地はひとつだった可能性が高い。だがそれから、野生の親類との交雑がたくさん起きたのだ。家畜化されたヤギは野生のヤギ *Capra aegagrus* から生まれ、ヒツジはアジアのムフロン *Ovis orientalis* という野生のヒツジが家畜化された子孫なのである。一方、ヨーロッパのムフロンは、家畜種の祖先ではなく、家畜種だったのが野生化したものらしい。

ウシも似たような経緯のようだ。長いあいだ、家畜化したウシの主なふたつの亜種——タウルスウシ（コブのないウシ）とゼブウシ（コブウシ）——は、別々の起源をもつと考えられていた。ダーウィンは確かにそうだったのではないかと考え、『種の起源』にこう書いている。「［インドのコブウシ］は……ヨーロッパのウシとは違う系統の子孫と……考えるべきだ」そして先入観がなければ、*Bos taurus indicis*（ゼブウシ）は、*Bos taurus taurus*（タウルスウシ）とは確かにずいぶん違って見える。ゼブウシには、肩の上に大きなコブがあり、前脚のあいだに「のど袋」が垂れ下がっている。彼らはまた、タウルスウシに比べ、高温で乾燥した条件にはるかによく適合している。ミトコンドリアDNAとY染色体の研究結果は、それぞれの亜種の起源が異なるという考えを支持していた。ところが、起源はひとつとするほうが、実ははるかに理にかなっている。家畜化されたウシは、おそらく近東で一万一〇〇〇～一万年前に生まれてから、広まるうちに野生の親類と出会ったように思われるのだ。九〇〇〇年前ごろに南アジアに行き着くと、その地のオーロックスと大いに交雑が起き、家畜のウシに、ゼブウシの遺伝子と形質が導入されたのだろう。

ウシの離散はあっという間に進んだ。農耕民もウシも西へ移動していき、一万年前までに、とても勇敢なだれかがウシを舟にのせ、キプロスへ運んだ。八五〇〇年前になるころには家畜化したウシがイタリアに到達し、七〇〇〇年前までには初期の農耕民とともに、ヨーロッパの西部、中央、北部のほか、アフリカにまで拡散していた。そして五〇〇〇年前までに、ウシはアジアの北東部に達していたのだ。

ヒツジやヤギが中東から広まったときには、ヤギ亜科［ヒツジやヤギを含む分類］がいない地域へ移動していった。交雑する野生の親類がいなかったのである。ところが、家畜化したウシ亜科の場合は状況が違った。野生のウシがヨーロッパからアジアにかけて広く分布し、家畜化したウシはいたるところで野生のウシと交雑していたようなのだ。最初の手がかりは、ミトコンドリアDNAから得られた。新石器時代のスロヴァキアの畜牛や、青銅器時代のスペインの畜牛のほか、現代のいくつかの畜牛にも見られる特異な変異ミトコンドリアDNAはどれも、ヨーロッパのオーロックスに由来していた。もっと最近のゲノムワイド解析からは、ヨーロッパ全土で、家畜化されたウシと、その土地にいた野生のウシとのあいだで広く交雑があったことが明らかになっている。とくに英国とアイルランドのウシの系統には、ゲノムにオーロックスのDNAが多く存在する。しかしどの交雑も、どれだけ――ヒトの視点で見て――意図的だったかについては臆測することしかできない。

私はシベリアで、トナカイを飼っている地元民と少しのあいだ暮らしたことがある。飼っているトナカイの群れは大きく、守ったり囲いに入れたりすることはできない。野生の群れはさらに大きく、たいてい――家畜化した群れと同じく――転々と移動している。私と話した地元民は、野生の動物が自分たちの群れに加わることよりも、自分たちのトナカイが野生の群れに逃げてしまうことのほうを気にしていた。だから、野生の群れが近くにいることがわかると、つねに神経をとがらせた。彼らが経験していたことから、私は初期の農耕民とその家畜の群れについての考えを変えることとなった。

新石器時代の農耕民は、どれだけ注意深くウシを見張っていたのだろうか？　柵で囲い込んでいたのか、それとももっと自由に歩きまわらせていたのか？　野生のオーロックスから慎重に選んだものをとらえ、自分たちの群れに加えていたのか、それとも遺伝子の移入は、単に家畜と野生動物の避けざる接触を記録したものにすぎないのか？　後者が事実なら――私にはそうなのかわからないが――オーロックスの雌が家畜の群れに加わった可能性のほうが、野生の雄が加わった可能性よりも高い。

生物学的見地からは、家畜化されたウシが野生の集団と交雑しつづけたとしても意外ではない。ウシの現生の亜種ふたつは、よく交雑して雑種を生み出している。アフリカでは、雄のゼブウシがタウルスウシの群れのなかで交雑を起こし、サンガウシが生まれたという経緯が、ウシのＤＮＡから明らかになっている。中国では、タウルスウシが北へ広がり、ゼブウシが南へ広がっている。この南北の分断は今日の中国のウシにもはっきり見られ、中部にはタウルスウシとゼブウシの雑種が存在する。ウシはほかの種との雑種も生み出す。中国のある品種のウシには、ヤクのＤＮＡが含まれていることがわかっており、逆に家畜化されたヤクにはウシのＤＮＡが含まれている。インドネシアでは、ゼブウシがしばしばバンテン（*Bos javanicus*）という土着の野生のウシと交雑を起こしている。

## 小さくなる雌牛の謎

ヒトと協力関係に入ると、ウシやヒツジ、ヤギ、ブタは変化を遂げた。栽培化によって大きくなったコムギの粒とは違い、ウシなどの動物は小さくなった。しかし興味深いことに、ウシは――ヒツジやヤギやブタと違って――その後も新石器時代、青銅器時代から鉄器時代にかけて、小さくなりつづけた。しかもそれは大幅な縮小だった。考古学者は、農耕が七五〇〇年前（紀元前五五〇〇年）に始まっていたヨーロッパのウシの古い骨を詳しく調べることで、新石器時代に起きた縮小の度合いを定量化することができた。農耕が開始したころに比べ、三〇〇〇年後に新石器時代が終わるころには、ウシのサイズは平均で三分の二になっていた。

初期の農耕民が、育てる動物として、小さくて扱いやすいものを意図的に選んでいたのではないかという結論に飛びつくのは簡単だ。家畜化が始まったころにはそうだったかもしれないが、農耕民は、何世代も、何千年も、どんどん小さな動物を選びつづけたようにはあまり思えない。ならば、なぜウシは小さくなりつづけたのだろう？

慎重に——中央ヨーロッパに広がる七〇の遺跡で見つかった骨の——骨学的分析をおこなった結果、考古学者は、この体のサイズの縮小をもたらした要因とおぼしきものについて、さまざまな説を検証できるようになった。ひとつの説明として、家畜化されたウシは慢性的に栄養不足だったというものが考えられる。だが、ウシに栄養不良だった徴候は見られない。平均サイズの減少は、雌雄のサイズの差が縮まった副次的効果ではないかとも考えられる。しかし、新石器時代の初めに性的二形（雌雄の形態上の差）の縮小はあったが、その傾向はウシそのものが小さくなると続かなくなった。ウシは、最初に家畜化されてから三〇〇〇年ほど経ってヨーロッパに到達した。それから数千年、ヨーロッパのウシの骨は、かなり一定の雌雄差を保ったまま、小さくなりつづけているのだ。

気候変動も動物のサイズに影響を及ぼした可能性がある。これが答えなのだろうか？　きっと違うだろう。それなら野生のウシも、家畜のウシと同じように影響を受けたと考えられるはずで、そうなってはいないからだ。さらに、ウシの平均的なサイズが変化したように見えるのは、雌雄の存在比が変化したためだという可能性も挙げられる。群れの成体の雌で、乳の生産が重視されるようになれば、その需要に合うものの割合が増えていく。そんな乳牛の群れでは、若い雄は処分されることが多い。これは優れた仮説のように思えるが、やはり証拠と一致しない。新石器時代のウシの骨で、雌の割合の増加は見られないのだ。科学者は、仮説の否定にかんして良い仕事をしてきた。そうした否定の末に、ひとつだけ仮説が残った。それは、たくさんの骨の証拠と完璧に一致していそうだった。

中央ヨーロッパで見つかった新石器時代のウシの骨は、サイズの減少だけでなく、未成熟の個体の増加も示している。すると、今度は肉の生産が重視されるようになったことがうかがえる。若いウシは、成長が速い。三〜四歳で成熟するころには、成長の速度がすっかり落ちる。成体を生かしておいても、それよりあまり多くの肉は得られない。そのため、成熟する前か成熟したところで処分することが多くなり、集落のまわりに散らばるゴミのなかで、未成熟の骨の割合が増す。これだけでは、まだウシのサイズが縮小した現象の説明になってはいない。この現象は、成体のウシで記録されているものだからだ。未成熟の個体はサンプルから除外されている。それでも、亜成体の骨の割合の増加は、こんなことを教えてくれる。そうした群れでは、子ウシを産む雌の多くは未成熟な個体となるのだ。そのような雌――生殖できるが、一部はまだそのために成長している最中――が産む子ウシは、群れのなかで成熟した雌が産むものに比べ、出生時の体重が軽くなりやすいだろう。小さくて軽い子ウシは、成長しても小さくて軽いウシになりやすい。だからといって、ヨーロッパの新石器時代の群れに乳牛はいなかったということにはならないが、肉の優先度が高かったようだ。そのため、ヨーロッパのウシは、新石器時代の初めに比べ、終わりにおいては三三パーセント小さくなっている。その後、青銅器時代には、亜成体が見つかる遺跡の割合は減る――それとともにこのころのウシのサイズはわずかに増大する。だがこれは、ちょっとばかりの一時的な変動だ。総じて見れば、ウシは中世まで小さくなりつづけ、しばらくしてまた体高が増した――それでも、祖先にあたる野生のオーロックスほどは決して大きくならなかった。

ウシは、乳や肉のほかの用途でも、われわれの昔の祖先の役に立った。ユリウス・カエサルは、鉄器時代のドイツ（ゲルマニア）の人々にとって、野生のオーロックスが文化的に重要な存在だったことを記録しており、家畜化されたウシは、宗教儀式や儀式的な戦いで大事な役割を果たしつづけた。古代クレタの雄牛崇拝は、ミノタウロスの神話を着想させたようだ。ウシは英雄や闘牛士にとって戦いがいのある強敵に選ばれもしたが、そのサイズや力強さは、もっと平凡な形でも役に立った。原始的なトラクターとして、鋤《すき》や荷車を引くのに使われたのである。世界のあまり工業化されていない多くの地域では、今もそのような形で使われている。また、ときには機械よりもその仕事に向いている場合もある。中国南部の龍脊《ロンジー》にある高地の水田まで、機械のトラクターを上げることはできない。ところがウシなら容易にそこまで行き、棚田の細い段に沿ってきれいに鋤を引くことができる。

ウシを牽引のために育てて使ったという事実で、ヨーロッパのウシに見られた小型化の傾向に逆らう、奇妙な一時的変動が説明できるかもしれない。古代ローマの時代に、ヨーロッパのウシは少し大きくなった。これは、イタリア、スイス、イベリア半島、英国にある遺跡の骨の分析によって明らかになっている。農耕民がウシを意図的に大きく育てて売買していたのかもしれないが、サイズの増大は、その地域にいた野生のオーロックスの遺伝子が入り込んだことを示している可能性もある。またもしかすると、このころに大きなウシがとくに求められたのかもしれない。拡大した帝国の小麦畑に必要な馬力ならぬ「牛力」として。それでもウシは、中世よりずっとあとまでかなり小さい――現在よりはるかに小さい――ままだった。

## 育てられ、広められ

家畜となったウシが、最初期の農耕民とともに、ヨーロッパやアジアやアフリカに初めて離散したあとも、ウシの集団は、人々に連れられて移動と交雑を続けた。文明が開花していくつもの帝国が拡大すると、役立つものとして成功を収めた品種がその故郷から新たな牧場へ運ばれていった。

北イタリアのウシのミトコンドリアDNAは、アナトリアとの興味深い結びつきをほのめかしており、その時期は、最初にイタリアにウシがやってきたときよりずっとあとのようだ。ヘロドトスは、一八年にわたる飢饉に苦しめられたリュディア（現代のアナトリア）の人民のことを記している。最終的に、リュディア人の大集団が地中海東岸からイタリアへ海を渡ったという。ヘロドトスによれば、イタリアへの移民は自分たちをテュレニア人と呼び、その後エトルリア文明を築き上げた。やや現実離れした話で、一見したところ、ほかに裏づけとなる歴史的・考古学的証拠はほとんどないように思える。だが、ひょっとすると北イタリアのウシにも、地中海東岸からの太古の移住について、やはりかすかな遺伝子の記憶が残っているのかもしれない。古代エトルリアの人骨のミトコンドリアDNAを分析した結果も、北イタリアとトルコの結びつきを示しているように思われた。とはいえ、これは移住を明確に示すしるしではない。交易や交通によって、このふたつの地域が密接に結びついていたことを示しているだけという可能性もあるのだ。それでも、もしかしたらと言えるだけだが、ヘロドトスがやはり正しかったのかもしれない。

交易ルートも、現代のウシの遺伝子構成に表れている。マダガスカルのウシに含まれるゼブウシのDNAは、明らかにインドと強い交易関係があったことを示している。一方、ウシの――遺伝子に現れているほど大きな――移動のなかには、世界じゅうに散ったヒトの移住に続いて起きたものもある。アフリカのタウルスウシに比較的最近ゼブウシの遺伝子が入り込んでいるのは、きっと七〜八世紀にアラビアに広まった事実を反映しているのだろう。

中世以降、ウシのサイズは増大しだす。これは選抜育種の結果かもしれないし、あるいは、ヨーロッパがある程度政治的に安定して繁栄していたことも間接的に影響を及ぼしたのかもしれない。ともあれ、平和なときならば、熊手《くまで》を武器としてではなく、干し草をかきあげる本来の目的のために使えるようになる。

ウシが南北アメリカ大陸に広まりだしたのは、一五世紀の終わりだ。一四九三年にスペインのカディスで船——コロンブスのアメリカ大陸への二度目の遠征隊の一部——に積み込まれた最初のウシたちは、カナリア諸島経由でサントドミンゴを目指していた。ウマ、ラバ、ヤギ、ブタ、イヌも一緒に旅をした。ほどなく、さらに多くの動物が加わった。その後船団が発つたびに、新たに動物が運ばれ、どんどん大きな群れになっていったのである。

したがって、アメリカ大陸にはコロンブス以前にウシはいなかった——少なくとも、それが従来の見方だ。ところがそれより五〇〇年ほど前、ヴァイキングが「ヴィンランド」——おそらくニューファンドランドあたり——に居留地を作ったときに、ウシが北米にやってきたという可能性も実はある。北欧の歴史物語（サガ）には、ヴィンランドの沖合いに浮かぶ島々では冬が厳しくないのでウシが一年じゅう外で草を食んでいる、と具体的に記されている。それでも、こうしたヴァイキングの入植者が子孫を——ヒトであれウシであれ——残したという証拠はない。入植地は放棄され、何世紀も経ってからヨーロッパ人がアメリカ大陸を「再発見した」のである。また、ランス・オ・メドーにヴァイキング時代の居留地が少なくともひとつ存在するが、ニューファンドランドと歴史物語のヴィンランドとの結びつきさえ、まだ一部の人には疑われている。一方、スペイン人やポルトガル人の航海は、十分な裏づけがあって疑う理由はないように思える。スペイン人はウシをカリブ海へ運び、ポルトガル人はウシをブラジルへ連れて行った。そしてこれらの動物は、ラテンアメリカのクリオロあるいはクレオールと呼ばれる品種のウシの祖先となった。

一八世紀に英国では、いち早く組織的な選抜育種をおこなう人々が出てきて、その結果、特殊な品種が登場しだした。ロバート・ベイクウェルは、茶色と白の柄《がら》をもつ大型のロングホーン種——主に労役目的の家畜だが、乳牛としても優れている——を作り出し、コリング兄弟は、赤か糟毛《かすげ》［茶色や黒に白いさし毛が混じった柄」のショートホーン種――肉牛や乳牛として優れている――を生み出した。

ウシの育種家は、特定の品種同士で交配をおこない、所望の形質を引き出した。一九世紀はウシの「英国かぶれ」が見られた時期で、英国のショートホーン種の雄牛が、ヨーロッパ大陸のウシと交配されている。オランダやデンマークやドイツの生産性の高い品種も、ほかのヨーロッパ諸国やロシアへ持ち込まれ、各地の集団を改良した。スコットランドの丈夫なエアシャー種は、スカンジナビアの集団と交配された。また一九世紀のブラジルには、ゼブウシが大量に持ち込まれ、もとからいた集団が改良された。今日、ブラジルで生産されている牛乳の大半は、ジロランド種――ゼブウシとタウルスウシの雑種――のものだ。それどころか、もともとの集団にすでにゼブウシの血が混じっていたようで、これは南アジア、アラビア、北アフリカ、ヨーロッパのウシのあいだに早くも複雑なつながりがあったことを示している。そしてウシは、新世界の環境で非常によく繁栄した。ウシがやってきて五〇〇年にも満たないブラジルで、いまやウシの数はヒトよりも多い。ブラジルの人口は二億人ほどだが、ウシは二億一三〇〇万頭ほどもいるのだ。

二〇世紀の後半には、人工授精の導入とともに、ウシの育種はいっそう技術的なものになった。一部のウシ――今では世界で最も頭数の多い品種となっているホルスタイン・フリーシアン種など――は、産乳量ができるだけ多くなるように入念に育種された。肉の量を高められたウシもいて、筋肉組織の多い形質が選抜育種によってうながされている。なかには、緑豊かな草地から砂漠同然の土地まで、特定の環境に合うように育種されたウシもいる。だが、生産性がすべてではなかった。美観上の形質も選択を受けたのだ。その結果、驚くべき種類のウシが現れた。イヌの多様性ほどではないが、それでも莫大だった。白から赤や黒、さらにはいろいろな中間色まで、短毛から毛むくじゃらまで、そして大小さまざまで、角も長かったり短かったり、あるいは角なしだったりと、現代のウシの外見における多様性には、まさに目を見張るばかりだ。選択の内容は時代とともに変わった。今のわれわれは低脂肪の乳を生産する乳牛を好み、米国では黒毛の肉牛が現在人気がある。先進諸国では、ウシはもはや労役用の家畜ではないので、鋤を引く力やスタミナでの選択はすっかり過去のものとなっている。

しかし、ここ二〇〇年にわたる――ウシでもイヌでも――選抜育種では、奇妙な矛盾が生じている。品種間では、表現型や遺伝子型のバリエーションは豊富なようだが、品種内では、そうではない。このバリエーションの貧弱さは、かなり意図的にもたらされたらしい。家畜となったウシは、その歴史の大半において、農耕民に生産性の高い個体やそれぞれの環境に適した個体の生殖をうながされた結果、「弱い選択」を受けていた。そして新たに生まれた品種のあいだでは、遺伝子流動がたくさんあった。ところがここ二世紀では、育種家が品種内のバリエーションを減らすことに力を注いだ。それでついには毛色さえ同じになってしまった。先進諸国で人工授精によって生殖の制御がしっかりできるようになったために、ウシの品種間で交雑が起きる可能性がほぼなくなってしまったのである。強い選択とともに育種にこのような制約が加わると、種は細かく分かれて隔たりのある多くの集団で構成されることになる。どの集団も、遺伝病や不妊の割合が増したり、集団全体で感染症に罹りやすくなったりといった、近親交配によるさまざまなリスクにさらされる。野生では、細分化されて遺伝子のバリエーションが少ない集団は、絶滅するリスクがきわめて高い。それでも、厳しい制約が加わった畜産品種は――飼育環境では――伝統的な品種より生産性が高くなりうる。農耕民にとって、伝統的な品種から畜産品種へ転換すると、経済面で楽になる。だが長い目で見ると、持続可能ではない。家畜種が絶滅してしまったら、それがもつすべての「遺伝資源」も失われる。遺伝学者は、このまま集団の細分化と近親交配が続いた先の、ウシ――とわれわれの食料安全保障――の未来を心配している。彼らは家畜のヒツジやヤギについても心配しているが、これらの状況はウシとは違う。どちらも種がいくつかあり、野生種もまだ残っているからだ。ウシはほかの現存するウシの種――将来、有用な遺伝資源となるかもしれない――と交雑できるが、野生の祖先は何世紀も前に絶滅しているのである。

## オーロックスを蘇《よみがえ》らせる

家畜のウシが世界で急増すると、野生のオーロックスの数は減少していった。かつてオーロックスは、ヨーロッパ全土から中央アジア、南アジア、北アフリカを歩きまわっていた。ところが一三世紀になるころには、野生のオーロックスはなわばりをすっかり縮め、中央ヨーロッパに生息するだけになっていた。オーロックスが最後まで生き延びた場所はポーランドで、そこでは王の命によって守られ、冬のあいだ餌を与えられてさえいた。王のスポーツ（狩り）ができるように、そうされていたのだ。しかし、王にも結局は救いきれなかった。家畜のウシがオーロックスの生息域に侵入したのである。ウシの病気や違法な猟もそれに加担した。だが最終的に、彼らを滅ぼした要因は、人々が関心を失ったことだった。一六二七年、ポーランドのヤクトルフ禁猟区で、記録に残る最後のオーロックス（雌）が死んだ。

この大きな草食動物が失われたのは――とくに比較的最近だっただけに――嘆かわしい。今世界に残っている「大型動物相」の種はごくわずかで、消えた責任の大部分はヒトにある。もっと利己的な見方をすれば、そうした種の消滅により、われわれは遺伝資源としての彼らを失ったことにもなる。われわれのウシの集団にオーロックスを交配することで、新たに雑種強勢をもたらすことができないのだ。われそれに、現代の風景にこうした動物がいないのを惜しむ、もっと大きな生態上の理由もある。大型の草食動物がいないと、未開の場所はどこも森林になる。自然の多様性が失われてしまうのである。

そのため、一部のウシの育種家は、オーロックスを蘇らせようとしている。少なくとも、できるかぎりオーロックスに近い新品種を作り出そうとしているのだ。オランダのタウロス財団の育種家たちは、「原始的な」オーロックスに近い形質を――サイズや形、角の長さ、採食行動といった点で――ある程度残していそうなヨーロッパの品種をいくつか選んでいる。そうした現代のウシを交配することで、オーロックスの表現型を――外見や、場合によっては行動さえも――蘇らせたがっているのである。一方、分子遺伝学の最近の進歩によって、表面上オーロックスに見えるものを育種する以上のこともできるかもしれない。とことん――遺伝的に――オーロックスであるような動物が作り出せる可能性があるのだ。

これをするための最初のステップは、オーロックスのゲノムを明らかにすることだ。それもミトコンドリアDNAやY染色体だけではなく、核ゲノムのすべてを把握するのである。二〇一五年、ある研究チームがまさにそれを実行し、六七五〇年前の英国のオーロックスのゲノムを解読した。ダービシャーの洞窟で見つかった前脚の骨粉サンプルから、DNAを取り出してコードを読むことができたのだ。この獣は、家畜のウシが初めて英国にやってくる一〇〇〇年前に生きていた。混じりけなしの純粋なオーロックスだった。そして遺伝学者は、このオーロックスのゲノムを現代の家畜のウシのものと比べてみて、オーロックスと家畜のウシとでのちに交雑があったことを示す明白な証拠を見つけた。ハイランド種、デクスター種、ウェルシュブラック種など、英国の幅広い品種に、太古の英国のオーロックスのDNAが含まれていた。この英国のオーロックスが英国以外の品種と交雑した形跡はなかった。これは、交雑がヨーロッパ本土であらかじめ起きていたのではなく、確かに英国で地元の畜牛と野生の親類とのあいだで起きていた事実を示しているので、重要な証拠と言える。ミトコンドリアDNAやY染色体の研究による交雑の証拠に、これがまた加わった。だからある意味で、太古のオーロックスは今もわれわれとともにいることになる。オーロックスのDNAがどれだけ多く、そんな古い結びつきによって現生のウシのゲノムに残っているのだろう？　オーロックスのゲノムをもっと解読すれば、このように最近オーロックスから加わった遺伝子をもつ品種が見つかるはずだ。このやり方は、ただ形質を目で見るよりも、オーロックスを「再現する」ための育種に使うべきウシを見つけやすくなるだろう。だが、どちらのやり方もこんな疑問を投げかける。この「絶滅からの復活」にいったいどんな意味があるのだろう？　絶滅した動物に似た生き物を作り出すということなのか？　もとの失われた種にできるだけ遺伝的に近い動物を生み出すということなのか？　それとも、生態系において、絶滅した動物が果たしていたのと同じような役割を果たしうる新品種を作るということなのだろうか？　この試みで何が一番重要なのだろう――外見か、遺伝子か、行動か？　私には、生きた本物のオーロックスを見てみたい気持ちもちょっとあるが、失われた重要な種を野生の生態系に取り戻す好機だというのは、もっと価値のある動機であり、絶滅からの復活に挑む妥当な理由になる。

オランダのタウロス財団による育種プログラムは、二〇〇八年、野生保護区に放すために、オーロックスにできるだけ近いものを生み出すという明確な目的をもって開始した。失ったものを戻すため、つまり生態系の自然のメカニズムを蘇らせるためだ。財団は、二〇二五年までに、オーロックスに非常に近いものを生み出し、放てるようにしたいと考えている。野生の大きなウシが、まもなくヨーロッパの再び野生化された自然保護区を歩きまわっていると考えるだけで、びっくりしてしまう。氷河期の洞窟の壁画で知られる、赤茶色で長い角をもつ堂々たる「原初の雄牛」が、もうじき自然の景色に戻ってくるかもしれないのだ。

# 4 トウモロコシ *Zea mays mays*

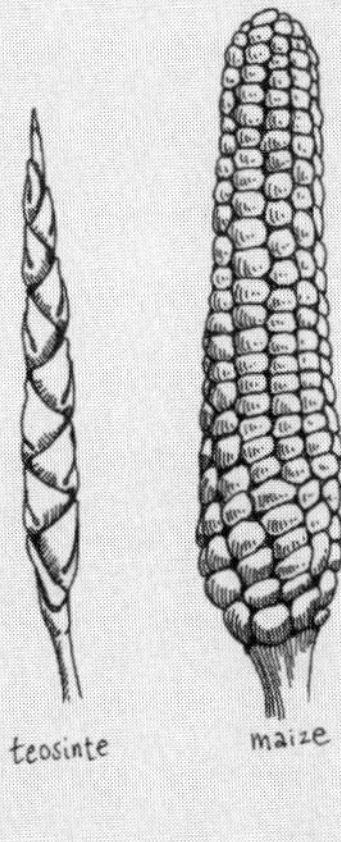

岩だらけのチリの海岸に沿い、
海に面する不毛の白亜の地で、
ときに
おまえの輝きだけが
鉱員たちの何もないテーブルに届く。
おまえの光、おまえのコーンミール、おまえの希望が
アメリカの寂しき僻地にしみわたる……
――パブロ・ネルーダ、『トウモロコシへの頌歌《しょうか》』

## 新世界に至る道

トウモロコシは、コムギやイネとともに、世界でも指折りの重要な作物で、食料と燃料と繊維にとって欠かせない原料だ。それに、驚くほど多様な土地で育てられている。庭に植える植物を選ぶときには、どんな植物であれ、その環境に自然に適した種や品種を探すだろう。庭は粘土かもしれないし、もろい腐植土かもしれない。寒くてジメジメしているかもしれないし、温かくて乾燥しているかもしれない。ある植物は、ほかよりそこでよく育つだろう。同じ庭のなかでも、暗く涼しい場所でよく育つ植物もあ

れば、南向きの壁を背にしてよく育つ植物もあるはずだ。

だがトウモロコシの意にかなうのは、さほど難しいことではない。世界にとても広く分布しているようなのだ。トウモロコシは、地理的に最もありふれた穀物と言える。南北アメリカ大陸では、南緯四〇度のチリ南部から、はるばる北緯五〇度のカナダまで、畑で育てられている。また、標高三四〇〇メートルのアンデス山脈でも、カリブ海に浮かぶ島々の低地や海岸でも、よく育つ。トウモロコシが世界じゅうで成功を収めている要因は、その並外れた——外見、習性、遺伝子の——多様性にある。しかし、世界じゅうにある作物のわりに、その歴史は解き明かすのがとても難しい。世界に広まりだしたのはわずか五〇〇年前なのに、アフリカやアジアへのトウモロコシの移入などについて、文書の記録は実にあいまいなのだ。ＤＮＡが新たな手がかりとなってはいるが、世界的な交易によって、トウモロコシの遺伝子の歴史は非常にこんがらがっている。トウモロコシの世界的な広がりは、人類の歴史と絡み合っている。新天地発見の航海をし、交易ルートが世界に広がり、いくつもの帝国が拡大と崩壊を繰り返すといった盛衰とともに広まったのだ。それでも、この絡み合った網から簡単に引き出せる一本の糸がある。トウモロコシが将来世界に広がることを約束するような、明確な瞬間である。

一三世紀にモンゴルの皇帝チンギス・ハンとその後継者たちは、東は太平洋から、西は地中海まで、アジア全域にまたがる帝国の広大な領土を獲得した。ほぼ一世紀にわたる侵略による拡大ののち、数十年、政治的にかなり安定した。パックス・モンゴリアすなわち「モンゴルの平和」である。このあいだ、東西の交易ルートは積極的に保護され、通商が栄えた。やがて、すべての崩壊が始まる。一二五九年、チンギス・ハンの孫息子モンケ・ハンが後継者のないまま世を去る。そして大帝国は、すでにいくつかのハン国（王国）に分かれだしていた。それでも、一帯は比較的平和で、シルクロードはずっと通商に開かれていた。だが一三世紀の終わり、モンゴル帝国のハン国同士はごくゆるく結びついているだけになっていた。一四世紀の初め、ハン国同士は戦争によって完全に分断され、ひとつ、またひとつと、アジアに台頭したほかの強国に陥落させられていった。同じころ、黒死病（ペスト）という忌まわしい魔物が、それまで香辛料や絹や磁器を輸送していた道を一緒に運ばれ、アジアもヨーロッパも大混乱に陥った。

それでもなお、ヨーロッパは東方の香辛料をほしがった。そうした東洋の調味料が大いに求められたのは、エキゾチックなものだったからにほかならない。ビャクダン、ナツメグ、ショウガ、シナモン、クローヴは、権力の調味料、ステータスの香りだった。東への陸路での交易は危険だったばかりか、多くの仲買人を経て、それぞれが儲けを得たがっていた。そのため、ヨーロッパの商人や探検家は、インド、香料諸島（モルッカ諸島）、中国、ジパング（日本のこと）といった東洋へ行くのに使えそうな海路をしばらく探っていた。アフリカが困ったことに邪魔だった。一四八八年、ポルトガルの探検家バルトロメウ・ディアスが奮闘の末、嵐の岬――のちに「喜望峰」と改名された――を回り、南東の海路がついに実現可能と思われるようになった。ところが、イタリア人探検家クリストファー・コロンブスには別の考えがあった。フィレンツェの天文学者パオロ・トスカネッリが、ヨーロッパから西へ海を渡ると、極東へもっと早く行けるのではないかと提言したのだ。コロンブスより前、同じ世紀に西への航海に挑んだ人々もいたが、彼らはアゾレス諸島まで到達したものの、結局西風に阻まれていた。

コロンブスは、砂糖商人としてヨーロッパから西へ航海し、東大西洋のマデイラ島のそばに浮かぶポルト・サント島へ行っていた。そうした航海で会った相手から、北のほうでは西風が圧倒的だが、大西洋をずっと南へ行くと風はほとんど東から吹いていることを彼は知る。それは危険な挑戦だった。探検家はふつう、風上に向かいたがるものだった。そのほうが安全に帰れると知っていたのだ。しかしコロンブスは、発見――と立身出世――への欲望が強かった。新たな土地を見つけたかっただけではなく、それを自分のものにしたかった――見つけた島のどれかの統治者となり、その地位を自分の跡継ぎに譲りたかった――のだ。やがて彼は、スペインの王フェルナンドと女王イサベルから資金援助をとりつけ、航海に乗り出した。

紀元前三世紀、ギリシャの数学者で地理学者でもあったエラトステネスは、地球の全周を二五万二〇〇〇スタディアと見積もった。およそ四万四〇〇〇キロメートルである。実際の全周は四万キロメートルとちょっとだから、エラトステネスは一〇パーセントしかはずしていなかった。だが、のちの地理学者は、古代ギリシャ人たちが地球のサイズをずいぶん大きく見積もりすぎていたのではないかと考えた。トスカネッリもそのひとりだった。そして一四九二年、ニュルンベルクの地図製作者――トスカネッリと文通していた――が、それまでに知られていた世界を小さな球体にしたものを作った。「エルダプフェル」(地球のリンゴ)だ。これは知られているかぎり世界最古の地球儀で、歴史家のフェリペ・フェルナンデス＝アルメストは一四九二年の「最も驚くべき物品」と呼んでいる。それには南北アメリカ大陸がないのがはっきりわかる。するとこういうことになる――ヨーロッパから出帆して西へ向かうと、ついにはアジアにたどり着く。

一四九二年に出発する際、コロンブスは、モロッコのすぐ沖合いに浮かぶカナリア諸島から、三隻の船で西へ向かうことにした。そこは、風がよく帆をふくらませてくれただけではない。一行は、過去の探検の記録から、中国にある有名な広州の港とちょうど同じぐらいの緯度と考えていた。そこで知られざる世界へ向けて、小さな船団――ニーニャ号、ピンタ号、サンタ・マリア号――は九月六日に出帆した。ひと月後、まだ陸地は見えず、コロンブスの仲間の指揮官は苛立っていた。船員たちは反抗的になっているようだった。三隻は南西に針路を変える。やがて一〇月一二日金曜日の早朝、ニーニャ号の見張りが陸地を見つけた。それはおそらく、バハマ諸島のサンサルバドル島として今では知られている島だっただろう。

　こうしたイベリア半島の探検家や船員たちがこの島に着いたときのことを想像してみよう。そこは、彼らにとってはインドの島々のひとつ――アジアの東の沖合いに浮かぶ島――だった。実に長い航海の末に、彼らはこの素朴で美しい場所にたどり着いた。深い漆黒の海の色が、ヤシに縁取られた浜辺へ近づくにつれ、澄みきった青緑色に変わった。島は緑豊かな森で覆われ、希望にあふれていた。そして、歴史は思いがけない偶然の連続に満ちているものだが、このとき、コロンブスがその浜辺に足を踏み入れた――彼のブーツが砂にめり込んだ――時点で、歴史が変わったように思える。

　コロンブスは島の住人と会った。島民は彼の動機をたいして怪しまず、友好的で親切にもてなした。コロンブスがそんなに温かく迎え入れられなかったら、歴史はどれほど違っていただろう。コロンブスの見たところ、先住民は人間であって、怪物ではなかった。彼らは裸で自然のままだった。道徳的に見て純粋だったかもしれないが、同時に征服しやすくもあった。しかしこれは、彼が遭遇すると考えていた東の文明ではなかった。そこには東洋の富豪の姿などなかった。だが作物があった。一四九二年一〇月一六日、コロンブスは航海日誌にこう記している。「緑豊かな島で、きわめて肥沃で、彼らは一年じゅうパニーソ（*panizo*）を植えて収穫しているにちがいない」

　仲間の何人かが一一月六日にキューバ付近の探索から戻ってくると、コロンブスは、仲間がそこに生えていた独特なタイプの穀物を見つけたことについて記録している。「……別の穀物は、パニーソに似ていて彼らはマヒス（*mahiz*）と呼んでおり、茹でたり焼いたりするとおいしい」

　このふたつの穀物――サンサルバドルとキューバのもの――は、実は同じ植物だった。トウモロコシである。植物学者は、コロンブスがきっとサンサルバドルで花を咲かせているトウモロコシを見て、パニーソ――彼が故郷で見慣れていたもので、モロコシかキビ――に似ていると思ったのだろうと考えている。そのため、彼が語った「パニーソ」は、実はキューバ人がマヒスと呼んでいた「パニーソに似た」穀物と同じで、トウモロコシだったのである。

そこでコロンブスは、そうしたマヒスの粒をポケットに入れて、ほかの島々の探索へ向かった。島民は、カヌーであちこち回って地元の地理をよく知っており、それをコロンブスにも教えた。だが、日本はどこだ？　中国はどこだ？　彼はキューバでアジアの文明を見つけられると大いに期待していた。しかしそこにはなかった。香辛料も絹もなかった。住人はひどく貧しく、彼が求めていたような交易の相手ではなかった。

コロンブスは、イスパニョーラ島へ渡った。今ではドミニカ共和国とハイチに分かれている島だ。そこで彼は、文明——少なくとも石造建築を生み出せる文明——と、ひょっとしたらもっと大事なものだったかもしれないが、金《きん》を見つけた。イスパニョーラ島に居留地を残すと、戦利品——もちろん金も含まれるが、トウガラシ、タバコ、パイナップル、トウモロコシもあった——を集めて本国へ向かった。帰りの旅で何度も嵐に遭い、コロンブスはリスボンに寄港せざるをえなかった。そこでバルトロメウ・ディアスに根掘り葉掘り訊かれてから、解放されてスペイン南西部の港町ウェルバへ向かう。多くの人はコロンブスの話を疑ったが、彼はパトロンであるフェルナンドとイサベルに、契約を履行したと訴えた。アジアの東端を見つけたと。実際には、自分が行った場所がわからなかったのだが、そこへの戻り方はわかっていたのである。

翌年に彼は戻ったが、一四九二年に受けた歓待とは様変わりしていた。イスパニョーラ島の居留地に残った人々が殺戮されていたのだ。人食いという噂は本当だったのである。それに、気候はおそろしく蒸し暑かった。新世界の先住民は、コロンブスが思っていたほどおとなしく異郷の支配に従おうとはしなかったのだった。

知ってのとおり、コロンブスは称賛も非難もほぼ同じぐらい引き起こした人物だ。彼が生み出したつながりによって、ヨーロッパの諸帝国が世界規模の超大国になる一方、南北アメリカ大陸の楽園は略奪され、その文明が滅びることになる。あの浜辺に足を踏み入れて、彼は何千万ものアメリカ先住民と一〇〇〇万のアフリカ人の運命を決したのだ。その瞬間の影響は、以後の歴史全体に波及した。このときまで、ヨーロッパはやや停滞していたが、新世界に植民地を築いてから、それが一変する。西洋の興隆が始まったのだ。

　また影響は、世界じゅうの人類社会のみならず、大西洋の両側でわれわれの協力者となった種にも及んだ。このヨーロッパとアメリカ大陸の出会いは、たちまち旧世界と新世界の持続的なつながりをもたらした。旧世界と新世界の超大陸は、一億五〇〇〇万年ほど前から始まったパンゲア超大陸［かつて地球上でただひとつにかたまっていたとされる超大陸］の分裂以来、ほぼ分かれたままだった。やがて大氷河時代と呼ばれる更新世に、世界はたびたび氷河に覆われる。そしてこの幾度もの氷河期に、海水面が下がってアジアの北東の端が「ベーリング陸橋」という陸地によって北米の北西の隅とつながった。その陸橋により、アジアと北米のあいだで一部の動植物の出入りが可能となった。このルートで、人類はおよそ一万七〇〇〇年前、初めてアメリカ大陸に移住する。それでも、旧世界と新世界の動植物相のあいだで、古い根本的な差異は残った。その後、コロンブスが一四九二年にパイナップルやトウガラシやタバコを持ち帰ってから、人為的な動植物の移動が始まる。それまで隔てられ、封じ込められていた動植物が、大西洋を越えて、反対側で新たな環境と試練とチャンスに遭遇した。ウシやコーヒー、ヒツジやサトウキビ、ニワトリやヒヨコマメ、コムギやライムギが、旧世界から新世界へ渡った。シチメンチョウやトマト、カボチャやジャガイモ、ノバリケン［カモの一種］やトウモロコシは、逆に新世界から旧世界へ渡った。

　こうした「コロンブス交換」を、恐竜が絶滅して以来、この惑星で最も重大な生態学的現象だと語る人もいる。これはグローバル化の幕開けだった。世界の各地がつながり合うだけでなく、依存し合うようになったのだ。しかし、初めは悲惨なものだった。

ヨーロッパ（と、その後アジアとアフリカ）の運命は、新世界から持ち帰った飼育栽培種によって一変した。新しい作物は農耕の生産力を高め、戦争や飢饉や疫病によって減った人口を回復させていった。だがこれは旧世界の話だ。アメリカ大陸では、惨状が続いた。大西洋の両側で動植物が別々の進化の道筋をたどったのと同じく、テクノロジーの変化のペースと方向性も、旧世界と新世界では違っていた。ヨーロッパ人は高度なテクノロジーを手にしていた。彼らの武器や海での道具は、アメリカ先住民のものより圧倒的に優れていたのだ。ヨーロッパ人とアメリカ先住民の出会いが、背筋が凍るほど恐ろしい必然によって直接もたらした結果は、悲惨なものだった。病原体もコロンブス交換に含まれていた。ヨーロッパ人はアメリカ大陸から梅毒を持ち帰ったが、一方で天然痘を新世界へ持ち込んで、惨憺たる結果をもたらしたのである。アメリカ大陸の先住民の人口は、ヨーロッパ人による征服後に激減した。一七世紀の中ごろまでには、先住民の九〇パーセントが死に絶えていた。

一五〜一六世紀に旧世界と新世界のあいだに見られた力の不均衡については、一般に注目されやすい。しかし、人類社会はアメリカ大陸とヨーロッパで違う発展を遂げたが、アメリカ先住民がテクノロジーをまったくもっていなかったわけではない。決してそんなことはなかった。天然資源の利用にかんして、彼らは明らかに熟達していた。コロンブス来訪以前のアメリカ大陸を、自然のままのエデンの園で、イノベーションがなく、可能性を引き出すのにヨーロッパの刺激が必要だったと見るのは間違いだ。アメリカ先住民の社会には、イノベーションについて、ヨーロッパとは異なる豊かな歴史があり、アメリカ大陸には、ヨーロッパとはまったく関係なく飼育栽培を始めた発祥地が存在していた。コロンブス来訪以前のアメリカ大陸の社会には、大きくて都市化したものが多かった――そしてすでにそれらは農耕に依存していたのである。

スペインの探検家たちは、よく知らない野生の植物を摘み取り、初めて有用性に気づき、人類に大いに役立つものに変えたわけではない。ヨーロッパ人が大西洋の向こう側で見つけたのは、何千年もかけてすでに野生から変化を遂げていた生物だった。それはすでに、ヒトと緊密な協力関係を築き上げていた。コロンブスは、それまでヨーロッパには知られていなかった新天地だけでなく、たくさんの飼いならされた有用な動植物――既製の飼育栽培種――も見つけたのだ。

そうしたすばらしいもののなかに、コロンブスがサンサルバドルに上陸してわずか四日後に見つけて書き記した、あの穀物もあった。まもなくスペイン帝国に文明が呑み込まれたアステカ族やインカ族にとって、主食であるとともに聖なる食べ物でもあった穀物、トウモロコシである。

## 旧世界のトウモロコシ

コロンブスはバハマ諸島への最初の航海で種子のサンプルを持ち帰り、その後の旅でさらに多くの種子を手に入れて戻った。トウモロコシがやってきたというニュースはすぐに広まり、一四九三年にはローマ教皇と枢機卿たちにも届いていた。スペイン宮廷付きのイタリア人歴史家ペドロ・マルティル・デ・アングレリアからイタリアの枢機卿アスカニオ・スフォルツァに宛てた、一一月一三日付けの書簡には、新しい穀物のことが記されている。

雌穂《しほ》［一般に食用とされる部分のこと］は手のひらよりも長く、先のとがった形状で、腕ほども太い。穀粒はきれいに並んでいて、ヒヨコマメと同じような大きさと形です。熟していないときは白く、熟すと黒くなります。挽いたあとには、雪より白くなります。このような穀物をトウモロコシというのです。

その後一四九四年四月にマルティィルから送られた書簡には、枢機卿へのサンプルも添えられていたらしい。そして一五一七年、トウモロコシはローマのフレスコ壁画に現れる。この熱帯の植物はスペインにうまく定着したようだが、もっと温帯らしい気候にはあまりなじまなかった。寒い冬には生長が止まり、夏の日照時間が長いと実を結ばなくなるのだ。そのため、ヨーロッパの中部や北部では、カリブ海の島々のようにトウモロコシが頼れる作物や主食になるとはとうてい思えなかった。それなのに、記録にどんどん現れはじめる。しかもヨーロッパの南部だけではなかった。一五四二年、ドイツの草本学者レオンハルト・フックスは、それが「いまやどこの庭にも生えている」と書いている。一五七〇年になるころには、イタリアアルプスにも生えていた。とんでもないことのようだが、この熱帯の植物は急速に進化を遂げ、温帯の気候の大きな試練にも適応していたのだ。

一六〜一七世紀のヨーロッパの立派な草本誌を丹念に読むと、ほかにも何かが起きていたことがうかがえる。こうした植物の記録を記していた人々は、たいていかなり厳密な書式に従っていた。まず植物の名前を記し、次にその植物の説明――葉や花や根のほか、利用法、薬効、地理的な起源――を載せていたのだ。各項目には、木版で印刷されたイラストも添えられていた。トウモロコシは、一五三〇年代に初めてこうした草本誌に登場する。しかし、それから三〇年ほどのあいだ、新世界が起源だとは記されていない。スペインの探検家たちは、この穀物について自分たちが持ち帰ったと書いているが、多くの人はトウモロコシがアジアからヨーロッパにやってきたと思っていたらしい。最初にトウモロコシを載せた草本誌は、一五三九年にドイツの草本学者ヒエロニムス・ボックの著書だ。彼はトウモロコシのことを*welschen korn* ——「見慣れぬ穀物」、ドイツでは新しいもの——と呼び、インドからやってきたと考えた。中世の草本学者たちは、古典の世界に魅了されていたあまり、ほとんどその束縛から逃れられなかったかのように見えた。目新しい植物に出くわすと、彼らは古代ギリシャ人——とくにプリニウスと、同じ時代のディオスコリデス——を頼りにした。確かにギリシャ人はなんでも記述していたので、答えが得られるにちがいないと。新世界の発見にともなう地理的な混乱と融合で、それはまったく役に立たなくなった。スペインの探検家で鉱山の監督官でもあったオビエドは、『インド諸島の歴史』〔このインド諸島は、コロンブスのときと同じで現在の西インド諸島をアジアと勘違いしていたための呼称〕を著している。彼は、アメリカ大陸へ行き、そこでトウモロコシが生えているのを見ていても、きっとプリニウスがそれを記述していたはずだと考えた。プリニウスの「インドのキビ」のことを、「インド諸島で『マヒス』と呼んでいたものと同じだと思う」と言ったのである。

フックスは、トウモロコシを*Frumentum Turcicum*——トルコの穀物——と呼んだ。彼はこう書いている。

> この穀物は、ほかの多くのものと同じように、別の場所から持ち込まれた品種のひとつである。さらに言えば、それはギリシャとアジアからドイツに到来した。ギリシャやアジアでは「トルコの穀物」(Turkish corn)と呼ばれているが、それは、今日広大なトルコがアジア全域を占めているからである。

新しくてエキゾチックなものを「Turkish(トルコの)」と呼ぶ傾向によって起源がぼかされてしまった種は、トウモロコシだけではない。なかには、現在までずっとそうなっているものもある。今でもわれわれは、アメリカの鳥 *Meleagris gallopavo* を「turkey（シチメンチョウ）」と呼んでいる。

一五七〇年、ようやく真実が明らかになった。イタリアの草本学者マッティオリがオビエドの著書を読み、インドとインド諸島の混同を見抜いたのだ。彼は勇敢にも、自分以外の皆が間違っている──トウモロコシは実は大西洋を渡って西インド諸島からやってきた──のではないかと提言した。このあと、トウモロコシが新世界の植物である──あるいは少なくともその一品種がアメリカ大陸からやってきた──ことが、かなり広く認められるようになったようだ。草本学者のなかには、トウモロコシをふたつのタイプに区別した人もいた。ひとつのタイプは、穀粒が黄色と紫で、雌穂には八～一〇列の粒が並び、葉は細く、*Frumentum Turcicum* と名づけられた。もうひとつのタイプは、黒と茶色の穀粒をもち、葉は広く、*Frumentum Indicum* と呼ばれた。*Indicum* は西インド諸島からやってきたもので、*Turcicum* は *Asiaticum* ともいい、アジアからやってきたという意味である。

この二種類の──かなり異なっていそうな──トウモロコシの違いは、興味深い可能性を示している。最初のタイプ *Frumentum Turcicum* は、現在「ノーザン・フリント」と呼ばれているタイプのトウモロコシにとても近いように思える。この品種は穀粒がとても硬く、カリブ海の島々に由来するのではない。北米のニューイングランドやグレートプレーンズ（大平原）に起源をもつ。すると、トウモロコシがカリブ海の島々から持ち込まれ、スペインからヨーロッパ全土へ広まったというすばやい適応の証拠となるのではなく、一六世紀の草本誌に記された *Frumentum Turcicum* の詳しい説明を見るかぎり、すでにヨーロッパへ別のルートでトウモロコシが持ち込まれていて、北米からだったということが言えそうなのである。

別の手がかりは、一五九七年にイングランドで初版が出たジョン・ジェラードの草本誌に見られる。ジェラードは、自分の庭でトウモロコシを育てており、それは「Turkie corne（トルコのコーン）」や

「Turkie wheat（トルコのコムギ）」と呼ばれるものだ、と記している。そしてその起源について少し付け足し、同じ時代の多くの人にアジアの「トルコの領土」から来たと考えられているが、この穀物が新世界に起源をもつということについて、「アメリカ大陸と付近の島々に由来し……ヴァージニアとノレンベガでは、種をまいて実を結ばせ、パンを作るのに使われている」と書いている。ヴァージニアとノレンベガが挙がっているのは、トウモロコシの起源が北米である可能性を示している。

ヴァージニアは、現代の米国の州としてまだ一般になじみがある。これは、サー・ウォルター・ローリーが――仕えていたヴァージン・クィーン（処女の女王）［生涯独身を貫いたエリザベス一世のこと］にちなんでかもしれないし、先住民のリーダーにちなんでかもしれないが――命名したと言われている。一五八四年、ローリーが北米に最初の植民地建設と調査の派遣団を送った年のことだ。一方、ノレンベガは変わった響きをもつ名前で、ここは一六世紀の地図に初めて登場し、おおよそ現代のニューイングランド一帯にあたる。この名前は、途方もなく裕福な伝説の都市――北の「エルドラード（黄金郷）」――や、メイン州の川や、ヴァイキングの――レイフ・エリクソンが築いた――居留地とされる場所といったいろいろなものにも付けられている。一九世紀に、ボストン［ニューイングランドの中心都市とされる］の上流階級の人々は、この最後の話にとくに魅了された。彼らは、ヴァイキングがニューイングランドに住みつき、事実上自分たちの国を築いたという考えが気に入っていたのである。エリクソンは、ヨーロッパからの入植を代表する人物としてともかく認められ、英雄視さえされたのだ。それにコロンブスはカトリックだったが、エリクソンは――プロテスタントとまでは言わないまでも――少なくとも北欧人だった。

ニューファンドランド島のランス・オ・メドーには、ヴァイキングの居留地だったかもしれないものがある。この島は北欧の歴史物語（サガ）に記されたヴィンランドだった可能性もあるが、この居留地から、ヨーロッパ人による北米の東海岸の入植にまでは発展を遂げなかった。北米へのヴァイキングの進出がニューイングランドに達したという証拠はないし、ニューファンドランドでは、初期のヴァイキングの居留地はどれもごく短期間のもので、一六世紀にヨーロッパの探検家たちが来るまでにすっかり消えていたようなのである。

したがって、ジェラードが漠然と言っていた「ノレンベガ」は、ヴァイキングの居留地や伝説の都市ではなく、のちにニューイングランドと呼ばれるようになる地域を指していそうだ。しかし、そこへのイングランドの入植は、『ジェラードの草本誌』出版から数十年後の一七世紀初めにはしっかりと確立していた。

一六〇六年、ジェームズ一世が、ロンドンとプリマスのヴァージニア会社に設立の許可を与えた。事実上、両会社を後援し、新たな交易関係を結ばせ、北米の土地に対する権利を積極的に主張させたのである。一六〇七年には、ロンドンのヴァージニア会社で働いていた、イングランドの探検家で元海賊のジョン・スミスが、ジェームズ・フォート――これがやがて北米で最初の英国の恒久的な入植地ジェームズタウンとなる――を創設した。ジョン・スミスは、アメリカ先住民との戦いで負傷し――先住民の頭《かしら》の娘ポカホンタスに助けられたことで（眉唾ではあるが）有名――イングランドへ戻る。だが一六一四年にまた北米へ向かい、探検して地図を作成した地域をみずから「ニューイングランド」と名づけた。ほどなく、イングランドのプリマスを出たメイフラワー号による移民が一六二〇年に到着し、マサチューセッツにニュープリマスという植民地を設立した。これは、アメリカ入植の歴史で画期的な瞬間とも見なされており、ニューイングランドの永住地が本当の意味で築かれだしたと言う人もいる。

こうして、イングランドの移民が北米に恒久的な根城を築いたころには、（メキシコではなく）北米のトウモロコシだったとおぼしきものが、二〇年以上も前からイングランドの庭で育てられていた。ヴァージニア会社が王の設立許可を受ける前に、だれかがすでにこの栽培種を持ち込んでいたのだろうか？　ローリーが一五八四年にヴァージニアへ送った調査団も、明らかに遅すぎる。しかし、北米へのヨーロッパの進出は、それより少し前にまでさかのぼる。ずっと北へのぼったニューファンドランドのイングランド植民地は、一六一〇年に公式に認められているが、一五八三年には、ローリーの異父兄弟で同じ冒険家だったハンフリー・ギルバートによって、イングランドの領土として主張されていた。

　これもやはり、トウモロコシがイングランド各地の庭に広まるには遅すぎるにちがいない。ジェラードが草本誌を出版するわずか一四年前のことである。だがギルバートは、ヴァイキング以後、ニューファンドランドに足を踏み入れた最初のヨーロッパ人ではなかった。ヨーロッパ人によるその島の発見は、ギルバートの航海より八六年も前だった。

## カボットとマシュー号

　ブリストルの市立博物館・美術館に飾られている大きな絵に、私は幼いころから惹きつけられている。描いたのはアーネスト・ボードという画家で、彼はブリストルで美術を学び、歴史テーマや大判のキャンバスが好きなようだった。その絵では、銀髪の男が、赤と金のブロケード（金襴）で仕立てられたダブレット［腰のくびれた中世の男性用上着］を着て、緋色のレギンスと見事に長くとがった革のブーツを履いた、華麗な中世の装いで波止場の縁《へり》に立っている。彼は、波止場の杭に係留された船のほうを身振りで示しながら、長い黒衣をまとい、市長の飾り鎖を首にかけた年輩の男と握手している。このふたりのあいだに半ば隠れるように、とび色の髪をして赤いダブレットをまとった若い男の姿も見える。黒衣の市長の背後――そしてこちらから見て手前――にいるのは司教で、刺繍の入ったカズラ（上祭服）に身を包み、赤い手袋をした手で金の錫杖《しゃくじょう》をつかんでいる。彼の両脇には白衣の小さな侍者がふたりいて、ひとりは聖書を、ひとりは蠟燭を手にしている。

背景にはほかにがやがやと人がいて、皆首を伸ばしてよく見ようとしている。手前には武器や兜《かぶと》が丸石の敷かれた地面に積まれ、ギザギザのある白いフードをかぶった男が矛槍《ほこやり》を拾って腕に抱えているが、おそらく船に積もうとしているのだろう。船そのもので実際に見えるのは舳先《へさき》だけだが、大きくふくらんだ前檣帆《ぜんしょうはん》が波止場のシーンの背景をなしている。揚げかけのその帆には城の前に帆柱が立つ絵が描かれ、これはブリストルの紋章だ。遠くには、空を背景に中世の都市の輪郭が垣間見える。そして右端には、地平線上に塔が立っている。それは現在街にそびえるウィルズ・メモリアル・ビルによく似ているが、そのビルが建ったのは一九二五年だ。きっと、尖塔がなかったころのセントメアリーレッドクリフ教会の塔にちがいない。絵のタイトルは、『最初の発見の航海へ旅立つジョン・カボットとセバスチャン・カボット、一四九七年』である。絵の中央に描かれた銀髪の男がジョンにちがいない。その後ろに立っている赤いダブレットの男は、息子のセバスチャンだ。

コロンブスが、スペインのフェルナンドとイサベルの後援を受けて南西方向のインド諸島へ向けて出帆してから五年後、ジョン・カボットはイングランドを出て北西へ出帆した。カボットはイタリアに生まれ、ヴェネツィアの市民になった。だから本当はジョヴァンニ・カボート、ヴェネツィアの訛りではズアン・チャボットと呼ぶべきだ。海商として、カボット（本書では今後こう呼ぶ）はヴェネツィアやバレンシア〔スペイン東部の港〕を拠点とし、やがてロンドンにやってきた。彼は大西洋を渡って北へ探検の航海に出ようと考えていた。そしてこれは外交上きわめてデリケートな問題だった。一四九三年のローマ教皇の大勅書（勅令）で、すでにスペインとポルトガルには、非ヨーロッパ世界を探検する独占的許可が与えられていた。カボットは実のところ、明らかにスペインやポルトガルのなわばりへの侵害と見なされそうな企てに、王の支援を求めていたのだ。スペイン大使はフェルナンドとイサベルに宛てて書簡をしたため、「uno como Colon」（コロンブスのような者）がロンドンにいるとはっきり注意をうながした。それでもカボットは、求めていた支援を獲得した。おそらくヘンリー七世は、スペイン人やポルトガル人がなんでもふんだくって手に入れるべき理由はないと思ったのだろうが、一四九六年にカボットに探検の許可を与えたのである。その許可を受けてカボットは、王の名のもとに、手に入れた土地を保有し、切り開いた交易ルートを独占する権利を得ることになる。しかしカボットには、まだ航海のための金銭的支援が必要だった。そこで、この冒険に潔く賭けてくれた、ロンドンにいたイタリア人銀行家たちのほか、ブリストルの裕福な商人たちからも、ある程度資金を手に入れたようだ。とくに、税関吏でもあったある商人は、魅力的な伝説をもたらした。その商人の名はリチャード・アプ・メリクで、リチャード・アメリクとも呼ばれる。

一般に、「アメリカ」大陸は、イタリアの学者で探検家でもあったアメリゴ・ヴェスプッチにちなんで名づけられたと考えられている。ヴェスプッチは、一四九九年から一五〇二年にかけて南米へ航海し、「西インド諸島」がアジアの一部などではなく、まったく新しい大陸であることに気づいた人物だ。では、リチャード・アメリクはどうだろう？　その苗字は、アメリカ大陸が実は彼にちなんでいたのではないかと思わせた。少なくともブリストルでは、その説明がよく語られているが、アメリクとカボットのつながりさえも、ずいぶん不明瞭なのである。アメリクがカボットの探検への主な出資者だ――そしてカボットが乗ったマシュー号という船のオーナーでもある――と主張する人もいるが、あいにくそうした推測のどれについても裏づける資料はない。

それでも、ブリストルとアメリカのつながり自体には、ゆるぎないものがある。カボットへの許可状では、この臨海都市から出帆するように定められていたが、この都市にはすでに、大西洋探検の歴史があった。一四八〇年代初めに二度ほどおこなわれた遠征は、新たな漁場を見つけることを目的としていた。一方で、「ハイブラジル」という伝説の島の話もあって、これが何度か冒険をうながした可能性もある――さらに、ブリストルの船乗りがそれを見つけたという噂まであった。もしかしたら、だれかブリストル人がもう実際に――早くもコロンブスが航海する前に――北米を発見していたのかもしれないが、真実は決してわかるまい。

カボットは一四九六年に出帆したが、物資の不足と悪天候で帰還を余儀なくされた。だが、それにめげずにまた一四九七年に挑戦する準備をした。彼は五月二日にブリストルを出ると、六月二四日に大西洋の反対側に着いた。いろいろな歴史家たちが、到着した場所をノヴァスコシアやラブラドルやメインなどと推測しているが、多くの人は、ニューファンドランド東岸のボナヴィスタ岬が上陸地として最も可能性が高いと考えている。そして一九九七年、実際にブリストルからそこへ、カボットの船マシュー号のレプリカが航海した。五〇〇年前、カボットは自分がアジアの東岸に行ったものとほぼ確信していた。そしてイングランドでは、ブリストル人が、カボットはきっと伝説の島ハイブラジルを見つけたのだろうと思っていた。

カボットはさらなる探検のためにもう一度新世界へ戻ったが、どこをどうろついたかは正確に記録されていない。カボットの冒険について、わくわくさせられるが突飛な主張をした歴史家、アルウィン・ラドックは、そのテーマの研究成果を公表する前に世を去っている。しかも、自分が死んだらただちに研究ノートを処分せよと命じているのは、否が応でも疑念がつのる。それでもラドックは、一四九八年にカボットが北米の東岸全域を探検してイングランドの領土と宣言し、カリブ海のスペインのなわばりへも侵入した、と主張していた。

カボットの航海について残っている文書のなかに、残念ながら彼が出会った動植物の情報はない。コロンブスの航海について記されたものとまったく違い、カボットが新世界から持ち帰ったものについてはだれも語っていないようなのだ。最初の航海のあと、ヘンリー七世はカボットの労に報いて一〇ポンドを与えたが、商業面でその航海は失敗だった。また外交面でも、この冒険はちょっと困りものだった。カボットが出かけているあいだに、ウェールズ公アーサーが、アラゴンのキャサリン――フェルナンドとイサベルの娘――と婚約した。この結婚は、イングランドとスペインの同盟関係を固めることを意図していた。そうなると、スペインの気分を害さないに越したことはなく、完全に成功してはいない探検の航海は隠しておいたほうがいい。結婚の儀は一五〇一年に執りおこなわれたが、アーサーは半年後に亡くなる。だがまだ、王国にはアーサーの弟という希望が残っていた。八年後、キャサリンはその弟と結婚する――ヘンリー八世の最初の妻となったのだ。

それでも、新世界は海の向こうに存在し、イングランドの探検家や開拓者――ジョン・スミスやハンフリー・ギルバートなど――は北の大陸を調査し、所有権を主張した。ヘンリー・ハドソンからジョージ・ヴァンクーヴァーまで、一七世紀や一八世紀の船乗りや探検家の名前が、北米の地図に刻みつけられるようになる。

しかし、ヨーロッパ北部にトウモロコシの北米品種を持ち込んだのは、早期の先駆者たちだったにちがいない。『ジェラードの草本誌』に記録されるはるか以前だったはずである。あのアーネスト・ボードの絵に描かれていた、ジョン・カボットの息子セバスチャンは、アメリカ先住民の一部の部族は肉や魚を食べて暮らす一方、トウモロコシやカボチャや豆を育てている部族もあると報告している。ジョン・カボットのややもみ消された北米発見から数十年のあいだに、こうした一六世紀のイングランドの探検家が、だれもトウモロコシの北米品種を持ち帰らなかったとはおよそ考えられない。

それに、ひょっとしたらカボット自身がいくらか穀粒を持ち帰ったかもしれない。そもそも、帰りの旅の食料が必要だっただろう。そこで、カボットが故郷へ戻り、セヴァーン川からさらにエイヴォン川をのぼって一四九七年の夏に港へ着いたとき、頭には新たな地理の知識を、ポケットにはトウモロコシの粒を詰め込んでいたとしよう。これは空想の――ボードの絵画と同じぐらい想像にもとづく――話だが、私はカボットがブリストルに戻って自宅の庭でスイートコーンを育てていたと思いたい。

## 遺伝子の航海

もっと古くからの品種の歴史で、羊皮紙やベラム（子牛皮紙）や紙にインクで記されたものがないと、遺伝子の書庫――生物そのものの細胞核に収められている大切な巻物――に頼ることになる。細胞核の物語、染色体の記録だ。

二〇〇三年、フランスの植物遺伝学者のチームが、トウモロコシの遺伝子に関わる研究結果を公表した。彼らは、アメリカ大陸からヨーロッパに至る二一九のトウモロコシのサンプルで差異や共通点のパターンを調べることによって、その忘れられた歴史の一部を明らかにしようとしたのである。そこで、DNAを酵素で切断し、できた断片の長さを――異なるサンプル同士で――比較する手法を用いた。これは本質的に、犯罪捜査の目的で考案され、「DNA指紋法」として知られるようになったものと同じ手法だ。現代のDNA塩基配列決定法に比べればかなりおおざっぱだが、ゲノム同士で差異や共通点のパターンを明らかにしてくれる。そしてフランスの遺伝学者たちは、それを使って、トウモロコシの栽培化とグローバル化の滔々たる歴史を実に明確に見抜いたのである。

彼らは、トウモロコシが驚くほど――それまで考えられていたよりはるかに――多様であることを見出した。しかも、アメリカの――とくに中央アメリカの――ものには、ヨーロッパのものよりもずっと多くのバリエーションがあった。トウモロコシは、明らかに、もともと、もっぱらアメリカの植物だったのだ。アジアから受け継がれた形跡はみじんもなかった。アメリカ大陸のなかでは、北米の高緯度地域原産のノーザン・フリント種が、チリの品種と遺伝的にとても近いように見えた。どちらの品種も、雌穂は長い円柱状で、包葉［雌穂を包む葉］も長く、穀粒はフリントのように硬い。また、大西洋の両側のトウモロコシに見られる遺伝的共通点には、アメリカ大陸発見時代の航海の記憶が残されている。分析すると、密接に関係した、遺伝的に近いトウモロコシのサンプルが、かたまりになってぎっしり集まっているのだ。遺伝学者は、スペイン南部の六つの集団が、カリブの集団とひとかたまりになることに気づいた。ふたつの集団は、明らかに密接に関係していたのである。しかしこのスペインのトウモロコシは、当然ながら、ほかのヨーロッパには広まらなかった。イタリアのトウモロコシさえ、カリブの品種とは異なっていた。アルゼンチンやペルーが原産の南米品種に近かったのだ。そしてヨーロッパ北部のトウモロコシは、遺伝的にアメリカのノーザン・フリントに最も近かった。草本誌で語られている――北米から別に持ち込まれたという――徴候が、今日ヨーロッパ北部で栽培されているトウモロコシのＤＮＡによって裏づけられたのである。一六世紀、ドイツの植物学者フックスは、この穀物の起源がアジアすなわちトルコだと確信していた。ところが彼が一五四二年に出版した、トウモロコシの図版を初めて載せた草本誌には、雌穂――穀粒が八～一〇列ある――が長く、包葉も長い植物が描かれている。これはノーザン・フリントのように見える。

　歴史家は北米原産のトウモロコシが一七世紀にヨーロッパへ持ち込まれたのではないかと考えたが、遺伝子とヨーロッパの草本誌による証拠を組み合わせると、持ち込まれた時期は一六世紀の前半にまで――もう少し前とまでは言わないが――早まる。これは決して荒唐無稽な話ではない。考古学と遺伝学の研究から、そのころにはイロコイ族が北米東岸――一六世紀にイングランドとフランスの先駆者たちが徹底的に探検していた地域――の広い範囲でトウモロコシを――主食として――育てていたことがわかっている。

北方のトウモロコシのことになると歴史的文献にこれほどの空白があるのは、奇妙な話だ。しかし、それはとても新しいものなので、ヨーロッパの冒険家たちには指すべき言葉がなかったようにも思える。フランスのフランソワ一世の依頼を受けたジョヴァンニ・ヴェラッツァーノとジャック・カルティエというふたりの探検家は、過去に失われたかなり遠回しの言葉で、トウモロコシのことを指していた可能性がある。ふたりはどちらも、一五二〇年代から三〇年代に探検し、自分たちの発見について記した。ヴェラッツァーノは、チェサピーク湾のそばで暮らすアメリカ先住民に会ったときに食べた、すばらしくおいしい「legume（豆）」のことを書き、その後のフランスの文献には、トウモロコシが legume と説明されている。また、のちにケベックとなる地域を探検したカルティエは、「gros mill（大きな穀物）」――モロコシを指す言葉で、ここではきっとトウモロコシに対してあてられていたにちがいない――の入った正餐について語っている。

北米品種のトウモロコシが早いうちに――一五世紀の末から一六世紀の前半に――ヨーロッパ北部へ持ち込まれる機会は、明らかにたくさんあったように思われる。最近の遺伝子解析の結果は、実際に何度かヨーロッパにノーザン・フリントが持ち込まれたことを強く示唆している。カボットとその息子、ヴェラッツァーノやカルティエは、ノーザン・フリントを持ち帰った可能性のある先駆者のごく数例にすぎない。公式におこなわれた発見の航海によって持ち帰られたほかに、トウモロコシは個人的な漁で大西洋を渡った際にも一緒に運ばれてきたのだろう。それに、熱帯カリブのトウモロコシと違って、北米品種はすでに温帯の気候に適応していた。ヨーロッパの中央部や北部ですぐによく育ったはずだ。

遺伝子によるトウモロコシの歴史は、東アジアでも同じように展開されている。インドネシアから中国にかけての熱帯地方のトウモロコシは、メキシコのトウモロコシに最も近い。だがこちらの場合は、歴史に詳細が残っている。ポルトガルは早くも一四九六年には東南アジアにトウモロコシを持ち込み、一六世紀にスペインがフィリピンに入植するとトウモロコシの第二波が訪れた。アフリカでは、トウモロコシの遺伝子が示す地図は複雑だが、初期には一六世紀にポルトガルの入植者によって南米のトウモロコシが西海岸に持ち込まれた。この歴史は、アフリカにおけるトウモロコシの名前―― *mielie* または *mealies* ――に残っており、どちらの名前もポルトガル語でトウモロコシを指す *milho* に由来しているのだ。その後、一九世紀から、「サザン・デント」という北米南部の品種がアフリカの東部と南部に持ち込まれた。アフリカの北西の隅には――スペイン南部と同じように――カリブの祖先の形跡が残っている。そのカリブの遺伝子シグナルは、ネパールからアフガニスタンまで、西アジア全域にも散らばっている。言語学的・歴史学的な手がかりは、トルコやアラビアなどのムスリム商人が、中東から海路や陸路でトウモロコシを広める役割を果たしたことを裏づけている。海路では、紅海やペルシャ湾からアラビア海に出て、東へベンガル湾に至り、陸路では、シルクロードに沿ってヒマラヤ山脈を抜けたのだ。

しかし、なにより興味深いのは、世界じゅうで新たな棲みかとなった中緯度地域のトウモロコシのDNAである。ヨーロッパのトウモロコシは、スペイン北部とフランス南部では、北米のタイプともカリブのタイプとも同じぐらい近い。交雑で完璧に中間のものができたようなのだ――早くも一七世紀に。アメリカ大陸でそれぞれから分岐した系統のトウモロコシは、ピレネー山脈のふもとに持ち込まれていた。

トウモロコシは驚くほどの速さで世界じゅうに普及した。遺伝子解析と分子による年代決定から、トウモロコシは、およそ九〇〇〇年前にアメリカ大陸で栽培化されたことがうかがえる。それはこの地域に八五〇〇年間とどまり、最近のわずか五〇〇年で世界に広まった。だが、その普及のペースは実際にははるかに速かった。文書の証拠により、トウモロコシは、初めてコロンブスがカリブ海の島々から持ち帰ったあと、スペインから中国までユーラシア大陸全域にたった六〇年で広まったことが明らかになっているのだ。ある意味で、こうして広まり導入されたことは、とても意外なように思える。なにしろ世界でも、農耕が何千年も前から営まれ、すでにコムギやイネの田畑がすっかりできあがって人々に主食が提供されていた地域だったからだ。歴史の記録によれば、農耕民は、昔から育てていた作物からすぐにこの新しい穀物に乗り換えたわけではない。トウモロコシは多くの場合、比較的やせた土地でなんとか生きていこうとした貧しい農耕民によって、耕作の限界地で育てられたのである。それは貧者の食物と見なされた。それでも、いったん旧世界に足がかりができると、トウモロコシが世界に広まる未来は約束されることになった。品種が多様で、実に幅広い環境で育てられるため、大西洋を渡ったとたん、世界じゅうに広まる態勢ができていたのだ。

## アメリカの起源

元のアメリカでは、遺伝子研究は、トウモロコシが栽培化された時期を推定するためだけでなく、野生の祖先が何だったかを突き止め、トウモロコシが何度栽培化され、どこでそれが起きたのかを確定するためにも、重要な役割を果たした。トウモロコシは亜種のひとつ（*Zea mays mays*）で、ほかに三つの亜種が同じ種のなかにある。三つはすべて野生で、一般にテオシントと呼ばれ、その名称はグアテマラのアステカ語に由来する。アステカ族はトウモロコシを、女神チコメコアトルや神センテオトルとして崇拝していた。

三つのテオシント——*Zea mays huehuetenangensis* と *Zea mays mexicana* と *Zea mays parviglumis* ——は、グアテマラとメキシコに自生している。これらのテオシントは栽培化された親類とはまるで違って見えるが、トウモロコシはこのどれとも自在に交雑する。進化を枝分かれする木と考えれば、三つの亜種のどれかが、ほかよりもトウモロコシに近くなるばかりか、栽培化された別の集団から生き残った野生の子孫である可能性さえありそうに思われる。

トウモロコシとテオシントの酵素を調べた結果は、野生の亜種のひとつが実際にほかよりトウモロコシに近いことをほのめかしていた。さらに二〇〇二年には、これが大規模な遺伝子研究によって確かめられた。全部で二六四の——トウモロコシと三つのテオシントの——サンプルを分析して、遺伝学者は、メキシコの一年生のテオシント *Zea mays parviglumis* が栽培種に最も近いことを見出したのである。

この研究にはアメリカ大陸のトウモロコシのデータが多く含まれていた——二六四のサンプルのうち一九三がトウモロコシだった——ため、この栽培種の系統関係すなわち系統樹を明らかにすることもできた。温帯に適応したノーザン・フリントから、コロンビアやベネズエラやカリブの熱帯品種まで、すべてのトウモロコシの系統は、さかのぼるうちに合体し、ひとつの幹に集約される。したがって、トウモロコシは一度だけ栽培化されたことになる。あるいは、かりに何度か栽培化されたとしても、ただひとつの分岐した系統が現在まで残ったのだろう。系統樹の幹はメキシコに根を下ろしていた。だが、最初に栽培化が始まった場所を突き止めるのは、簡単な話ではない。その系統樹で最も原始的な形態の栽培種のトウモロコシは、メキシコの高地に生えている。それなのに、最も近い野生種は低地の植物なのだ。メキシコ中部のバルサス川流域の *Zea mays parviglumis*、バルサス・テオシントである。

この遺伝子情報が明らかになったころには、考古学的記録に——穂軸として——残された最初期のトウモロコシの証拠が、六二〇〇年前のメキシコの高地からもたらされていた。そのため、バルサスのテオシントが山へ運ばれて栽培されたか、初めに低地で栽培化されてから高地へ広がったかのどちらかのようだ。

数千年のあいだに、気候や環境は大きく変わり、それに従って種も変化を遂げただろう。しかし、新たな遺伝子データが得られ、トウモロコシに最も近い野生の親類が突き止められると、考古学者たちは、まだバルサスの低地をよく調べるべきだと考えた。そこで、太古の耕作や栽培の痕跡を求めてその一帯をくまなく探しはじめた。彼らが必要としたのは、野生のものと栽培のものをはっきり区別する手段だった。

生えはじめのころは、テオシントは栽培化された親類と見分けにくく、トウモロコシ畑の厄介な雑草となる。だが十分に育つと、かなり違った外見になる。テオシントは低木に似て、茎が枝分かれしている。一方、トウモロコシは一本の茎が高く伸びるのだ。テオシントの雌穂は小さくて単純で、中央の軸に十数個の穀粒がジグザグに並んでいる。それに比べトウモロコシの穂軸は大きく、数百個の穀粒がびっしり並んでいる。また、テオシントの穀粒は小さくて、ひとつひとつが硬い殻に収まっているが、トウモロコシの穀粒は大きくてむき出しだ。さらに、野生のコムギと同じく、野生のテオシントは成熟すると雌穂が壊れるが、トウモロコシの穀粒は壊れない軸にしっかり付いたままになる。遺伝学者は、枝分かれや穀粒のサイズ、穀粒の殻、雌穂の崩壊といった点でテオシントとトウモロコシの違いを生む変異を起こした、少数の遺伝子を突き止めることができた。

これは大変結構なことだが、熱帯の低地では、植物の遺物の保存状態は控えめに言ってもひどい。考古学者にとって、植物体や穂軸の全部、あるいは欠けていない穀粒さえも見つかる望みはなかった。その代わりに彼らは、植物体のはるかに小さな部分に目を向けた。プラント・オパールとデンプン粒だ。

プラント・オパールはシリカを豊富に含んでいてかなり分解されにくいため、熱帯地方でも、非常に長い期間残る。テオシントのプラント・オパールもデンプン粒も、トウモロコシのものとは――とても役立つことに――特徴が異なっている。

そうした初期のトウモロコシの微小な痕跡である最初の証拠は、バルサス川流域にある湖の堆積物から見つかっている。その後、考古学者が、この地域で先史時代の岩陰遺跡を発掘した――そのひとつであるシウアトストラ・シェルターでは、トウモロコシの初期の貴重な証拠が得られている。洞窟内で――八七〇〇年前の地層から――見つかった石器のひびや隙間に、トウモロコシの特徴を示すデンプン粒がはさまっていたのだ。トウモロコシのプラント・オパールも、石器に見つかったほか、岩陰遺跡の堆積物のサンプルすべてに散らばっていた。

プラント・オパールは、太古のメキシコ人がトウモロコシをどのように利用していたかについて、さらなる手がかりを与えてくれた。トウモロコシはまず最初に茎のために栽培化されたのではないか、と以前は言われていた。熟したテオシントの穀粒は、殻が硬いので彼らの口に合わなかっただろうが、茎の髄は、甘いからそのまま食べられたり発酵させて飲み物――いわばテオシントのラム酒――になったりさえしたかもしれない、と。プラント・オパールは、トウモロコシの茎と穂軸では異なるため、シウアトストラのサンプルを調べた考古学者は、穂軸のプラント・オパールはたくさんあるが、茎のものはないことに気づいた。初期の栽培者が一番関心をもっていたのは――少なくともこの場所では――穀粒だったようなのだ。しかも、穀粒はすでに、栽培化による遺伝子変異を起こし、硬い殻を脱ぎ捨てていたらしい。そうした殻のプラント・オパールは見つかっていないからだ。およそ六〇〇〇～七〇〇〇年前（紀元前四〇〇〇～五〇〇〇年）のパナマの遺跡も、穂軸を使い、茎は使わないという同じ状況を示している。それでもまだ、狩猟採集民はテオシントの穀粒ではなく甘い茎を利用していたが、その植物が早くも栽培化の特徴を示しだすと、のちに穀粒に目を転じたという可能性はある。しかし、もしかしたらテオシントの穀粒が処理しにくかったというのは、大げさだったのかもしれない。水に浸したりすりつぶしたりすれば食べられた可能性もあり、メキシコの農耕民のなかには、今でもテオシントの粒を家畜の餌にしている人々がいる。

メキシコの低地の季節熱帯林［季節熱帯とは、一年のなかである期間だけ熱帯の気候であること］で初期のトウモロコシが見つかったことは、重要な事実だ。その時期は、この作物が高地で最初に栽培されたという主張に利用されていたかつての証拠を大幅に――二五〇〇年も――さかのぼる。これはまた大いに納得がいく。トウモロコシに最も近い親類であるバルサスのテオシントは、山の上ではなく低地に自生しているのだ。

しかし、ここまで追跡してなお、興味深い大きな疑問が残る。一四九三年以降、このアメリカ大陸原産の作物は、急速に世界じゅうの多様な環境に広まり、世界でも有数の荒れ果てた土地にまで足がかりを得た。トウモロコシが全世界で成功を収めたのは、バリエーションが実に豊富なおかげだった。だが、メキシコ南西部の低地をただひとつの起源として、どうやってそれほど驚異的に多様化したのだろう？

## 途方もない顕著な多様性

ダーウィンは、『種の起源』から九年後の一八六八年に出版された『家畜・栽培植物の変異』（永野為武・篠遠喜人訳、白揚社など）において、トウモロコシがアメリカ大陸発祥で、起源は古く、見事なまでに多様であることについて、こう書いている。

*Zea mays*……が、アメリカ大陸発祥であることは間違いなく、ニューイングランドからチリに至る大陸全体で、先住民によって育てられていた。栽培はきわめて古くからおこなわれていたにちがいない。……私はペルーの海岸で、海水面から二五メートル以上高い浜辺に埋まった一八種の最近の貝殻とともに、トウモロコシの先端を見つけた。この太古の耕作によって、無数のアメリカの品種が生まれたのだ……

ダーウィンは、一年生のメキシコのテオシント──とくにバルサス川流域のもの──とトウモロコシの近縁関係については知らなかった。「［トウモロコシの］原始のタイプは」と彼は記している。「野生の状態では今のところ見つかっていない」だが一方で彼は、アメリカ先住民の若者がフランスの植物学者オーギュスタン・サンティレールに、妙にトウモロコシに似た──しかし穀粒は殻をかぶっている──植物が「自分の土地の蒸し暑い森に自生している」ことを語ったという話もしていた。

ダーウィンは、トウモロコシが「途方もない顕著な」多様性をもつことに驚かされ、興味をもった。そして品種間の相違は、その作物が北へ広まるにつれ、異なる環境への「遺伝的順応」が発揮された結果、生じたのだと考えた。彼は、植物学者のヨハン・メッツガーがドイツでトウモロコシのさまざまなアメリカ品種を栽培し、驚くべき結果を得た実験について書いている。

メッツガーはアメリカ大陸の熱帯地域の種子から、いくつかの植物を育てた。その結果をダーウィンはこう記述する。

最初の年に、その植物の背丈は三六〇センチメートルほどで、いくらか種子もできた。雌穂の下のほうに付いた種子は本来の形態どおりだったが、上のほうに付いた種子は少し変化していた。第二世代では、背丈は二七〇～三〇〇センチメートルで、種子がもっとよく実るようになった。種子の外側のくぼみはほぼなくなり、色は元の美しい白が少しくすんでいた。一部の種子は黄色くなりさえして、いまや丸みを帯びたその形は一般的なヨーロッパのトウモロコシに近づいた。第三世代では、元のアメリカ大陸の独特な原形と似たところはほぼ完全になくなった。第六世代では、このトウモロコシはヨーロッパのある品種とそっくり同じになっていた。

これはなんとも驚異的にすばやい変化だ。植物の遺伝子変異によるものとするには、あまりにも速すぎるように思える。むしろ生理的な適応のようで、もっと専門的な言葉を使ってよければ、表現型の可塑性だ。これには、生物が生涯のあいだに特定の環境に適応する潜在能力――それもやはり遺伝子に支配されている――が関わっている。生物の成体にはふつう、限定的だが、このようにして生理機能や身体構造によって適応する能力がある。しかし、親とは違う環境で、生まれたときから育てられたり種子から生やされたりした生物は、ずいぶん異なる外見になり、機能も変わることがあるのだ。

ダーウィンの文章は、とても多くの点ですばらしい。彼は見事に議論を組み立て、しばしば自分で経験したことも含めて細部を注意深く語りながら、大きなアイデアを説明している。太古のトウモロコシの穂軸を、海水面から二五メートル上がったペルーの浜辺で見つけたというあの話のように。あるときは、主張がはっきり述べられ、特定の理論を支持する証拠が提示されている。だが一方で、彼の頭の歯車がフル回転しているように思えるときもある。ダーウィンはどこまでも探究心が強く、新たな情報を手にすると心をはずませた。メッツガーがドイツで育てたアメリカ大陸のトウモロコシについて、ダーウィンは、茎の変化や種子が熟すまでの期間の変化よりもはるかに、種子そのものの変化に驚いた。彼はこう書いている。「はるかに驚くべき事実は、種子がそんなにもすばやく大きな変化を遂げたということである」しかしそれからダーウィンは、ほとんど自分と議論するように、モノローグに弁証法を持ち込んでいる。「花は、それが生み出す種子とともに、茎や葉の変態によって形成される……ので、茎や葉といった器官に生じるどんな変異も、相関作用によって、結実器官にまで及びやすいはずだ」

つまり、花――そして種子――は茎や葉の組織からできるのである。したがって、茎や葉が気候によって変異するのなら、種子もそれだけ変化したところでそんなに意外ではないのかもしれない。先ほどの一節でダーウィンは、われわれが今、遺伝子の観点から知っていることがらをほとんど理解しかけている。生物を構成する別々のパーツは、必ずしも別々の遺伝子によってコントロールされてはいない――それどころか、決してそんなことはないのだ。DNAと、生物全体の形態や機能との関係は、はるかに複雑なのである。ただひとつの遺伝子が変わるだけで、生物――ヒトであれ、イヌであれ、トウモロコシであれ――の全身に広範な影響をもたらす可能性がある。

熱帯のトウモロコシをあまり好適でない気候のドイツで数世代育てただけで、驚くべき変化が見られたことについて議論するなかで、ダーウィンは、ずっと最近になって明らかにされた「表現型の可塑性」という概念にも迫っていた。現在では、これにはDNA自体の変化――「真の」進化的変化とも呼べるもの――は必要としないことがわかっている。生物自身のDNAの読み取り方や遺伝子発現のさせ方を変えるだけでいいのだ。遺伝子変異がなくても、表現型の可塑性はきわめて目新しいものを生み出せる。それなのに、野生種から飼育栽培種への変化を探る非常に多くの研究は、遺伝子変異のみに注目しており、ときに、DNAコードに変化がなくても表現型が大きく変わりうることを忘れている。メッツガーが熱帯のトウモロコシを温帯に移植した実験は、表現型にどれほど可塑性があるのかを見事に例示している。さらに、最近のある研究は、メッツガーがアメリカ大陸原産のトウモロコシで実証したよりもずっと大きな可塑性の存在を明らかにした。

ドロレス・ピペルノは、ワシントンDCのスミソニアン博物館に勤める植物考古学者だ。彼女は、バルサス川流域のシウアトストラ・シェルターでトウモロコシのプラント・オパールを見つけた調査を指揮していた。だが、遠い昔に枯死した植物の痕跡を探すほかに、彼女の研究では、それに対応する現生の植物による実験もおこなっていた。ピペルノが率いていたのは、パナマにあるスミソニアン熱帯研究所のチームで、彼らは二〇〇九年から二〇一二年にかけて、表現型の可塑性が、栽培化でトウモロコシにバリエーションが生じた際にどれほど重要な要因となったのかを調べだしていた。トウモロコシの野生の祖先 *Zea mays parviglumis* を、二種類の環境条件で温室栽培したのだ。ひとつの環境条件は、一万六〇〇〇〜一万一〇〇〇年前にあたる氷河期の終わりのものを再現し、もうひとつの条件は、対照実験用の部屋で現代の気候を再現していた。それぞれの部屋でトウモロコシが育つと、驚くべき結果が得られた。

現代の環境の部屋では、全部が野生のテオシントに似たものになった。枝分かれが多く、それぞれの枝から雄穂《ゆうほ》も雌穂も出ていたのだ。雌穂の穀粒は一斉に熟すのではなく、同じ雌穂のなかでも熟し方に時間差があった。ところが、氷河期の終わりの部屋は少し違っていた。大半はテオシントに似ていたが、一部――およそ五分の一――はかなりトウモロコシに近かった。たくさん枝分かれするのではなく、一本だけ茎を伸ばしたのだ。主軸となる茎には雌花《めばな》が直接付いていて、それが雌穂になって全部の穀粒が同時に熟した。

テオシントがなぜ初期の農耕民にとって栽培したくなるものに見えたのかについては、これまで謎のままだった。しかし、氷河期の終わりのテオシントのなかに、むしろ今日のトウモロコシに似た――雌穂は茎に近くて収穫しやすく、種子は一斉に熟す――ものがあったとしたら、そんなに不思議ではないのかもしれない。

研究者たちが、氷河期の条件で育ててトウモロコシに似たものになった植物の種子を、氷河期が終わり完新世に入ったばかりの、一万年前ごろの気候で育てると、さらに興味深いことが起きた。その種子から育った植物の半数は、まだテオシントよりもトウモロコシに似ていたのだ。すると初期の栽培者は、トウモロコシに似た所望の表現型をほとんどもつ植物をすぐに作れたことになる。トウモロコシが栽培化された際、遺伝子変異が起きたこともわかっているが、表現型の可塑性が栽培化の歴史で大きな部分を占めているようなのだ。トウモロコシの見事なまでの可塑性は、変化に適応しやすいことを意味している。つまり、祖先が環境条件の変動にさらされ、新しい生育環境にすばやく適応できれば成功を収めやすかったことを示しているのだ。植物（や動物）がどのように栽培化（飼育化）されたのかを本当に知りたければ、この現象——表現型の可塑性——と、今日の環境や生態系が果たしている重要な役割は、もはや見過ごすことができない。

そのためトウモロコシは、気候や、栽培する人間による選択に応じて形態を変えながら、農耕の確立とともに故郷のメキシコの熱帯林から——高地や、もっと北や南の地方へ——広まりだした。そうしてアメリカ大陸全体に徐々に広まることで、さまざまな環境に適応できるようになった。すばらしいことに、低地の植物にとどまらず、高地の植物にもなり、熱帯の植物はもちろん、温帯の植物にもなったのである。

表現型の可塑性と新たな遺伝子変異は、トウモロコシの「途方もない顕著な」多様性を生み出すふたつの要因となっている。しかし、新たな環境に適応する驚くべき能力をもたらしたとおぼしき要因が、ほかにもあった。野生の親類からのちょっとした手助けだ。初期のトウモロコシは、メキシコの低地から高地へ広まると、テオシントの山岳型の亜種 *Zea mays mexicana* と交雑を起こした。遺伝子解析から、高地に生えるトウモロコシのゲノムの最大二〇パーセントほどが *mexicana* のものだと明らかになっている。栽培化されたオオムギが、シリア砂漠に生える野生種から耐乾燥性を獲得したのと同じように、トウモロコシは、広まるうちに地域ごとの遺伝子の「知識」を——野生の親類との交雑によって——最大限に利用していたのだ。

トウモロコシは、メキシコから高地と低地の別々のルートを経て、グアテマラに、さらに南へと拡散していったらしい。七五〇〇年前までには南米の北部に達し、四七〇〇年前までにはブラジルの低地で栽培されており、四〇〇〇年前になるころにはアンデス山脈に生育していた。また南米の北部から、トウモロコシは北へ、トリニダード・トバゴをはじめ、カリブ海の島々にも広まった。北米へのトウモロコシの普及ははるかに遅く、南西の隅で二〇〇〇年あまり前にようやく始まったが、それから一気に北東へ広まり、おそらくたった数世紀で現在のカナダにまで達したようだ。そしてトウモロコシは、広まるにつれ、変化しつづけた。

ヨーロッパがアメリカ大陸とつながりをもつころには、トウモロコシはおそろしく多様な品種を生み、メキシコからアメリカ北東部まで、カリブ海沿岸からブラジルの低地、さらにはアンデス山脈の高みまで、いたるところで育っていた。さまざまな形態をとって、すでに大いに適応し、大いに変化する栽培種となっており、コロンブスがあの浜辺に足を踏み入れたとたん、全世界にすばやく広まる準備ができていたのだ。

# 5

# ジャガイモ　*Solanum tuberosum*

ごわごわした長靴を鋤の耳にのせて
膝の内側に柄をぎゅっと当て　てこにしていた
よく伸びた茎を引き抜き　キラキラと光る刃を深くうめ込んで
新ジャガを辺りに掘りだした　僕らはそれを拾い上げては
その冷たい固さを両掌で愛でた

――シェイマス・ヒーニー、『土を掘る』［『シェイマス・ヒーニー全詩集』（村田辰夫・坂本完春・杉野徹・薬師川虹一訳、国文社）より引用］

## 太古のジャガイモ

ねずみ色でしわくちゃの、薄い革のような素材の切れ端。それは、ほとんど指先にのりそうなほど小さい。何の面白みもない。裏庭でそれを見つけても、最近の何かの残骸にすぎないと思うだろう。たとえば、堆肥の山から散らばり出た何かとか（ロブスターの巣穴から押し出された石のかけらぐらい、何の変哲もないものだ）。それなのに、これは非常に貴重な考古学的証拠なのである。

この小さな黒い有機物のかけらは、チリ南部にあるモンテ・ベルデという一九八〇年代に発掘された考古学的遺跡で見つかった。そこは、南北アメリカ大陸でもとりわけ古い、およそ一万四六〇〇年前のものと確定されている、ヒトの住居跡だ。レヴァントのナトゥーフ人の遺跡とほぼ同じ時代にあたるが、大きく違うのは、近東にはそれより数万年前から現生人類が住んでいたという点だ。モンテ・ベルデでは、現生人類はまだかなり新参者だった。

私は二〇〇八年にモンテ・ベルデを訪れた――その遺跡を発掘した地質学者マリオ・ピノとともに。このとても重要な場所に着くと、そこは草地で、何頭かのヒツジが流れの速いチンチウアピ川の苔むした河原で草を食んでいた。イングランドから遠く離れた地ではあったが、まるで湖水地方をハイキングしているようだった。それほど見慣れた田園風景だったのである。そしてマリオの専門的な助けがなければ、私にその遺跡の正確な位置を突き止めることは至難の業だったにちがいない。遺跡はすっかり覆い隠されて、完全に風景の一部に溶け込んでいたのだ。それどころか、私はきっとそこにあることを知りもしなかっただろう。

「この遺跡は、ほかのたくさんの遺跡と同じように、偶然見つかったんですよ」マリオは私に言った。「地元の人たちが小川を広げようとしていました。湾曲したところを削って堆積物を取り除いていたら、大きな骨を見つけて取っておいたそうで、そのあたりを旅していたふたりの大学生が、骨をバルディビアへ届けたのです」

大学生たちがそうしたのは幸運だった。大きな骨は――一万一〇〇〇年ほど前に絶滅した――氷河期の動物のものとわかった。それはバルディビア大学の科学者をさらなる調査に駆り立てた。当初は更新世の動物の遺骸がある古生物学的遺跡としか思われなかったのだが、研究者が石器などの遺物を見つけはじめると、そこはいっそう興味深い場所となった。人々も明らかにいたのだ。はるか昔に。

この遺跡の土壌は湿った泥炭質なので、有機物が非常によく保存されていた。たいていの遺跡ではすぐに腐敗していたはずのものが、ここではタイムカプセルに閉じ込められて残っていたのである。考古学者が地中に突き刺された木の杭の遺物をいくつも発見しだすと、それらが建物――ある種の小屋――の輪郭を形成していることがたちまち明らかになった。しかもその建物は大きくて、長さが二〇メートルほどもあった。杭のまわりの土には、薄黒い丈夫な有機物のかけらが混じっていた。長い小屋の覆いに使われていた、獣の皮である。考古学者は、建物の内外に地面を掘った炉——木炭が詰まっていた——の形跡も見つけた。その保存状態はすばらしかった。子どもの足跡まで、泥のなかに完璧に残っていた。三〇メートルほど離れた場所にはもう少し小さな小屋の跡も見つかり、そこには仕留められたマストドンの骨や、噛んで吐き出された海藻のかたまりなど、動植物の遺物があふれていた。

その遺跡は、放棄されてから結構すぐに埋まったらしい。一帯が沼地なので、人々が出ていくと、たちまちアシが覆いつくしたようだ。泥炭が積み重なって遺物を閉じ込め、そうした貴重な有機物を保存した。そして、地元の人が小川を広げようとするまで忘れ去られていた。

遺跡に保存された有機物は、考古学者に、そこで暮らしていた狩猟採集民の食事となったすべての動植物を調べる初めての機会を与えてくれた。モンテ・ベルデの住人は、今では絶滅している動物——ゾウに似たゴンフォテリウムや太古のラマなど——の肉や、多様な植物（全部で四六種）を食べていた。その植物には、食べられる海藻も四種——一部は、噛んで吐き出されたものとして現存している——含まれており、それらは薬用の目的でも使われていたかもしれない。そして植物の遺物のなかに、あの小さくてぱっとしない、革のような切れ端もあった。太古の野生のジャガイモ *Solanum maglia* の、しわくちゃになった皮の遺物だ。全部で九つの切れ端が、小屋のなかにあった小さな炉や食べ物を保管した穴で見つかっている。そうした皮の内側にまだ付いていたデンプン粒を分析したところ、種が確認できたのである。これは、人類と関わりをもつものとして発見されたなかで、いまだに最古のジャガイモの遺物だ——われわれの祖先は一万四六〇〇年ほど前に、すでにあの平凡なジャガイモが好きになっていたのだ。そうしたジャガイモを掘り出すのにうってつけの木製の掘り棒も、この遺跡で見つかっている。

「私たちは四季すべての食物を見つけました」とマリオは言った。そのため、ここは単なる一時的な野営地ではなかったらしい。一年じゅう使われていたのだ。これは興味深くもある。一般に、このころの人々は皆かなり移動生活を送り、一時的な野営地を設けてはたたんで移っていたと思われがちだからだ。イングランドのスター・カーにある、少しあとの中石器時代の遺跡も、この考えを否定している。モンテ・ベルデは、それと同じように南米で事実の確認をしてくれている。過去のどの時代についても――それどころか現在についても――全部にあてはまるものを求めてはならないし、われわれの祖先がどれほど発展していたのかを見くびってはいけない。場所によっては、移動生活を続けるのが理にかなっていたのだろう。つまり、特定の地域ではその条件と資源のおかげで、一か所にとどまるのが完全に生存に適した暮らし方となったのである。人間の行動は、地域の生態系に合わせて変わる。

モンテ・ベルデの遺跡は、年代の早さゆえに議論を巻き起こした。一九三〇年代にニューメキシコの遺跡で特徴的な石の尖頭器が見つかってから、二〇世紀のあいだ、アメリカ大陸の最初の住人は「クローヴィス尖頭器」と呼ばれる石器を携えておよそ一万三〇〇〇年前に北米へやってきたとする説が一般的だった。モンテ・ベルデは明らかに時期が早すぎて、その説とは食い違っていた。

一九九七年までに、発掘を率いた考古学者トム・ディルヘイは、モンテ・ベルデの年代が正しいはずがないという批判にすっかり嫌気がさし、著名な研究者たちを遺跡へ招き、人工物をじかに見て結論を下してもらうことにした。研究者は皆、その遺跡が確かに古く、放射性炭素にもとづくクローヴィス以前の年代を疑う理由がないと認めた。

モンテ・ベルデは、「クローヴィスが最初」とする説ではありえないほど早く人類がアメリカ大陸に住んでいたことの動かぬ証拠を提示する、今ではいくつかある「クローヴィス以前の」遺跡のひとつにすぎない。一般に意見が一致している見方は今も、最初の移住者はアジア北東部からベーリング陸橋を渡り、北米へ来たというものだ。ユーコン北部には、そうした高緯度地域にヒトがいたことを示すかなり初期の遺跡がふたつほどあり、その年代は最終氷期のピークにあたる二万年前よりも前にさかのぼる。しかし、当時は大きな氷床が事実上北米のほとんどを封じ込めていた。北米大陸の残りと南米への入植は、この氷が解けはじめるまで待たなければならなかった。北米・南米のクローヴィス以前の遺跡は、最終氷期の極大期から間もないおそらく一万七〇〇〇年前あたりには、その入植が始まっていたにちがいないことを示している。そのころ北米の多くはまだ大きな氷床に覆われていたが、環境を調べた結果、北部太平洋岸はかなり氷が解けて、人々がこのルートをたどって南北アメリカ大陸へ行けたはずであることがわかった。それから彼らは南へ広がったので、一万四六〇〇年前までにはチリに到達する時間がほぼ十分にあったのである。

では、初期の南米の狩猟採集民が、土のなかにひそむあのおいしい「かたまり」を見つけるまでに、どれだけかかったのだろう? 決して長くはかからなかったと私は思う。

塊茎《かいけい》を探して掘るというのは、食物を手に入れる方法としてはきわめて創意に富むものに思えるかもしれない。木から果物やナッツをもぎ取ることも、海辺の岩から海藻を取り集めることさえも、皆かなりわかりやすい採集方法のように見える。一方、自分で掘り棒をとがらせ、あたりを引っかき回して地中に隠れたご馳走を探すというのは、一見したところ、ずいぶん奇妙な行動かやけくその行動、あるいはまた見事なひらめきかと思える。

ところが、われわれの祖先は何千年どころか、もしかすると何百万年も前から、そのようなことをしてきたのだ。

## 埋もれた宝

われわれに最も近い縁戚関係にある現生動物は、チンパンジーとゴリラだ。森に棲むこの類人猿はどちらも、熟れた果物を好んで食べる。だが、その食物が乏しくなると、草木の葉や髄（茎の中心部）を口にする。およそ六〇〇万～七〇〇万年前、ヒトとチンパンジーの共通祖先もそうしたものを食べていたように思える。しかし、そこからヒトの祖先とチンパンジーの祖先は分岐した。この惑星の生命の系統樹で、われわれの枝に属する類人猿は、ヒト族と呼ばれる。習慣的に二本足で歩きまわり、祖先に比べて脳が次第に大きくなっているのが特徴だ。われわれは、生命の系統樹にかつて生い茂っていたヒト族の小枝のなかで、唯一生き残っている存在なのである。われわれを除き、ほかはすべて死に絶えた。初期のヒト族が化石記録に現れはじめると、骨格が二足歩行への適応を示したばかりか、歯にも変化が見られた。祖先に比べ、エナメル質がはるかに厚くなり、臼歯が大きくなっていたのだ。ほかの霊長類では、歯の形や大きさは、日常的に好んで食べていたものではなく、窮乏の時期に頼りにしていた種類の食物と関係があるように見える。すると、ヒト族の歯の変化は、窮乏時の救荒《きゅうこう》食物の変化も反映しているのかもしれない。当時、アフリカの深く広大な森は細かく分かれはじめていた。環境が多様化し、われわれの祖先はより開けた環境を利用しだしていたようなのである。

サバンナと森林の生態系のあいだにはいくつか明白な差異があるが、地下には重要な対比がひそんでいる。森林に比べサバンナには、「地下の貯蔵器官」――根茎、球茎、鱗茎《りんけい》、塊茎など――をもつ植物がはるかにたくさんある。生態学者は、現代のタンザニア北部のサバンナと、中央アフリカ共和国の熱帯雨林を比較することで、塊茎をはじめとする地下の貯蔵器官の存在密度に大きな違いを見つけている。

サバンナで一平方キロメートルあたり四万キログラムなのに対し、森林では一平方キロメートルあたり一〇〇キログラムにすぎないのだ。われわれの祖先は、アフリカに広がる草原の下にある、この豊富な資源を利用していたのだろうか？　そうした塊茎などを掘り出して得られるのは、エネルギーのかたまり——だが硬いかたまり——だった。好き好んで食べるものではなかったかもしれないが、緊急時には大きな違いを生む。われわれの初期の祖先がもっていた、よく強化された大きな歯は、この新しい救荒食物への適応を示しているのだろう。

現代の狩猟採集民は、根や塊茎や鱗茎をよく利用している。私は幸いにも、現代のある狩猟採集民の集団——ハザァベ族——がこの種の食物をうまく利用するさまをじかに見たことがある。二〇一〇年、タンザニアの僻地に住むハザァベ族の一団——とアリッサ・クリッテンデン——にはるばる会いに行ったのだ。

キリマンジャロ空港に飛行機で到着すると、私は四輪駆動車で出発した。旅の前半——三時間ほど——はかなり楽で、アスファルトの道を走り、いくつもの小さな村を抜けていった。だがその後、急に左へ曲がって未舗装路に入ると、続く三時間のほとんどのあいだ、私はランドクルーザーの車内であちこちへ振りまわされていたが、ドライバーのペトロは轍のできた道を巧みに運転し、砂地の川床へ入り、急な土手を上がって、ようやくエヤシ湖のほとりにたどり着いた。そこは広大な塩原《えんげん》で、水のある気配はほとんどない。われわれは湖へ進入したが、縁《へり》のあたりで厄介な角度ではまり込んでしまった。なんともしようがなかった。車はすっかり動かなくなったのだ。

遅い時間で、夕闇が一気に迫っていた。一同、ランドクルーザーで夜を過ごすことは考えていなかったので、すでに目的地に着いてキャンプを張っていた先発隊を呼んだ。彼らは別のランドクルーザーで助けに来て、ウィンチでわれわれの車を救い出してくれた。

キャンプまではそう遠くなく、そこへ到着すると私はアリッサに会った。彼女は人類学者として、何年も土地の狩猟採集民の集団を研究し、彼らと暮らしていた。われわれのサファリ用のテントは、ハザァべ族の野営地のそばの樹下に張られていた。もう皆床に就いているだろうと私は思っていたが、アリッサは、ハザァべ族の人々があなたと会うのをとても楽しみにしている、と言った。そこで深まる宵闇のなか、私はアリッサに連れて行かれて二〇人ほどの集団に引き合わされ、握手して彼らの言葉で「ムタナ」と挨拶した。女性たちは鮮やかな模様の生地でできたカンガなどの衣装をまとい、何人かはビーズで飾られたヘッドバンドをしていた。男性たちのなかには、Tシャツとショートパンツを身につけている人もいれば、腰布を巻き、黒と赤と白のビーズのネックレスをしている人もいた。だれの髪も非常に短く切られていた。私は、アリッサからもってくるように頼まれていたささやかな贈り物を配った。女性にはビーズを編んだ小さなバッグ、男性には矢尻に打ち込む鋼鉄の釘だ。彼らは大変に温かく寛大に私を迎え入れてくれた――友達の友達として。

ハザァべ族と何日か一緒に過ごすうちに、私は彼らの生きざまについてたくさんのことを学んだように思った。実はほんの少し垣間見たにすぎないのだが。アリッサがそこで私のガイドを務めてくれたのは、本当にありがたかった。彼女はとてつもなく深い知識をもっていたのだ。私は、ハザァべ族の成人男性や少年が、自分の弓矢の手入れをして狩りに出かけるのを目にした。ある男性が、怒ったハチに刺されるのをものともせず、木にぶら下がっている巣からハチミツを集めるところを――安全な距離から――眺めもした。野営地へ戻った彼は、ハチの巣のかけらを欲しがる女性や子どもにもみくちゃにされていた。私はハザァべ族の女性たちと、出産や育児について――二段階の翻訳を介して――話しもした。また、野営地を出て低木の茂みのなかに採集へ向かう女性たちに同行させてもらった。彼女たちには目標が決まっていた。それは塊茎である。

そうしたあるときの食料探しで、アリッサと私は女性たちとともに出かけた。子どもも皆一緒だ。赤ん坊は母親の首から吊した布一枚で胸に抱かれ、幼児はよちよち歩いて付いていき、もっと大きな子どもは走ったりスキップしたりしていた。われわれは野営地から一キロメートル半ほど南へ歩き、途中でちょっと休んでベリーを食べた。やがて、こんもりした茂みのところで立ち止まる。すると女性と子どもが茂みのなかに消え、蔓《つる》植物の根のまわりを掘って塊茎を探した。「エクワ」と呼ばれていたその塊茎は、私が予想していたものとはまったく違い、わが家の菜園にあるようなジャガイモよりむしろふくれた根に近かった。私はナビレという女性と一緒に腹ばいで茂みに入った。ナビレは出産間近だったが、だからといってやめようとはしなかった。彼女が先の尖った棒でどう掘るかを見せてくれたので、私もやってみた。役に立つ道具だった。その先端で硬い土を砕いてエクワをぐらつかせると、手でそれを取り出せるのだ。ナビレはときおり掘る手を休め、ナイフで棒の先を尖らせる。ほどなく、そうした低木の根にたどり着いた。周囲の土を取り除いて根の一部をあらわにすると、ナビレはナイフを使って今度は根を切り取り、すぐにそれを食べはじめた。その塊茎のかけらは、長さが二〇センチメートルほどで、太さは三センチメートルあった。彼女は、樹皮のような外側の層を歯で剥ぎ取ってから、ナイフで切れ込みを入れ、根を短冊状に引きちぎれるようにし、取れた短冊をたたんで噛んだ。そして私にもいくつかくれた。味は意外にもおいしかった。噛んだ瞬間は、棒状のセロリをかじったような感じがしたが、味はまったく違っていた。かなり繊維質だが、ナッツの風味があってしっとりしていたのだ。

いくつかの根を、掘ったその場で生で食べるほか、女性たちは収穫したものをたくさん集めて布のショルダーバッグに入れ、野営地に持ち帰った。そして帰り着くと、消えていた火を再びおこし、おき火で根を焼く。それをひと切れ、食べてみろと私にくれた。今度は皮がとても簡単に剥がれ、中身はずっと軟らかく、おいしかった。焼き栗にちょっと似た味がした。

ほんの少しのあいだハザァベ族とともに過ごしただけで、私は彼らの――そして私自身の――生きざまに、言葉にしにくい形で目を開かされた。仕事と家庭生活のバランスの取り方から、食べるものまで、私自身の文化に対する新たな視点を手に入れて、故郷へ戻ったのだ。古今を問わず、ほかの文化をバラ色の眼鏡で見ることは実にたやすいが、それでも私は、「西洋」世界のわれわれが、生に対するこうした伝統的な取り組み方から多くを学ぶことができると思う。何もかもバラ色というわけではないかもしれないが、家族とコミュニティに限って言えば、「仕事」はなかった。だから失業もない。各人に、果たすべき役割はあった。子どもも一端を担っていた。子を産むことが、女性の社会的地位の障害になるおそれはなかったのである。

食べ物の話に戻ろう。私はハチミツがどれほど重宝されているかを知って驚いた。ハチミツを持って帰った男は、肉を持って帰った男よりも熱烈に歓迎された。甘い物への欲求はいつでもある。砂糖が英国などと同じぐらい安く手に入るようになると、初めてそれが問題になるのだ。そして食事の多様性について言えば、ハザァベ族は無知な私が思っていたよりもはるかに広範な食べ物を入手していたが、真に特筆すべきは、食事のなかで根がどれほど重要なものであるかを知ったことだった。

根や塊茎は、じつはかなり質の低い食べ物だ。もっているエネルギーは、果物や種子、肉、ハチミツに詰め込まれているエネルギーにはとうてい及ばない。しかしそれらは当てにできる。人類学者たちがハザァベ族の人々に食べ物の好みを尋ねたところ、ハチミツ――自然界でとりわけエネルギー密度の高い食べ物――がトップになり、塊茎はつねに最下位だった。肉やベリーやバオバブの実はその中間だ。ところが塊茎は、ランクが低くても、ハザァベ族の食事の大部分を占める食材なのである。それは当てにできるからにほかならない。人類学者は、野営地に持ち帰られたさまざまな食べ物の重さを量り、比率が季節ごとに変わり、また集団の地域ごとに異なることを明らかにした。どうやら塊茎は、一年じゅう食べられる主食であると同時に、ほかの食料が乏しいときにいっそう頼られる救荒食物でもあるようだった。

熱帯地方のほとんどの狩猟採集民が根や塊茎を掘り出して食べているという事実から、人類は非常に長いあいだそれをしてきたのだろうと言えそうだ——ひょっとしたら現生人類がこの惑星に現れて以来かもしれない。だとすれば三〇万年以上になる。だが、初期のヒト族が厚いエナメル質と大きな歯をもっていたことは、この行動がさらに古いルーツをもつことをほのめかしている。そしてただの掘り棒が、われわれの祖先に、アフリカの平原で生き抜くために欠かせない強みを与えてくれたのだろう。しかし、すべては推論にすぎないようにも見える。確かに優れた仮説ではあるが、検証の必要がある。われわれの祖先が塊茎を食べていたことを示す、もっと明確な証拠を見つけられるだろうか?

その答えは、ある程度はイエスだ。化石の分析は進歩して、いまや、骨の大きさや形をもとに解釈ができるだけでなく、化学的組成を細かく調べることもできるようになっている。あなたの体を形作る組織はすべて、結局のところあなたが摂取した分子でできているのだから、そうした骨の化石に収められた太古の食事の手がかりを見つけることも可能なのである。

ある種の元素には、同位体という微妙に異なるタイプがある。そんな同位体のなかには、安定しているものもあれば、不安定な放射性のタイプもある。炭素の場合、天然に存在する種類が三つある。不安定な放射性の炭素14は希少だが、放射性炭素年代測定に使えるので、考古学者にとっては非常に役に立つ。世界のほとんどの炭素は、原子核が中性子六個と陽子六個からなる、炭素12の形で存在する。だが、中性子が一個余分にあってわずかに重い——それでも安定している——タイプも存在し、それを炭素13という。

植物の光合成では、太陽光のエネルギーを使って、大気から二酸化炭素を取り込み、最終的にその炭素を新たな糖分子へ組み込むような反応を推し進める。光合成にはいくつかのタイプがあり、それぞれわずかに異なる化学的経路を利用している。樹木はたいてい、初めのステップで炭素原子を三個もつ分子ができるタイプの光合成をおこなっている。植物学者はそうした植物を、「C３植物」と呼ぶことにした。そして、一部のイネ科やスゲのように、炭素原子を四個もつ分子を作る、わずかに異なる光合成をおこなう植物もある。するともうわかるだろう。それらは「C４植物」と呼ばれている。

C４の化学的経路のほうが水分子を効率よく利用する――より乾燥した環境への適応に役立つ――ばかりか、そのような植物は、炭素13というわずかに重い安定同位体をより多くとらえることになる。だからC４植物は、炭素13を比較的多くもっているのだ。ある動物がC４植物――スゲの根や塊茎など――をたくさん食べるとしたら、その動物自身が――骨までも――炭素13を多くもつことになる。

人類学者は、このC３植物とC４植物の違いをすばらしい目的のために利用した。チンパンジーの主食は葉の多いC３植物だ――そのため骨は炭素13を多くもってはいない。われわれの祖先である、四五〇万年ほど前の初期のヒト族は、同じようにC３植物を主食としていたようだ。四〇〇万～一〇〇万年前には、気候は変動していたが、われわれの祖先が暮らす環境は概して乾燥して草が多くなっていた。およそ三五〇万年前までには、祖先はC３植物とC４植物の両方を食べていたことがわかっている。そして、C４はデンプンの多い根や塊茎によるものかもしれない。そのように、地下に隠れているが遍在する食物を食べるようになったおかげで、太古の人々は数を増し、新たな居住地――変わりやすく予測できない環境など――で栄えることができたのだ。

やがて、二五〇万年前ごろには分岐が生じていた。一部のヒト族は――たまたま非常に丈夫な歯と顎ももっていて――主にC４植物（季節に応じて、たとえば草の葉や種子、スゲの塊茎）を食べていた。同じころ、ほかのヒト族は、われわれのヒト属（*Homo*）における最初期のメンバーもそれに含まれるが、

C3植物とC4植物の両方を食べつづけていた。

　肉食の習慣が生まれることによって、われわれの祖先が脳を大きくするのに必要なエネルギーが与えられたという主張はよく見られるが、一部の研究者は最近、食物としての植物――なかでも塊茎のようにデンプンの多い植物――がかなり見過ごされていたのではないかと言っている。ふたつの重要な変化――ひとつは文化に、もうひとつは遺伝子に起きた変化――が、デンプンに収められたエネルギーを解放したようなのだ。文化に起きた変化は、調理だった。遺伝子に起きた変化は、デンプンを分解する唾液の酵素を作り出す遺伝子の増加である。この遺伝子の増加は、一〇〇万年前より少しあとに起きたことがわかっている。唾液のアミラーゼは、生のデンプンよりも調理した（熱を通した）デンプンに対してはるかによく働くので、その遺伝子の増加は、調理が始まってすぐに活発になったのかもしれない。考古学によれば、ヒトは早くも一六〇万年前には火を使っていたようで、七八万年前までには炉があったことを示す明確な証拠も存在する。調理と、唾液のアミラーゼの増加との複合的な効果で、ヒトの脳を大きくするエネルギーが――すぐに使えるブドウ糖の形で――与えられたのではなかろうか。そしてもちろん、デンプン質の食物に対する同様の適応は、イヌでも起きている。イヌは唾液のアミラーゼを作らないが、膵臓でデンプンを分解する酵素を作り出しているのだ。しかも、多くのイヌは膵臓のアミラーゼ遺伝子をたくさんもっている。

　周知のとおり、われわれの祖先は三〇〇万年以上前から石器を作って使用していた。そうした道具は、食物となる肉や植物の処理に使われていたのかもしれない。しかし、実のところ考古学的記録には有機物が残っていない。そのため、祖先がいつ掘り棒を使いはじめたかのかはわからない。だが彼らは、この単純な道具を考案するとすぐにあの埋もれた宝を入手できただろう。その当てにできる資源は、多くの狩猟採集民にとって、多少なりとも主食にして救荒食物となったはずだ。

したがって、ある程度確実に言えるのは、人々がモンテ・ベルデに住む以前に、その祖先は長いこと掘り棒を使って根や塊茎を食べていたということだ。野生のジャガイモを食べるのは、この古い行動様式がごく最近にその地域で現れたものにすぎなかったのである。

ところで、ジャガイモはいつ、そしてどこで、採集される野生の食物から、栽培される種へと変化を遂げたのだろう？

## 「三つの窓がある洞窟」と未解決の謎

チリの野生のジャガイモ *Solanum maglia* は、白い花を咲かせる可憐な植物で、直径四センチメートルにも満たない紫がかった小さな塊茎をつけ、チリ中部の沿岸で、海抜ゼロメートル近くの湿潤な谷や沼地のほとりによく生える。その種名は、チリ中部の先住民マプチェ族の言葉での名称「マラ（*malla*）」に由来する。ダーウィンは、一八三五年、ビーグル号での航海のさなかにその植物を目にした。彼は、探検家のアレクサンダー・フンボルトがそうした野生の植物について書き記していたのを知っていたので、それが栽培種のジャガイモの祖先だと考えた。そして日誌にこう書き留めている。

野生のジャガイモが、この島々で、海辺の砂と貝殻からなる土壌にたくさん生えている。一番丈のあるものは、高さが一二〇センチメートルあった。塊茎は概して小さいが、私は直径五センチメートルの卵形をしたものを見つけた。あらゆる点で英国のジャガイモに似ており、においも同じだった。しかし、茹でるとかなり縮み、水っぽくておいしくない。だが苦みはない。間違いなくここの固有種で……

栽培種のジャガイモ *Solanum tuberosum* は、チリ全土で作られており、野生の親類とよく似ている。それどころか、あまりにも似ているので、ダーウィンさえ、自分が採集した *Solanum tuberosum* を *Solanum maglia* と誤認していた。しかし、顕微鏡の助けがあれば、はるかに容易に同定できる。モンテ・ベルデで見つかったジャガイモの皮の内側に付いているデンプン粒は、野生の *Solanum maglia* の塊茎の遺物だとわかったのである。

モンテ・ベルデの発掘をした考古学者たちは、野生のジャガイモを自分でも味わってみたいと思った。そこで塊茎を手に入れ、半時間ほど茹でてから食べた。思い切ったことだった。野生のジャガイモは苦すぎて食べられないだろうと言う研究者もいたのだから。グリコアルカロイド――ソラニンなど――を比較的高濃度でもっているものが多いのである。グリコアルカロイドは、ジャガイモがもつ、病原体に感染したり昆虫に食べられたりしないようにする天然の防御機構のひとつとなっており、またそれでヒトに食べられないようにしているとも考えられる。それがジャガイモに苦みを与え、高濃度では有毒になる。野生のジャガイモには、そうした化合物が、調理後でもまだ有毒なほど高濃度で含まれている可能性があると思われたのだ。

だが――ダーウィンもそうだったが――考古学者たちは、試食で死ななかったばかりか、その小さなジャガイモに苦みをまったく感じなかった。はるか北のアンデス山脈中部では、一部の野生のジャガイモが確かに苦い塊茎を作るのだが、チリの野生のジャガイモは申し分なくおいしいようなのだ。そして考古学者も、チリ中部の住民が今日喜んで野生のジャガイモを食べていると報告している。

しかし、*Solanum maglia* は、われわれが現在食べている栽培種のジャガイモの祖先なのだろうか？

これは大いに議論を呼んでいる――少なくともこれまで呼んでいた――疑問だ。多くの種の場合と同じく、この疑問は初め、あのおなじみの疑問だった。「これは栽培化の中心地がひとつだったケースなのか？　それとも複数の起源があったのか？」

ジャガイモには何百ものタイプがあり、植物学者はそれを変種や種に整理する手だてを議論してきた。なかには種間の雑種もあるため、この問題はさらに難しくなっている。このさまざまなタイプは分類学によって二三五種に分けられているが、最新の分析結果――遺伝子データなど――によれば、すべてのジャガイモが実は一〇七の野生種と四つの栽培種に分類できるようだ。

ジャガイモのとくに古くから栽培されている在来種のいくつかは、ベネズエラ西部からアルゼンチン北部に至るアンデス山脈の高地――一番高いところは海抜三五〇〇メートル――のほか、チリ中南部の低地でも育てられている。こうした在来種は四種に分類できる。その種のひとつである *Solanum tuberosum* には、明確に分かれたふたつの栽培品種すなわち亜種が存在する。アンデスの一群とチリの一群だ。

二〇世紀の初め、ロシアの植物学者たちは、ジャガイモの栽培化については大きな中心地がふたつあったと提唱していた。チチカカ湖に近いペルーとボリビアの高原と、チリ南部の低地だ。ところがその後、英国の植物学者たちが、別のモデルを思いついた。アンデス山脈の高地がジャガイモのただひとつの起源で、それからそうして栽培化されたジャガイモが南へ、チリの海岸部に広がって、地域の条件に適応したとするモデルである。これは、証拠とよく一致しているように見えた。*Solanum tuberosum* を生み出したと考えられる野生種は、チリよりもアンデス山脈の高地のほうが多かったのだ。

栽培化されたジャガイモの存在を示す最初期の証拠は、アンデス山脈から得られている。ペルーの海抜四〇〇〇メートル近い高地にある、クエバ・トレス・ベンタナス（「三つの窓がある洞窟」の意味）

という洞窟だ。この洞窟には、八〇〇〇～一万年前にまでさかのぼる世界最古のミイラが存在するが、ジャガイモの遺物は六〇〇〇年前ごろのもっと新しい層で見つかっている。また実験により、アンデスタイプのジャガイモが、かなり容易にチリタイプに似たものに変わることも明らかになっている。そこでしばらくは、栽培化されたジャガイモの起源はただひとつでアンデス山脈の高地だとするシナリオが、最も有望なように思われた。

ところが一九九〇年ごろには、また別の仮説が登場していた。チリタイプが、アンデスタイプとチリの野生種との雑種として生まれたとする仮説だ。その野生種は *Solanum maglia* ――モンテ・ベルデで食べられていたものと同じ野生種のジャガイモ――ではないかとされていた。しかし、野生種の数は莫大で、ジャガイモの遺伝的特質は非常に複雑である。それでも、ようやく混沌のなかから何かが明らかになってきているように見える。ロシアの植物学者も英国の植物学者も、部分的に正しかったようなのだ。最新の考古学的・遺伝学的証拠は、野生種のジャガイモが、まず八〇〇〇～四〇〇〇年前――ラマが家畜化されたのと同じころ――に、アンデス山脈の高地、チチカカ湖周辺のどこかで栽培化されたことを示唆している。だが、遺伝学研究からは、チリのジャガイモの栽培品種が雑種から生まれたことを示す裏づけも得られている。つまり、最初のアンデスの栽培種が広まるにつれ、ほかの野生種と交雑していったというわけである。すると、複数の野生種が最初の栽培種の遺伝子プール〔種の全個体群がもつ遺伝子の総体〕に寄与したことになり、単純な起源の問題（複雑にからみ合った生物学にとっては単純すぎる）がもっと微妙なものになる。栽培化の中心地は独立に複数あって、その後いくつかの栽培品種の交雑によって異なる系統がまとまったのか？　それとも、起源はただひとつの場所で、その後広まってほかの種と交雑したのだろうか？　遺伝子の点から見ると、それほど問題ではないだろう。何が起きたとしても、低地の遺伝子と高地の遺伝子がチリの栽培品種にまとまったのだ。しかしヒトの視点からは、これは重要な問題だ。文化とイノベーションに関わる話になるのだから。ジャガイモを育てるという考えは、一度だけ生まれて根づいたのだろうか？ その考えは、次第にアンデス山脈の麓へ、それからチリの海岸平野へと広がったのか？ あるいは、狩猟採集民がジャガイモを食べはじめると、いくつかの野生種が栽培化されれ、それが少なくとも二か所、ひょっとしたらもっと多くの場所で起きることはほとんど必然だったのだろうか？ 起源がただひとつである可能性のほうが高いかもしれないが、私には、まだこの疑問に答えられるほどツールも証拠も足りていないように思える。この謎を解くには、さらに多くの研究が必要なのだ。

## ジャガイモの女神と、山と海沿いの品種

最初の栽培化がどこで起きたのであれ、それによって野生のジャガイモはヒトにとってはるかに役立つものになった。ジャガイモの野生種と栽培種の違いで最も目立つのは、塊茎の大きさと匍匐枝《ほふくし》の長さだ。匍匐枝とは、新たな植物体を生やすために水平に送り出される細い茎のことである。野生のジャガイモは匍匐枝が非常に長く、新たな植物体を親から遠いところに繁殖させられるが、塊茎は小さくなる。栽培化すると、匍匐枝が短くなり、塊茎は大きくなった。どちらの特徴も、野生には向かないが、収穫にはとても有利になる。それはコムギの丈夫な穂軸という特徴にも似ている。丈夫な穂軸は、野生のコムギにとっては致命的な欠点となるが、ヒトと協力するようになったコムギにとってはメリットになるのだ。さらにまた、栽培化されたジャガイモには、一部の野生のジャガイモを苦くし、ときには有毒にさえしているグリコアルカロイドがずっと少ない。

ジャガイモは、次第にペルーの社会にとって重要な存在になっていった。そうしてアンデス文明が興ったのである。西暦で最初の千年紀に入ったころには、ジャガイモがすでに社会に組み込まれていた。欠かせない主食の作物となっていたのだ。一二世紀に誕生してエクアドルからサンチアゴまで伸びていたインカ帝国では、この地下の食料が活力の源になっていた。インカ帝国には、アホママという――ちょっとごつごつした――ジャガイモの女神まで存在した。インカの人々はとても多くのジャガイモの品種を栽培していたので、それらを区別する必要から、曲がりくねったカタリ・パパ（「ヘビのジャガイモ」の意味）や、皮を剥きにくいカチャン・ワカチ（「嫁泣かせのジャガイモ」の意味）など、創意に富む名前を考え出していた。

笑う火星人のＣＭが英国で乾燥マッシュポテトを流行《はや》らせる二〇〇〇年も前に、古代アンデス人はその保存方法を思いついていた。その際、彼らが事実上冷凍庫のなかで――少なくとも太陽が沈んでからは――暮らしていたことが役に立った。まず、夜までにジャガイモを地面に並べておき、凍らせる。そして昼のあいだに解けたら、それを踏みつぶして水を絞り出す。その後また放置して凍らせる。三、四日繰り返すと、ジャガイモはチューニョ――フリーズドライのジャガイモ――になる。塊茎の水分を抜くほかに、この処理では、チューニョからグリコアルカロイドを排出して苦みが減ることにもなる。栽培化によっておいしいジャガイモが選択されていったはずで、それはきっと栽培化される前から始まっていたのだろうが、一部のジャガイモはまだ少し苦すぎた。苦みを減らすもうひとつの手だては、ジャガイモを粘土と一緒に食べるというものだ。粘土がグリコアルカロイドと結びつく。現在も、チチカカ湖のあたりには、ジャガイモをこのようにして食べるアイマラ族の人々がいくらかいる。そしてもっと重要なことかもしれないが、チューニョを作ることで、ジャガイモは長期間、ときには何年も保存できるものになった。肥沃な三日月地帯の農耕社会では、エリートがコムギやウシをたくわえることで裕福になったが、インカの族長たちは乾燥させたジャガイモをたくわえて豊かになった。チューニョそのものが通貨になったのだ。農民はそれで税を払い、労働者や傭兵にはそれで報酬が支払われた。ヨーロッパが南北アメリカと接触したころには、栽培化されたジャガイモが、アンデスの高原からチリの低地まで、南米の西部で広く育てられていた。そしてもっと攻撃的に南米へやってきたスペイン人は、チューニョの価値を知ることになる。ボリビア・アンデスの海抜四〇〇〇メートルの高地で、彼らは、銀がたくさんとれたのでセロ・リコ（「富める山」の意味）と名づけられるようになった山を見つけた。インカ人は何世紀もその銀を採掘していた。スペイン人にとって、それは見逃せない機会だった。コロンブスの夢見た宝がここで手に入ったのだ。鉱山から銀があふれ出すにつれ、麓に町ができていった。ポトシである。ポトシはスペインの植民地の貨幣鋳造所となり、一六世紀には世界の銀の六〇パーセントがそこで生産されていた。当初、スペイン人はアメリカ先住民を鉱山へ送り込んでいた――徴集された人もいれば、賃金を稼ぐために来た人もいた――が、仕事は危険で命を縮めるものだった。一七世紀に先住民の労働力が減ってくると、スペインの鉱山のオーナーはアフリカから奴隷を何万人も連れてくるようになった。その奴隷たちにはチューニョを食べさせた。ジャガイモに収められたエネルギーを途方もない銀の恵みに変えることで、スペイン人はヨーロッパの市場を貴金属であふれかえらせたのである。

アンデスの銀がヨーロッパへ運ばれてくると、新世界への期待が現実のものとなった。莫大な富が本当にそこに見つかったのだ。しかし「富める山」の奥では、人の命と苦しみとして高い代償が払われていた。しかも受難はそこで終わらなかった。ヨーロッパに流れ込んだ銀は、インフレを起こし、経済を不安定化した。一方で、鉱山を支えていた食物が、はるばるヨーロッパへも進出した。ジャガイモが旧世界にやってきたのだ。

ところで、*Solanum tuberosum* の互いに近縁の亜種——高地のアンデスタイプと、低地のチリタイプ——のうち、どちらが最初にヨーロッパへ持ち込まれたのだろう？　驚くにあたらないが、どちらに対しても、支持する人がいた。このふたつの栽培品種は、形態上の特徴が微妙に異なっている。チリの品種のほうが、アンデスの品種に比べて小葉《しょうよう》［複葉を構成する個々の葉］が広い。だが、なにより重要なのは、地形や気候への適応だ。標高や気温よりも、ここで決定的なのは、緯度への適応なのである。

アンデスタイプのジャガイモは、現代のコロンビアにあたる土地が原産であり、赤道に比較的近い場所で進化を遂げて、一二時間という日照時間に慣れている。こうしたジャガイモの場合、もっと季節のある緯度へ行くのは難しかった。問題は、冬の日の短さよりもむしろ夏の日の長さだった。日を浴びすぎると、塊茎の形成が妨げられるのだ。一方、チリの栽培品種は赤道から遠くで生育するので、すでに夏の比較的長い日照時間に適応していた。

植物生理学者は、塊茎形成を制御する要因を明らかにしている。ジャガイモの葉は、日光の存在と日の長さを検知して、根や塊茎の成長に影響を及ぼす化学的シグナルを送り出す。なかでも必須の化学的シグナルがいくつか特定されている。分子生物学（や天文学）では、最初のころに発見された化合物（や天体）にはかなりわかりやすい名前がつけられていることが多い。それから科学者の想像力は限界に達し、その後の分子（や星）には、文字——通常は、近い化合物についているもっと長い名前を思い起こせる頭字語——と数字の列があてがわれている。そんなわけで、塊茎形成には、フィトクロムBやジベレリン、ジャスモン酸から、miR172やPOTH1、StSP6Aに至るまで、多彩な「役者」が関わっている。私がこの章で、塊茎形成のプロセス全体と、現時点でわかっているその分子的基礎について述べるつもりはないと言えば、あなたはほっとするかもしれない（あるいはがっかりするかもしれないが、あいにく本書はその手の本ではない）。ここでは、塊茎形成の生理的メカニズムは実に複雑だと言うだけでいいだろう。そこで、おなじみの謎はこうなる。プロセスをすっかり狂わせずに、この仕組みの一部分、あるいは多くの部分をどうやって変えるのか？　また、ランダムな変異が生じて、ジャガイモが遠く温帯地方へ広まったときにまさにメリットになるような結果をもたらす可能性は、どれほどあるのだろう？

進化の仕組みについて現在知られていることを総動員しても、これはまだ相当な理論上の障害のように思える。それでも、乗り越えられない障害ではない。ジャガイモがどうにかして乗り越えたのだから、そんな障害のはずがないのだ。なんらかの遺伝子に小さな変化を起こすだけで、生化学的経路における重要な「役者」が果たす役割を変えられることが知られている。そうした重要な基本的役割をもつ遺伝子は、「マスター制御遺伝子」とよく呼ばれる。その遺伝子がコードしているタンパク質は制御因子といい、分子スイッチの役目を果たす。ほかの遺伝子の機能をオンやオフにしたり、もっと細かく遺伝子の発現の強さをコントロールしたりするのだ。そのため、一個の――こうした重要な分子スイッチのひとつをコードしている――遺伝子のわずかな変化が、甚大かつ広範な影響を及ぼすことはありうる。進化のかける魔法が、遺伝子レベルでの小さな変化だとしても、そんな小さな変化のどれかが生物の表現型――構造や機能――に深遠な影響をもたらす可能性はある。進化はいきなりジャンプすることがあるのだ。

ジャガイモの塊茎形成において、まさにそんな重要な分子スイッチ――制御因子――の立派な候補がある。つまり、小さな変化が実際に顕著な生理学的変化をもたらしうるような候補だ。集団のなかにすでに存在するばらつきも、明らかにすべき答えの重要な一部となる。ひとつの種は、ひとつの生物ではないし、ひとつのゲノムでもない。要素の合計であり、要素はそれぞれ異なっている。ジャガイモの栽培が、夏に日が長い南方へ広まると、一部のジャガイモは、ほかよりうまく塊茎を作り出せただろう。

温帯の気候では、そんな品種は有利になる。自然選択がほかを淘汰するはずだ。

こうした緯度への適応を考えれば、チリのジャガイモのほうが、もっと赤道に近いアンデス北部のジャガイモよりもヨーロッパに定着した可能性が高いだろう。一九二九年、ロシアの植物学者たちは、最初のヨーロッパのジャガイモについてまさにこの起源を提唱した。ところが英国の研究者たちは、ジャガイモがヨーロッパのジャガイモがアンデスから来たものと確信していた。歴史の記録から、ジャガイモがヨーロッパにやってきたのは、スペイン人がチリにかろうじて定住しだしたころで、アンデス北部の地域――コロンビア、エクアドル、ボリビア、ペルー――はそれより半世紀前には征服していたようなのだ。

多くの植物学者は、可能性の天秤が、決まった片方に傾いていると考えていた。過去六〇～七〇年、有力な説は英国の研究者の――ヨーロッパのジャガイモはアンデス北部の系統の子孫だという――考えに従っていた。カナリア諸島やインドの古いジャガイモ品種がアンデス北部にルーツをもっていそうなので、この説が裏づけられているように見えたのである。

それから遺伝学者が関わりだし、（しばしばそんな事態を招いたように）大混乱を巻き起こした。カナリア諸島のジャガイモに、チリとアンデス北部の系統が混じっていることがわかったのだ。インドのジャガイモの起源は、チリであることがかなり明らかだった。

興味をかき立てられた遺伝学者は、ヨーロッパ本土のジャガイモに目を移した。一七〇〇年から一九一〇年までの植物標本のコレクションとして残っているサンプルについて、遺伝子解析をおこなったのである。一八世紀のヨーロッパ本土のジャガイモは、おおかたアンデス北部の系統であることがわかった。すると、夏の日の長さにすばやく順応したのでなければならない。もしかしたらそれは、なんらかの「マスター分子スイッチ」に新しい変異などが生じ、広範な影響を及ぼすことでもたらされた、急速な適応の結果だったのかもしれない。実のところ、そのような変異はまったく新しいものでなくてもいい。日の長さに適応した変種が、アンデスから持ち込まれたジャガイモのなかにすでに存在していた可能性もある。そうした変種のなかに、ときどきこの形質が現れることは知られている。温帯地域への適応は、かつて考えられていたほど難しくはなかったのかもしれない。

しかし、話はこれで終わりではない。一八一一年以降のサンプルで、遺伝学者は、ヨーロッパのジャガイモにチリの祖先の形跡を見つけた。これまでの研究者のなかには、チリの品種は、一八四五年から胴枯れ病が初期のアンデス北部の系統に蔓延したあとで持ち込まれたことを指摘する人もいた。この説にはずっと問題があった。チリのジャガイモはとくに胴枯れ病に強いわけではないからだ。それでも、どういうわけか、チリの品種は確かに一九世紀にヨーロッパへ持ち込まれ、たちまち大いに普及した。アンデス北部の品種が最初にヨーロッパに定着したものの、チリのジャガイモにはもともと強みがあったようで、ひょっとしたらそれは、夏に日が長い場所で育った長い歴史による強みだったのかもしれない。そのDNAが、現在ヨーロッパで育てられている品種に多いのである。

## カルメル会の修道士とジャガイモの花束

ジャガイモが最初にどうやってヨーロッパへ入ってきたかについては、きっとコロンブスがトウモロコシと同じように新世界から持ち帰ったにちがいない、とあなたは思うだろうか。だが、それは違う。コロンブスなどの冒険家は、確かにアメリカ大陸に行きはじめたころに多くの食物をヨーロッパへ運んだが、ジャガイモはそのなかになかった。それは、ジャガイモが南米の「西」側――山地からチリの低地まで――で栽培されていて、スペイン人は、コロンブスが大西洋を渡った最初の探検より四〇年あまりあとの一五三〇年代まで、アンデスの高地に到達していなかったからである。ジャガイモについての最初の報告は、一五三六年にスペインの探検家たちが記しており、彼らはコロンビアのマグダレナ渓谷でそれを見つけている。

　さらに厄介なことに、ジャガイモがヨーロッパに初めてやってきたときの歴史的記録が残っていない。大西洋のこちら側でだれがそれを受け取ったにせよ、その人はとくに書き留める価値があるとは思わなかったのだ。いや、ひょっとすると、書き留めたのに、その喜ばしい報告がなぜか長い年月のなかで失われてしまったのかもしれない。言語にも厄介な紛らわしさがある。スペイン語でサツマイモ（*Ipomoea batatas*）はbatata《バタタ》で、*Solanum tuberosum*はpatata《パタタ》なのだ。しかし、間違いなくジャガイモのように思えるものが初めて出版物に現れるのは、一五五二年のスペインの文献である。直後に、カナリア諸島でのジャガイモの記録がある。ヨーロッパに実際にジャガイモが――作物ではなく輸入品として――登場したことは、一五六七年、グラン・カナリア［カナリア諸島の島のひとつ］からベルギーのアントワープへそれが運ばれた記録で初めて述べられている。

（ちょっと脱線するが許してもらいたい。フライドポテトを実際に発明したのは、ベルギー人か、フランス人かという問題について、激しい議論があるようだ。どちらの国も自分たちが先だと主張しており、ベルギー人は「フランスによる食のヘゲモニー」を非難し、このおいしい食べ物を米国の兵士がFrench fry（フランスのフライ）と名づけたことに、地理的に異を唱えている。ジャガイモをそのように調理した最初の記録はどうやらベルギーのもののようで、信憑性が確かではない新聞雑誌の記事によれば、一七世紀の終わりにまでさかのぼる。また、ジャガイモがヨーロッパ本土に到達したまさに最初の記録は、アントワープ行きの積み荷である。ベルギー人が実際にそうしたジャガイモで何をしたのかは、今では知るよしもない。だが私は、四五〇年前にアントワープのだれかが、ほぼ国民的料理となるもの――少なくともフランス人に盗まれるまではそうだったもの――を発明したのかもしれないと思いたい）。

ヨーロッパにジャガイモが登場したことが初めて記されたわずか六年後、スペインで栽培の事実を示すかなり確かな証拠が残っている。セビリヤにあったカルメル会のホスピタル・デ・ラ・サングレ（「血の病院」）が一五七三年に残した報告に、その年の最後の三か月にジャガイモを購入したことが記されているのだ。この事実から、ジャガイモがその地域で季節の野菜として栽培されていたことがうかがえる。また、ジャガイモが秋に育てられていたこともわかる。日が短い生育期で、アンデスの品種にはぴったり合っていたはずだ。カリブのトウモロコシのように、アメリカ大陸の（標高によらず）熱帯地方原産のジャガイモは、南ヨーロッパの地中海沿岸にかなり容易に定着したようなのである。

ジャガイモは、スペインに足がかりを得るとすぐにイタリアへ広まった――そこへ持ち込んだのはカルメル会の修道士だ。それから、やはりトウモロコシと同じく、この異国の野菜はヨーロッパ各地の植物園に散らばりだし、一六世紀の終わりに書かれた草本誌に登場するようになった。スイスの植物学者ガスパール・ボアンは、それに *Solanum tuberosum* というラテン名をつけた。「土に閉じ込められたふくらみ」という意味だ。英国の植物学者ジョン・ジェラードは、トウモロコシの一品種がトルコ原産だと考えたあの人物だが、ジャガイモの起源についても錯誤していた。彼はジャガイモがヴァージニア原産と確信したあまり、それを *Battata virginiana* と名づけた。そして、サー・ウォルター・ローリーが新世界の植民地から英国へジャガイモを持ち込んだという伝説の種をまいたのである。サー・フランシス・ドレイク［英国人として初めて世界一周をなし遂げ、アルマダの海戦で司令官としてスペインの無敵艦隊を破った］がヴァージニアから英国へジャガイモを運んだという別の伝説についても、実はまったく根拠がない。

カトリック教会を含む強力そうなネットワークを介し、ヨーロッパに持ち込まれ広まったジャガイモは、イタリアの農民に熱烈に受け入れられたようだ。彼らは、一七世紀の初めごろにはカブやニンジンともにそれを食べており、ブタにそれを飼料として与えてもいた。一方でジャガイモは東へも広まり、同じ世紀に中国にまで達した。アメリカ大陸のなかでは、スペイン帝国が北へ進出し、ジャガイモを北米の西岸に持ち込んだ。また、英国の貿易商や移民とともに、ヨーロッパから大西洋を渡って戻ってくるジャガイモもあった。一六八五年ごろにはウィリアム・ペン［ペンシルヴェニア植民地の建設者］により、ジャガイモがペンシルヴェニアでよく育つと報告されていた。

だが、こうしたジャガイモの人気は、ヨーロッパ北部にはすぐに広まらなかった。この野菜がなかなか受け入れられなかった理由には、根深いがかなりおかしな迷信もあったようだ。ジャガイモは、変形した手足のように奇妙で不格好な塊茎のためかもしれないが、ハンセン病と結びつけられたのである。聖書にジャガイモの記述がないことも、疑念を生んだ。ジャガイモがベラドンナという有毒のナス科植物と似ていたことも人を怯えさせたが、もしかしたらそれは必要以上の心配ではなかったのかもしれない。ジャガイモが緑色になって発芽すると、含まれるソラニンの量が多くなってかなり毒性をもつ。だから、ジャガイモは暗所で保存しなければならない。ジャガイモの安全な保存法を知るのは、毒にあたらないようにするために欠かせないことだっただろう。ほかにもジャガイモで腹にガスがたまるとか、性欲が増すといった可能性が取り沙汰され、できれば両方同時に起きてほしくはなかった。そのうえ、多くの国ではジャガイモが動物の餌にする作物になっていて、それを食べることが一般に嫌がられていた。一七七〇年、飢餓に苦しむナポリの人々を救うために船いっぱいのジャガイモが送られたとき、彼らはそれを拒否したのである。

タブーや迷信のほかに、ヨーロッパ北部でなかなかジャガイモが受け入れられなかったことには、もっと平凡な理由もあったのではなかろうか。純粋に実用上の観点から、ジャガイモを、古代ローマの時代からヨーロッパ全土でおこなわれていた三年周期の輪作のシステムに組み込むのは難しかった。

個々の農民が、集落でほかの農民と分け合っている畑のなかで、自分の土地の一部に変更を加えるのは、やりにくかったのだ。

やがて、ジャガイモの普及に対する文化的障壁が、一気に砕け散ったとまでは言わないが、少なくとも次第に崩れ落ちた。宗教と政治の要因が不思議と重なって、ついにジャガイモを南ヨーロッパから北や東へ広めたのだ。一七世紀の末、ユグノー〔フランスのカルヴァン派の新教徒〕などのプロテスタントの集団がフランスから追い出され、行く先々へ自分たちの技能を——銀細工や助産術、ジャガイモ栽培といった幅広い分野で——伝えていった。一八世紀の半ばには、七年戦争の戦禍がジャガイモのもうひとつの利点を明らかにした。地下に潜み、この作物は——穀物と違って——焼け焦げ踏みつけられた畑でも生き延びたのである。アントワーヌ＝オーギュスタン・パルマンティエはフランス陸軍にいた薬剤師で、プロイセンの捕虜になったとき、独房でジャガイモを食べさせられた。その扱い——なにしろ彼も、ジャガイモは家畜の飼料として知っているだけだったのだ——にくじけるどころか、彼は牢屋飯の栄養価の高さに驚いた。一七六三年にフランスへ戻ると、ジャガイモの食事を声高に主張するようになっていた。パルマンティエは高名な人々のためにジャガイモ料理のディナーを催し、ルイ一六世とマリー・アントワネットにジャガイモの花束を贈った。しかし、結局フランス料理にこの地味な塊茎を定着させたのは、凶作続きと革命と飢饉だった。今日、新たな道を切り開くパルマンティエの精神は、多くのフランス料理の名に刻まれている。どの料理にも、なんらかの形でジャガイモが使われ、パリにあるパルマンティエの墓は、彼がこよなく愛したその植物に囲まれている。

フランスのパルマンティエと、ほかにドイツのフリードリヒ二世やロシアのエカテリーナ二世などの擁護を得て、ジャガイモは修道院や植物園からヨーロッパ北部の平原の畑に進出していった。そして、伝統的な主食や（カブやスウェーデンカブといった）救荒食物に取って代わりだし、それまでときおり見られた危険なまでの穀物への依存をなくす、新たな選択肢となった。飢饉にはまだときどき襲われたが、頼れる別の主食があるので頻度が減った。ほかにアメリカ大陸から持ち込まれたトウモロコシとともに、ジャガイモはヨーロッパの人口を驚くほど増やし、一七五〇年から一八五〇年の一〇〇年間で、一億四〇〇〇万から二億七〇〇〇万へとほぼ倍増させた。かつてインカ帝国の原動力だったジャガイモは、いまやヨーロッパの中部と北部の国々を経済的に強く後押しし、人口増加のエネルギーになるとともに都市化と産業化を支えるものとなっていたのである。産業革命を起こした蒸気機関は石炭が燃料だったが、それを使う労働者を動かしたのは――安くて当てにでき、豊富にある――ジャガイモだった。ヨーロッパの政治力の重心は、南の明るく暖かい国々から、北の暗く寒い国々へ移りだした。一八世紀から一九世紀にかけてヨーロッパに超大国が生まれた要因はたくさんあって複雑だが、そのどこかにジャガイモがこっそり潜んでいる。さらに、二〇世紀の重大局面にもそれが存在し、軍隊の重要な糧食となった。第二次世界大戦の軍用食には、かつてのアンデスの手法が生かされたものもあった。乾燥させたジャガイモである。

ジャガイモは歴史で大きな役割を果たしており、それによって帝国が盛衰し、戦いの勝負が決まった。だが、ジャガイモもまた変化を遂げていた。これをはじめとする栽培作物が熱心に選抜育種されるようになって、実にさまざまな栽培品種が新たに生まれたのだ。かつてジャガイモによってスペインの奴隷監督はポトシから銀をあふれ出させたが、この新世界の作物はようやくそれ自体が宝と見なされるようになった。ジャガイモの育種家は大金持ちになり、二〇世紀の初めに生み出されたある新品種にはエルドラード（黄金郷）という名前までつけられている。しかし、このアメリカ大陸からの宝は呪いももたらした。

## ご馳走と飢饉

ジャガイモは、穀物の不足を補い、食料を十分に確保できるようにして、ヨーロッパで新たな主食となった――ただし、あるところまでは。国々がこの作物に依存しすぎるようになると、問題が生じたのだ。そしてその問題は、作物の繁殖のしかたによるところが大きかった。ジャガイモがやられると、人々はひどくやられてしまったのである。

庭にジャガイモを植えたければ、種《たね》イモを買えばいい。もちろん、この名前には語弊がある。イモなのは確かだが、種ではない。この小さなイモから育つ植物は親のクローンであり、別の品種との交雑をできるだけなくし、純系を維持するように入念に管理された条件のもとで育てられてきたものなのだ。ジャガイモは顕花植物であり（しかもとても可憐で、五枚の花びらをもつ薄紫色の花を咲かせる）、花の目的はひとえに有性生殖である。昆虫が自分のほしい花蜜をとりに花へやってくるとき、ほかの植物から花粉を運んでくる。花粉は植物にとっての精子だ。それには染色体の半分のセットが含まれている――別の植物体から届く雄性のＤＮＡ、いや、同じ植物体から届く場合さえある。このＤＮＡで重要なのは、花粉が作られる際に少しかき混ぜられるということだ。同じことは、胚珠に入っている卵《らん》が形成されるときにも起きている。配偶子（花粉と卵）を生み出す生殖細胞には、染色体のペアが収められている。減数分裂――配偶子を形成する特殊なタイプの細胞分裂――では、ペアのあいだで互いに遺伝子を交換する（このときに重複が生じることがある――イヌがアミラーゼ遺伝子を複数もっていたのを思い出そう）。ある遺伝子が、片方の染色体ともう片方の染色体でわずかに違うこともある。どの染色体のペアも片方だけが花粉や卵に入り、遺伝子のタイプは、元のペアのどちらかから引き抜かれて選択される。

そのため、花粉や卵の染色体は新しいものになっていて、親の染色体とは異なるのだ。花粉と卵が結合すると、それぞれの親に由来する染色体がペアを形成し、遺伝子のタイプすなわち「対立遺伝子」のまったく新しい組み合わせが生み出される。有性生殖は、新しさとバリエーションを生み出すものだ。しかし、ジャガイモはごくふつうに無性生殖でも繁殖する。それどころか、塊茎の目的は、進化の観点から言えば無性生殖にほかならない。ヒト（あるいはほかの動物）に食べられることが目的なのではなく、新たなバージョンの自分を生み出すことが目的なのである。

ジャガイモの種子を集めて翌年の作物を作ることも可能ではあるが、それは次の世代を生み出すとくに一般的な方法ではない。そうするには、小さなジャガイモをいくつか残しておくほうがはるかに簡単なのだ。種子を使うと、翌年の作物に不確定な要素も入る。有性生殖は確実にある程度のバリエーションを生み出すので、特定の形質をもつ作物を育てようとするときには、決してありがたくないのである。「種」イモを使えば、その不確定性をなくせる。実を言うと、そうして植えるジャガイモは、新たな世代ではない。そのジャガイモを実らせた元の作物の一卵性双生児なのだ。これは無性生殖で、新たにできる作物は元の作物のクローンになっている。

これはうまい考えのように思えるかもしれない。なんらかの望ましい形質をもつ作物があったら、きっとその特徴を保持させたいと思うだろう。だが、バリエーションをなくすのは、危ない行為だ。とても多くの動植物が有性生殖をしているという事実は重要なことで、それは役に立つのである。世代が新しくなるたびに新たなバリエーションを生み出すと、（とくに環境が変化したときに）有利になる新変種ができる可能性が高まる。つまり、バリエーションを生み出すのは、種《しゅ》の将来を保証するために自然がとる手だてなのだ。環境は、動植物が暮らしている物理的な状況にとどまらない。生物学的な状況も環境の一部となる。対象となる生物と相互作用しうるすべての生物学的存在が含まれるのである。その存在の多くは脅威をもたらす。ウイルス、細菌、菌類、植物、動物などだ。しかも、そうした潜在的な敵はつねに、攻撃する手段や、脅威を受ける生物が進化させた防御策をかわす方法を進化させている。まさに軍拡競争であり、防御する側が付いていけないと、運命がはっきり決まってしまうのである。

種イモからジャガイモを育てて、収穫から一部のジャガイモをとっておいてまた植えるといったことを続けていくと、そのようなジャガイモの進化を止めてしまう。ダメージを与えたり競合したりするおそれのあるほかの植物から、ジャガイモを守ることはできるだろう――ちょっと草取りをすればいいはずだ。葉や塊茎をむしゃむしゃ食べたがる動物からも、この大事な作物を守ることはできる（甲虫からは守るのがとても難しいこともあるが）。しかし、なにより忌まわしく破滅的な脅威は、ウイルスや細菌や菌類といった、人間の肉眼では見えないほど小さな病原体からもたらされる。病原体――悪事を働く者――は間違いなく容赦しない。彼らは、ジャガイモを攻撃する強力で有害な手だてを進化させていく。そして最終的に勝利を収めるのだ。ジャガイモのなかにある程度のバリエーションがあれば、どれかが抵抗力をもち、猛攻のなかで生き延びる可能性もある。だがバリエーションがかなり乏しかったら、病原体に徹底的に打ち負かされるかもしれない。一回の作物が、いや、一国の作物が全滅するおそれまである。まさにそれが、一八四〇年代にアイルランドで起きた。

ほかのヨーロッパ北西部の国々はなかなかジャガイモ栽培を取り入れなかったが、アイルランドはその因習を破った。一六四〇年にイングランドの移民がアイルランドに持ち込むと、ジャガイモは喜んで受け入れられた。アイルランドの農民には、ジャガイモは、非常にやせた土地でも自分たちに栽培できるものに思えたのだ。もっと肥沃な土地は、イングランドの不在地主のために穀物を育てる場所だった。一七世紀半ばにアイルランドへ持ち込まれたジャガイモは、きっとまだ本質的にアンデス品種だったはずだ。そんなに高緯度の地域にこの品種が容易に定着したとしたら、おかしいように思うだろうか。だが、アイルランドの気候はかなり温暖なので――九月も六月と変わらないぐらい暖かい――ジャガイモはすっかり秋になっても育つ。祖先が赤道近くで日の短さに慣れていたので、そのジャガイモは、温帯のアイルランドでは秋分の近くでやはり問題なく塊茎を形成するのである。

一九世紀になるころでも、アイルランドの農民はまだ育てた穀物の大多数をイングランドへ送り、自分や家族はジャガイモに――ほとんどそれだけに――頼っていた。しかし、この十分な水に恵まれた緑の島で、農民に収穫物を貯蔵する習慣はなかった。作物を育てては食べ、また育てていたのだ。そして作物の遺伝子の多様性はきわめて小さくなっていた。彼らはランパーというただ一種類のジャガイモしか育てていなかった。これはクローンの単一栽培（モノカルチャー）を国家レベルでおこなった実験であり、結果的に破滅をもたらした。

一八四五年の夏、*Phytophthora infestans* という菌類［ジャガイモ疫病菌で、現在では原生生物に分類されている］がアイルランドに上陸した。その胞子はアメリカ大陸からの船でやってきたのかもしれない。アイルランドのジャガイモには、この新たな病原体への抵抗力がなかった。その魔物は驚くべき速さで広まり、胞子が風に乗って畑から畑に運ばれた。葉や茎は黒ずみ、地下では塊茎がドロドロになり、あたりは腐敗臭に満ちた。この胴枯れ病は、一八四六年に再び、そして一八四八年に三度《みたび》襲った。まさにヨーロッパじゅうのジャガイモに一気に広まったが、最も凄惨な影響を受けたのは、アイルランドだったのだ。

農民の窮状を残酷に無視して、穀物はまだイングランドへ送り出されていた。この社会的不公正が生物学的悲劇をいっそうひどくした。アイルランドの農民とその家族には、ほかに頼れる主食となる作物はなく、飢餓とチフスとコレラが島を席巻した。胴枯れ病によって始まった悲劇は、An Gorta Mór（大飢饉）あるいはアイルランドジャガイモ飢饉として知られるようになっている。人々は大挙して島を離れ、飢饉が、大西洋を渡って西へ向かう難民の大脱出をうながした。北米にたどり着けた人々は幸運だった。アイルランドでは、わずか三年間で一〇〇万人が亡くなったのである。現在の人口は、まだ飢饉と大移住の前よりも少ない。一八四〇年代には八〇〇万を超えていたのに、今では五〇〇万ほどなのだ。

この恐ろしい悲劇には、今日のわれわれにとって重要な教訓が含まれている。栽培する植物や飼養する動物の形質をコントロールすることは、とても魅力的に見える。それにより、需要と供給を管理したり、将来の計画を立てたりしやすくなるのだ。ところが、それには犠牲――ひどい犠牲となりうるもの――が付いてまわる。とくに病原体に対し、飼育栽培種の進化を止めてしまうことになれば。

農耕の発展は全体としてリスク管理の実践と見なせそうなのに、われわれが不覚にもそれほど大きな脆弱性を生み出してしまったというのは、皮肉に映る。狩猟採集民のライフスタイルは、農耕民のそれに比べて非常に不安定に思え、前者は自然の供給に頼っており、後者は収穫をコントロールし、残った食料を窮乏期に備えて貯蔵するのだ――ただし、余剰が富や権力に変わりもする。しかし、われわれがおこなう自然のコントロールは、自分たちの期待と違って完璧ではなく、はるかに幻想に近いようにさえ見える。われわれは結局、自然の根本的な形態が「変化」であるのに、生物を押さえつけ、変化を阻もうとしてきた。飼育栽培種の進化を制限すれば、そうした種を実に脆弱にしてしまえるのである。

また、確かに狩猟採集民は融通性というものを教えてくれる。彼らは救荒食物として塊茎も利用することがあるが、ごく少数の栄養源に頼らないようにがんばっている。私は別に、人は皆狩猟採集生活を営むべきだと言っているわけではない。世界人口は、それを選択するにはあまりにも多すぎる。農耕は人口の大幅な増加を支えてきたが、それとともに、ある意味でわれわれはこの文化的発展の罠に陥ってしまった。これも皮肉のように思える。世界の動植物はよりどりみどりなのに、人類は選択肢をずいぶん狭めてしまった。一見したところ、コロンブス交換は大西洋の両側に新たな多様性を生み出したように思える。だが世界全体で見れば、人類はかなり少数の動植物に頼るようになったのである。そして、こうした飼育栽培種のなかで、多様性は危険なほど急激に減った。故郷のアンデスからはるか遠くの地で栽培化されたジャガイモの遺伝的多様性は、今ではごくわずかなものとなっている。

アンデスの農耕民は、ひとりで一ダースを超える品種のジャガイモを育てることもある。そうした品種は外見上、塊茎や花の色や形から、生育のパターンまで、実に多様だ。それらの栽培品種は、短い距離でも条件が大きく変わる山地のなかで、おのおの少しずつ異なる生態学的ニッチ（生態環境）に適応するように進化を遂げている。一方、産業化された農業を推進する場合、品種をどんどん減らし、広大な土地で単一栽培をすることに主眼を置いている。それもただの単一栽培ではなく、クローンの単一栽培だ。われわれは本来的に脆弱な生物を育てているのである。

マイケル・ポーランは、ネイチャーライティング［自然をテーマにしたノンフィクション文学］と環境哲学［人間と自然の関係をもとに環境問題を扱う哲学］のあいだのどこかに自身の生態学的ニッチを占めている人物だが、こんなことを書いている。「西洋から見て、［アンデスの］農地はまだら状で無秩序であり……見るからに秩序立った景色から受ける、なじみ深い調和のとれた満足感は与えてくれない」。それでも、さまざまな栽培種のジャガイモが野生種とともにかなり自由に育てられており、多様性が病害虫や干ばつへの保険となるおかげで、少なくともいくつかの栽培品種が生き延びる可能性は増すため、そうした農地は産業化された単一栽培よりも手堅い解決策を与えてくれそうだ。どれだけ意図してそれをやったにせよ、とにかくアンデスの農耕民は、自分たちの作物の栽培とその遺伝的多様性の維持に成功していた。

農耕民は何世紀も前から、あるいは何千年も前から、近親交配の問題に気づいていた。非常にバリエーションが少ない動植物の集団を生み出せば、栽培の慣行やスーパーマーケットの要求にかなうかもしれないが、そのような生物は病気にかかりやすくて危険だ。希少な品種があると、遺伝的多様性がはるかに大きい貴重なライブラリー（いわば図書館）となるので、そうした多様性を維持し、少なくとも植物の場合には種子を集めて保存することが大変重要になる。大きくて多様な遺伝子ライブラリー――さまざまな生物が存在する環境や、種子バンクのような保管所――を維持することが、われわれの飼育栽培種の将来を保証する最良のチャンスを与えてくれるだろう。そのライブラリーのどこかに、まだ脅威として現れていない病気への耐性をもつ素質や、新たに好ましい形質を生み出す能力も潜んでいる。

だが、個体を守る――あるいは別の形で役に立つ――遺伝形質を新たに飼育栽培種に加える手だてが、ほかにもある。選抜育種はよく使えるが、時間がかかり、必ずしも所望の結果をもたらさない。何世紀ものあいだ、それはわれわれがもっていた唯一の手段で、もちろん栽培植物や家畜に見事な変化をもたらした。しかし、自分たちのニーズに合わせて生物を変化させるわれわれの力は、遺伝子そのものを変える新たなテクノロジーによって、大きく変貌を遂げた。遺伝子組み換え植物は、なんらかの病原体に耐性をもつように設計できる。一九九〇年代の中ごろ、北米の農民たちは、みずから毒を生み出してコロラドハムシの侵入を防ぐように遺伝子操作された「ニューリーフ」というジャガイモを育てる実験をおこなっていた。そのジャガイモは「遺伝子導入」がなされていた。別の生物――この場合は細菌――の遺伝子が、その植物のゲノムに導入されていたのだ。

遺伝子組み換えは、われわれにとって有用な武器になるかもしれないが、遺伝的多様性を維持する必要性を決してなくしはしない。それで作物と病原体の軍拡競争が終わりはしないだろう。進化はじっとしていないのだ。これは、まだ今のところ、議論の余地があるテクノロジーでもある。ひょっとしたら予期せぬ影響を及ぼすかもしれない、新しい何かを遺伝コードに持ち込む可能性がある。だがそれで、ある種から別の種へ、種の障壁を越えて遺伝情報を移すこともできる。すると、また別の「生物学的ルール」が破られる。選抜育種では、農民は事実上、手に入る遺伝的変種のなかからしか選べない。

一から変種を作ることはできないのだ。『種の起源』でダーウィンが書いたように、「人は実のところ変異性を生み出してはいない」のである。ところが、遺伝子工学ではそれができ、われわれはまさにそれをやっている。種の障壁を破ることで生じうる――だが未知の――長期的な影響については、これまでも懸念されている。新たな遺伝子が野生の植物に漏れ出す心配もある。さらに、大企業がこのテクノロジーを推し進めている動機についても疑いがある。

結局、ジャガイモの「ニューリーフ」は商品としてうまく軌道に乗らなかった。こうしたGM（遺伝子組み換え）ジャガイモは高価で、コロラドハムシに耐性ができる可能性を減らすため、複雑な輪作をする必要があった。そのうえ、新たに効果の高い殺虫剤が市場に現れた。倫理的な抵抗ではなく市場の原理が、一〇年と経たずにこの実験を終わらせたのである。

しかし、まだGMに背を向けるべきではないのかもしれない。飼育栽培種に加えたい特質を生み出すのに、遺伝子テクノロジーを利用する手だてが、もうひとつある。それは、すでにその種がもつ遺伝子のレパートリーに存在する、好ましいタイプの遺伝子を探し出し、その遺伝子を育種集団に広めるというものだ。今度は種の障壁を越えて遺伝子を移すのではなく、従来の選抜育種のプロセスを短縮するのである。私は、この「遺伝子編集」が実際にどんな働きをするのか知りたかったので、エディンバラ大学のロスリン研究所で遺伝学者と動物たちに会うためのアポを取った。

# 6　ニワトリ　*Gallus gallus domesticus*

雌鶏《めんどり》は、卵が別の卵を作るための手段にすぎない。

――サミュエル・バトラー〔英国の小説家〕

## 明日のニワトリ

今日、この惑星でニワトリの数は、いつでもヒトの三倍以上も上回っている。それは地球上で一番ありふれた鳥であり、年間およそ六〇〇億羽が、その肉でわれわれの空腹を満たすために育てられ、屠畜されている。ニワトリは、この惑星で最も重要な畜産動物となった。しかし、ずっとそうだったわけではない。実は、ニワトリが世界で圧倒的な存在になったのはごく最近で、それもあっという間にそうなったのだ。きっかけは、アメリカで一九四五年に始まった――未来のニワトリを見つけるための――コンテストだった。

そのコンテストには、ニワトリのブリーダー（育種家）に卵だけでなく肉にも注意を向けさせ、米国で最も肉付きの良いニワトリを見つけ出すという意図があった。コンテストを主催した大手鶏肉販売業者A&Pフードストアズは、一九四八年にそれにかんする映画を製作し、『明日のニワトリ』という独創的なタイトルを付けた。

映画はカゴに入ったヒヨコの大写しで始まり、オーボエが哀調を帯びた旋律を奏でている。やがて音楽が消えていき、映像が変わると、白いシャツを着た女性がふたり、ピヨピヨと鳴くかわいいヒヨコを優しく撫でて、カゴからカゴへ移している。「あなたは鶏肉が米国で三番目に多い農作物で、その生産が三〇億ドルのビジネスだと知っていますか？」と米国のインフォマーシャル［通販のように商品の詳しい情報を盛り込んだ長めのコマーシャル］の様式でナレーターの声が語る。説明の台本を読み上げているのは、映画製作者でアナウンサーでもあったローウェル・トマス――一九五二年まで20世紀フォックスのニュース映画の声を務めていた人物――だ。

次に、もっと多くの女性が映る。今度は卵を棚へ運んでいる。「ブリーダーは、平均的な雌鶏が産む卵を増やすという点で大きな成果を上げました。今日の雌鶏は、平均して年に一五四個の卵を産みます。なかには年間三〇〇個以上も産むニワトリもいます」。これはすばらしいことに思えるが、さらにすばらしくする余地がある。「しかし、このように卵の生産ばかりが重視されて、鶏肉はこの産業の副産物のようになっていました」とナレーションは続ける。すると白衣を着たふたりの男性が、ほっそりしたニワトリの骸《むくろ》を検査し、脚を上にしてフックに戻している。ここで、鶏肉産業は戦時中に勢いづき、赤肉［牛肉など］の不足と配給によって市場にあいた穴を埋めてくれた、と説明が入る。鶏肉業界のリーダーたちは、戦後の需要の維持について頭を悩ませていた。そのためA&Pフードストアズ――元はグレート・アトランティック・アンド・パシフィック・ティー社――が助けに入り、全米コンテストを主催したのだ。A&P社が農場主やブリーダーに望むことは非常にはっきりしていた。「胸の大きいニワトリで、脛《すね》が大きく、腿《もも》と白肉［胸肉などの白い部分］の層が分厚いもの」。同社は、将来のニワトリに望む姿のモデルを蠟《ろう》で作りさえした。要するに、彼らは七面鳥に近い見かけのニワトリを望んでいたのである。

映画はそのまま全米コンテストの説明へ進むが、なかなか真面目に見られない。背景に流れている軽快な行進曲『自由の鐘』が、言うまでもなくのちに英国のコメディ番組『空飛ぶモンティ・パイソン』に使われているからだ。それから話はニワトリの発生に進む。発生の各段階で卵の殻の一部を切り取り、中をのぞけるようにして、受精卵の成長を映像で見せてくれるのだ。

何もいじられていない卵の棚に映像が戻ると、全米コンテストのファイナルに残ったニワトリの卵がすべて、そっくり同じ条件で孵化され、育てられるという説明が入る。スーツを着た鶏肉業界の男性が五人、ヒヨコを調べ、満足げな様子だ。続いて、チャーミングな白いブラウスと真珠のネックレスを身につけた女性が登場する。黒髪を左右に上げた彼女は、真っ赤な口紅をつけている。お椀のようにした手のなかには、二羽のヒヨコがいる。彼女はヒヨコを頬へ寄せて微笑む。「かわいいヒヨコちゃん？　そうですね！」ナレーションが熱を込めて言うが、下品な意味も込めるのは失敗だ［chick（ヒヨコ）には俗に若い魅力的な娘という意味もある］。そんな軽い息抜きのあとで、映像はまた男性たちに戻り、彼らはヒヨコの羽に番号札をつけるという「大変な仕事」をしている。

それからニワトリは、一二週間という短い期間で大きい立派な成鳥になる。茶色いものもあれば、灰色の縞をもつものもあり、あるいは雪のように白くなるものもある。そしてカゴに入れられて運ばれ、檻へ移されるが……直後のシーンではフックに掛けられた骸になり、検査される。「一種類のサンプルから一二羽が陳列用にまとめられ、ほかは内臓を抜くラインに乗せられます」とナレーションは語る。ここで再び女性たちが登場し、ハンガーのようなものに脚を吊したニワトリを次々と送っている。ひとりの男性が、そのニワトリを検査している。その後、最終的に陳列されたものが映される。若い雄鶏の入った檻の前に鶏肉の詰まった箱が置かれ、キラキラした飾りが施されている。一方、外では何か変わったものが近づいてきている。白い毛皮に覆われ、二本の米国旗を両脇に立てた馬車だ。白いローブをまとい、冠をかぶった女性が乗っている。彼女はナンシー・マギーで、「コンテストを盛り上げる出し物」でデルマーヴァ「明日のニワトリ」女王となったのである［デルマーヴァはそこの地名］。

それでも、すぐにまたナンシーから本物のチャンピオンに関心が移る。チャールズ・ヴァントレスとケニス・ヴァントレスが、レッドコーニッシュ種の雄鶏とニューハンプシャー種の雌鶏を掛け合わせて作り出したニワトリだ。それは勝利の組み合わせとなり、ヴァントレス兄弟は、ニワトリの体重と、飼料から生体重への転換効率（これが高いと、同じ金でより多くの食料が得られることになる）の両方で一位を獲得した。しかし、これは始まりであって終わりではない。この映画は、結果を告げるためだけのものではなく、一九五一年にまた催される全米コンテストに着手するためのものでもある。スーツを着た男性たちが、今後もコンテストが続く見通しでうれしそうだ。ナレーションはこう締めくくる。「いまや、主婦たちは食肉用に改良されたニワトリを味わっています」。そして、主婦たちがずらりと並び、指をべとべとにしながらニコニコとフライドチキンを食べているシーンで終わる。

この映画は明らかに今とはまったく違う世界で作られている。男性だけがちゃんとした仕事をし、女性は着飾ってふわふわのヒヨコを頬に寄せるか、退屈な単純作業をするという世界だ。また、ニワトリがほっそりしている世界でもあるが、鶏肉産業は今日のように成長が速く、よく太って、肉の白いモンスターにすることを夢見ていた。変わっていないのは、アプローチだ。初めからすでに、ブロイラー（肉用鶏）の育種は間違いなくひとつの産業になっていた。ナレーションの冒頭でニワトリを「作物」と呼んでいることが、それを物語っている。一九四八年以降に優勝したニワトリの遺伝子は、現在市場に出ているニワトリのなかに散らばっている。

コンテストで優勝したレッドコーニッシュの雑種は、純粋種の部門で優勝した白羽のレグホンとともに育種された。そうして生まれたアーバーエーカー種は、大変な成功を収めることになる。果物と野菜が中心で、ニワトリは二の次だった小さな農場が、米国のブロイラー企業への主な供給元となったのだ。一九六四年、そのアーバーエーカーズ社は、ニューヨーク州知事でもあった実業家ネルソン・ロックフェラーに買収され、世界の舞台に躍り出た。中国のニワトリの半数は、アーバーエーカーズの系統の子孫――コンテストのニワトリの子孫――だ。それは途方もないことで、育種によってニワトリがそんなにもすばやく一変したというのは、なかなか想像できない話だろう。

ニワトリの生産が世界規模の巨大産業になるには、それまでにないスケールで選抜育種をおこなうだけでなく、育種をきわめて厳密にコントロールする必要もあった。今日、農家によるニワトリの育種と飼養は完全に分けられている。ニワトリが、雌鶏ではなく機械が孵化する卵から生まれるという事実がまさに、この完全な分業を可能にしている。ニワトリ農家はニワトリを――えてして大規模なやり方で――育てるが、ニワトリの育種はしない。その仕事は特定のブリーダーがおこなっており、たったふたつの巨大多国籍企業が市場を独占している。エヴィアジェンとコッブ・ヴァントレスだ。

この二社は、自分たちがもつ血統の繁殖鳥の数を厳しくコントロールしている。大事に守っている血統の集団から三世代下って「種鶏」を作り、ブロイラーを育種する農家へそれを売ると、農家で別々の遺伝系統のニワトリが一緒に育てられ、最終的に雑種ができる。こうして生まれたヒヨコがブロイラー「育成」農場に送られる。放し飼いの有機鶏さえ、こうした工業的ブリーダーから供給されていることがあるが、伝統的な有機鶏市場に向けて、成長の遅いニワトリを専門的に扱う小規模な育種企業もある。しかし大半のニワトリは成長が速く、生まれてわずか六週で屠畜される。われわれが食べるニワトリは、実は、肥満して育ちすぎた大きなヒヨコにすぎないのだ。骨の末端は、まだ軟骨から骨になりかけてすらいない。元の血統の集団にいた曾祖母の雌鶏一羽から、なんと三〇〇万羽の子孫が生まれ、それらは皆大人になれないのである。

ニワトリのブリーダーは、自分のもつ血統の形質を表現型の観点から注意深くコントロールする――成長の軌跡や体重や餌の消費量を細かく調べる――ほかに、今ではゲノム研究によって選抜育種の手法に磨きをかけている。だが遺伝学の進歩は、ニワトリの遺伝子型を同定して有利な遺伝的変種を見つけるだけでなく、ニワトリの遺伝子を組み換えることもできる可能性まで与えてくれている。市販のニワトリは遺伝子を組み換えられてはいない――まだ今のところは。しかし、その手法は研究機関では現在テストされている。ニワトリなどの家畜のＤＮＡを編集する――ＤＮＡの有害な部分を取り除き、好ましい遺伝子を挿入する――ツールは、すでに存在する。この方法が使い物になるレベルに達するだけでも、大変な道のりだった。いまや、その方法で集団を改良する手だてを見つけようと競争がなされている。そして、スコットランドにある一五世紀の美しいロスリン礼拝堂――ダン・ブラウンの『ダ・ヴィンチ・コード』（越前敏弥訳、角川書店）で神秘的に語られた場所――から車で七分ほどの場所に、ロスリン研究所がある。ここの研究者たちは、『ダ・ヴィンチ・コード』とは違う種類の血筋やコードをせっせと調べている。私はミッドロージアン［エディンバラに隣接する行政区画］へ行って、その新たなコードブレイカー（暗号解読者）たちに会った。

## ロスリンの研究者

ロスリン研究所は最新式の建物の集まりで、ニワトリを収め、その力を最大限に引き出すための建物もあれば、科学者がいて、やはりその力を最大限に引き出すための建物もある。ここの科学者は、優れたニワトリを作り出すことに狙いを定めており、そのための手段も選抜育種だけではない。それは過去数千年にわたりニワトリに対してすばらしい成果を収めており、ここ六〇年ほどでは実に見事なやり方でおこなっている。ところが、今では生物の遺伝コードに直接アクセスでき、それに比べて選抜育種はひどく古めかしく見える。飼育栽培は継続的なプロセスであり、現在ここがその最前線なのである。

遺伝子組み換えの新技術は、途方もないことを約束してくれている。その助けによって、将来、はるかに効率よく持続可能なやり方で、だれもが平等な機会をもって農業が営めるかもしれない。それでも懸念はある。選抜育種に比べて多くの直接的な――DNAを改変する酵素を用いる――遺伝子操作は、行き過ぎた一歩で、越えてはならぬ一線のように見えるのだ。

私は直感的に、何かまずいことがあるかもしれないと思う。SFのおかげで、私には――この私にも――遺伝子を改変した生物への警戒心が植えつけられているのだ。小説家でジャーナリストでもあるウィル・セルフは、怪しい胸騒ぎのする異質さについて書くのに長けている。彼の著書『デイヴの本(Book of Dave)』には、ペットでも家畜でもある、「モトス」という遺伝子組み換えをしたブタのような動物が登場する。それは知能をもち、幼児ぐらいの片言で話せるが、いずれ屠畜され食べられてしまう運命にある。モトスの存在は、人間の食料として繁殖させている動物へのわれわれの認識に挑みかかる。われわれは、彼らの命よりも自分たちの舌のほうが重要だと考える。だが私個人はまったくそうではなかった。一八年間完全菜食主義者だったのだ。今では罪悪感をなんとか抑えて少し魚は食べるが、ほかの肉はまだとうてい食べられない。

われわれは、自分たちとほかの動物を心のなかで区別している。彼らを食べるつもりなら必要な区別だ。あなたはほかの人間を食べようとは考えないだろう(と思う)。しかしほとんどの人は、動物を飼育し、屠畜して食べるのを問題としない。ならば、動物を変化させるのはどうか? 受け入れられそうだ。選抜育種によってなし遂げられれば。植物の場合、放射線や突然変異誘発物質で変異を起こし、そうした遺伝子変異をもつ作物を選抜育種するという考えは、気にならないように思える。それが新しくて危険なことに思えたとしても、実は一九三〇年代から頻繁にされてきたことなのだ。そのころから、変異を誘発された植物が三二〇〇種類以上も生み出され、放たれてきた。なかには、いまや有機農産物として育てられ、売り込まれているものもある。アルゼンチンで栽培されている落花生の大多数は、放射線による変異体から育種されたものだ。オーストラリアで栽培されているイネの大多数も、放射線によって変異したタイプから育種されてきた。「変異イネ」は、中国やインドやパキスタンでも栽培されている。「変異オオムギ」や「変異オートムギ」はヨーロッパで広く育てられている。英国では、ガンマ線を植物に当てて生み出されたゴールデン・プロミスという変異種のオオムギが、ビールやウイスキーの原料として栽培されている。今育てられている作物には、放射線による危険はまったくない。すでにその仕事をしたあとであり、攪乱されたDNAは祖先のもので、有用な変種ができているのだ。

こうした植物は明らかに、遺伝子組み換えがなされている。では、なぜガンマ線のように荒っぽい手段で遺伝子を組み換えるのは受け入れやすく、酵素で同様のことを――はるかに正確に制御されたやり方で――するのはもっと危険なように思えるのだろう？　国際原子力機関は、「放射線育種」と生物学的な遺伝子組み換えを区別したがっている。放射線育種は、生物に起こり、バリエーションや進化そのものの源泉であるような自然突然変異が加速されたタイプにすぎないと説明されている。だが、すでに放射線でＤＮＡを改変し、それを「放射線育種」と呼んでいるのなら、もっと正確に制御された生物学的なタイプを「酵素育種」と呼ぶべきなのではないかと私には思える。

そこで私は、是が非でもロスリン研究所へ乗り込み、遺伝子操作に対する当事者の見方と、それをおこなう最新のツールについて、研究者と話がしたいと思った。彼らは最前線で働いているパイオニアだ。科学はもちろん、渦巻く認知と偏見と妥当な懸念についても、ひょっとしたらだれよりも理解しているかもしれない。それに、ニワトリの遺伝子――二〇〇四年に全ゲノムが解読された最初の家畜――のことも、非常によく知っている。アダム・バリックは具体的な手法と考えられる用途を説明してくれ、ヘレン・サングは一般的にその理屈とそれをとりまく政治的事情を話し、マイク・マグルーは、新しい刺激的な進歩――とこのテクノロジーが世界に役立つとするみずからの見方――について語ってくれた。

　ロスリンの科学者がいるのは、鋼とガラスと銅被覆板からなる建物で、アダムは私を出迎え、その二階にある明るいオフィスへ案内してくれた。部屋の壁には、ニワトリの胚発生の段階を示すポスターが貼られていた。席に着くと、彼はデスクのスペースの大半を占める複数のディスプレイに画像を映し出した。黒い背景に、緑の島々が光っている。発生途中のニワトリの胚を顕微鏡で撮った写真だ。そこに写っていたのは首の部分で、緑の斑点は特定のタイプの組織――リンパ組織という、われわれのリンパ節を構成しているのと同じ種類のもの――を示していた。この組織はふつうは緑色に光らない。アダムがニワトリの胚をいじり、そのゲノムに、リンパ組織の発生した場所で緑の蛍光色を生み出す「レポーター遺伝子」を挿入していたのだ。

　彼はニワトリの胚のＤＮＡにこのような変化を起こすのに、伝統的な手段、少なくとも一二年ほど前からニワトリでおこなわれている手段を用いていた。その仕事をするのに使ったのは、ウイルスだ。多くのウイルスは、宿主（ホスト）のゲノムにＤＮＡを挿入することによってその働きをするので、このメカニズムを乗っ取って、目的の遺伝子を別の生物の細胞に挿入する仕事をウイルスにさせることができる。こうした「ウイルスベクター」は、もともとヒトの遺伝子治療のために作り出されたが、ニワトリでもうまく働く。ウイルスにゲノムの特定の場所へ向かわせることは一般にできないが、ウイルスは遺伝子を、細胞に読み取られて発現させられる可能性が高い場所を見つけて挿入するのがとてもうまいようなのだ。

　アダムは、この十分に検証されている手法を使ってニワトリの胚のリンパ球を光らせた。彼がとった手段は、通常はリンパ球で作られるがほかの細胞では作られないタンパク質を特定し、「オンにするスイッチ」――タンパク質そのもののコードのすぐ上流にある制御配列のコード――を見つけるというものだった。それから彼は、その「オンにするスイッチ」と、もともとクラゲから取り出した緑色蛍光タンパク質を作る遺伝子を結合する、新たなDNA配列を組み上げた。そしてウイルスベクターを使うことで、そのかたまり――スイッチとクラゲの遺伝子――を丸ごとニワトリの胚に挿入できたのである。すると、通常のリンパ球のタンパク質を作るスイッチがオンになった細胞で、蛍光タンパク質の遺伝子のスイッチもオンになる。こうして遺伝子組み換えがされた胚は「自分を染める」ことになり、顕微鏡下で紫外光を当てると驚くほどはっきりとリンパ組織があらわになる。

「これはただの美しい写真ではありません。このおかげで定量化も可能になるのです」とアダムは語った。画像は、胚のなかの厳密にどこで――免疫系と関係のある――リンパ組織が生じているのかを示していた。アダムはニワトリの免疫系の発生を研究しており、こうした目を引く画像は、調べるべき免疫細胞や組織のできかたを明らかにするうえで欠かせなかったのである。そこに見えていたのは、ニワトリの防衛機構の展開状況であり、それを調べるのは、古代の要塞の地図を描き、どのような戦いがおこなわれたかを知ろうとするのに近かった。鳥類は哺乳類とはまったく違う免疫系をもっており、あまりにも独特なので、哺乳類が発達させたツールなしにどうやって生き延びられたのかという疑問がわく。

「哺乳類でわかっているほぼすべての事実からは、鳥類の存在はありえないはずなのです」とアダムは言った。「それなのに、彼らは同じ環境、同じ病原体を克服しています。別の対策を見つけ出しているのです」。このような違いに気づき、なぜ違うのかを知ろうとすることで、えてして科学は進歩する。リンパ節は、われわれも含め哺乳類にとって欠かせないもののように見える。鳥類には斑点状のリンパ組織があるが、リンパ節ほど明確に独立したものはない。それでも完全にうまく機能している。これは興味深い謎だ。リンパ節は、作り出すにはかなり複雑なもののように見える。なぜそれが哺乳類には必要で、鳥類には要らないのか？　ほかにそういう機会がないので、鳥類がかなり特異な免疫系でどのように病原体の感染を防いでいるのかがわかれば、ヒトの免疫系について今よりずっと多くのことが明らかになるだろう。

遺伝子組み換えによって、胚発生は以前よりも厳密に調べられるようになった。こうした基本的な科学研究にとって、明らかに重要なツールとなったのだ。しかし、研究室を出て、食用に育てられたニワトリへ遺伝子組み換えを応用することはどうだろうか？　ロスリンの研究者たちは、気まぐれな胚発生に、遺伝子編集という驚くほど正確な新技術を組み合わせて、その角度からも調べていた。

特定のタイプの遺伝子をニワトリの集団に広めるには、その遺伝子を配偶子——卵子と精子——を作り出す細胞に入れる必要がある。ニワトリ（やヒト）の生殖腺にあって配偶子を作り出す細胞は、始原生殖細胞と呼ばれている。これは事実上、不死の細胞だ。分裂を繰り返し、一部の子孫は——その動物の性別によって——卵子か精子に「成長し」、残りは生殖細胞のままで、さらに卵子や精子を作り出すために再び分裂するのに備える。選んだ遺伝子を始原生殖細胞に入れる従来の方法は、間接的でかなり偶然にまかせておこなわれる、選抜育種である。ある形質をもつニワトリを見つけ、そうしたニワトリを一緒に育てて、その形質の遺伝子が一部の卵子と精子に収められ、次世代の一部のニワトリに入ることを期待するのだ。なんらかの形質が集団全体に広まるには、何世代もかかる。だがそのプロセスを、雌鶏の卵子と雄鶏の精子のすべてに所望の遺伝子を収められるようにして、短縮できたとしたらどうだろう？　すると、すべての子孫がすぐに、その遺伝子をもち、その形質を示すことになる。これがまさに最新の遺伝子編集ツールで可能になっている。そして偶然にも、ニワトリの胚から始原生殖細胞を改変のために取り出すのは、比較的易しいのである。

アリストテレスが雌鶏の産んだ卵の成長を三週間追って以来、ニワトリは発生学者たちを惹きつけてきた。卵殻の一部を切り取って育てると、殺さずに胚発生のプロセスを観察することが——さらには胚をいじることまで——できる。胚は卵の片側に寄って成長し、その卵がどんな見かけかはよく知られている。卵白と殻に覆われる前は、ほとんど大きな卵黄のような黄色いかたまりなのだ。

排卵時の雌鶏の卵子は直径二・五センチメートルぐらいだが、ヒトの卵子は直径〇・一四ミリメートルしかない。それでもなお、ほかの体細胞のサイズに比べれば実は非常に大きい細胞だ。卵子には、受精後に胚発生を進められるだけの細胞質——細胞のなかにあるもの——が存在する。ヒトの受精卵は、分裂していくつもの細胞からなるかたまりになるが、サイズは大きくならない。一方、雌鶏の未受精卵はばかでかい。産まれた卵の卵黄の大きさで、しかも卵黄はまさに卵の多くを占める。一個の巨大な細胞に、胚発生を支える卵黄の栄養分がいっぱいに詰め込まれ、ごく小さな細胞質が片隅にある。あえて探せば、朝食の目玉焼きにもそれは見つかる。その細胞質には、胚（受精卵）に雌性の遺伝子を提供する染色体がある。雄性の遺伝子は精子によって卵（卵子）へ運ばれる。さて、ここからが興味深い。哺乳類の受精卵はゆっくり分裂し、ふたつの細胞になるだけの最初の細胞分裂が終わるのにおよそ二四時間かかるが、ニワトリの受精卵はぐずぐずしていない。雌鶏が卵を産むころ——受精から二四時間後——には、二万個ほどの細胞からなる円盤がすでにできている。すぐに卵に穴をあけると、それが見える。卵黄の片隅にある白っぽい円盤だ。産み落とされた受精卵をほどよく温めておくと、胚盤（先ほどの二万個の細胞）が成長を続け、細胞を増やしてニワトリの胚になる。

産み落とされてわずか四日後、胚盤はもう巻き上がってヒヨコの体となるものになっている。発生途中の眼ははっきりそれとわかり、胚の心臓はすでに鼓動している（ヒトの胚は受精後まる四週間経ってようやく同じ段階に到達する）。このころまでに、血管網も胚のまわりに発達し、卵黄の周囲にも伸びる。産まれて四日後の受精卵に光を当てると、そうした血管がかなりはっきりと見え、胚そのものである中央の赤い斑点から、赤い蔓《つる》がクモの巣のように広がっているのがわかる。その卵に穴をあけて、この段階における胚の血管のひとつに小さな注射針を刺せば、血液のサンプルを少量取り出せる。そのサンプルのなかには、できたての血球があるが、それだけでなくきわめて重要な幹細胞もいくらか存在する。それは始原生殖細胞であり、やがて発生途中のニワトリの生殖腺に落ち着き、性別に応じて卵子か精子を作る準備ができる。

マイク・マグルーは、産まれてたった二日半のもう少し若い胚から血液を採取している。この段階で、ごくわずかなサンプルに一〇〇個の生殖細胞が含まれている。次に彼は、その生殖細胞を、胚とは別に何か月も培養する。このとき彼に、そうした細胞の遺伝子を編集する機会ができる。新たな手法を用い、DNAの断片を切り出しては新しい断片を挿入し、精密な改変をおこなうのだ。

次に、こうした改変を施した始原生殖細胞を、みずからの生殖細胞を作らないように遺伝子組み換えがなされたニワトリの胚に注入する。すると驚いたことに、発生はふつうに進行する。遺伝子改変された始原生殖細胞が、発生途中のニワトリの卵巣や精巣に移動するのだ。そのニワトリが孵化して雌鶏や雄鶏に育つと、それが生み出す卵子や精子のすべてに、改変されたDNAが含まれるようになる。

ゲノムの精密な改変を可能にしている手段はCRISPRといい、新・新石器時代とも呼ばれる現代の遺伝子工学のツールボックスに加わった最も切れ味の鋭いツールだ。従来のウイルスベクターを用いる方法よりもはるかに精密だが、これもまた自然界から借用したもので、ウイルスと細菌が互いに戦うやり方を長年にわたり苦労して調べた研究にもとづいている。

一部の細菌は、ウイルスの攻撃から自分を守る巧みな手段をもっている。事実上、ウイルスに対する免疫を与えるメカニズムだ。細菌は、ウイルスに接触すると、ウイルスの遺伝コードの一部を自分のゲノムにコピーする。これはウイルスを手助けするようで、ばかげているかに見えるが、そうではない。それにより病原体を「記憶」でき、次のときに効果的に撃退できるのだ。このとき、病原体のDNA断片の両脇には、遺伝コードの特異な反復配列が付いていて、これが細菌にとって目印になる。この目印をＣＲＩＳＰＲ（Clustered Regularly Interspaced Short Palindromic Repeats＝クラスター化され、規則的に間隔が空いた短い回文構造の繰り返し）というのである。細菌の細胞は、ウイルスが感染すると、自分がもっている目印を検索して病原体のＤＮＡの短い断片を読み取る。断片の配列を、ＲＮＡ（リボ核酸のことで、これに対しＤＮＡはデオキシリボ核酸）という少し異なる分子を使ってコピーするのだ。そのコピー――「ガイド」ＲＮＡ――が、細菌の細胞にあって分子のハサミの役目を果たすＤＮＡ切断酵素に結びつく。このガイドＲＮＡは、侵入してきた病原体のＤＮＡをめがけて飛んでいき、酵素できれいに切断し、ＤＮＡを働かなくする。したがって、ＤＮＡの断片をきわめて精密に切断したければ、ガイドＲＮＡを作ってターゲットを指定すればいい。それでガイドＲＮＡにハサミとなる酵素を付けて、お望みの場所を正確に切り取るのだ。好きな場所を、好きなだけたくさん切ることができる。

この新しいツールの使い道は無数に考えられる。この新たな遺伝子編集テクノロジーによって、特定の遺伝子をこれまでよりはるかに正確に切り出し、「ノックアウト（特定の遺伝子を機能させないようにした）」胚を作ることができるのだ。この胚が成長するにつれ、その遺伝子がないとどうなるかがわかり、遺伝子の機能が何だったのかが明らかになる。胚発生がよく理解できれば、将来の病気に対処できるようにもなるだろう。それも、ニワトリだけでなく、われわれヒトも含む脊椎動物全般で。ＣＲＩＳＰＲは治療のためにも使える。生物において、ダメージを受けたＤＮＡを取り除くのだ。すでに実験室では、ヒトの細胞からウイルスＤＮＡの発がん性のある部分を取り除くために利用されている。それどころか、この手法はおそろしく精密なので、ゲノムから塩基対を一個だけ――事実上、染色体にのっているヌクレオチドの「文字」をひとつだけ――切り出すのに使える。だが、できるのはＤＮＡを取り除くことだけではない。ＣＲＩＳＰＲは、ＤＮＡの一部分を正確に取り除くとともに、別の部分を挿入することも可能にしてくれる。細胞は、自分のDNAを切り取られてうれしいはずがない。そこで分子マシンが、ダメージを修復しようとすぐに動きだす。細胞はふつう、ペアのもう片方の染色体に目をつけ、ダメージをもつDNAの復元を手伝わせる。ところが、ここで代わりにコピーするよう別のDNAをひな型として持ち込み、細胞を誘導することもできる。これはすでに――実験室で――おこなわれており、酵母を改変してバイオ燃料を作らせたり、作物を品種改良したり、遺伝子操作でマラリア耐性をもつ蚊を生み出したりしている。アメリカ科学振興協会は、この新たな遺伝子編集技術を二〇一五年の科学のブレイクスルーに選んだ。この分野の進歩は速い――潜在的な用途がとてつもなく幅広い――が、倫理的な問題が山積している。

ヘレン・サングは、四〇年以上ものあいだ、遺伝子組み換え技術を用いて脊椎動物の発生を研究している。今でも胚発生の細部の解明に関心を抱いているが、ニワトリの遺伝子を改変して貴重なタンパク質――ふつうはニワトリには作り出せないもの――を作らせることにも取り組んでいた。ヘレンはこれを、雌鶏の卵子とヒトのインターフェロンでおこなった。インターフェロンは、ヒトの体内で自然に作られるタンパク質だが、ウイルス感染との戦いを助ける薬としても利用される。雌鶏が作り出す卵白には、卵白アルブミンというタンパク質が含まれている。卵白アルブミンの制御配列――「オンにするスイッチ」――をヒトのインターフェロン遺伝子につなぎ、そのまとまりを雌鶏に導入すると、雌鶏は卵白アルブミンとともにインターフェロンを作り出すはずだ。すると、アダムがリンパ球に緑色蛍光タンパク質を作らせたように、発生を調べやすくすべくニワトリを改変することもできる。あるいは、インターフェロンのほかにヒトの役に立つタンパク質を卵のなかで作らせることもできる。

しかし近年、ロスリンにおけるヘレンの研究の主眼は、食用のニワトリを改変する手だてを探ることへ移っている。彼女は、現実世界と直接関係のあることがら――ニワトリの病気への耐性を高めること

──に興味を引かれたのだ。そして、ＣＲＩＳＰＲが正確にすばやく結果を出せることに胸を躍らせた。ヘレンはその仕組みをこう説明してくれた。最初に、病気──たとえば鳥インフルエンザ──への耐性でニワトリをふるいにかけてから、その耐性に関わる遺伝子を探す。その遺伝子は、別のニワトリと比べてヌクレオチド数個しか配列が違わないかもしれないが、そのわずかな違いが決定的になりうる。有用な遺伝子が特定できたら、ＣＲＩＳＰＲを使って別のニワトリでそれに対応する遺伝子を切り出し、役に立つことがわかっているものに置き換える。この手法を用いれば、ニワトリの集団にすでに存在している遺伝的変種を、選抜育種という骨の折れるプロセスを経なくても、集団全体に容易に広められる。一方、もちろんほかの可能性も考えられる。同じ種から変異遺伝子を導入するだけでなく、その技術は別の種から遺伝子を導入するのにも使えるのだ。「どこからどこへでも、遺伝情報を移せるのです」。ヘレンは、その技術に圧倒されているように声のトーンを下げた。「大きな懸念を引き起こす可能性もあると思いますが。種の障壁を越えて遺伝情報を移すという考えは」と私は言った。「まあ、すべてはＤＮＡ次第なのです」とヘレンは答えた。「それに、どのみちＤＮＡがあちこちへ移動することは知られています。私たちのなかにも、ほかの種からやってきたものが見つかるのですから」。確かにそうだ。とくにウイルスは、ほかのゲノムに干渉したがる。

実のところ、遺伝学者が種から種へ移せるのは、自然に存在する遺伝子だけではない。いまや、まったく新しい人工的な遺伝子も作り出せる。とんでもないことに思えるが、すでにニワトリで実を結んでいる。遺伝学者はすでにこのアプローチを探り、一から人工的な──ウイルスの複製の邪魔をするような──遺伝子を設計しつつある。「インフルエンザウイルスのことをよく知れば、それを阻害する方法を新たに考え出すこともできます」とヘレンは語った。ある有望な遺伝子は、ニワトリの細胞に、ウイルスに問題を引き起こす小さなＲＮＡ分子を作らせることができているが、ヘレンの実験によれば、完全な耐性を与えてはいない。遺伝子編集によるインフルエンザ耐性をもつニワトリが現実のものとなるには、明らかにまだずっと多くの研究が必要なのだ。私はロスリンで、間違いなくそれが進行中であり、はるか水平線の彼方にあるようなものではないと確信した。

病気への耐性のように明白なメリットのある生物学的問題に取り組むと、家畜や作物の発生で遺伝子組み換えを利用するのも受け入れられやすくなるかもしれない。ヘレンは、CRISPRそのものが不安をいくらか軽減してくれるのではないかと考えている。その技術は正確なので、細胞内でほかの機能を阻害しない場所――遺伝学者はそんな場所を「セーフ・ハーバー（安全領域）」と呼んでいる――に遺伝子を挿入することができ、一方で、その遺伝子を細胞が読み取ったり発現させたりする可能性が最大限高まることにもなる。ウイルスベクターを用いる従来の組み換えでは、遺伝子がどこに挿入されるかは予測できなかった――もちろん、あとで確かめることはできるが。しかしCRISPRでは、一発で所望の場所にぴたりと遺伝子を入れることができる。

ヘレンは、遺伝子組み換え（GM）に対する一般の認識について力強く語った。議論は頑固な意図をもつ一部のロビー組織に独占され、一般大衆はテクノロジーを受け入れるか否かを選ぶ機会を与えられていない、と彼女は考えている。「今は、GMは選ばれていません。スーパーへ行ってもGM鶏肉を買うことはできません。遺伝子組み換えがなされたものは、何も売られていないのです。人々に選ばせずに、テクノロジーがまるごと排除されているというのは、とてもおかしなことですよ」

ヘレンは私に、科学のこの領域で研究を始めた当初、自分がしていることを人々に語っても、おおむね反応は良かったと言った。「皆、とてもすばらしいアイデアだと思っていました。それから急に、食品としては忌み嫌われるようになったのです」。私は、バイオテクノロジー企業のモンサントが一九八〇年代、ヨーロッパにGM大豆を導入しようとして物議をかもしたときの失敗にすべての元凶があると思いますかと訊いた。彼女は確かに、それが大きな影響をもたらしたと考えていた。なぜか、ＧＭをめぐる議論は、巨大多国籍企業の覇権に対する懸念と深くからみ合うようになっていた。しかし、これがヘレンの悩みの種でもある。「私たちの食べ物の出どころについては、私も『地球の友』［国際環境保護団体のひとつ］の人と同じぐらい多くのことを気にかけています」。彼女はやや意外そうに言った。「けれども、それはＧＭの主眼からすっかり注意を逸らしていると思います。これは、役に立つ何かがあるテクノロジーなのです。だから私たちは、これを実現させ、人々に自分で選択をさせるような手だてを見つけられるはずです。ＧＭは、かつて悪いビッグビジネスの典型となっていましたが、実際はひとつの新たなツールにすぎません」

　ＧＭとビッグビジネスが結びつくと、われわれの社会がこのテクノロジーをどう思うかについて、本質的に明らかにしにくくなるだけではない。ヘレンはその結びつきが、将来の食料生産で直面する真の問題から確実に注意を逸らすことになったとも考えている。「食料生産は、どんどん少数の巨大企業にコントロールされるようになっています。それは科学の問題ではありません。政治と経済の問題なのです」と彼女は説明した。「しかもややこしい問題です。非常に効率化されたことは認めざるをえません。確かに私たちは多くの人を養う必要があります。けれども、環境を保護して経済的な見返りを社会へフィードバックしながら、どのようにそうした効率化を利用できるかについて、もっと高尚な対話をする必要があるのです」。ある意味で、ＧＭをめぐる懸念と、それによってこのテクノロジーに課せられたおそろしく厳しい規制は、その問題をひどくするばかりなのである。規制者の要求を満たすためのコストはあまりにも高く、事実上それは禁制に等しい。実際には巨大多国籍企業しか、ＧＭに投資できない。イノベーションを抑えつけ、それを少数の巨大企業にしかできないものにしているのだ。

　私はヘレンに難しい質問をした。「今後一〇年でどんなことが起こると思いますか？　ＧＭが今より人々に受け入れられるようになると考えられるでしょうか？」彼女はそうなると考えていた。若い世代ほど、GMを頭ごなしに否定する傾向は少ないように見えると。「それでも、米国では今も激しい反発が起きていますね」とヘレンは言う。米国の一部の州では、GM食品の表示を強制する動きも見られた。以前はなかったことだ。「GM」の表示をするという考えは、多くの点でおかしなことである――とくに、酵素による組み換えは含め、放射線照射による組み換えは含めないつもりなら。GM食品を作るための方法に賛同できないとしても、その食品を食べることでヒトの健康を害するリスクはないというわけだ。そもそも「GM」の表示で何を伝えるのか？　ある程度でも情報を与えるには、どんな組み換えをしているか、どんな結果になっているかを記す必要がある。「しかし一方で、人々には、知りたければ知る権利があります」。ヘレンは語る。「本当にややこしい議論ですね」

人々にさまざまな反応を引き起こしたゴールデンライス――ビタミンAの量を高めて栄養不足に対処できるようにしたGMタイプのコメ――についても、ヘレンと話し合った。純粋な慈善活動と受け止める人もいて、彼らはとくに世界の一部の貧困国で、ビタミンA欠乏症を減らすのに役立つだろうと考えている。一方で、単なる外向けの顔で、「GM産業」が人々を説得するための道具――GMの容認されるような側面で、危険なものへいざなう小さな足がかり――として取り入れたものにすぎないと見ている人もいる。GM作物を売る裏でもっと多くの除草剤を売ろうとしているとして、一部の大企業の動機に不信感を抱くのも、至極もっともなことに思える。だが、もしかしたら、貧しい農民やコミュニティを助ける取り組みをもっと信じるべきなのかもしれない。完全に非営利の活動で作り出された、病気への耐性をもつGMナス「Btナス」がすでに助けているように。「食物を効率よく持続可能な形で生産したければ、それができる手だてを切り捨てるべきではないのです」。ヘレンはそう話を結んだ。

ひょっとしたら、GMに懐疑的な態度をとるのは安易すぎるかもしれない。このテクノロジーを最初に開発し導入したのが大学や非営利企業ではなかったことは、残念に思える。そんな別のシナリオが展開されていたら、そこまで激しい反発があったり信頼を失ったりしていなかったことは間違いない。しかし遺伝子組み換えは、ビッグビジネスやいかがわしい動機と結びついたことで、ひどく汚されてしまった。その印象はなかなか払拭できない。今は、公的資金が投じられた大学の研究機関で研究がおこなわれているとしても。

ロスリン研究所のマイク・マグルーにとって、遺伝子編集がもたらすなにより大きな期待のひとつは、実験室を出て外の世界で使えるようになれば、とくに発展途上国で飼育動物の病気への耐性を高められるということだ。「私たちはアフリカでビル・ゲイツ財団と協力しています」。マイクはいかにも誇らしげに私に言った。「こうした商用のニワトリをあちらで生かして繁殖させ、最適とは言えない環境で卵を産ませられるものは、なんであれ非常に大きなメリットになるでしょう」。だがマイクは、この新技術によってとくにアフリカで優れた商用の家禽を育種できる可能性だけでなく、野生の鳥に対して考えられる用途にも関心をもっている。

「これこそ、私が大いに関心をもっている保全生物学です。ハワイ諸島に生息しているハワイミツスイを考えてみましょう。人間は事実上ハワイに鳥類のマラリアを持ち込んでしまいましたが、そこにもとからいたハワイミツスイには耐性がありません。それまで鳥類のマラリアなどなかったのですから」。標高の低い場所に棲む鳥は皆死に絶えた。生き残っているのは高山の鳥だけで、そこは気温が低くて蚊が生きられない。ところが現在、地球温暖化による気温上昇によって、蚊が標高の高い場所に到達しだし、ハワイミツスイの絶滅のおそれが増している。「そこで、私たちが賢くて、鳥類のマラリアへの耐性をもたらす遺伝子がわかったとしましょう」。マイクは言った。「こうした野生の集団を探り、遺伝子を編集して解き放つことができるでしょうか？　すると、病気への耐性を手に入れて、ハワイミツスイは繁殖するはずです。考えてもみてください」

マイクは、先進国の食料に利用された場合、GMが嫌われることは理解している。「けれども、人類にとって、地球にとって、役に立つことができるとしたら――このテクノロジーを使ってできることはいろいろあります――人々はその能力を認め、歓迎しだすはずだと私は思います」。彼はおおげさに騒ぎ立てはせず、強い熱意をもって語った。「私たちにはもっと教育が必要です。インターネットやタブロイド新聞のフェイクニュースではなく。人々は、DNAが動物の本質や魂で、私たちがその魂を変えようとしていると思っています。しかし、DNAが実際に何なのか、このテクノロジーがどんなものなのかを理解したら、人々は怖がらなくなるでしょう」。それでも、最初のGMニワトリがブロイラー産業から生まれるようには見えない。営利企業はロビイストをひどく気にしているのだ。また、現在米国では食品医薬品局が、遺伝子組み換えを――たった一塩基対でも――新薬と同じレベルの規制を要するものに分類しようとしているので、このテクノロジーは米国で最初に実用化されそうにはない。ならば、遺伝子組み換えニワトリはどこで、ついに人間の食物連鎖に入れられるとマイクは考えているのか？「中国でしょう」と彼は答えた。「間違いありません。中国には遺伝学研究があり、それにあそこでは鳥インフルエンザも発生していますし」。私が賭け事をするたちなら、すぐにやはりそれに賭けているだろう。マイクの予想が正しいとわかるにちがいない。二〇一八年でなくても、非常に近いうちに。

### どちらが先か？

遺伝子組み換えが直接なされた商用のニワトリがどこで初めて登場するのかについては、推測ができる。だが、われわれは何世紀も前から、ニワトリのゲノムを間接的に編集してきている。すべての始まりは、どこで、いつなのだろう？　その答えは、とびきり優れた哲学者たちを昔から途方に暮れさせている疑問にも答えを与えてくれる。頭を混乱させ、ぐるぐる回る思考の行き着く先は狂気のようにも思えるこんな謎だ。

ニワトリと卵、どちらが先か？

実を言うと、進化生物学者はこの疑問に答えている。ニワトリの前に野鶏がいて、それも卵を産んでいた。その祖先もそうだった。大昔の恐竜も、さらに時代をさかのぼっても。明らかに卵が先だったのだ。

この壮大な疑問に答えても、まだニワトリの実際の起源を突き止める必要がある。一九九〇年代の研究者は、あらゆるニワトリの起源がひとつで、祖先の種は——ダーウィンがまたしても正しく予測していたとおり——セキショクヤケイ（赤色野鶏）であり、家禽化は南アジアか東南アジアの一か所で起きたにちがいないと考えていたようだ。現代のニワトリの遺伝的多様性はその地域で最も高く、中国やヨーロッパやアフリカではるかに低いのである。一部の研究者は、ニワトリの発祥地をかなり具体的にインダス渓谷とし、四五〇〇〜四〇〇〇年前（紀元前二五〇〇〜二〇〇〇年）の青銅器時代にさかのぼるのではないかと言っていた。紀元前二〇〇〇年にメソポタミア文明の楔形文字の石板に記された「メルーハの鳥」は、ニワトリを指していた可能性があり、メルーハはインダス渓谷の旧称と考えられているのだ。一方、はるか東の起源を支持する人もいた。今日、セキショクヤケイのいくつかの亜種は、インド、スリランカ、バングラデシュからタイ、ミャンマー、ベトナム、インドネシア、中国南部に至る、南アジアと東南アジアの全域にわたる森を歩きまわっているからである。

前にも聞いたような話ではないだろうか？　次に来る話もわかるだろう。幅広い遺伝子研究によって多くの情報が集まると、ニワトリの起源にかんする説が、南アジアから東南アジアにかけて、いくつもの地理的な起源をもつとするものに書き換えられた。しかし、その複数の起源については、ひとつの起源――かなり広い地域にわたるかもしれない――から分散し、その過程で野生種と多くの交雑が起きたと考えることもできる。現代のニワトリのゲノムには、ほかのセキショクヤケイの亜種だけでなく、ハイイロヤケイやセイロンヤケイなども含む近縁の鳥との交雑によって組み込まれた、祖先のDNAも収められている。

二〇一四年、中国の遺伝学者たちの公表した研究成果が、まるでニワトリのなかにキツネを放り込んだような大騒動を起こした。彼らは、ニワトリは八〇〇〇年前までに華北平原で家禽化されていたという、驚くべき主張を明らかにしたのだ。ニワトリを扱うほかの研究成果とあまりにも違っており、それで大騒ぎになったのである。しかし、ほとんどの研究者は疑念を抱いており、それにはいくつか理由があった。第一に、一万年前の華北平原の気候は、ニワトリの野生の祖先と認められている熱帯性の野鶏には明らかに不向きだった。第二に、この平原の考古学的遺跡から出た骨の同定結果は、かなり怪しく思われた。ニワトリのものと考えられていた一部の骨は、おそらくキジのものだったのである。また、完全に誤認されていたらしい骨もあった。鳥ですらなく、イヌの骨だったのだ。驚くべき主張だが、必要とされる驚くべき確証がなかったようなのである。南アジアと東南アジアは、依然としてニワトリの仲間の発祥地である可能性が高い。そして、そこを起点にニワトリは世界征服に乗り出したのだ。

## 太平洋のニワトリ

ニワトリは、発祥地から何千キロメートルも離れた場所で、南北アメリカ大陸へのヒトの入植について現在戦わされている議論に引き込まれている。議論の前提はこうだ。ニワトリの歴史が人類史と密接に結びついているとしたら、ニワトリで遠い過去の出来事を明らかにすれば、ヒトがしていたことを知るヒントにもなる。太平洋への入植をもたらした人口移動を再現しようとするのは、大変な難題だった。太平洋の島々への移住は、過去三五〇〇年以内という比較的最近の出来事だが、そのあとに入植者が次々とやってきて似たような跡を残した。その難しさはまるで、砂に残った足跡を探し、そうした太古の旅の形跡を復元するようなものだ。夏の日の終わりに、英国で人気の浜辺に立っているとしよう。ちょうど、最後の家族が風よけやタオル、バケツ、シャベルといった荷物をまとめて去るところだ。浜辺に残るすべての足跡の地図を作れば、その日に起きたことをすべて再現できるだろうか？　どれだけの人がいて、その人たちがどの方向から浜辺へ入り、おおよそいつ到着したのか、わかるだろうか？　それはとんでもない難題だろう。

太古の移住を再現するのは、いっそう困難な仕事だ。それでも、考古学的証拠と遺伝学的証拠を組み合わせれば、おおむね可能となる。ヒトは単独でオセアニアの離島にやってきたのではない。ほかにさまざまな生物種も一緒に連れてきた。意図して連れてきたものもあれば、そうではないものもあるが、それぞれに語るべき物語がある。遺伝学者は、ヒョウタン、サツマイモ、ブタ、イヌ、ラット、それにニワトリといった多様な種のなかにひそむ分子の秘密を調べることで、太平洋へのヒトの拡散をたどろうとした。

太平洋南西部に浮かぶニア・オセアニア［オーストラリアに近いメラネシアからソロモン諸島にかけての一帯］の島々には、三万年以上も昔の更新世にヒトが入植した。ところがリモート・オセアニア――ミクロネシアやポリネシアの島々を含む一帯――には、ずっとあとの新石器時代になってようやくヒトが住みついた。それは、まったくヒトが住んでいない地域への最後の大移住だった。考古学者と言語学者は、この入植が二度の波に分かれてなされたと考えた。初めの移住は三五〇〇年前ごろからで、農耕民が特徴的なラピタ土器を持ち込み、あとの移住は二〇〇〇年前ごろだ。しかし、ニワトリはこの二度の波のモデルを証拠立てるようには見えない。遺伝学者は、現代と昔のニワトリのミトコンドリアDNAを調べ、先史時代にニワトリがポリネシアへ一度だけ持ち込まれたことによって残された明確な痕跡を見つけたのだ。そこから見えてきたものは、非常にはっきりしていた。まず祖先の系統があり、のちの太平洋諸島の系統はすべてそこから生まれたという構図である。西はソロモン諸島やサンタクルーズ諸島から、東はバヌアツやマルケサス諸島まで、ニワトリのミトコンドリアの系統は、先史時代に農耕民――とその家禽――が太平洋諸島へ最初にやってきたころにまでさかのぼる。一時は、ヒト遺伝子の研究からも、入植は一度の波だったように思われていたが、太古のヒトゲノムを最近解析した結果は、ポリネシアの島々への物質文化と言語の広がりから示唆される二度の波のモデルに新たな裏づけを与えていた。ニワトリはわれわれを惑わしていたようなのだ。それも初めてではなかった。

しばらくは、農耕民――とそのニワトリ――の東進は太平洋を渡りきるまで続いたかのように考えられていた。ラパ・ヌイ（イースター島のこと）と南米でニワトリの特定のミトコンドリアDNAが一致していて、まさにそのようなつながりをほのめかしていたのだ。これは刺激的で物議をかもす話だった。コロンブス以前に、太平洋諸島とアメリカ大陸のあいだで接触があったことを示していたからである。ところが、ニワトリの最新の研究で、コンタミネーション（試料汚染）を排除すべく細心の注意を払ってチェックしたところ、そのようなつながりは明らかにならなかった。ラパ・ヌイのニワトリと南米のニワトリで、実はDNAはかなり違っているのだ。南米のニワトリは本質的にヨーロッパのニワトリの子孫であり、このことは、コロンブス以後にヨーロッパから持ち込まれたという――はるかに穏当な――考えと一致している。だからといって、太平洋諸島と南米のあいだで早い時期に接触がなかったとは言わない。サツマイモは、ヨーロッパ人が新世界に到達するはるか以前に、南米からポリネシアの島々へ渡っていた。また、現代のイースター島民のゲノムには、一二八〇年から一四九五年のあいだにアメリカ先住民と混じり合った痕跡が見られる。ヨーロッパ人がこの島にたどり着いたのは一七二二年なのに。とはいえ、これはまだ状況証拠にすぎない。決着をつけるのに必要なのは、アメリカ大陸かポリネシアで、コロンブス以前の骨にDNAが混じり合っていることを示す証拠である。今のところ、それは見つかっていない。

遺伝学は次々と新たに重要な証拠を明らかにし、考古学や言語学や歴史学のデータから得られた筋書きを補っているが、そうしたほかの学問に取って代わっているわけではない。それぞれの学問が、過去の現実に対して違った視点を与えてくれているのだ。しかし、このように先史時代を見つめると（これほど広角のレンズで過去を眺めると）、彼らが現在遭遇するのと同じ人間や動植物であることを忘れてしまいやすい。それぞれは種ではなく、個体なのだ。科学は力強い――われわれの疑問に答えられる――が、私はその抽象性に冷たさを強く感じるときもある。われわれは確かにこうして知識を築き上げているのだが、時として、個々の存在や親密な関係、今この瞬間を見失っているのかもしれない。

人間については、初期の農耕民が太平洋を航海し、狩猟採集民のいる島々に住みついたと考えられる。すると、間違いなく双方向の情報の流れがあったにちがいない。狩猟採集民は、地元の動植物にかんする知識――それらがどこで見つかり、どれを食べても大丈夫か――を分け与えた。農耕民も、自分たちの知識――と家畜――を分け与えた。必ずしもそんなに友好的ではなかったかもしれないが、徐々に狩猟採集民は農耕民のやり方を採り入れ、作物や動物を育てはじめた。やがて、明確にそうしようとしたわけではないだろうが、新石器革命の一端を担うことになったのである。

## 西洋の初期のニワトリ

ニワトリは、ヨーロッパでは、新石器時代の幕開けを告げるものとして最初に拡散した人々やアイデアや家畜に加わってはいなかった。その家畜化はもっと遅かったのだ。ニワトリがヨーロッパへ入ってきたころには、青銅器時代が始まろうとしていた。紀元前二〇〇〇年までに、ニワトリはインダス渓谷からイランへ広がっていた。そして中東から、海岸線をたどってギリシャへ到達し、エーゲ海を渡ってイタリアに入ったとも考えられる。海上交易は青銅器時代までに始まっており、それはミュケナイ人やミノア人やフェニキア人の時代だった。地中海に商人の船がひしめき合い、交易に勤しんでいたのだ。また別のルートで、ニワトリは中東から北へ広がり、スキュティアを通ってから西へ向かい、中央ヨーロッパへ行き着いたのかもしれない。一方、一部のニワトリは、はるか東の中国から北のルートを経て南ロシアを通り、ヨーロッパへ入った可能性もある。

何人かの研究者は、ヨーロッパの南北でのニワトリの違いが、持ち込まれた南北二種類のルートを反映しているのではないかと考えた。だが、やはりこの飼育種の歴史はおそろしく複雑で、人類史とややこしくもつれ合っている。ニワトリがヨーロッパに最初に入ってきた経路を追跡するのは難しい。この羽毛の生えた最初のパイオニアがやってきてから、ニワトリは自然選択と人為選択を受けてきた。集団が病気で消えて別の集団に置き換わり、遠く離れた場所から個体が持ち込まれた。さらに一九世紀後半のニワトリの育種家は、特定の形質を選び、雑種を生み出してそれまでのヨーロッパのニワトリの遺伝子を混ぜ合わせることで、自分たちの望む品種を手に入れた。それでも、このもつれた糸を解きほぐすことができる。歴史はまだ、現在生きている鳥のＤＮＡに埋め込まれているのだ。

オランダでおこなわれたニワトリ――商用品種のほか、一六の「観賞用品種」も含む――の大規模調査からは、興味深い結果が得られている。そうしたニワトリの大半がもつミトコンドリアDNAは、中東やインドのニワトリのミトコンドリアDNAときれいにクラスター（かたまり）を形成している。インド亜大陸は、この母系のクラスターにとって地理的な起源である可能性が高い。だが、極東――中国や日本――のニワトリに特有のミトコンドリアDNAをもつ品種も少数あった。それらの品種は、オランダの三つの観賞用品種――ラーケンヴェルダー、ブーテッドバンタム、ブレダ――のほか、米国のいくつかの卵用種である。極東のミトコンドリア遺伝子をもつこうした品種は、ヨーロッパへ入った北ルートの説をある程度支持していると考えたくなる。ところが実は、この少数の東洋の系統は、それほど近縁でもなく、もっと最近の系統関係を示している可能性が非常に高い。このような東アジアの祖先の痕跡は、まだずいぶん歴史が浅く、青銅器時代にニワトリがヨーロッパへやってきた第一波ではなく、ずっとあとに一九世紀の育種家が持ち込んだ外来のニワトリが残したもののようなのだ。だからこれまでのところ、ニワトリの遺伝子研究は、極東からの北ルートに対して何も裏づけを与えてくれてはいない。むしろ、ヨーロッパへの主な流れは地中海を経由していたのである。

英国へニワトリが来ていたことを示す最初の証拠は、青銅器時代の紀元前一〇〇〇年近くにまでさかのぼるが、北西ヨーロッパのこの界隈でニワトリを一般的な存在にしたのはローマ人だった。ニワトリは、ブリタニア（古代ローマ時代の英国）の考古学的遺跡で、圧倒的によく描かれている鳥類種だ。それなのに、とくにブタやヒツジやウシといった哺乳類の骨に比べ、証拠はまだかなり乏しい。鳥類の骨は比較的もろく、腐食動物に容易に嚙み砕かれるため、そもそも残っているものが見つかるほうがちょっと驚きなのだ。権力の中枢から離れ、ローマの影響が弱かった地方の集落では、ほとんどニワトリのいた形跡がない。ところが、もう少しローマ化された場所――町や農場付きの屋敷、砦――にはそれが垣間見える。ニワトリの骨が残る望みが薄いことを考えれば、この形跡は、ニワトリが――もちろんその卵も――ブリタニアで、少なくとも上流階級にとっては重要な食べ物だった可能性を示している。ローマの影響が及んでいなかったさらに北方でも、ニワトリは同じぐらい一般化していたようだ。アウターヘブリディーズ諸島の南ユーイスト島では、鉄器時代のニワトリの骨がわずかに見つかっているが、ヘブリディーズ諸島の寒さに負けず、家禽化されたニワトリがいたことを示す形跡は、それに続く古代スカンジナビア人の時代になってからもっと広く見つかる。

家禽化されたニワトリの形跡は、人々がそれを食べていた証拠だと思いたくなるが、結論を急いではいけない。むしろ、家禽化されたニワトリが中東からヨーロッパへ最初に広まったのは、実は肉や卵のためではなく、「流血のスポーツ」のためだったとも言われている。雄鶏同士が戦っている図柄は、紀元前七世紀にまでさかのぼる、エジプトやパレスチナやイスラエルの印章や土器に見られる。このスポーツは古代ギリシャで人気があり、ローマ帝国全土にも広まっていたらしい。オランダのフェルゼンや、英国のヨークとドーチェスターとシルチェスターの遺跡で見つかったニワトリの骨は、雄鶏のものである割合が驚くほど高い。シルチェスターとボールドックでは雄鶏の蹴爪《けづめ》の模造品も見つかっているが、古代英国人はローマ人が来る前から闘鶏に夢中になっていたのかもしれない。ユリウス・カエサルは『ガリア戦記』に、ブリトン人［当時の英国南部に住んでいたケルト族］は「……雄鶏を食べるのは不道徳なことと見なしており……娯楽のために繁殖させている」と書いている。

ヨーロッパ全土にニワトリが広まったのは肉以外のためだったのではないかという考えは、ふたつの証拠によって支持されている。第一に、中世のニワトリは比較的小さかった。すると、育種家にとって肉が一番の関心事ではなかった可能性が出てくる。雌鶏は卵のため、雄鶏は戦わせるためのほうが、飼う理由として重要だったのかもしれない。さらに、文書の証拠もある。ガチョウやキジのほうが、現在もっと一般的になっているニワトリよりはるかによく中世の献立表にのっていたのだ。

家禽化されたニワトリは、二〇世紀、主にあの「明日のニワトリ」コンテストが火をつけた組織的な選抜育種のアプローチによって変貌を遂げた。しかしその前から、ニワトリは太りだし、祖先のセキショクヤケイから枝分かれしていた。そして、わずかここ数年で遺伝学者は、ゲノムのなかで、次第に変化しサイズの増大と関係していそうな領域を特定している。彼らは、ゲノムに対するそうした変化がいつ起きたのかを見積もることもできている。現代の世界じゅうのニワトリを調べた研究から、どのニワトリも、代謝に関わる特定のタイプの遺伝子をふたつもつことが明らかになっており、この遺伝子は、甲状腺刺激ホルモン（ＴＳＨ）の受容体となるタンパク質を作り出していた。現代のニワトリにあまねく存在するようになったその特定のタイプの遺伝子が、ニワトリを大いに太らせたのだ。その変異遺伝子は、ニワトリの最初の家禽化に関わっていたにちがいなかった――栽培種のコムギやトウモロコシにおける大きな種子と同じぐらい、欠かせない形質だったのである。それなのに、一〇〇〇年前より昔のニワトリのＤＮＡには、ほぼ完全にこの変異遺伝子がなかった。中世になって初めて、この遺伝子がいきなり圧倒的に多くなり、ニワトリに行きわたったのである。

この太らせる遺伝子が急に広まったのと同じ一〇世紀に、ヨーロッパの考古学的遺跡でニワトリの骨がやはり急増している。それまで動物の骨の五パーセントだったのが、ほぼ一五パーセントになったのだ。これは、断食の期間（一年の三分の一を占めることもあった）に四つ足の動物を食べることを禁じた一方、二本足の動物と卵や魚は食べてよいとした、宗教的・文化的な変化――ベネディクト派の修道院改革――と関係があるように見える。にわかに、太ったニワトリが大変好ましいものになり、ヒトを介した自然選択が驚くべき効果をもたらし、代謝に関わるその変異遺伝子のニワトリ全体への拡散をうながしたのである。都市化もきっとそれにひと役買ったのだろう。街の住人は地方の農産物に大いに頼っていたはずだが、自宅の裏庭で動物――ヤギ、ブタ、ニワトリなど――を飼うこともできた。

ホルモンも、動物の行動や代謝に影響を与えることがあり、家禽化されたニワトリの行動のきわめて重要な要素――母性本能の喪失――に関わっている。これは生存には不利なように思える。野生では間違いなく不利だろう。卵を産んだあとにそこから去る雌鶏は、自分の遺伝子を次の世代に渡せる見込みが薄いだろうが、家禽の雌鶏の場合、それはまさに人間が望む性質となる。卵を抱きたがり、その上に座って新たに産まなくなる雌鶏は、たくさん産卵できない。祖先のセキショクヤケイは年に一〇個も卵を産まないが、現代の家禽化された卵用種で最も生産性の高いものは三〇〇個も産める。それができるようになったのは、卵を孵化させる本能がなぜかニワトリから失われたためだ。養鶏家が人工孵化の手法を見つけて、初めてその可能性がわき上がったのである。最初に人が卵を孵化したのは大昔で、古代エジプトにまでさかのぼる。だが、ニワトリで母性行動を大きく失わせた遺伝子変異は、はるかに最近になってから生じたようだ。ニワトリの抱卵行動の喪失は、コムギやトウモロコシの脱粒しない穂軸と同じで、野生では繁殖に適さないが、飼育栽培下ではメリットになる。

遺伝学者は、この行動の変化をもたらす遺伝的要因の特定に乗り出し、ニワトリで母性本能の強さが大きく異なる二品種のゲノムを比較した。驚くほど産卵能力が高く、抱卵行動がないことでよく知られる白色レグホンと、卵の上に座りたがるシルキーだ。遺伝学者たちは、ゲノムのなかに、二品種で大幅に異なる領域を二か所見つけ出した。一か所は五番染色体、もう一か所は八番染色体にあった。どちらの領域も――またもや――甲状腺ホルモン系と関わっており、五番染色体にあるほうにはＴＳＨ受容体遺伝子そのものが含まれている。この遺伝子に生じたいくつかの変異は、今から一〇〇〇年前にニワトリの集団全体に広まっており、現在では卵用種と、鍋用（あるいは今もっと多いのはオーブン用）に育てられたブロイラーのどちらにも見つかる。ところが、ＴＳＨ受容体遺伝子におけるほかの変異は、もっと最近になって生じたようで、白色レグホンとシルキーのような現代の品種に見られる産卵能力や母性行動の違いを説明してくれる。すると、ニワトリの甲状腺ホルモン系に手を加えた結果、一石二鳥というより、ひとつの遺伝子をたたいてふたつの表現型の変化を起こせたように見える。これもまた、ひとつの形質の選択が別の形質に影響することの実例だ。このひとつの遺伝子は、ニワトリで肉付きの良さと産卵能力の両方に影響を及ぼしているようなのである。

遺伝子と身体と行動に対するこうした最近の変化は、飼育栽培が実のところ単独の出来事ではなく、進行中のプロセスであることに気づかせてくれる。そして遺伝子編集が登場したことで、いまや有用な変化が、一〇世紀にカトリックの教令によってなし遂げられたよりもはるかにすばやく起こせるのである。

# 7　イネ　*Oryza sativa*

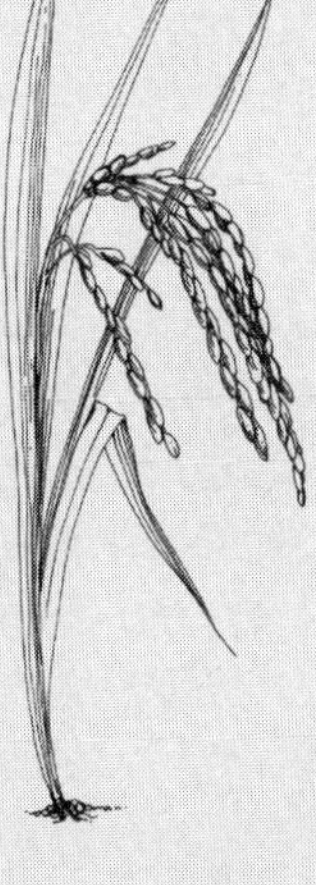

禾《くわ》を鋤《す》きて日午《ひご》に当《あ》たる。
汗《あせ》は滴《したた》る禾下《くわか》の土《ど》。
誰《たれ》か知《し》らん盤中《ばんちゅう》の飧《そん》。
粒粒皆辛苦《りふりふみなしんく》なるを。

——李紳《りしん》、『農を憫《あわれ》む』〔『漢詩の名作集（上）』（簡野道明原著・田口暢穂編著、明治書院）より引用〕

## 世界を養う

今日、中国南西部にある広西チワン族自治区の龍脊《ロンジー》へ行くと、農耕によって変容した風景を見ることができる。そこでは、人々がいまだに何世紀も前の生活を続けている。蛇行する川の流域から険しい山々がそそり立ち、それぞれの山の斜面を削って棚田ができている。曲がりくねった階段状の水田は生き物を思わせ、眠れる大蛇だ。龍脊の山並みはまさしくのたうっており、棚田は脇腹に並ぶ鱗に見える。龍脊とは「龍の背中」という意味なのである。

私は何年か前にその棚田を訪れ、リャオ・ジョンプーという農民に会った。彼の家は何代にもわたり、この土地でイネを育てていた。季節は初夏、われわれはイネの苗カゴをもって斜面を登り、耕したばかりの棚田に苗を植えていった。眼下では、ほかの棚田も田植えの準備ができていた。こうした細く曲がった土地を耕すのに文明の利器は使えないが、鋤を引かせたウシ一頭で難なくそこを耕していける。

リャオは私に手本を見せてくれた。苗を一度に三、四本手に取り、水底の軟らかい泥に押し込むのだ。苗の見かけは草と変わらない。それもそのはず、イネも「草」なのだ。コムギと一緒で、イネは草の仲間であるイネ科に属しており、同じように食料としては見込み薄のように見える。それでもイネの実であるコメは、世界の膨大な人口を養ううえで、とりわけ重要な穀物のひとつとなった。コメは世界じゅうで摂取されているカロリーのおよそ五分の一、タンパク質全体の八分の一を占めているのだ。コメは年間およそ七億四〇〇〇万トン生産され、南極を除くすべての大陸で栽培されている。ラテンアメリカやサハラ以南のアフリカで、主食としてますます重要になってきているが、世界のコメのおよそ九〇パーセントはアジアで栽培・消費されている。全世界で三五億を超える人がコメを主食とし、イネは低所得国や低中所得国で最も重要な食用作物となっているのである。世界の熱帯地方で暮らす人の二〇パーセントはとくに貧しく、彼らがコメから摂取するタンパク質の量は、豆や肉や乳から摂取する量よりも多い。

多くの低所得国では、国民に栄養失調の影が忍び寄っている。世界では一〇億の人が飢餓に苦しんでおり、さらに二〇億の人は、ビタミンやミネラルなどの必須微量栄養素が欠乏する「隠れた飢餓」に悩まされている。なかでもとくに欠乏している微量栄養素を三つ挙げると、ヨウ素、鉄、それにレチノール——すなわちビタミンA——だ。

ビタミンAが欠乏すると、感染症にかかりやすくなる。栄養失調と感染症は同時に起こることが多い——そしてどちらも他方を悪化させてしまう。栄養失調の体が感染症の餌食になると、悪循環が生まれる。感染症が食欲を抑え、腸からの栄養吸収に支障をきたす。すると体の防御力が低下するのだ。ビタミンAの欠乏は、感染症とともにひどい相乗効果をもたらすほか、防ぎうる小児失明の最大級の要因でもあり、じっさい毎年およそ五〇万人の小児が失明している。しかもその半数は、失明して一年以内に死亡しているのである。ビタミンAは、肉や乳や卵のような畜産物に含まれている。こうした食物がめったに食べられない地域では、ビタミンA欠乏症が蔓延しやすい。ビタミンAの前駆体であるベータカロチンは、緑黄色野菜や黄色の果物のような植物性食品に含まれている。ところが、人体でベータカロチンをビタミンAに変える効率はかなり悪い。そのため、十分な量のビタミンAを摂取するには、こうした植物性食品をたくさん食べる必要があるのだが、貧しい国で暮らす多くの人にとって、それは無理なことだ。

ビタミンA欠乏症による公衆衛生の負担を減らす対策には、「人々に食習慣を変えさせる」、「カロチノイドが豊富な食品――葉物野菜やマンゴーやパパイヤなど――を自分で育てさせる」、「ビタミンAのサプリメントを子どもや授乳期の母親に提供する」といったものが含まれる。そのほかにビタミンAの摂取量を増やす方法として、広く食べられているがそのままではビタミンが少ない食品で、栄養価を高めるという手もある。高所得国では、朝食のシリアルやマーガリンにビタミンAが添加されていることが多い。だが所得の低い国では、最貧層の人々がそうした加工食品を手に入れにくいので、有望な対策ではない。

主食にビタミンAを加える方法はまだある。食品を加工するのではなく、植物がみずからビタミンAを、あるいはその前駆体を作り出すように仕向けるのだ。遺伝子組み換え技術によって、まさにこれをおこなう機会が与えられている。そしてイネは、世界的にとても重要な作物なので、最適な素材として頭角を現した。

八年にわたる研究の末、ベータカロチンをみずから産生できる遺伝子組み換え（GM）イネを作り出したという報告が、二〇〇〇年に『サイエンス』誌に掲載された。その四年後には野外試験が米国で始まり、続いてフィリピンやバングラデシュでもおこなわれた。また、このコメを食べたときの影響を調べた研究では、食べても安全で、小さな茶碗一杯でも、一日に必要なベータカロチンの半分を摂取できるという結論が下されている。

ところが、最初からこのゴールデンライスは物議をかもした。反対派の急先鋒に立った環境保護団体グリーンピースは、ゴールデンライスが遺伝子工学の宣伝活動――もっと収益を生むGM生物の誕生につながる、うわべだけの人道的な取り組み――に使われているのではないかと懸念した。ゴールデンライスは「アプローチとして完全に間違っており、本当の解決から注意を逸らす危険なもの」であり、環境や食品の安全性に予測できないリスクをもたらすと訴えたのである。

二〇〇五年、ゴールデンライスのプロジェクト責任者ホルヘ・E・マイエルは、グリーンピースの批判に強く反論した。プロトタイプに比べて二三倍以上のベータカロチンを産生できる新型のゴールデンライスが、なおも環境保護論者から反対され侮蔑されつづけていることは、彼を失望させた。マイエルは、グリーンピースが科学的な根拠を無視し、「反バイオテクノロジー」の理念に固執していると非難した。マイエルにとって、グリーンピースとその支持者たちは、新たな農工業革命に抵抗する現代のラッダイト［産業革命期に機械化に反対して破壊運動を起こした労働者たち］にちがいなかった。彼はこう書いている。

> ビタミンA前駆体を豊富に含むゴールデンライスが環境やヒトの健康に脅威をもたらすようなシナリオを、だれも思いつけていない。反対派に残っているのは、テクノロジーそれ自体について認識されているリスクであり、それはまだはっきりしていない不可解な危険に根ざしている。一方で、本当の脅威は確実に存在している。微量栄養素の欠乏が、世界じゅうで何百万もの子どもと成人の命を奪っているという脅威だ。

ゴールデンライスを批判する人々は、あまりうまくいっていない事業のせいで、既存の栄養強化プログラムまで頓挫《とんざ》するおそれがあると指摘した。だがマイエルは、その批判について、GMイネがビタミンA欠乏症に対する持続可能で費用対効果の高い解決策になりうることを認識していない発言だと訴えた。辺鄙な農村――最も切実に必要とされている場所――に、既存のプログラムが行きわたっていないことも知らないようだと。さらにマイエルは、倫理的な異議を唱えて応戦した――地球上でとりわけ貧しい地域において、明らかに人間の健康にとても良い効果がありうるのに、それに反対することなど道徳的に擁護できるはずがないと。そしてこんな疑問を呈した。政府――とくに欧州連合（EU）――は、こんなにも薄弱に見える根拠をもとに、この恩恵をもたらしうる進歩を規制で締めつけ、その息の根を止めると脅せるものだろうか？

ゴールデンライスは、貧困対策の実績とGMの可能性を表すシンボルとなり、バイオテクノロジー産業は、環境に優しいイメージを打ち出すことにますます精を出すようになっている。ところが、一部からはこんな疑いの声も上がっている。GM作物の開発者たちは、地球に優しく、進歩的で、思いやりがある存在として自分をアピールしようとしているが、実のところ、私腹を肥やしたいだけの、根は利己的な企業の集まりでしかないのではないか？　信用が失われていた。しかも、ゴールデンライスが登場する数十年前に、戦線は張られていたのだ。

## 怪物の創造

この業界の最大手であるモンサントは、世界の農業でGM作物が果たす役割について、相反するふたつのメッセージを発して混乱を招いた。一九九〇年、モンサントの主任研究員だったハワード・シュナイダーマンは、遺伝子組み換え技術について書いた際、多くの利点を強調しつつも、世界の農業のニーズを満たす万能の解決策にはならないだろうと警告した——それに、農家を単一栽培や商品作物へ追い込むためにこの技術を用いるべきではないとも。だが一方で、巨大企業モンサントは決然と我が道を進んでいた。ワタとトウモロコシで除草剤耐性と耐虫性をもつ、標準化された少数の品種にひたすら注力していたのだ。それらは明らかに、単一栽培の商品作物となるように設計されていた。

人類学者のドミニク・グローヴァーは、こうした先駆的な科学者のビジョンと企業の営みとの断絶を、モンサントがバイオテクノロジーの巨大企業となったときにまでさかのぼっている。一九七〇年代、モンサントは石油化学製品を製造しており、そのなかに農業に使われるものもあった。この事業はリスクのあるものとなっていた。利益は原油価格と密接に関係していて、一番良い時でもわずかな利ざやしかなかったのだ。緑の革命は農業を新たな段階に押し上げ、穀物の新品種、新たな灌漑《かんがい》設備、農薬、合成肥料が導入されたことで、一九六一年から一九八五年までに生産量が倍増した。ところが一〇年以上イノベーションが続いたあとで、従来製品より効果の高い農薬を見つけることが次第に難しくなっていた。

モンサントも苦境に直面していた。製造している一部の化学製品——ダイオキシンやPCBなど——が人体や環境に有害であることがわかったのだ。次々と訴訟が起こされ、会社の未来が危うくなった。ただひとつの除草剤——世界的ベストセラーのグリホサート、商品名はラウンドアップ——が、次第にモンサントの命運の鍵を握るようになっていた。グリホサートは商業的に大成功を収めたものの、モンサントはそれに胡坐《あぐら》をかいているわけにはいかなかった。グリホサートの特許はいずれ切れてしまう。モンサントは視野を広げる必要があった。

一九七三年、スタンリー・コーエンとハーバート・ボイヤーが、ある細菌から遺伝子の断片を取り出し、それを別の細菌に導入することで、初のトランスジェニック――異なる生物種間でDNAを移動した――生物を生み出した。バイオテクノロジー――とくに遺伝子組み換え――は、探究し投資するのに有望な領域のように思われ、モンサントは化学製品部門とプラスチック部門をなくし、バイオテクノロジーの草分けとして出直した。そして、その商用GM作物の第一弾として、グリホサート耐性をもつ「ラウンドアップ・レディー」ダイズが誕生した。これで同時にラウンドアップの市場のてこ入れもしたのである。このGMダイズを畑に植えてラウンドアップを散布すると、雑草はすべて枯れるが、ダイズはよく育つ。ラウンドアップ・レディー・ダイズは、一九九四年に米国で農業用として認可された。一九九六年、モンサントはこのダイズをヨーロッパでも売り出そうとしたが、それはまさに最悪のタイミングだった。

当時、工業型農業や政府に対する疑いがひどく高まっていたのだ。その一〇年前、狂牛病として知られるウシ海綿状脳症（BSE）が英国のウシで流行しだしていた。この恐ろしい不治の病――数年の潜伏期間を経て発症する――にかかると、ウシはよろけてつまずき、攻撃的になり、最終的に死に至る。この流行は一九八六年から一九九八年まで続いた。

やがて病気の出どころは、タンパク質のサプリメント――肉骨粉――を与えられた子ウシと突き止められた。その肉骨粉に、スクレイピー（ヒツジ海綿状脳症）に感染したヒツジが混入していたのだ。ウシに肉骨粉を与えることが禁止され、何百万頭ものウシが殺処分された。しかし、すでに何十万頭という感染したウシが、ヒトの食物連鎖に取り込まれた可能性があった。汚染された牛肉を食べることでヒトに感染するのではないかという不安もあったが、英国政府は心配する国民をなんとかなだめようとした。一九九〇年、農業相だったジョン・ガマーは、英国産の牛肉が安全であることを示すため、四歳の娘コーデリアとともに公の場でハンバーガーを食べさえした。ところがその後、人々が、よろめきや震えを起こして最終的に昏睡から死へ至らしめる、ヒトのBSEのように見える症状に襲われるようになった。患者の脳はスポンジ（海綿）のように穴だらけになり、BSEのウシの脳にそっくりだった。さらなる研究で、BSEと、そのヒトのタイプである変異型クロイツフェルト・ヤコブ病（vCJD）との関連が示された。vCJDによる死者はほかの脅威に比べれば非常に少なく、ピーク時の二〇〇〇年でも年間二八名だったが、BSEが患者をむしばむ様子にはひときわ恐ろしいものがあった。

英国政府もついに一九九六年、BSEに汚染された牛肉の人体へのリスクを認めたが、工業型農業や政府に対する人々の信用は失墜していた。そこへモンサントが登場したのだ。EU当局は一九九六年にGMダイズの輸入を認可したが、英国の消費者は疑心にまみれていた。それを新聞社が嗅ぎつけ、一九九八年、チャールズ皇太子が「災いの種《たね》」と題した記事を『デイリー・テレグラフ』紙に寄稿し、生物の遺伝子をほかの生物へ移すことは「人間を神の領域に、それも神にしか許されない領域に踏み込ませる」と警告した。グリーンピースは人目を引くキャンペーンに乗り出した。遺伝子組み換え生物（GMO）への恐怖が波のように広がっていった。GMOは創造された怪物、科学が暴走したあかしと見なされ、メディアに「フランケンフード」のレッテルを貼られた。そしてヨーロッパ全土のスーパーが、GM素材を使った食品を締め出した。

モンサントもそれに応じて独自に宣伝活動をおこない、人道目的での遺伝子組み換えの可能性を強く押し出しながら、「未来の世代が飢餓に苦しむことを心配しても、世界を養うことはできない。食品バイオテクノロジーならばそれができる」と訴えた。一九九九年、モンサントの最高経営責任者（CEO）だったロバート・シャピロが、グリーンピースの第四回年次ビジネス・カンファレンスで講演をした。シャピロは論争ではなく対話がしたいと呼びかけた。そして、モンサントには確かに悪かったところがあり、自分たちのテクノロジーが与えるメリットを熱烈に信じすぎていたと述べたのである。それは見せかけの謝罪にしか聞こえなかった。シャピロはバイオテクノロジーがもたらしうる恩恵——水の使用、土壌の浸食、二酸化炭素の排出が減らせること——を強調したが、モンサントがヨーロッパへ持ち込みたがっているGMOが除草剤耐性をもつダイズとあっては、多くの人にとってその言葉は空約束に思えた。そのダイズがどれほど生産性に優れていようとも、モンサントが自社のベストセラー除草剤をさらに売るための手段にしか見えなかったのだ。モンサントのトップクラスの研究者だったロバート・フレイリーさえ、「忌まわしい除草剤の売り上げを伸ばすことしかできないのなら、われわれはこの事業から手を引くべきだ」と嘆いたらしい。建前と実情の違いがこれほどあからさまに見えたこともない。

同じカンファレンスで、グリーンピースUKの事務局長ピーター・メルチェットは、「あなた方の売るものをしっかり見たうえで、大衆は『ノー』と言ったのだ。人々はビッグサイエンスやビッグビジネスに対してますます不信を募らせている」と断じた。さらにメルチェットは、ヨーロッパのみならず全世界が、洗練された価値観と自然界への敬意によってGMを拒絶するだろうと予言した。彼は正しかった。拒絶は、ほどなく世界的な現象となったのだ。一九九九年には、ドイツ銀行のアナリストが「GMOは死んだ」と宣言した。

二〇〇六年、アメリカとカナダとアルゼンチンによる提訴を受けて世界貿易機関は、欧州共同体がGM食品輸入に対して事実上の凍結を不法に命じており、公衆衛生へのリスクにかんする懸念に科学的な裏づけはない、と裁定した。だが、貿易に対する壁を築いていたのは、政府だけではなかった。消費者やスーパーも抵抗を続けていた。BSEのせいで、ヨーロッパの消費者はリスクに——とくにビッグビジネスと関係したどんなリスクにも——敏感になっていたのだ。

もとよりモンサントにはやや薄汚いイメージが付きまとっていたが、それが極悪非道なものへと変貌した。ネットで「#monsantoevil」を検索してみれば、この巨大テクノロジー企業へ向けられた憎悪と不信が垣間見えるはずだ。そして、この「悪の親玉」というイメージが、テクノロジーそのもの――遺伝子組み換え――や、人間ごときが尊大にもまいてはならないというあの「災いの種」とがっちり結びついてしまっている。運悪く除草剤耐性ダイズを売り出したことと、ビッグサイエンスとビッグビジネスに対して定着した不信によって、このテクノロジーがものの見事に妨げられてしまったようなのである。

前世紀の末にグリーンピースのカンファレンスでおこなわれたシャピロの講演には、痛切で皮肉な響きがある。モンサントのトップは、前へ進むには、二極化した論争ではなく対話が必要だと言った。バイオテクノロジーの研究計画に着手したばかりのころからモンサントがそうしていれば――農家や消費者と本当の意味で双方向のコミュニケーションを図り、協力関係を築けていれば――話はまったく違っていたかもしれない。だがそうはせず、GM――社内の主任研究員は「これまでになされた科学技術の発見のなかで最も重要なもの」と呼んでいた――のメリットを確信していたため、自分たちはほかの人々を説得しさえすればいいと思っていたのではないか。モンサントの重役たちは、自分たちのテクノロジーが世界じゅうの従順な大衆にあっさり受け入れられると決めつけていたのだろう。一九九〇年代の終わりにヨーロッパでGMへの反発が生じると、彼らは完全に虚をつかれたようなのである。

ヨーロッパの市場が事実上閉ざされたため、モンサントはほかの消費者を早急に見つける必要に迫られ、発展途上国にいっそう目を向けるようになった。そこでグローバル・サウス（南半球の発展途上国）のバイオテクノロジー企業や種子企業を買収し、貧しい農家の支援と環境の保護を約束したうえで、小規模農家支援プログラムを立ち上げ、資金を投入してGM作物が貧しい国に与える影響を調査した。これはGM技術への反対をなくしていくための広報活動にすぎない、と一歩身を引いて考えるのは簡単だが、ヨーロッパで反発が生じる前から、モンサントの上層部はこうした貧困者支援を口にしていた。また意外にも、論争や反対の嵐は、モンサント自体に良い――会社の方向性を啓蒙活動に熱心な科学者のビジョンに近づけ、真に人道的な道を歩ませるような――効果を及ぼしたのかもしれない。それでもまだ僻目《ひがめ》で見るのは簡単だが、遺伝子組み換えの利用のしかた次第では――ロスリン研究所のマイク・マグルーが考えたように――世界でもとくに貧しい地域を本当に救える可能性がある。

モンサントは貧しい農家への支援を約束すると同時に、社の知的財産についても気前がよくもあった。公的機関でイネのゲノムを研究している科学者――あのゴールデンライスの開発に携わっているヨーロッパの科学者も含めて――に対し、知識やテクノロジーを惜しみなく分け与えたのである。

## ゴールデンライスに黄金の未来？

最初のゴールデンライスは、スイス連邦工科大学のインゴ・ポトリカス博士とフライブルク大学（ドイツ）のペーター・バイエル博士が率いるチームによって開発され、一九九九年に公表された。ゴールデンライスは二〇〇〇年に『タイム』誌の表紙を飾ったが、一〇年経っても農家の手に渡っていなかった。当時最も一般的なGM作物は除草剤耐性ダイズで、その次が除草剤耐性と耐虫性を併せもつトウモロコシだった。どちらも産業規模の商品作物だ。明らかに貧困者を助けるGMイネの開発は、はるかに遅いペースで進められていたらしい。

最初のゴールデンライスに取り組んでいた遺伝学者たちは、たったふたつの遺伝子――スイセンの遺伝子と細菌の遺伝子――をイネの一品種にうまく導入することで、そのイネがベータカロチンをみずから合成できるようにした。二〇〇五年には、（モンサントの主なライバル企業で、農薬とバイオテクノロジーを看板に掲げるスイスの巨大企業シンジェンタによって）さらなる遺伝子の改良がなされ、スイセンの遺伝子の代わりにトウモロコシの遺伝子が使われた。こうして生まれた第二世代のゴールデンライスは、第一世代に比べ、さらに多くのベータカロチンを産生できた。

ゴールデンライスの開発者たちは、*Oryza sativa japonica*（ジャポニカ）という品種のイネに新しい遺伝子を導入したが、アジアで最も広く栽培されている品種は *Oryza sativa indica*（インディカ）だ。遺伝子組み換えをしたジャポニカからインディカに「ゴールデン」の形質を移すべく、イネの育種家は従来の育種法を利用した。二〇〇四年と二〇〇五年に米国で野外試験がおこなわれたのち、二〇〇八年にアジアで小規模な試験が、二〇一三年にはもっと広い範囲で試験が実施されている。インドの農学者たちは、「ゴールデン」の形質を一般的なインドの品種のイネに導入することに、まだ取り組んでいる。だが二〇一六年になっても、農家が栽培に使えるゴールデンライスの種子は依然として何もなかった。実験室ですばらしく有望な進歩に見えたものも、現実の世界の作物にするのは、予想をはるかに超えて難しいことがわかったのだ。ひとつの問題は、「ゴールデン」の形質をほかの品種のイネに導入すると、収量が減ってしまうことだった。しかしゴールデンライスの支持者は、進展が遅いのは反GM運動のせいだとしきりに言っている。事実、この作物の開発が直接的・間接的な活動によって妨げられてきたことは間違いない。フィリピンで試験がおこなわれていた作物をだめにしたのは、農家ではなく活動家なのだから。

ここまで見てきたように、GM作物――ゴールデンライスも含め――に対する反感の一部は、ビッグサイエンス、ビッグビジネス、工業型農業への、そして政府がリスクを認めて人々や環境を守ることができていない現状への不安から発している。このリスクは、食品の安全性から環境への影響、農民の主導権の喪失にまで至るさまざまな懸念である。ひとつめの懸念は、容易に払拭できそうだ。GM食品がヒトの健康に対してなんらかの脅威をもたらす証拠は存在しない。

しかし、ふたつめの懸念はかなり現実味がある。野生種はGM作物の遺伝子で「汚染」されてしまう可能性が非常に高く、また環境にどんな影響が出るのか予測することは困難なのだ。メキシコでは、GMトウモロコシの組み換え遺伝子が古くからの在来種に流れ込み、大きな問題を引き起こした。GM作物を世界で初めて栽培した中国では、耐虫性をもつワタがおおむね成功を収めた。だが実のところ、そうなったのは、規制を無視して「こっそりと」GM作物の形質を在来種に導入してしまったからにほかならないらしい。この新たなテクノロジーが野に放たれてしまうと、元に戻すすべはないのだ。

環境への組み換え遺伝子の流出という問題にどう取り組むかの判断は、GMを従来の育種法の延長にすぎない――飼育栽培種とその野生種とのあいだで絶えず起きていた交雑に付きものだった――ととらえるか、あるいはまったく新しい現象と見なすかによって、大きく左右される。GMの支持者は前者の立場をとることが多い。異なる種のあいだで遺伝子が交換されることへの懸念を軽視し、GMは植物育種の世界で自然な進歩だとする見方を後押ししているのである。これはむしろ、産業革命で生まれた織物工場が単純な紡織の延長にすぎないと言うようなものだとする指摘もある。それでも、新たな作物を生み出すほかのハイテク手段――放射線育種など――は、そこまで懸念されてはいない。

反GMを掲げるロビー団体は、このテクノロジーが大きな転機をもたらし、ヒトと、飼育栽培種と、それ以外の自然界との関係を根本から変えてしまうことを確信している。あいまいな態度をとるわけではないが、どちらの言い分にも一理ありそうだ。GMは状況を根本的に変えるか、少なくとも植物の育種にかんしてルールを大きく曲げる。だが一方で、農耕も――またそれ以前の狩猟採集ですら――絶えず自然界に影響を及ぼしてきた。この新しいテクノロジーが長期的にどんな影響をもたらすのかは、ほとんど予測できない。これは生まれたての新技術に付いてまわる問題であり、ひょっとすると、政府が予防原則に従い、GM作物の栽培許可を出すのにとても慎重になっている大きな理由のひとつなのかもしれない。

三つめの懸念——貧困地域における食の主導権にまつわる懸念——も深刻な問題だ。科学者も政治家もジャーナリストも、遺伝子組み換え技術を「貧困者を助ける」ものとして持ち上げることが多いが、途上国の人々に実際に何か恩恵をもたらすという証拠は、今のところわずかしかない。現在手に入るGM作物の大半は、豊かな国の工業化された農場向けに作られている。調査がおこなわれた場所では、一般に、GM作物は貧しい国に経済的恩恵をもたらすことが明らかにされている。だが、悪魔は細部に宿るものだ。発展途上国でそうした作物が栽培されているからといって、小さな農場の貧しい農家が栽培しているとはかぎらない。たとえば、アルゼンチンのGM作物の大半は、工業化された大規模農場で育てられている商品作物で、地元の人々を養うためではなく、利潤を生み出すための作物なのである。

それでも、GM作物が足場を築きつつある地域もある。そうしたリスクが——実際のものも、感覚的なものも——ありながら、ひとたび解禁されると、GM作物は驚くほど早く取り入れられているのだ。二〇〇一年、GM白トウモロコシの栽培が南アフリカで合法化され、それから一〇年もしないうちに、この国で育てられる白トウモロコシの七〇パーセント以上がGMになった。二〇〇二年には、インドの農家が耐虫性をもつGMワタを合法的に栽培できるようになり、一二年後、その国で育てられるワタの九〇パーセントがGMになっていた。また二〇〇三年にブラジル政府がGMダイズを合法化すると、八年後にはブラジル産ダイズの八〇パーセント以上をGMが占めていた。GM作物の同じような急拡大は、フィリピンで黄トウモロコシが、中国でGMパパイヤが、ブルキナファソでGMワタが合法化されたあとにも起こっている。新品種で収量の問題が解決され、経済的な効果があれば、ゴールデンライスの未来は明るいはずだ。とはいえ、ゴールデンライスにはこうしたＧＭ作物のほとんどの成功例とは異なる点がひとつあり、それが可能性をつぶしてしまうおそれがある――ゴールデンライスは食用作物なのだ。

　産業用作物――動物飼料用のトウモロコシや繊維産業用のワタなど――に対するリスクと恩恵の感覚は、食用作物の場合とまったく異なる。興味深いのは、ヨーロッパは政府や流通業者や消費者が障壁を設け、人間向けのＧＭ食品の販売を事実上凍結している一方、たくさんのＧＭトウモロコシやＧＭダイズが動物に与えられているという事実だ。ヨーロッパの動物飼料の九〇パーセント近くは、アメリカから輸入されたＧＭなのである。ＧＭ食品《フード》の場合は、それとわかる表示が義務づけられているが、ＧＭ飼料《フィード》を食べた動物に由来する食品には、その表示をする必要はない。

　食用作物では、人々の健康に対する根拠のない不安が、農家や経済にもたらしうる恩恵をもっと明確に示す証拠を上回ってしまうことがあるようだ。インド政府は、二〇〇二年に耐虫性をもつＧＭワタの栽培を認可しているが、二〇〇九年にはＢｔナスという耐虫性をもつＧＭナスの使用を禁止している。Ｂｔナスの耐虫性の遺伝形質はＧＭワタとまったく同じもので、細菌の遺伝子がひとつ挿入されている。この遺伝子が生み出すものは幼虫に対して毒性を示し、Ｂｔナス導入への反対は、この殺虫作用のあるタンパク質が人体にも有害なのではないかという、科学的根拠のない不安によるものなのだ。インドだけでなく世界じゅうの科学者から抗議があったものの、インドの環境相はあとへ退《ひ》かず、ＧＭナス導入を阻止した。なんとも厄介な話に思えるが、いつもそうなるわけではない。国ごと、作物ごとに、政治や社会や経済の情勢は異なる。二〇一三年にバングラデシュは、Ｂｔナスの栽培を合法化した。これまでのところ、殺虫剤の使用が減る一方で収量は増えており、結果は期待できそうだ。しかし議論は今も続いている。

　ＧＭ食品のメリットがよくわかれば、消費者は考えを変えるかもしれないという調査結果も出ている。道端に果物の露店を構え、従来の果物と、有機栽培の果物と、無農薬のGM果物を並べる実験を、ニュージーランド、スウェーデン、ベルギー、ドイツ、フランス、英国でおこなったところ、価格が適正であれば、消費者はGM果物を進んで購入することがわかった。GM果物が無農薬という選択肢を提示し、有機栽培の果物より安く売られれば、それは好ましい選択肢となったのだ。

Ｂｔナスやゴールデンライスなどの GM作物を農業に取り入れると、生産性や経済や人々の健康に明白な恩恵をもたらすことがわかれば、リスクと慎重に比較考量する必要がある。組み換え遺伝子が環境へ漏れ出すことは避けられないだろうし、社会への影響も予想される。一方で、GM反対を声高に叫ぶ人々は、世界でも比較的豊かな国で暮らしていることが多く、自分たちの反対によって、発展途上国の農家がGM作物の栽培についてみずから判断する機会がどれほど妨げられているのか、じっくり考えてみる必要がある。政治学者のロナルド・ヘリングとロバート・パールバーグはこう述べている。「豊かな国の消費者がGMOに対する考えを改めないかぎり……ほとんどの発展途上国の農家は［こうした］新品種の食用作物を用いることができないままだ。歴史上これが初めてではないが、富める者の分別が貧しき者の幸福を後押しするのである」

モンサントは不運にも、BSEスキャンダルの直後にヨーロッパへGMダイズを持ち込もうとしたために、批判の矢面に立たされた――グリーンピースのピーター・メルチェットが予想したとおり。それからほぼ二〇年が過ぎ、われわれはGM作物が実際に及ぼしうる影響を理解しだしている。ゴールデンライスが受け入れられ、根づくかどうかは、時間が経てばわかるだろう。それはもうじき農家の手に入りそうで、開発者がずっと望んでいたような、ビタミンA欠乏症を防ぐ安価で有効な手段となる可能性が検証されるはずだ。

それでついに、待つ価値があったのかどうかがわかるだろう。

## 世界的スーパー作物の地味な起源

今日、イネはどこにでもある。世界に蔓延するビタミン欠乏症を撲滅したければ、これは明らかに新しい遺伝子を突っ込むべき作物だ。それで、イネはGM論争のど真ん中に置かれた。だが、そもそも栽培化されたイネの起源にも、議論が付きまとっている。

イネにはふたつの栽培種がある。アフリカイネ（*Oryza glaberrima*）は西アフリカの狭い地域で栽培されており、南米でもまれに見られる。アジアイネ（*Oryza sativa*）の分布ははるかに広い。このイネにはふたつの亜種がある。ジャポニカ（*Oryza sativa japonica*）とインディカ（*Oryza sativa indica*）だ。ジャポニカ種は、粘り気のある短い粒で、本質的に高地の植物であり、乾田［栽培期間以外は排水して乾かす田］で栽培される。インディカはこれと違い、粘り気のない長い粒で、（リャオ・ジョンプーがもっていた、曲がりくねった水浸しの棚田のような）低地の湿田［栽培期間以外も水を湛えている田］で育つ。インディカの分布はほぼ熱帯に限られているが、ジャポニカには温帯型と熱帯型が存在する。どちらの亜種も、野生種のイネである*Oryza rufipogon*と近縁関係にある。どちらかが他方の祖先なのか？　それとも両者は別々の起源から生まれたのだろうか？

イネの野生の祖先にあたる*Oryza rufipogon*は、湿地の植物で、東インドから、ベトナム、タイ、マレーシア、インドネシアなどの東南アジアを越えて、中国の南部・東部に至る、アジアの広範囲に自生している。しかし考古学や植物学の手がかりは、栽培イネの発祥地として、この範囲にある特定の地域を指し示している。それは中国だ。この栽培化の中心地からは、ほかにも、ダイズ、アズキ、アワ、柑橘類、メロン、キュウリ、アーモンド、マンゴー、茶の栽培種が世界に提供されている。作物の栽培化を示す最古の考古学的な証拠――イネもそうした最初期の栽培種だ――は、およそ一万年前にまでさかのぼる。

　二〇〇〇年、遺伝学者が自分たちの証拠でイネの起源の問題に迫ると、考古学の証拠も遺伝子マーカーも、インディカが中国南部にただひとつの起源をもち、のちに高地に適応してジャポニカが生まれたという同じシナリオを語っているように思われた。だが、だれもが納得したわけではない。一部の遺伝学者は、インディカとジャポニカの違いがそれほど短期間で生じたにしては大きすぎるとし、ふたつの亜種は別々に栽培化されたのではないかと主張した。その後の研究では、「ふたつの起源」説が支持された。だが、ひとつ引っかかることがあった。ふたつの亜種がもつゲノムには、起源が異なる場合に考えられる以上に似通っている領域が、いくつかあったのだ。そしてこれらの領域は、穂が脱粒しにくい、まっすぐに育ちやすい、側枝が少ない、籾殻《もみがら》が黒でなく白になるといった、栽培種の重要な形質に関与していた。ジャポニカとインディカが別々の起源をもち、野生のイネの異なる亜種から生まれたとすれば、これらの遺伝子が同じだったはずがない。

　話は例の筋道をたどって展開しているようだった。わずか数個のマーカーを調べた初期の遺伝子研究では、単一の起源が提唱されていたが、やがてもっと広い範囲を調べた遺伝子研究が現れ、多地域にわたる複数の起源が示唆された。それからさらに、ゲノムのさまざまな部分が、過去の出来事について相反する証拠を示しているように見えたのである。

　二〇一二年、中国の遺伝学者らが改めてこの問題に挑み、その成果を『ネイチャー』誌に発表した。彼らがおこなったのは、イネのさまざまな野生種と栽培種を対象とした、ゲノムワイド解析だ。すると、ゲノムのいくつかの領域、とくに栽培種の形質に関わる領域は、最近分岐が起きたこと――したがって栽培種のイネの起源はひとつであること――を示しているようだとわかった。ところが、ゲノムのほかの領域は、はるかに遠い祖先の歴史を明らかにし、複数の起源を示していた。遺伝学者にこの謎を解く糸口を与えたのが、栽培種と、各地に自生するさまざまな野生種との近さだった。ゲノムのなかで、栽培種の形質と密接に関わる五五か所の領域については、インディカもジャポニカも、中国南部における特定の野生イネのグループに最も近かった。この野生イネの祖先は、栽培イネの祖先でもあったのだ。ところがゲノム全体を見てみると、ジャポニカは依然として中国南部の野生イネに一番近いものの、インディカは東南アジアや南アジアの野生イネに近かった。イネが中国南部で最初に栽培化されてジャポニカが生まれ、それから西へ広がりながら、各地の野生イネと大規模に交雑したのだとすれば、これは納得がいく。もちろん、イネは自分で移動したわけではない。近東の場合と同じく、中国でも新石器時代に人口が増大し、農耕民が移動していたのだ。現代のチベット族のY染色体には、一万〜七〇〇〇年前に移住の波が押し寄せた証拠が刻まれている。やがて、東から来た栽培種のジャポニカが、ほぼ栽培化されていたインディカと接触することとなった。したがって、やはりトウモロコシと同じように、単一の起源から広がりながら、ほかの野生種や「原初の栽培種」と交雑を起こしたという流れのようなのだ。

栽培イネの起源について考えていると、あのひどく頼りなさげに見えた——何枚かの細長い葉に根がついただけの——ひとにぎりの苗のことを思い出さずにいられない。リャオ・ジョンプーが、曲がりくねった細い水田に植えるために、私にくれたあの苗だ。この草が、どうやってこんなにも重要な「協力者」となったのだろう？　コムギやトウモロコシと同じく、最初に野生イネを食料として利用したことについては、ちょっとばかり謎がある。栽培化が始まる前、あの脱粒しない穂軸が生まれる前、穀粒が大きくなり収量が増える前に、なぜ硬い小さな穀粒を実らせるこの地味な草に目をつけたのか、なんとも想像しがたいのだ。

その答えの一部は、複雑な食生活と、栽培化の長いプロセスにある。現代から見るとイネはとても重要だが、実のところ最初は副次的な作物でしかなかった。初期の穀物ではアワ――早くも一万年前に栽培化されていた――のほうが重要で、その拡大はイネに先立っていたらしい。しかしある意味で、アワを見るとイネの栽培化はいっそう意外なものに思える。栽培種はもちろんだが、アワの野生種は見事に詰まった穂をもっている――狩猟採集民が引きつけられる姿が目に浮かぶ。それにひきかえ、だれかがイネにチャンスを与えた理由についてははるかに理解しがたい。とはいえ、イネはいきなり頼りなさげな野草から重要な主食に躍り出たわけではない。イネは初め、中国南部の人が採集して食べていた多様な食物のごく一部にすぎなかった。東アジアの初期の農耕民は、ヤムイモやタロイモのようなデンプン質の根や塊茎のほか、ヒョウタンや黄麻《コウマ》のような非食用植物など、幅広い作物を栽培していた。また黄河に近い、現在の河南省にある八〇〇〇年前の賈湖《かこ》遺跡からわかるように、彼らはハスやヒシや魚など、野生の動植物もたくさん食べていた。だが、そこにはイネも混ざっており、少しずつ重要性を増していった。

イネの栽培化が最初に起こった場所について、考古学者と遺伝学者の見解はおおまかに一致しているようだ――あくまでおおまかにだが。遺伝学でたどっても、考古学でたどっても、中国南部に行き着く。しかしそれは相当広い地域だ。「単一の起源から広がってのちに交雑した」という先ほどの説を発表した中国の遺伝学者たちは、現在の広西チワン自治区の珠江中流域を、栽培イネの発祥地と特定している。あの有名な龍脊の棚田で受けた、永遠か少なくとも悠久の時という印象は、単なる空想にとどまらないのかもしれない（リャオ・ジョンプーは最初の稲作農耕民の直系の子孫なのではないか、とも私は思った。実のところ、その可能性は非常に高い――連綿と続く家系図を何世代もさかのぼれば、そうなるのも当然だ。ほかの中国人すべてにも言えることだが）。

このように珠江流域を栽培イネの発祥地と遺伝学で特定した結果には、問題がある。考古学の証拠と食い違っているのだ。栽培イネの最古の痕跡は、はるか北の長江周辺で発見されている。長江の下流域には、野生イネの採集への関心が高まっていたことを示す、一万二〇〇〇～一万年前の証拠があり、もっとまばらな利用はさらに昔にまでさかのぼる。長江流域にある洞窟や岩陰遺跡では、一万年以上も前のものされる（穀物などをすりつぶすための）石皿や野生イネの籾殻が見つかっている。さらに、浙江省の上山遺跡から出土した新石器時代の土器には、栽培イネの籾殻とおぼしきものが見つかっており、粘土に混ぜ込んでこねられていたようだ。この土器の年代は、およそ一万年前と推定されている。近くの湖西遺跡から出土した九〇〇〇年前のイネの小穂は、脱粒しない形質――栽培化のあかし――をはっきりと示していた。イネのプラント・オパールは、野生種と栽培種で異なり、これを利用することで、およそ一万年前からイネがゆるやかに栽培植物へと変わっていることも明らかにされた。八〇〇〇年前までにイネが栽培されていた証拠は、穀粒そのものの特徴として、長江流域のいくつかの遺跡に残されている。そして七〇〇〇年前ごろになると、バランスが傾きだし、栽培種の数が野生種を上回るようになる。

もちろん、長江のほうにもっと古い痕跡が見つかっているのは人為的な結果――研究者たちがこの場所を比較的熱心に、長い時間をかけて探してきたためか、この場所でとくに幸運に恵まれたため――にすぎず、珠江流域には、まだ見つかっていないさらに古い遺跡があるという可能性はつねに存在する。そこである考古学者のチームは、少数の遺跡だけに頼らず、さらに洗練された手段を選び、アジア全域の考古学的な証拠をできるかぎり利用して、イネの拡散にかんするコンピュータモデルを作成した。このモデルもやはり、長江の中・下流域にイネの栽培化の起源がひとつ――もっと可能性が高いのは、密接なつながりをもつ起源がふたつ――あると予想していた。今すぐ賭けを求められたなら、龍脊のあの素晴らしい景観にはロマンチックな愛着を感じるが、私も長江に賭けるだろう。

## 冬来《きた》る

イネの栽培化が始まったタイミングには、重要な意味がある。同じころ、アジアの反対側では、そこに生えていた野生の穀物——ライムギ、オオムギ、オートムギ、コムギ——が、栽培されだしていた。一万一〇〇〇年前から八〇〇〇年前には、肥沃な三日月地帯のこうした穀物は主食となり、極東のアワやイネと同じように、野草から栽培作物へと変化した。

アジアの両端にいたふたつの狩猟採集民の集団が、新たに野草を好むようになり、次第にそれに依存していき、やがて作物として栽培したというのは、偶然にしてはできすぎている。ヒトの行動に生じたふたつのそっくりの変化を結びつける何か——肥沃な三日月地帯と、六〇〇〇キロメートル以上隔てた長江流域に働いた何か——がきっと存在する。その「何か」は、気候変動だった可能性が最も高い。

最終氷期で寒さと乾燥がピークに達していたころ、野生イネの分布は、東アジアの熱帯地域にある比較的湿潤なレフュジア（待避地）に限定されていただろう。やがて一万五〇〇〇年ほど前から気候が温暖化するにつれ、野生イネは生息域を広げ、大気中の二酸化炭素濃度の上昇もそれに拍車をかけた。穀粒をいっぱいに実らせて密生する野生の穀物は、アジア一帯の狩猟採集民に収穫しやすく当てになる食料をもたらした。こうした好適な気候条件のもとで、野生イネ——それにアワ——は、現在よりもっと魅力的に見えたかもしれない。われわれがトウモロコシで考えているように、大きな穀粒や少ない側枝《そくし》といった、栽培化の過程で集団全体に組み込まれたものに近い形質をもつ植物が、いくらか存在していた可能性もある。そうした植物はすでに優れた食料源のように見え、採集もしやすかった。

だが、約一万二九〇〇年前にヤンガードリアス期が襲い、寒冷な乾燥期が一〇〇〇年以上続いた。野生の食料が先細りになるなか、人々はこうした資源をコントロールする必要に迫られ、依存を深めていた野草を栽培しだしたのかもしれない。ヤンガードリアス期の直前に人口が急増したことで、気候が悪化した期間の資源はさらに不足していたはずだ。西アジアではコムギ、東アジアではイネ――そしてメソアメリカではトウモロコシだったかもしれない――というように、ヤンガードリアス期はこうした植物種をヒトとくっつけ、その後何百年、何千年と続く協力関係を築き上げる重要なファクターとなったのではなかろうか。当てにできる資源として、穀物は食事のなかで重要なものになった――つまり主食となったのである。栽培はそれに続くステップだったのだろう。

これは、人類史に対する、われわれが慣れ親しんでいるかもしれない見方とは大きく異なっている。純然たる創意工夫に駆り立てられた、勝利の歩みの連続ではなく、不運と災難、偶然と幸運が綴られた物語である。人々は苦境に陥り、生活様式を変えて、変わりゆく環境に順応せざるをえなかった。アジアの両端で穀物が主食となり、のちに栽培されるようになった状況は、気候の寒冷化によって選択されたというより、むしろ必要に迫られたと考えれば納得がいく。

だが、西アジアと東アジアの穀物栽培が気候変動によって発展したのだとしても、この広大な大陸の両端では、新石器時代の展開のしかたがまるで違っていた。西アジアでは、農耕の始まりは土器の発明より早く、長い「先土器新石器時代」がほぼ一万二〇〇〇年前から八〇〇〇年前あたりまで続いた。東アジアでは、土器が先で、農耕の最古の証拠よりもずっと早く考古学的記録に現れている。先土器新石器時代ではなく、「先新石器土器時代」だ。その年代は今もさかのぼりつづけている。

日本の狩猟採集民による縄文文化の土器は、約一万三〇〇〇年前にまでさかのぼり、世界のどこの土器よりも古いと長らく考えられていた。ところがここ一〇年で、さらに古い土器文化の証拠がアジアに現れた。ロシア東部やシベリアの遺跡では、なんと一万六〇〇〇～一万四〇〇〇年前の土器の証拠が見つかっている。また中国南部の道県の洞窟で発掘された土器片とそれに付いた遺物を分析すると、驚くほど古い年代——一万八〇〇〇～一万五〇〇〇年前——が示された。この研究が公表されたのは二〇〇九年だ。その後、さらに古いものが見つかった。二〇一二年、『サイエンス』誌の論文で、中国の江西省にある仙人洞で土器片を発見したことが報告されたのだ。その年代はおよそ二万年前、最終氷期の極大期だった。すると中国では、農耕が始まる一万年ほど前に土器が使われていたことになる。土器の用途は何だったのだろう？　洞窟からは、シカやイノシシの骨、それにイネのプラント・オパールが見つかっている。これほど遠い昔の氷河期にも、狩猟採集民は、肉やほかの植物とともに少しばかり野生イネを食べていたようだ。土器片に付いた残留物の分析はまだ報告されていないが、土器片の外面に黒い焦げ跡があるため、火にかけられたことがうかがえる。江西省の狩猟採集民がどんな食事をしていたのかはわからないとしても、土器で何かを調理していたように見えるのは確かだ。これらの初期の土器片を報告した考古学者たちは、デンプン質の食料や肉を調理することで得られるエネルギーについて語っている。だが私は思う。ときにわれわれは、こうしたかなり抽象的な考えに注目するあまり、もっと明白なメリットを見落としているのではないか。氷河期の真っ只中に、狩猟採集に励んだ寒い大変な一日を終えてからの温かい食事は、待ちに待ったご馳走だったにちがいないのだ。

そのほかにも、貯蔵や食品の加工（チーズ濾し器を思い出してほしい）や酒の醸造に使われた、先史時代の土器があることがわかっている。土器の使用は、中国では農耕の始まりより早く、しかも社会をその方向へ——複雑化、階層化、定住化へ——と進ませるお膳立てをした可能性すらある。話の細部は異なるにしても、ひょっとすると、これもまた、農耕が複雑な社会を生み出したという古くからの考えを覆す例なのかもしれない。しかし慎重を期す必要がある。定住社会と農耕が始まったのは、中国で土器が使用された最古の証拠より、ずっとあとのことなのだから。そこには何千年もの隔たりがある。

それでも、仙人洞で発見された土器片により、土器と定住と農耕という従来の「新石器パッケージ」が粉砕されてしまったのは事実だ。人々が上山遺跡のような集落で暮らし、籾殻入りの土器をこしらえていたころには、彼らは定住生活への移行を果たしており、採集だけでなく栽培もおこなっていた。だが、今から二万年前に仙人洞で土器を作っていた人々は、移動生活を送る狩猟採集民だったのである。

## イネの歩み

上山遺跡などの中国にある新石器時代初期——およそ九〇〇〇年前（紀元前七〇〇〇年）——の遺跡からは、のちに人々や景観やイネそのものに変化をもたらすことになる、新たな暮らしぶりが垣間見える。こうした太古の集落には長方形の区画の住居が密集しており、最長で一四メートルに達するものもあった。住人はまだ旧式の石器——ほとんどは原石を打ち欠いてできた剥片《はくへん》石器——を使っていたが、ほかにも地面を掘り起こすための手斧、木を切り倒すための斧、種子をすりつぶすための石皿をもっていた。土器は、食料の貯蔵や加工、調理のために使われた。彼らはまだ、主に狩りや漁や採集をして暮らしていたが、イネはどんどん重要性を増していったのである。

六〇〇〇年前（紀元前四〇〇〇年）までには、イネはアワなどとともに、南は長江、北は黄河に至る広い地域で栽培されていた。稲作は南へ広がりつづけ、五〇〇〇〜四〇〇〇年前には珠江流域で大規模に栽培されるようになっていた。稲作は中国北部へも広がり、そこから朝鮮半島や日本にも伝わった。日本で初期の稲作が始まったのは四〇〇〇年ほど前で、このころに縄文土器に籾の圧痕《あっこん》が出現する。当時イネは、アワやマメ類などのもっと重要な作物とともに比較的少量育てられていた、かなりマイナーな作物だったのだろう。だがもちろん、その後急増するのは知ってのとおりだ。今ではコメ抜きの日本料理など想像しがたい。

インド北部にはイネの利用にかんする初期の証拠があり、そのことから考古学者は、そこにも栽培化の中心が別にあったのではないかと考えた。ガンジス川流域のラフラデワ遺跡では炭化した籾が見つかっており、これはおよそ八〇〇〇年前（紀元前六〇〇〇年）のものだが、野生イネの籾のように見える。見分けるのは容易でないかもしれないが、野生イネの籾の場合、穂軸から分離した場所にできる脱粒痕と呼ばれるものは、たいてい縁《ふち》が滑らかで円形をしているが、栽培イネの脱粒痕はふつう、ややでこぼこしたインゲンマメ形をしているのだ。四〇〇〇年前までには、栽培イネの決定的な証拠が見つかっている。インド北東部のマハガラにある新石器時代の遺跡で発掘された、イネの小穂だ。この小穂は、脱粒しない形質を明らかに備えていた。東からジャポニカがやってきた――その栽培化された遺伝子を運んできた――のも、ちょうどこのころである。アンズやモモや大麻といったほかの東アジアの作物や、中国のもっと古い遺跡で見つかるものとよく似た収穫用の石包丁も、この時期にインド北部へ持ち込まれた。こうした新しい作物や道具は、東アジアと南アジアの文化をつなぐ交易のネットワーク――シルクロードの原型――を通してインドにたどり着いたのではないか、と考古学者は考えている。

従来、ジャポニカが東からやってきたときに、インドの初期の栽培品種――栽培化された種に期待される形質を部分的にしか備えていなかった――と交雑したという主張がなされてきた。その後、移ってきた栽培種と地元の「原初の栽培種」との交雑により、栽培化に適した形質と、その土地の気候への適応力を併せもつ作物が生まれ、*Oryza sativa indica* となったのだろうと。ところが、最近インド北西部の遺跡でおこなわれた調査の結果は、こうした交雑の流れに疑問を投げかけている。四五〇〇年前のマスドプル第一遺跡と第七遺跡では、出土した籾の一〇パーセントが栽培種のようなのだ。東からやってきたジャポニカから栽培化に適した形質をもたされたとするには、この年代は古すぎるように思える。考古学者たちは、これにより、インド北部に——東アジアよりあとだが——独立したイネの栽培化の中心地が実際にあった可能性が高まったとの見解を示した。だがその考えは、遺伝子のデータとは一致しない。決定的なことに、今日のインディカがもつ栽培化に適した対立遺伝子は、脱粒しない形質のほか、白っぽい籾殻や大きな穀粒に関わるものまで、すべてジャポニカに由来していたのである。

ここにはふたつの可能性がありそうだ。ひとつは、*Oryza sativa indica* の初期の品種がすでに生まれており、栽培化に適した対立遺伝子を独自に獲得していたが、のちにジャポニカの対立遺伝子にすっかり置き換わり、今日のイネに見られるパターンが生じたという可能性だ。もうひとつ——こちらのほうが有望かもしれない——は、*Oryza sativa japonica* が四〇〇〇年前より少し早くインド北部にたどり着いていた可能性である。この問題を解決するには、マスドプル遺跡の籾に保存された太古のＤＮＡを（実際に何か残っていれば）分析するしかないだろう。

この議論は、栽培［cultivation］と栽培化（馴化《じゅんか》）［domestication］との重要な違いにも焦点を当てている。栽培とは、ヒトが植物に対しておこなうこと——種子をまき、世話をして、収穫すること——をいう。一方、栽培化とは、ヒトがある種と関わり合うことで故意あるいは無意識にもたらした選択圧を受けて、その種の遺伝子や表現型が変化することを指す。インド北部のイネは、東から来た品種と関わりをもつまでは真の意味で栽培化されていなかったとしても、事実上、インド北部は農耕の独立した中心地だったのかもしれない。これは、ほかの作物については確かにそのとおりだ。ほかの地域から作物が持ち込まれるずっと前に、リョクトウや種子の小さなイネ科などの地元の植物がガンジス平野で栽培されていたことを示す、十分な証拠がある。インドで稲作が始まったときに何が起こったのであれ、紀元前数百年には、イネはインド亜大陸の全域で栽培されていたのである。

西アフリカにおける栽培イネの起源については、そのような議論はない。そこにはまったく別の農耕の中心地があり、およそ三〇〇〇年前（紀元前一〇〇〇年）にイネが――まるで違う野生の祖先から――栽培化されたことがわかっているのだ。西アフリカでは、ウシやヒツジやヤギの導入とともに新石器時代が始まり、牧畜民が少しずつ定住して、イネ、モロコシ、トウジンビエなどの穀物や、ヤムイモを栽培しだした。ニジェール川流域にいた初期の農耕民は野生種の *Oryza barthii* を栽培しており、これがアフリカイネとして知られる栽培種 *Oryza glaberrima* になった。アフリカイネのゲノムワイド解析からは、このイネが、離れたいくつもの栽培化の中心地ではなく、かなり孤立した単一の起源から生じたことがうかがえる。こうした研究は、栽培化のプロセスについて興味深い事実も明らかにした。遺伝学者たちはアフリカイネの野生種と栽培種のゲノムを細かく調べ、人為選択の影響を受けた――おそらく選択された表現型と関係している――領域を探した。そうした表現型や遺伝子が、アジアイネで選択されているものと比べてどうなのかを確かめたかったのだ。そこで、それぞれの種で相同な（つまり互いに対応する）遺伝子を調べてみた。これらの遺伝子は、栽培化のはるか以前にアフリカイネとアジアイネの共通祖先から受け継いだもので、互いによく似ているのである。遺伝学者たちは、栽培化に関わる形質――籾殻の色、脱粒、開花など――をもたらすいくつかの遺伝子に、重要な変化を見つけた。一方で、その変化はふたつの栽培種のあいだで異なっていた。たとえば脱粒を制御しているある遺伝子の場合、アフリカイネの栽培種は、野生の祖先に比べてDNA配列の一部を失っていることがわかった。そして、アジアイネの栽培種でそれに対応する遺伝子を見ると、アジアイネの野生種にはない、余分なDNA配列が含まれていたのだ。このように遺伝コードの変化はまったく異なる――アフリカイネではコードの一部が欠失し、アジアイネでは挿入が起こっている――が、もたらされた影響は同じだった。どちらの遺伝子変異も、脱粒性の低下に関わっていた。つまり、アジアとアフリカの農耕民は、それぞれ自分たちが育てていたイネで同じような形質を選択し、その選択圧が、構造上は異なるが機能上は近い変化を相同な遺伝子にもたらしたのである。これは、アジアとアフリカで初期の稲作民が同じような形質を好んでいたことに加え、アフリカイネではまったく別の栽培化が起きたことも十分に示す証拠だった。*Oryza sativa indica* が、栽培化に関わる対立遺伝子を *Oryza sativa japonica* から受け取ったのとは違い、アフリカイネ——*Oryza glaberrima*——は、栽培化に関わる遺伝子としてまるで違うものを独自に手に入れたのだ。

## 濡れた足と乾いた農地

水浸しの土壌を嫌う植物は多いが、冠水した農地でよく育つものもある。イネはたまたまそうした条件を好み、その秘密が明かされたのは新石器時代のことだ。水田の最初の形跡は長江下流域にあり、そこでは紀元前三千年紀のものとされる灌漑システムが見つかっている。植物の手がかりも残されている。考古学者が、長江の支流にある新石器時代の八里崗《はちりこう》遺跡にある太古の堆積物をふるいにかけていて、海綿の骨片やケイ藻類——シリカの細胞壁をもつ微小な藻類——のほかに、湿地に育つ草の種子も発見したのである。いずれの手がかりも、四〇〇〇〜五〇〇〇年ほど前に水を湛えた農地があったことを物語っている。それから水田の稲作は広まり、多くの考古学者の考えでは、約二八〇〇年前に朝鮮半島や日本でこれが始まったことは、初期の農耕民が移住してきたことを表しているという。

冠水した農地は大きなメリット——雑草の生育を抑え、イネの生産性を上げる——をもたらしたはずだ。人々はどうやってこの秘密に最初に気づいたのだろう？　思うに、おおかたの発見と同じだったのではなかろうか。偶然によってだ。とりわけ雨の多い年に農地が冠水したのかもしれない。農耕民は半狂乱になったにちがいない……ところが、その年は大豊作になった。この秘密が明かされると、たちまちそれは広まった。やがて、稲作文化の証拠が史書や出土品に現れる。紀元前八世紀に編まれたとされる『詩経』には、渭水《いすい》から水を引き入れた稲田についての記述がある。紀元前二世紀には、中国の歴史家である司馬遷が、長江流域の農地は「火耕水耨《かこうすいどう》」されると記しており、おそらくこれは、農耕のために火で土地を焼き払い、雑草が生えないように水を湛えた稲田が作られたことを言っているのだろう。

水田でも畑でも栽培できるイネは、有用な穀物であることがわかり、各地に広まっていった。ここでもやはり、なんでも理論的に語るというおなじみの学者の罠に陥りやすい。人々がイネを栽培してコメを食べはじめたのは、それがタンパク質などの栄養素やカロリーの源として優れていたからではない。コメを食べはじめた理由は、おいしかったからにちがいないのだ。私は料理番組を見て、世界じゅうの料理文化を知るのが好きだ。新石器時代の祖先を侮ってはいけない。彼らにも彼らなりの料理があったのだ。さまざまな食材を組み合わせて新たにもっとおいしいものを作る方法を、考え出しては楽しんでいたのだろう。何か新しいものを食事に取り入れる機会があれば、飛びついていたにちがいないのだ。それが十分に当てにできる食材だったら、なおさら結構だった。そしてここに、「協力者」として成功する秘密がある――魅力と有用性を併せもつことである。

紀元前千年紀までに、ジャポニカが熱帯の東南アジアで栽培されており、その後インディカが到来した。その千年紀の後半には、栽培イネが陸路で西へも広がった。ペルシャ帝国、その後アレクサンドロス大王のマケドニア王国の商人や軍隊が、地中海東岸にイネを持ち込む役目を果たした。エジプトのピラミッドからは炭化した米粒が発見されている。

ところが、イネがどのようにヨーロッパへ――とくにスペインに――持ち込まれたのかは、まだよくわからず、議論が続いている。地中海北岸に沿って広まり、たどり着いたのか？　それとも、近道をした——北アフリカから海を渡って持ち込まれた——のだろうか？　西暦一世紀のうちにはバレンシア周辺ですでにイネが栽培されていた、と主張する人もいる。一方、ずっとあとの七世紀になってから、ムーア人（ローマ人がマウレタニアと呼んでいた北アフリカの地域の住人）がイネを——サフランやシナモンやナツメグとともに——スペインに持ち込んだ、と言う人もいる。ともあれ、スペイン語でイネを意味する *arroz* は、アラビア語の *al arruz* に由来しているのだ。

たとえスペインに持ち込まれたにしても、ほかの西ヨーロッパ人にはコメは乳幼児の食べ物と見なされた。ところがスペイン人はコメを受け入れ、その食材としての可能性を見抜き、とりわけ有名なスペイン料理——パエリア——の礎を築いたのだ。一三世紀から一五世紀にかけて、稲作はスペインからポルトガルを経てイタリアへ広まった。今日なお、イタリアとスペインはヨーロッパ最大のコメ産地なのである。

コロンブスによる発見の航海以降、栽培イネは大西洋を介した交易の一品目となり、旧世界から新世界へと渡った。今日ラテンアメリカの熱帯諸国で暮らす人々にとって、コメは砂糖に次いで二番目に重要なカロリー源である。コメとマメの組み合わせは、とくにカリブ諸国の料理では定番でとても重要なものとなっている——ところがこれは、かなり最近生まれた組み合わせなのだ。わずか数百年の歴史しかなく、「グローバル化が生んだ初期の料理」と呼ばれている。それでも、根底にある発想——イネ科の種子とマメを組み合わせるという考え——は大昔からあり、農耕の始まりより前にまでさかのぼる。このふたつの食材は互いの味や食感を引き立てるようだが、さらに重要な役目も果たしている。互いに足りないものを補っているのだ。アミノ酸——タンパク質の構成要素——には、人体に必要だが体内では作れないものがある。しかし、このふたつの食材を合わせれば、そうしたアミノ酸をすべて含むタンパク質の総合的なパッケージとなる。

　東アジア、肥沃な三日月地帯、西アフリカ、メソアメリカ、アンデスなど、どの栽培化の中心地でも、初期の農耕民は、その土地のイネ科とマメ科の固有種を少なくともひとつずつは栽培化していた。今日、こうした穀物とマメの「創始作物」の子孫が世界人口の大多数を養っている。肥沃な三日月地帯では、初期の農耕民がエンマーコムギやヒトツブコムギやオオムギとともに、レンズマメ、エンドウ、ヒヨコマメ、ビターヴェッチを栽培していた。長江流域の農耕民は、イネやアワに加え、ダイズとアズキを育てていた。サハラ以南の西アフリカにある農耕の中心地では、五〇〇〇年前から三〇〇〇年前にかけて、トウジンビエやシコクビエやモロコシとともに、フジマメとササゲの栽培や栽培化がおこなわれていた。さらに南北アメリカ大陸では、トウモロコシとともに、インゲンマメ（ストリングビーン、あるいはフランス原産ではないので見当違いだが、フレンチビーンとも呼ばれる）とライマメが育てられていた。

　大西洋を介した交易では、旧世界と新世界の作物がやりとりされ、数百年続いた奴隷制もまた農耕にその跡を残した。スペイン人の入植者は、アメリカ大陸にやってくると自給作物としてイネを植えた。アメリカ先住民は土着の野生イネを採集して食べていたが、アジアイネはもっと柔らかくておいしかった。トウモロコシを栽培できない湿潤な低地でも、アジアイネはよく育った。この外来のイネは、その後ラテンアメリカやカリブ諸島で主要作物となる。一八世紀になるころには、イネはサウスカロライナで、ほぼ輸出用に大規模栽培されるようになっていた。

　奴隷にされたアフリカ人は、モロコシとアフリカイネ（*Oryza glaberrima*）を新世界へ持ち込んだ。しかし、アジアイネ（*Oryza sativa*）のほうがアフリカイネよりも収量が高かったので、一般的な作物となったのである。そのため、カリブ諸島の有名なライス・アンド・ビーンズは本当の意味で国際色豊か《コスモポリタン》な料理であり、なかでもアジアイネをキマメ（*Cajanus cajan*）――最初にインドで栽培化され、アフリカ経由でアメリカに持ち込まれた作物——と組み合わせたものがよく見られる。したがって、この一見シンプルな料理には、長江流域やインドの最初の農耕民から、ヨーロッパ人による新世界との接触や大西洋をまたいだ奴隷貿易にまで至る、実に深遠な歴史がある。グローバル化と人的交流の光と影が、この料理に秘められているのだ。

　ヨーロッパによるアフリカの植民地化も、その土地の作物に影響を残した。およそ五〇〇年前に、ポルトガルの入植者たちが西アフリカにアジアイネ（*Oryza sativa*）を持ち込むと、その収量の高さのために、アジアイネはほぼアフリカイネに取って代わった。今では、アフリカイネは自給作物として小規模にしか育てられていない。それでも一部の人にとって、アフリカイネはまだ特別な文化的意味をもっている。たとえばセネガルのジョラ族は、儀式で使うだけのためにそれを栽培している。それに、アジアイネにはアフリカイネに勝《まさ》る点もあるが、ひどく劣っている点もある。アフリカイネほどうまく雑草の生育を抑えられないし、非常に水を欲しがるのだ——アフリカの風土に適した作物とは言えない。また、アフリカの人口が増大するペースに、コメの生産がついてこられていない。一九六〇年代には、サハラ以南のアフリカで需要を上回るコメが生産されていた。ところが二〇〇六年には、コメの消費量の四〇パーセント未満しか生産できていないのである。

　一九九〇年代に植物の育種家は、アフリカの環境にとくに適したイネの新品種を作り出すべく、アフリカイネとアジアイネの交雑に取り組んだ。その狙いは、*Oryza sativa* の高収量の形質と *Oryza glaberrima* の耐乾燥性を組み合わせることだった。そのプロジェクトは「New Rice for Africa（アフリカのための新しいイネ）」、略してNERICAと呼ばれた。イネの育種家が目指す交雑は、かなり厄介なものだった。なにしろ、ふたつの大きく異なる種を掛け合わせようというのだから。アフリカイネとアジアイネは、そのままでは交雑しない。そこで科学者たちが利用したのは、植物の体外受精と言えるものだった。そうしてできた雑種の胚は慎重に世話をする必要があり、研究室の組織培地で育てられた。だが、それが功を奏した。新たな雑種がたくさん生み出され、すでにギニア、ナイジェリア、マリ、ベニン、コートジボワール、ウガンダで栽培が始まっている。結果は――NERICAプロジェクトの報告を聞くかぎり――期待がもてそうだ。雑種はどちらの親の品種よりも高い収量をもたらし、含まれるタンパク質も多く、アジアイネよりも耐乾燥性が高いようなのである。しかし、NERICAを悪く言う人がいないわけではない。これもまた、きちんと取り決めをせずに貧しい農家に押しつけられたトップダウン型の解決策の一例だというのである。彼らは、NERICAが約束を十分に果たさずに単一栽培化を推し進め、現地の種子供給システムを台無しにするのではないかというおなじみの危惧を抱いている。

NERICAの雑種イネは、話をゴールデンライスへと戻す。遺伝子組み換えに対するいくつかの理念上の反論に再び向き合わせるのだ。別々の種を交配させて雑種を作ることは、農業では容認されると長らく考えられてきたが、個々の遺伝子や遺伝子群を種の垣根を越えて移すことは、不安をかき立てる。

NERICAのケースは、多様性の維持がいかに重要かということも示している。一部の種や系統が大いに成功を収める一方、いずれほかのすべてもそれに取って代わられてしまいそうなのだ。そのように種を絞り込むことによるリスクは、ジャガイモのランパー種と、それが病気にかかりやすくて、結果として飢饉が起きたという話ですでに見たとおりである。栽培種とその野生種がもつ多様性は、変異の宝庫であり、栽培環境や野生の環境において、さまざまな時代や場所で役に立ってきた適応形態の宝庫と言える。今ある作物にはまだ改良の余地があり、この生ける宝庫が、まさにそうした改良を――昔ながらの育種法であれ、遺伝子編集のような新技術であれ――おこなう機会を与えてくれる。それだけではない。人間の需要も、気候や環境と同じように変化する。今は見込み薄の品種でも、将来真価が認められることがあるかもしれない――そのときにまだ存在していれば。

だがＮＥＲＩＣＡは、どんなに慈悲深い意図があっても、そして農業を進歩させるためのテクノロジーが何であろうと、科学者と農家は固く手を結ぶ必要があるということも思い出させてくれる。先進的な農業技術が暮らしを変え、命を救う可能性は、抽象的な問題に本気で取り組むだけでなく、その土地で働く人々とも本気で関わり合って初めて認められるものなのだ。リャオ・ジョンプーやその祖先たちは、何百年、何千年にもわたって土地を耕し、苗を植え、実ったものを収穫してその恵みをコミュニティで分け合ってきた。彼らはただの「末端消費者」ではない。イノベーションをうながしてもいる。農民を発展に関与させるという道徳的要請があるばかりではない。農民は、われわれがより良い判断をするための手助けをしてくれるだろう。何千年ものあいだ、栽培化や作物の改良をしてきたのだから。

# 8 ウマ *Equus caballus*

嗚呼、我は汝のもので、汝は我のもの。そして果てなき平原は我らのもの。
我が凛々しき駿馬《しゅんめ》よ、北風が汝の亜麻色のたてがみをかき乱す。
——ウィリアム・ヘンリー・ドラモンド、『ストラスコーナの馬』

## ゾリータという名のウマ

ゾリータとはわずか三日の付き合いだったが、とても親密になった。われわれはいきなり仲間になったが、ほとんどたちどころに互いのことを理解したのだ。その短いあいだに、互いに相手を気にかけ、私はゾリータが大好きになった。彼女と私は親友になった。だが私には、別れを告げたとき、もう彼女に会うことはないだろうとわかっていた。

出会った最初の日には言葉の壁があったが、すぐに私はゾリータとコミュニケーションをとれるようになり、ゾリータも私の望むことを正確に理解した。一緒に谷をたどり、川を渡り、山を登った。ゾリータはずっと私を乗せ、私のうながす方向へ進みながらも、自分でベストのルートを選んで、棘《とげ》だらけの茂みを抜け、岩だらけの険しい尾根を登っていった。

ゾリータと初めて会ったのは、チリ南部のパイネ山群に近い、ラス・チナス渓谷にあるセロ・ギド牧場の厩舎《きゅうしゃ》だった。このウマを紹介してくれたのは、ルイスという名のガウチョ［南米のカウボーイ］だ。彼は、ゆったりした黒い麻のズボンに、丈のある革のブーツ、赤シャツと茶色の袖なし胴着という装いをしていた。

黒の帽子には赤いひもが巻きつき、乱れた長い黒髪が後ろにはみ出ている。両手と無精ひげの生えた顔は褐色に焼けていた。歳は五〇前後だろうと思ったが、もっと若かったかもしれない。ルイスが人生の大半を野外で、それもウマのそばで過ごしてきたのは間違いない。彼はほとんど英語を話せなかった——私もほとんどスペイン語を話せない——が、どうにか「乗ったことはあるか？」と尋ね、私は「ええ、少しだけ」と答えた。彼いわく、ゾリータは特別なウマだった。チャンピオンだと。私はわくわくすると同時に気後れもしながら、鞍にまたがった。

私が覚えた英国式の乗馬では、両手で手綱を握り、足はあぶみにしっかり入れて、ギャロップ［全速力での走り方］のときは鞍から腰を持ち上げる。ウエスタン式の乗馬はだいぶ違う——手綱は片手で握り、つま先だけあぶみに入れて、ギャロップのときは鞍に深く腰かける。かつてこの方式を体験する機会が一度あったが、それも数年前のことなので、最初はまだ違和感を覚えた。だがすぐに慣れた。それよりはるかにすごかったのは、ゾリータが新しい乗り手を即座に理解したように思えたことだ。数分後には、私の望み——どこへ、どれだけの速さで行ってほしいか——に完璧に応えてくれていた。われわれは厩舎を出て、雪化粧した山並みを遠くに望みながら、長い谷へと歩いていった。並足や速足で一時間進むと、ルイスが私の横に並んできた。

「Bien?（調子は？）」とルイスが尋ねる。「Muy bien（とてもいい）」と私は答えた。「Gall-op?（ギャロップする？）」ルイスはそう言うなり、答えを待たずに自分のウマに拍車をかけたので、私もゾリータに拍車をかけるしかなかった。厩舎を出てから、彼女はずっと走りたがっていたのだ。芝地に蹄の音を立てながら、われわれはたちまち谷を駆け下りた。最高の気分だった。

背中で揺られること三時間、われわれは目的地に着くと、川のそばに下りてキャンプを設営した。私はチリの古生物学者マルセロ・レッペとともに、恐竜の化石を探しに来ていたのだ。彼が目指す場所はそこから見上げた山の高みにあったため、翌日一行は、ウマに乗ってその場所へ向かった。登りはじめは険しかったが、あたりは草と苔に覆われていた。標高が上がるにつれ植物は姿を消し、われわれはさらに険しい、ほこりっぽい岩だらけの山腹を登っていく。傾斜はほぼ四五度。私は前を行くルイスを見上げた。彼のウマは、危なっかしそうに、石ころだらけの急斜面で休んでいた。私はゾリータに乗ったままルイスを追った。初めのうち、彼女は少し慎重になっていたようで、岩肌の足場（というより「蹄」場？）を確かめていた。そして自分で考えた細いルートをたどっていた。ここには道らしい道は存在しない。ゾリータの蹄が石を二、三個はじき出すと、石は斜面を勢いよく転がり落ちていく。私は石の行方《ゆくえ》を目で追わないようにした。稜線を回り込むと、傾斜がゆるくなり、地面をまた植物が覆うようになった。そこは山頂のようにも思えたが違った。山頂近くの化石の発掘現場まではまだ少しあったが、一番険しくて危険そうな場所は通り過ぎていた。私は安堵のため息をついた。実のところ、この難所を登るほとんどのあいだ、半ば息を止めていたように思う。

化石の発掘現場に着くと、われわれは地表で見つけたものを集めて充実した数時間を過ごした。化石は冬の風雪であらわになっており、雪はもう解けていたが、風はまだ、われわれが太古の遺物を探すあいだ、顔に砂を打ちつけていた。私は、六八〇〇万年前のカモノハシ恐竜ハドロサウルスの椎骨を一片、それにチリマツの化石――非常に保存状態が良かったので、木目《もくめ》だけでなく年輪まではっきり残っていた――を数片見つけた。

闇夜に包まれる前にキャンプへ戻る頃合いになった。下りは、山腹を登るときよりもずっと怖かった。今度は下を見ないわけにはいかなかったのだ。私はあぶみを踏んで立ち、鞍の後ろにもたれかかった。ゾリータが足を滑らせでもしたら、山の麓まで一緒に落ちてしまっていただろう。ウマから降りて徒歩で下山することもできたが、私はゾリータを信じた。そして彼女は無事に私を下まで運んでくれた。

異なる生き物と結ばれた、なんとすばらしい絆だろう。この絆は、ヒトとウマが何世紀もかけて互いを知り、コミュニケーションのとり方を考え出し、信頼関係を確立してきたことの賜物だ。ウマの生まれもった性向——奥深い何か——によるところも大きいように思える。つまりウマには、イヌと同じく、こうした種間の絆を結ぶ素質があるのだ。ウマは生まれながらに群れをなす。どこであれ、道の途中や野営地で佇《たたず》んでいるときには、ゾリータは明らかにほかのウマのそばにいたがった。出発の準備ができると、彼女はほかのウマを優しくつつき、頭を相手のわき腹や肩に押しつけ、相手の鼻に自分の鼻をこすりつけた。相手のウマもゾリータに同じことをした。われわれは何頭かのウマを野営地につないで残していた。われわれと山から戻ってきたゾリータは、そのウマたちを見つけるや、興奮した様子でいないた。待っていたウマたちもそれに応えた。互いに再会を喜んでいたことは間違いない。

ガウチョたちは毎晩ウマを厩舎へ戻し、翌朝には谷沿いにわれわれの野営地まで連れてきた。ある晩、ガウチョたちは、ラス・チナス渓谷をうろついている野生のウマ（現地の呼び名でバグアール）を一頭、どうにかつかまえたらしかった。最終日、われわれはキャンプをたたみ、ウマに乗って帰路についた。私は厩舎のそばでゾリータから降りて彼女を柵の杭につなぐと、愛《いと》おしげに別れの言葉をささやき、肩を優しくたたいた。同行の仲間が着いたときも彼女はそこでおとなくしていて、やがてすべてのウマが柵に沿って一列につながれた。

バグアールは隅にいて、ほかのウマとは離れてふつうの頭絡《とうらく》［ウマの頭につけて乗り手がコントロールするための拘束具］でつなぎ留められていた。その黒いたてがみと尾は、すばらしく長い。彼は恐怖よりも興味のほうが勝《まさ》っているように見えたが、荒野の生き物としての暮らしはこれで終わっていた。野性の気質は手なずけられ、彼は厩舎の立派な新顔となるはずだ。厩舎ではピューマから守られ、干し草もたらふく食べられる。それでも、私は彼が少し気の毒だと思わずにいられなかった。

私が歩き去ってゲートを閉めると、ゾリータは特大の癇癪《かんしゃく》を起こした。私がいなくなるためだったと思いたい。ゾリータは後ろ脚で力強く立ち上がるあまり、頑丈な柵の杭を地面から引き抜いてしまった。厩舎が騒然となり、いななきとともにいくつもの蹄が宙を舞う。だが、ガウチョたちが駆け寄ってすばやく手綱をつかみ、疲れたウマたちをなだめた。ゾリータは幸いにも怪我をせずにすみ、まもなく落ち着いた。彼女は十分に飼いならされていたが、まだ奥に野生がひそんでいたのだ。

## 新世界のウマ

チリの野生ウマは、そのありのままの環境になじんでいるように見える。グアナコ［ラクダ科の一種］、ピューマ、アルマジロ、コンドルと同じぐらい、野生の自然の一部なのだ。それでも、ガウチョたちがラス・チナス渓谷で捕獲したバグアールの祖先は、ほんの数百年前にそこに住みついたにすぎない。スペイン人やポルトガル人がやってくるまで何千年も、アメリカ大陸にウマは生息していなかった。バグアールの祖先は家畜だった――生粋の野生のウマではなく、野生化したウマなのだ。

それでも、はるか昔にまでさかのぼると、ウマやそれ以前の「ウマ似の動物」がたくさんいて、アメリカ大陸をうろつき回っていた。実を言うと、このグループや、そこから分かれた数多くの系統は、北アメリカに起源をもつ。ウマとその仲間の進化史では、太古の系統樹が大いに拡大し、多様化が起きた一方、多くの枝は荒っぽく刈り込まれ、今ではかつての見事なまでの多様性のほんの一部しか残っていない。

ウマは奇蹄《きてい》類――奇蹄目（Perissodactyla）――に分類される。ウマの指が奇妙なのではなく、指の数が一本だけ、つまり奇数だということである。サイやバクも奇蹄類だが、指は三本ある。現生のウマを含むウマ科の化石記録は、五五〇〇万年ほど前にまでさかのぼり、最古のものは、北米にいたイヌほどのサイズのエオヒップス（*Eohippus*）だ。こうした初期のウマ科には、まだそれぞれの足に数本の指――前肢に四本、後肢に三本――があった。やがて、指は一本を残してすべて失われた。多くの化石から、指が次第に失われていることがわかるため、これは進化にともなう身体構造上の変化の代表的な例として、生物学の教科書に記されている。

海水面が低かったころには、初期のウマ似の動物は、北米からベーリング陸橋を渡ってユーラシア大陸へと進出できた。古くはおよそ五二〇〇万年前に、葉食性の小型のウマ科がアメリカ大陸からアジアへ広がった――だが、こうした先駆けの子孫はのちに死に絶えた。中新世――二三〇〇万年前から五〇〇万年前まで続いた地質年代――になると、ウマの系統樹はとんでもないことになる。北米は、さまざまな形や大きさをした多様なウマ似の動物でいっぱいになった。木の若葉を食べるブラウザーと呼ばれるものもいれば、草を食べるグレイザーというものもいて、皆俊足だった。五〇〇万年前までには、ウマ科の化石記録に含まれるウマ似の動物の「属」――「種」の集合――は十数個を超えており、いくつか挙げれば、三本指のメリキップス（*Merychippus*）、最古の一本指のウマであるプリオヒップス（*Pliohippus*）のほか、アストロヒップス（*Astrohippus*）や現生のウマの祖先ディノヒップス（*Dinohippus*）がいた。そしてまたもや、一部の種――シノヒップス（*Sinohippus*）やヒッパリオン（*Hipparion*）など――はベーリング陸橋を渡ってアジアへ進出した。

中新世の初め、南北アメリカ大陸は、アメリカ大海峡という広大な水域で分断されていた。中新世中期になると、大海峡の底にある火山が、南北アメリカ大陸のあいだに点々と散らばる島々を作った。そうした島々のまわりに次第に堆積物がたまり、ついにはパナマ地峡が形成された。この地峡が誕生したことで、動植物が南北アメリカ大陸を行き来できるようになった。こうした移動はおよそ三〇〇万年前にピークを迎え、のちに「アメリカ大陸間大交差」と呼ばれるようになる。その一環として、ウマも南下して南米に広まった。最初に南米に来たのは、ヒッピディオン（*Hippidion*）属——今では絶滅している単独の系統——だった。それは、面白い姿をした脚の短い小型のウマだった。一〇〇万年前までには、ヒッピディオンとともに、真のウマである *Equus caballus* の仲間——今日の家畜のウマと本質的に同じ種——が南米で暮らしていた。

ウマ科の歴史は、急速な拡大だけでなく、容赦ない刈り込みも起こった物語だ。中新世に存在した多様な属のうち、今日まで生き延びている系統はただひとつしかない。その属——エクウス（*Equus*）——には、真のウマ（正式には真正ウマ類、caballine）からノロバ、ロバ（アフリカノロバの家畜化された子孫）、シマウマに至る、現生のウマ似の動物がすべて含まれている。遺伝学者は、ユーコンの永久凍土に保存されていた七〇万年前のウマの骨からDNA——現時点でウマの最古のゲノム——を取り出し、配列を解読してみせている。そして、この太古のゲノムと現生のウマ科のゲノムとの違いをもとに、エクウスの系統は約四〇〇万〜四五〇万年前に誕生したと結論した。その後、真正ウマ類の系統とシマウマやノロバの系統は、三〇〇万年ほど前に分岐している。

およそ二〇〇万年前、現生のノロバとシマウマの祖先は、アメリカ大陸を出てアジアに到達し、さらにヨーロッパを経てアフリカへと広がった。その後、七〇万年前より少しあとに、現生のウマの祖先もベーリング陸橋を渡って北米から北東アジアへ入ると、すぐにユーラシア大陸全土に拡散した。ウマ科の二種の化石——一種はノロバで、もう一種は太古のウマ——は、更新世中期の前半の遺跡から見つかっている。ひとつは英国サフォーク州ペイクフィールドの少なくとも四五万年前の遺跡で、もうひとつはサセックス州ボックスグローヴの五〇万年前の遺跡だ。

北米で生まれたエクウスは、その後南米や旧世界に広がったが、故郷ではやがて絶滅している。約三万年前、氷床が南下して北米を覆うと、固有種の「高足《たかあし》の（stilt-legged）」ウマが姿を消した。南米では、ヒッピディオンと真正ウマ類がもう少し長く、最終氷期の極大期のあとまで残っていた。私がたとえば一万五〇〇〇年前のラス・チナス渓谷へ行くことができたなら、そこで生粋の野生ウマを——もしかしたらエクウスとヒッピディオンの両方の種を——目にしていたかもしれない。だが、そうした野生ウマもそう長くは生き残れなかった。彼らに不利に働いたのは、気候だけではない。

最終氷期がピークを迎えたころ、海水面が下がったことで、ヒトの狩猟民はベーリング陸橋を渡って北米の最北端に到達できるようになっていた。ユーコンのブルーフィッシュ洞窟群では、およそ二万四〇〇〇年前の解体されたウマの骨が見つかっている。だが広大な氷床に阻まれて、さらなる南下はできなかった。やがて一万七〇〇〇年前までには、氷床の端が解けだしていて、移住するヒトが、ベーリング陸橋と北米の北東の端から、アメリカ大陸の他地域へと南下できるようになった。さらに一万四〇〇〇年前までには、北米全土はもとより、南米にもヒトが居住していたことが、たくさんの証拠で示されている。そしてこのヒトは、強力な狩猟道具をもっていた。

ウマの骨は、ヒトの居住や活動と関わりのある北米の遺跡でときたま見つかる。カナダのアルバータ州南西部で、セント・メアリー川の上流に位置するウォリーズ・ビーチには、風食［風による浸食］のおかげで、氷河期の最後にあたる太古の堆積物がありがたいことに露出している場所がある。その大昔の泥には、絶滅したアメリカ大陸の哺乳類の足跡や踏み固められた道が刻まれ、保存されているのだ。これは、よく使われていた獣道だったにちがいない。一方、こうした遠い昔の動物の足跡のそばに、骨も見つかっている——ウマ、ジャコウウシ、絶滅種のバイソン、そしてカリブーという北米のトナカイのものだ。ウマやラクダの骨のなかには、明らかに解体されたことがわかるものもあった。この遺跡からは、人工物である剥片石器も出土しており、おそらく動物の死体に対して使われた道具だったのだろう。ウォリーズ・ビーチには、八か所の解体場所が証拠として存在する。

考古学者は、これらの解体場所がほぼ同時期に使用されていたのではないかと言っている。同じ年の、同じ季節に、ひょっとしたら同じ狩りのときに、動物が解体されていたのかもしれない。しかし、これらは本当に狩りの証拠なのだろうか？　あるいは、こうした太古のパレオ・インディアンは、ほかの捕食者が殺した動物の死肉をあさっていただけなのか？　解体場所そのものでは、狩猟道具は発見されていないが、その近隣からは尖頭器《せんとうき》と呼ばれる石の槍先がいくつか見つかっている。そうした尖頭器を調べた考古学者は、そのうちふたつからウマのタンパク質の痕跡を検出している。

この尖頭器――丹念に打ち欠かれた美しい槍先――は、クローヴィス型というものだ。北米でいくつか確認されている最古級のクローヴィス文化の年代から、この文化は一万三〇〇〇年前ごろに出現したとされている。ウォリーズ・ビーチの尖頭器は「コンテクスト（周囲の状況）から切り離されて」いたため、槍先の年代を直接知ることはできない。槍先は解体場所の骨から少し離れたところで見つかっていて、骨そのものの年代は一万三三〇〇年前と決定されている。すると、ふたつの可能性が残る。ウマのタンパク質の付いている槍先は、解体場所の年代より少しあと、一万三〇〇〇年前以降にクローヴィス文化の人々がウマを狩っていたことを示している可能性と、クローヴィス文化が、これまで考えられていた年代より一、二世紀早く出現していた可能性だ。ウォリーズ・ビーチで見つかったものが、数世紀隔てた少なくともふたつの出来事を表しているのか、それとも単一の出来事を表しているのかは、まだ解決できない問題かもしれない。それでも、こうした槍先はまちがいなく、北米の太古の人々がウマを狩っていたという確たる証拠――石器時代で「煙が出ている銃」にあたるもの――を突きつけている。

ヒッピディオンの最も年代が新しい標本――パタゴニアで発見された――は、一万一〇〇〇年前のものだ。北米・南米の真正ウマ類はもう少し長く生きていたかもしれないが、残された日々はわずかだった。北米に生粋の野生ウマがいた最後の形跡は、骨ではなく、アラスカの堆積物に保存されていたDNAであり、一万五〇〇〇年前のものだ。気候とヒトのどちらがアメリカ大陸在来のウマを消し去ったのかについては、活発な議論が続いている。ヒトがアメリカ大陸にやってきてからウマが消えるまで、共存していた期間が数千年ある。したがって、狩猟民が暴力と殺戮《さつりく》のかぎりを尽くし、大陸を荒らしまわっていたわけではないにちがいない。一方、彼らがごくたまにだとしてもウマを狩っていて、すでに減りつつあった生息数に多少影響を与えたことも確かだ。ほとんどの原因はきっと気候と変わりゆく環境なのだろうが、ヒトはアメリカ大陸のウマの絶滅を早まらせるのにひと役買っていたのかもしれない。

一九世紀になるころには、アメリカ大陸にいた太古のウマの記憶はすっかり消え失せていた。ウマは確実に旧世界の動物で、スペイン人がアメリカ大陸に持ち込んだ、とだれもが考えていたのだ。やがて一八三三年一〇月一〇日、英国から来た艦船の博物学者が、(アルゼンチンの)サンタフェ近くの海岸を調査し、目についた地質や化石を記録していた。彼は絶滅した大型のアルマジロの化石を調べていて、赤みがかった同じ堆積層にウマの歯とおぼしきものを見つけた。現生のウマの歯と比べるとちょっと変わっていたが、それでも明らかにウマの歯に似ていた。

その博物学者——ほかならぬチャールズ・ダーウィン——は、この歯がずっと新しい地層から押し流されたのだろうかと自身のフィールドノートで考えをめぐらせたが、その可能性は低いと結論した。その歯は非常に古かったのだ。ダーウィンは、太古のアメリカ大陸に在来種のウマがいたことを示す最初の証拠を見つけたのである。

それから帰国したダーウィンは、みずからの発見を『英国軍艦ビーグル号で訪れたさまざまな国の地質と自然史についての調査日誌』という本に詳しく書いた——これはのちに、『ビーグル号航海記』(荒保宏訳、平凡社など）と改題される。さらに、『種の起源』で例のウマの歯に再び目を向け、こう書いている。「私が……見つけたウマの歯の化石は、とても驚いたことに、マストドン、メガテリウム、トクソドンなど……巨大な絶滅種の化石といっしょに埋まっていたのだ」［『種の起源』（渡辺政隆訳、光文社）より引用］

一九世紀の著名な解剖学者リチャード・オーウェン（のちに、ダーウィンの生涯で最大の敵——そう言っていいと思う——になった）は、ビーグル号の航海で採集された化石哺乳類にかんする総説を執筆した。アルゼンチンで見つかった歯を調べたオーウェンは、ダーウィンが正しいことを認めないわけにはいかなかった。彼はこう書いている。「サンタフェの乾燥扇状地《バハダ》にある大草原《パンパス》の赤い粘土質の土から掘り出された歯は……同じ場所で見つかったマストドンやトクソドンの遺物と、色や状態が非常によく一致していたので、この歯の持ち主たるウマが、それらの動物と同じ時代に生存していたことは間違いない」。そしてしぶしぶこう続ける。「南米に持ち込まれた属が、かつて存在したが絶滅していたということの証拠は、ダーウィン氏による古生物学的発見のなかでも、とくに興味をそそられない成果とは言えない」

じっさいこれは、興味をそそられる成果だった。ダーウィンが「とても驚いた」のも無理はない。本当に予想外の新事実だったのだ。なにしろスペイン人は、一六世紀になるころにアメリカ大陸へウマを持ち込んだとき、何万年も新世界に存在していた系統を「再導入」していたのだから——しかもその系統は、実は新世界で誕生したものだった。ダーウィンはさらに、サンタフェで見つけたウマの歯をもとに、絶滅についての自身の考えを『種の起源』で明らかにしている。これは、かつて南米を太古のウマが駆けまわっていたが、コロンブスが発見の航海をするはるか以前に姿を消したことの証左であると。

## 旧世界のウマ

アメリカ大陸でウマの個体数が減少し、ついにはすっかり消え失せる一方、旧世界ではその親類――ウマやノロバやシマウマ――が生き延びていた。アメリカの親類が絶滅に瀕していたあいだにも、たくさんの野生ウマがシベリア北部やヨーロッパをうろつきまわっていたのだ。

アメリカ大陸では更新世の終わりにウマが絶滅したのに、ユーラシア大陸では生き延びたというのは奇妙に思える。どちらの大陸のウマも、それぞれの場所で同じ圧力――気候の変化とヒトによる捕食――を受けていたのだから。それに、ユーラシア大陸のウマのほうが、アメリカ大陸のウマよりもはるかに長く、ヒトの狩猟道具の脅威にさらされていた。われわれの種であるホモ・サピエンス（*Homo sapiens*）――およそ三〇万年前にアフリカで誕生した――は、少なくとも四万年前までに、ヨーロッパとシベリアに拡散していた。だがそれよりずっと昔、数十万年前にも、ウマは初期人類の集団に捕食されていたのだ。サセックス州ボックスグローヴでは、槍傷のある五〇万年前のウマの肩甲骨が見つかっており、初期人類――おそらくホモ・ハイデルベルゲンシス（*Homo heidelbergensis*）――がウマを狩っていたことを示している。最終氷期の極大期には、寒冷な気候と旧石器時代の狩人がもつ槍の脅威が重なった結果、ヨーロッパ北西部のウマの個体数は激減した。

氷河期に西ヨーロッパに住んでいた人にとってウマはとても身近で、ウマを題材にした洞窟壁画もある。そうした絵が数万年後に見つかって驚かれるのだ。フランス南西部、ヴェゼール渓谷の町モンティニャックに近い有名なラスコー洞窟では、でっぷりした小さなウマが、雄牛やトナカイと並んで壁を走っている。これは一万七〇〇〇年ほど前に描かれたと考えられている。だが、私の大好きな氷河期のウマの絵は、ラスコーから南におよそ一〇〇キロメートル離れた別の洞窟――ペシュ・メルル――にある。この洞窟の壁画はラスコーよりもさらに古く、およそ二万五〇〇〇年前のものかもしれないと考えられている。私は二〇〇八年に、わずか数人の同行者と運よくこの洞窟を訪れることができた。そこで見たものについて、私はこう書いている。

石の階段を降りていくと、……ドアがあった。その先が洞窟で、石灰岩の丘陵の奥深くへと続いている。みごとなフローストーンや石筍や鍾乳石に飾られた空洞を歩いていった。天井から下がる鍾乳石と、床からのびる石筍がひとつになって、太い柱を形成しているところもあった。その先には巨大な空洞が広がっており、……左手の壁の、この洞窟では珍しい平らな部分に、黒く縁取られた二頭の美しい馬が描かれていた。二頭は互いと逆の方向を向き、後半身の一部が重なっていた。体全体と周囲に黒い点が配されており、その点は馬の姿をカムフラージュしているようにも見える。二頭の腹には、レッドオーカーの赤い点もいくつかあった。カンバスとなった平らな部分は、周囲の壁面より盛り上がっていて、向かって右の馬の頭は、その縁に沿って描かれていた。この絵を描いた画家は、岩のカンバスの形にインスピレーションを得て、これらの素晴らしい馬の姿を描いたのかもしれない。……この壁画の馬は、自然そのままの姿ではなく、デザイン化されているように見える。大きく湾曲した首と小さな頭、丸みを帯びた胴体と細長い脚。表現しているのは、現実の馬なのか、それとも想像上の獣なのか？

［『人類20万年　遙かなる旅路』（野中香方子訳、文藝春秋）より引用］

この壁画が表していたものがなんであれ（デフォルメした現実のウマや、ウマの精霊、さらにはウマの神であろうと）、ヨーロッパにいた旧石器時代の狩猟採集民が、ウマの姿だけでなく、その味も知っていたことは間違いない。解体されたウマの骨が見つかる氷河期の遺跡がたくさん知られているのだ。それどころか、ウマは——バイソンと並んで——遺跡から出土する最も一般的な大型哺乳類である。ヨーロッパとシベリアにある最終氷期の遺跡のおよそ六〇パーセントから、ウマの骨が出土している。

最終氷期のピークが過ぎると気候が温暖になっていき、多くの草地が広がったことで、ウマが生息しうるエリアは拡大した——それでもウマの数は減少の一途をたどっていた。ユーラシア大陸のウマの集団に圧力を加えつづけていたのは、間違いなくヒトによる狩猟だ。そして、このころにはもちろん、ヨーロッパとシベリアの狩人はイヌを連れていた。

地球が暖まりつづけると、環境も変わっていった。ヨーロッパが次第に森林に覆われ、草原が縮小していったのだ。ヤンガードリアス期の寒波が温暖化の流れに歯止めをかけると、ヨーロッパ西部の森林はつかの間、酷寒のツンドラに逆戻りしたが、その後再び暖かくなった。一万二〇〇〇年前までには、「マンモス・ステップ」と呼ばれる氷期の開けた草原が——マンモスそのものと一緒に——ヨーロッパからほとんど消滅している。草原があった場所は広大な森林地帯になり、北部にはカバノキが、南部にはマツが多く生えた。およそ一万年前から、ヨーロッパ中央部の低地には、はるかに鬱蒼とした混交落葉樹林が侵入し、そこではナラが優占種となった。するとシカやヒグマのように温暖な気候を好む森林の動物は、突然そこで活動しやすくなり、ヨーロッパ南部のレフュジアから北上してきた。ところがウマは生息地の消失に直面していて、八〇〇〇年前までにはヨーロッパ中央部から姿を消すことになる。それでもほかの地域では、完新世中期にもはるかに広大でウマに適した生息地が残っていた。イベリア半島の草原や、グレート・ステップの異名をもつユーラシア・ステップだ。ユーラシア・ステップは、黒海北岸のポントス・カスピ海ステップから、ロシアとカザフスタンをへて、モンゴルと満州にまで広がっている。当時、こうした草原には牧草が豊富にあった——だがそれと同時に、狩猟民もたくさんいた。

ヨーロッパにもいくつかレフュジア――生息に適した環境をとどめる狭い地域――があったようで、そこに少数のウマがしがみついていた。野生ウマが生息していた証拠は、英国やスカンジナビア半島からポーランドにまで分布する、一万二〇〇〇～六〇〇〇年前の、二〇〇〇を超える遺跡に残されている。するとこんなことが言えそうだ。新たにできた森林は、そのころ絶滅に瀕していたマンモスやオオツノジカのような動物にとっては密生しすぎていた。一方、ウマの集団は小さくなり分断されていたが、ウマが草を食《は》める程度の林地はあったのである。森林火災――マツ林ではよく起こる――によって、森に開けた場所ができた可能性もある。大河の流域では、頻繁に氾濫があって森林を寄せつけず、大型の草食哺乳類に適した河辺の草地ができていたのかもしれない。

さらに、野生ウマの生息環境を生み出すのに寄与した要因がほかにもあった。およそ七五〇〇年前（紀元前五五〇〇年）を境に、ウマの遺物が遺跡で見つかる頻度が、ヨーロッパじゅうで増加する。この急増は、ヨーロッパに新たな生活様式が伝わったのと時を同じくしているようだった。新たな生活様式とは農耕であり、それにより新石器時代の幕が開けた。初期の農耕民は、木々を切り倒して農耕やウシやヒツジのためにスペースを空けはじめたことで、はからずも野生ウマのための場所も作っていたのである。

われわれと手を組んで協力者となった種の場合、はるかに直接的で明白なメリットが得られただろう。氷河期の終わりは生態系が激変した時代だった。多くの大型哺乳類が一万五〇〇〇～一万年前に絶滅し、そのなかにはマンモスやマストドンといった代表的な巨大草食動物も含まれていた。捕食動物も、獲物が減少することで大打撃を受けた。ホラアナライオンは一万四〇〇〇年ほど前にユーラシア大陸から姿を消し、アメリカライオンが絶滅したのはおよそ一万三〇〇〇年前だ。サーベルタイガー（剣歯虎）は約一万一〇〇〇年前まで新世界で生き残っていた。オオカミの集団は生き延びたが、それでもかなりの打撃を受けた。とはいえ知ってのとおり、そのなかの一系統は大成功を収めた。ヒトと一緒に狩りを始め、のちにイヌとなったオオカミたちだ。世界には五億頭を優に超えるイヌと、三〇万頭ほどのオオカミがいると推定されている。つまり現在、イヌの個体数は、生き残っている野生の親類の個体数の一五〇〇倍を超えているのだ。セキショクヤケイが世界に何羽いるのか推定しようという人はいないようだが、世界に少なくとも二〇〇億羽というニワトリの個体数——人口ひとり当たりニワトリが三羽いる計算——にはとうていかなわない。そしてウシの場合はなんと、オーロックスは生き残っていないが、地球上には一五億頭ものウシがいると推定されている。

　野生ウマも同じように危うい生活を送っていた。生息地の減少とヒトによる狩りが、彼らを打ちのめした。新石器時代の森林伐採が小さな生息地をいくらか生み、一時的な追い風になった可能性もあるが、個体数の減少は続いたようだ。*Equus ferus* ——家畜ウマの野生の近縁種——の個体数は次第に減り、二〇世紀にはゼロになった。モンゴルにいた野生ウマは、*Equus przewalskii* というまた別の種に属しており、一九六〇年代に目撃されたのが最後だった。だが一方で、このウマは再びモンゴルに導入され［各地の動物園で飼われていたものを繁殖させて持ち込んだ］、今では推定で三〇〇〇頭が野生で暮らし、およそ一八〇〇頭が飼育されている。また奇妙な運命のいたずらで、ヒトの活動が及ぼす影響の、またひとつ予想外の興味深い例とも言えるが、この野生ウマが、ヘラジカ、シカ、イノシシ、オオカミ、コウノトリ、ハクチョウ、ワシとともに、チェルノブイリの立ち入り禁止区域で悠々と暮らしていることがわかっている。この地域から人間が去ったプラスの効果が、放射線そのものによるマイナスの効果をかき消しているようなのだ。

　しかし、当然だがすべてのウマが野生にとどまったわけではない。あなたはきっと野生ウマを見たことはないだろうが、家畜ウマなら何頭も見たことがあるのではなかろうか。乗ったことさえあるかもしれない。あなたが足を振り上げて鞍にまたがるとき、ウマは立ったままおとなしくしていただろうか？そうだったはずだ。

ゾリータをおとなしいと言うつもりはないが、彼女は自分の背中に私が跳び乗るのを根っから喜んでいた。少なくとも、私を振り落とそうとはしなかった。私があの野生化したウマ、バグアールに乗ろうとしたら、どうなっていたか想像できるだろうか？　彼はそんなことをされた経験などないはずだし、彼の野生の祖先も同じだろう。ヒトがオオカミと親密になったのは、オオカミがその力と恐ろしく鋭い牙をこちらへ向けてくることはないと信じていたという意味で驚くべきことではあるが、ウマのような俊足の大型哺乳類に身をゆだねたことにも、間違いなく同じぐらいびっくりさせられる。後ろ脚で立ち上がったり、暴走したりしてあなたを振り落とし、たやすく重傷を負わせてしまうおそれがあったのだから。

## 飼いならす

野生ウマをつかまえるとしよう――史上初めて。これまでそんなことをした人をあなたは知らない。それでもあなたは、噛みつかれ、蹴られながらも、そのウマを連れ帰る。そしてウマを住みかにつなぎとめ、餌を与える。気でも狂ったのかとあなたの家族は思う。家族はそのウマを殺してくれと言う――なにしろ、家族全員を何週間も食わせられるのだ。しかしあなたは、この若き野生のものを生かしておきたがる。そのウマが好きなのだ。それに、ひとつ考えもあった。だれもがあなたはいかれていると思う。

あなたは、野生ウマがあなたの接近に慣れるまで待ち、少しずつ距離を縮めていく。彼女はあなたにたてがみや首を撫でさせるようになる。そこであなたはたてがみをつかみ、背中に飛び乗る。彼女は不機嫌そうだ。そして柱につながれた綱を引っぱる。あなたを背中から振り落とそうとする。あなたは身を伏せ、彼女の首につかまり、しっかりしがみつく。彼女が落ち着くと、あなたは身を起こし、首に回していた腕を解く。代わりに、たてがみをぎゅっとつかむ。

数分後、彼女は鼻を鳴らし、足踏みをしつつも、あなたを振り落とそうとはしなくなったので、あなたは彼女の首にかかる綱に片手を下ろす。そして静かに結び目を解く。彼女はそれに気づく。綱が地面に落ち、自由になったとわかったのだ。あなたはもう邪魔ものでしかない。彼女はぐるりと向きを変えると、濡れた地面に蹄を突き立て、走りだす。蹄が宙を舞い、彼女の息づかいが足音とリズムを合わせる。あなたは必死にしがみつく。飛んでいるような、死にかけているような、生まれようとしているような、風や原野、風景や空と一体になった感覚。手は放さなかった。ギャロップの調子に合わせてあなたの体は上下に弾《はず》み、息が押し出される。彼女は急転換して、あなたを振り飛ばそうとする。それでもあなたは耐え、彼女はひたすら走りつづける。家はもうはるか遠くだ。

ついに彼女もくたびれる。鼻を鳴らして頭を後ろに反らすと、あなたに鼻水を浴びせる。もう彼女の歩調はキャンター（ゆるい駆け足）になっていて、脇腹と首は汗で濡れていた。あなたの指がたてがみに絡む。彼女はトロット（速歩）になり、ウォーク（常歩）になり、立ち止まる。あなたも彼女も、じっとしてしばらく息をつく。あのギャロップでは、くたくたになり、恐ろしくもあったが……心が躍っていた。

それからあなたは少し身を起こし、たてがみを優しく引っぱる。向きを変えたかったのだ。彼女はそのとおりにする。これであなたは行きたい方向へ向いている。野営地はこの先のどこか——谷沿いを進んで、山の左手——にある。彼女に自分を連れて帰るように頼めるだろうか?

あなたは体重を少し前に預ける。彼女はそれに応えて足を踏み出す。あなたはたてがみを撫でてやる。再び体重を前に預け、今度は両足を彼女の脇腹に押しつける。すると彼女はトロットを始めた。あなたは首を強くつかみすぎないようにしている。もう少し深く座れば、たてがみを左や右に引け、それで彼女を誘導することができる。あなたは野生動物との驚くべき関係を築き上げた。川をバシャバシャ渡って向こう岸に上がり、山腹を回り込む。野営地とテントが見え、たき火から煙がくねくねと空へ立ちのぼっている。あなたがこの立派な動物に乗っているのを見たら、皆はなんと言うだろう? あなたは彼女の心をつかみ、力を感じたのだ。彼女を狩り、殺し、食べることでそうしたのではなく。ウマの新たな可能性を引き出した。あなたは人々に囲まれた神のような気分だ。皆が走り出てあなたを迎える。兄弟姉妹、両親、おじ、おば、いとこ、それに友人たちが。

もう少しで野営地に着く。あなたのウマは歩みをゆるめた——ふつうならヒトを避けようとするのに。あなたは彼女を前へうながす。このウマはもうあなたのものだ。

野営地にいるイヌの一頭が走り出て、ウマの脚を嗅ぎまわる。彼女は後ろ脚で立ち上がる。あなたはたてがみにしがみつこうとする。後ろ脚で立った彼女は、反動で後ろ蹴りを繰り出し、さらに体を勢いよく左右に揺する。放り出されたあなたは宙を舞い、背中から地面に落ちる。息ができない。あなたは地面にひっくり返ったまま何度もあえぐ。なんとか無事だ。肋骨の痛みはしばらく続くが治まるだろう。呼吸が落ち着くと、あなたは左手を上げて胸に置く。手を開くと、そこには黒くてごわごわしたウマの毛がひとかたまり残っていた。あなたは彼女とともに駆けたのだ。彼女はもうどこかへ行ってしまったが、あの荒々しい騎乗のことをあなたは事あるごとに思い出すだろう。

それ以後、あなたの友人はこぞって同じことをしたがる。それはゲームのようなものになる。ウマをつかまえて乗りこなす勇気があるのはだれか？　浮かれた愚行だ。若者のやることである。ところがまもなく、あなたたちの小さな集団は、ウマに乗るだけでなく、ウマを飼うようにもなる。まとまって、無視できない勢力をもつようになる。わがままな若者――だが新進のエリート集団だ。

時は流れ、あなたは部族の長老になっている。今ではウマはそこかしこにいて、あなたは話を聞かせる。「今ではわれわれの仲間に見えるこの獣たちも、かつては皆野生のものだった」。そしてあなたこそ、野生のウマに乗るという思いも寄らぬことを初めて試みた人物なのである。あなたは呪縛を解いた。あなたがあの最初のウマを取り逃がし、地面にたたきつけられて肋骨にひびが入ったにせよ、人々はそれが可能であることを知った。あなたの生涯のうちに状況は一変していた。ウマはとても多くのものをもたらした――肉やミルクのみならず、輸送、交易、襲撃、さらにはより広い地域とのつながりまでも。あなたは話でしか聞いたことのなかった遠方の人とも接触するようになった。あなたが子どものころには不可能に思えたそんなすべてのことが、いまや日常の一部になっている。昔からそうであったかのように。いとこに会うために一日に五、六〇キロメートル移動するのも苦にならない。そのぐらい遠いほかの野営地を襲撃し、鉄や銅や動物を略奪することとさえ簡単だ。

あなたの子どもたちは、まったく当然のことのように、ウマに乗りながら育った。そして今、あの心躍る最初の騎乗からわずか二、三〇年で、ウマに乗るのはあなたの部族だけではなくなっている。その慣習はあっという間に広まった。あなたは三つの部族の長たちに、友好と忠誠の結束を固めるべくウマを贈った。若い娘がほかの部族へ嫁ぐときには、ウマも連れていった。ヒトとウマの絆は、ステップの各地へさざなみのように伝わり、定着した。野生ウマがさらに捕獲されては飼いならされ、飼いならされた雌馬からは毎年新たな子馬が産まれている。

## 最初の乗用馬

ウマがなぜ、どのように家畜化されたのか、確かなことはわかっていない。それでも考古学から手がかりは得られている。ウマが家畜化された地点は、ステップである。そこは、ヨーロッパの多くが森林に覆われていたころでも、この草食動物が繁栄しつづけられた場所だ。ユーラシア・ステップでは、ヒトとウマが何万年も共存していた。およそ五五〇〇年前になると両者の関係——それまでは狩る者と狩られる者の関係だった——に変化が訪れ、*Equus caballus* の運命と人類史の道筋は、密接に絡み合っていくのである。

遺跡の「台所ゴミ」は大きな情報源となる。人々が何を食べていたのかが、具体的にわかるからだ。ヨーロッパにある中石器時代と新石器時代の遺跡では、一般にウマの骨は出土する動物の骨のごく一部を占めるにすぎない。ところが、ステップにある同時代の遺跡からは大量のウマの骨が見つかる——その割合は約四〇パーセントだ。ステップで暮らしていたヒトは、ウマをつかまえて飼いならすずっと前から、この動物に依存していた——また大いになじみがあった——のだろう。

ウシの家畜化は、ウマの家畜化よりもずっと早く始まっていた。そして七〇〇〇年前までには、ポントス・カスピ海ステップに牧牛が伝わっている。黒海北岸に注ぐドニエプル川流域の狩猟採集民が、農耕民と接触したのだ。この農耕民は、ウシだけでなくブタやヒツジやヤギも引き連れて、北と東へ広がっていた。

それでもまだ、牧牛民は野生ウマを家畜にはせず、狩りつづけていたようだ。人類学者のデイヴィッド・アンソニーは、寒冷な気候がウマの家畜化を推し進めた可能性を指摘している。ウシやヒツジは雪を掘り返して食べ物をあさるのがかなり下手で、雪の表面が凍っている場合はなおさらそうだ。それに、ウシやヒツジは氷を割って水を飲むこともあまりしない。ところがウマは、どちらも蹄を使ってする。ウマは寒冷な草地によく適応した生き物なのだ。アンソニーは、六二〇〇～五八〇〇年前の気候の悪化によって、ウシの群れが厳しい冬を乗り切るのが難しくなったのではないかと言っている。そしてこれこそ、牧牛民がステップに生息するウマをつかまえるきっかけになったのかもしれないと。一方、ウマの家畜化は、ウマ狩猟文化からもっと自然に生まれた可能性もある。何百年、何千年もウマを狩ってきて、ウマを「理解」した人々が、ほかの野生ウマを狩るためにウマをつかまえて乗りはじめたのかもしれない。だがそれさえも、あまりに計画的で思慮に富み過ぎているように思える。きっと、最初に野生ウマの背中に跳び乗ったのは、この思いも寄らぬ蛮勇を競い合った一〇代の若者だったにちがいない。

新石器時代の初期、カザフスタン北部の人々はまだほとんどが狩猟採集民で、一時的な野営地で暮らしていた。彼らは、ウマ、短角のバイソン、サイガ、アカシカといったさまざまな野生動物を狩っていた。ところが、一九八〇年代にボタイという遺跡でおこなわれた発掘調査から、五七〇〇年ほど前にはもっとウマに特化した狩猟へ移行していたことが明らかになった。それと同時に、ボタイ文化として知られるようになったこの文化の担い手たちは、半定住生活を送るようにもなっていた。彼らは明らかに、野生ウマの群れを追って移動する生活をしていたようには見えない。それよりずっと定住性の高い暮らしをしていたのである。

ボタイとそれに類する紀元前四千年紀の遺跡から出土した動物の骨は、大多数がウマのものだった。ボタイ人が馬肉をたくさん食べていたことは間違いない。残っている証拠から、彼らがウマの群れ全体を罠にかけるだけでなく、死骸を持ち帰ることもできたように思われる。これはパズルの重要なピースとなる。つまりこのウマたちは、ウォリーズ・ビーチのウマと違って、殺されたその場で解体されたわけではない――集落に持って帰られたのである。考古学者たちは、ボタイ人がウマに乗って狩りをし、ウマを使って運搬していたにちがいないと主張した。ところが証拠が集まるにつれ、ボタイやそれと同類の遺跡で見つかった遺物をめぐる解釈が変わりだした。ボタイ遺跡の遺物には、槍先はほとんど含まれていないが、皮革加工用らしき道具――特徴的な細かい摩耗が見られる骨角器――が大量にある。この手がかりは、ボタイ人がウマを狩るだけでなく、飼っていた――そして乗っていた――ことも示唆している。考古学者はさらに、証拠を細かく調べてこの考えを検証しようとした。

　異なる種のウマ同士や、野生ウマと家畜ウマのあいだで、骨の形はわずかしか違わないが、下腿にある砲骨《ほうこつ》というヒトの中足骨《ちゅうそくこつ》にあたるものは、骨格のなかでもとくに多くの情報を与えてくれる部位であることがわかっている。そこで考古学者は、ボタイ遺跡から出土したウマの砲骨の形を、ほかの場所や時代のものと比較した。すると、ボタイの骨はかなりほっそりしており、間違いなく家畜ウマがいた、のちの遺跡のものと似ていた。ボタイの骨はまた、その細さにおいて、現代のモンゴルのウマの砲骨とも似ていた。

　続いて考古学者は、ボタイのウマの歯に注目し、とても驚くべき発見をした。小臼歯の一本の前端に、帯状の摩耗が見られたのだ。歯のエナメル質はすり減っていて、その下の象牙質が見えていた。ウマの口内をのぞき込むと（贈り物の馬でなくてかまわない［「贈り物の馬の口をのぞく」という、もらい物のあら探しをする意味の慣用句が英語にある］）、前歯と奥歯のあいだにすき間があることに気づくはずだ。これは歯槽間縁《しそうかんえん》と呼ばれている。ボタイのウマの歯に残る摩耗の跡は、歯槽間縁に日ごろから何かが置かれていたためにできたとしか考えられなかった――わずかだが明らかにすり減っていたのだ。ほかふたつの歯にも、轡《くつわ》による摩耗かもしれない、もっとかすかな痕跡が見られた。明らかな摩耗を示していた歯の放射性炭素年代測定をおこなうと、四七〇〇年前のものと判明した。ほかにも、ウマの口のなかでまさに轡がはまる歯槽間縁に骨の隆起のある下顎骨が四つ見つかっている。

最後に、考古学者はボタイ遺跡から出土した土器に注目した。調理用土器のかけらの内面に残っていたかすを分析したところ、ウマの脂肪どころか、ウマの乳に含まれる脂質の存在を示す証拠が見つかった。野生ウマの狩猟者も、授乳期の雌馬を殺したときには、ときおり馬乳を味わっていたのは間違いなかろうが、これらの土器に付いた乳は、もっと頻繁に飲んでいたことを示している。肥沃な三日月状地帯における、ヒツジやヤギやウシの家畜化・酪農の中心地から遠く離れて、ユーラシア・ステップの人々は独自の酪農を考案していた。そして馬肉と馬乳に特化したこの生活様式は、カザフスタンで――現在に至るまで――実に長大な年月にわたり存続している。アルタイ山脈の牧畜民がこの古来の文化を受け継いでおり、馬乳を発酵させた馬乳酒《クミス》は、ユーラシア・ステップでは今なお一般的な飲み物だ。

このハットトリックのようにゴールを決めた三つの証拠――脚の骨、明らかな轡による摩耗、馬乳の使用――は、皆同じことを示している。太古のカザフスタンにいたボタイ人は、紀元前四千年紀までに、ウマに引き具をつけ、ウマの乳を搾り、ウマの飼育をしていたのだ。しかし、これは始まりを表しているのではない。考古学者の言う「terminus ante quem（それ以前の期間）」であり、この時点までには家畜化がなされていたことを意味している。

轡による摩耗は、ボタイのウマが引き具をつけていたことのあかしだ――頭絡はウマを御するために使われていたとも考えられるが、ウマに乗るために使われていた可能性のほうが高いかもしれない。ボタイ文化そのものは、ウマを家畜として飼っていたというこの具体的な証拠の年代より古く、五五〇〇年前にまでさかのぼる。そして乗馬はさらにそれ以前に始まっていたようにも思える。ポントス・カスピ海ステップにある六五〇〇年前の墓からは、ウシやヒツジに混じってウマの骨も出土している。これらの動物のあいだに象徴的なつながりがあるのは明らかだ。そのため考古学者は、これほど早い時期にウマに乗ってほかの動物を追い立てることがされていたのかもしれないと考えている。

さらなる手がかりが、現在のルーマニアとウクライナに広がるドナウ・デルタから見つかっている。それはウマの頭をかたどった石槌という武器や、クルガンという墳墓――ステップ文化の特徴をなすもの――であり、年代は六二〇〇年前にさかのぼる。ここから、ウマに乗っていたステップの人々が南へ移動していたということが強く示唆される。クルガンには死者が埋葬されており、貝殻や動物の歯をビーズにしてつなげた首飾りのほか、新しい素材である銅を使用した斧、ねじれた首輪、らせん状の腕輪も出土しているが、この銅はドナウ川流域の町にいた古ヨーロッパ人との取引で手に入れたものなのだ。ステップの民は金石併用時代すなわち銅器時代に移行し、このぴかぴかして打ち延ばしのできる金属は権威の象徴となっていた。早期に拡散したステップの民は、ウマとともに彼ら独自のものを持ち込んだ可能性がある。彼らはインド・ヨーロッパ祖語の話者だったのかもしれないのだ。彼らがさらに南へ移動するにつれ、インド・ヨーロッパ祖語からアナトリア諸語が生まれたのではないか。

するとウマの家畜化と乗馬は、ボタイ文化が登場する一〇〇〇年前、ひょっとすると紀元前五千年紀には始まっていたのかもしれない。紀元前四千年紀、五五〇〇～五〇〇〇年前までには、すでにウマの骨がカフカス（コーカサス）――ステップの南側の黒海とカスピ海にはさまれた山脈――周辺で多く見られるようになっている。黒海西岸のドナウ・デルタでも状況は同じだ。五〇〇〇年前までに、ドイツ中央部のいくつかの遺跡で、出土する動物の骨の二〇パーセントをウマの骨が占めるようになっている。つながりは明らかだ。乗馬と家畜ウマが広まっていたのである。それも急速に。ウマと乗馬はカフカスの南側にも広まった。メソポタミアでは、ちょうどシュメール文明が花開きだした五三〇〇年前を境に、ウマが頻繁に出土するようになる。

乗馬はウマの管理に役立ったばかりではない。ずっと効率よくほかの動物の群れを誘導できるようにもなったはずだ。ひとりの人間が歩きで、一頭の優秀なイヌの助けを借りれば、ヒツジ二〇〇頭の番をすることができる。ところがウマに乗ってイヌと組めば、ヒツジ五〇〇頭を管理し、はるかに広いエリアを掌握することができる。なわばりが拡大することで、牧畜民同士の争いが勃発したのではないか。するると、同盟を結んだり贈り物をしたりすることが重要になっただろう。考古学的記録に銅や金の装身具が急増したことは、人々がそれ以前にはなかった形で地位を求め、富を誇示していたことを示している。だがそれには犠牲もともなった。磨き上げた石槌――ウマの頭を模したものもある――も、この時期に登場するのだ。乗馬と戦争は、これほど古い時代であっても密接に結びついていたらしい。本格的な騎兵は約三〇〇〇年前の鉄器時代になってから現れたようだが、ウマに乗ってなされた襲撃――ほかの部族から動物を盗むなど――やそれにともなう殺し合いは、きっと乗馬の黎明期にまでさかのぼれるだろう。

紀元前四千年紀の終わりにかけて、ステップの牧畜民は再び移動性を高めていった。この千年紀の最初の数百年で温暖化した気候が、寒冷化に転じたためだ。いまや大きくなっていた群れが十分な草を食むには、もっと広い範囲を歩きまわる必要があった。それが新たな生活様式、ひいては新たな文化を生むきっかけになったようだ。牧畜民は、もはやボタイで営んでいたような半定住生活を続けられず、家畜の群れとともに移動しなければならなかった。そこで考案されたのが、ワゴン（四輪の荷車）だ。この車輪のついた乗り物は、およそ五〇〇〇年前にステップで使われはじめた。ずいぶん具体的な話に思える。考古学者はいったいどうして、地面にほとんど痕跡を残さない乗り物について、そんな主張をすることができるのだろう？　轍《わだち》はふつう何千年も残らない（それに見つかったとしても、橇《そり》の跡と見分けがつかない）。

その答えは、ステップの民の墓にある。彼らはまだクルガンを築いており、その墳丘の下に、特権階級の者――ほとんどが男性――をワゴンと一緒に埋葬していたのだ。遺体と分解したワゴンを地面の穴に入れたこの風変わりな墓は、紀元前三〇〇〇年から紀元前二二〇〇年にかけて、ポントス・カスピ海ステップの各地に出現する。その埋葬形式がこの新しい文化の名前となっている――もっとも、この文化の担い手がその名を知ることはなかったが。「竪穴墓」を意味するロシア語、「ヤムナヤ」である。

車輪そのものは、ステップで発明されたのではないようだ。車輪のついた乗り物のアイデアは、西のヨーロッパか、南のメソポタミアから、ステップに伝わったと考えられている。車輪つきの乗り物の絵として知られる最古のものはポーランドの遺跡にあり、紀元前三五〇〇年ごろに描かれている。またトルコでは、紀元前三四〇〇年ごろのワゴンの粘土模型が出土している。覆いをしたワゴンを雄牛に引かせて移動式の住居とすることで、牧畜民は家畜の大群を追いながらステップ一帯を転々と移り住むことができた。そしてもちろん、彼らは変わらずウマに乗っていた。考古学者は、牧畜民が一年周期で、春と夏は開けたステップで過ごし、冬になると川の流域に野営地を設けていたのではないかと考えている。重要なのは、川の流域には木が生えていて、燃料やワゴンの修繕に使う木材を調達できただろうということだ。ウマに乗り、ワゴンで野営し、クルガンを築くこの文化は、ポントス・カスピ海ステップの全域に広がっていたが、家畜や食用にした植物の種類には地域差があった。ドン川より東では、人々は主にヒツジやヤギの世話をしており、移動に不可欠なウシやウマはわずかしかいなかった。彼らはヒツジやヤギの肉と一緒に、採集した塊茎やアカザ――キヌアに非常に近い植物――の種子を食べていた。西側のステップでは、人々はさらに定住性が高く、ウシやブタを飼いながら、いくつかの穀物を栽培していた。

ところが、それ以前の紀元前五千年紀の騎馬遊牧民と同じく、ヤムナヤ人もステップにとどまってはいなかった。紀元前三〇〇〇年までには、彼らは西へ広がりだし、ドナウ川下流域に入り、ハンガリー大平原に達していた。ステップの牧畜民は東へも広がり、中国では初期の農耕民と接触した。西方で栽培化・家畜化された作物や動物が、東方にもたらされた。銅の冶金術も西方から中国に伝わったのだろう。ヤムナヤ人以降も、ステップの民は東西へ幾度も波のように広がっていたようだ。このシナリオはその後五〇〇〇年以上も繰り返され、最後の波は歴史に記録されている。一三世紀に起きたモンゴル帝国の侵攻である。

先史時代におけるステップ遊牧民の拡大は、東方と西方でまったく異なる影響を社会に与えたらしい。遊牧民は、中国では定住社会に溶け込んだものの、西方ではほかの遊牧民が居住していた土地を侵略し、ドミノ倒しのように、そうした遊牧民をさらに西へ追いやった。

ヤムナヤ人がヨーロッパに広がると、文化に大きな影響を及ぼし、それは今なおなごりをとどめている。遺伝学者や比較解剖学者は、現生生物のあいだに見られる共通点や相違のパターンを、可能なら太古の生物のものも利用して、系統関係――進化の歴史を示す系統樹――を構築する。言語学者も文法や語彙を比較することで、言語について同じようなことができる。英語から、ウルドゥー語、サンスクリット語、古代ギリシャ語に至るまで、古代や現代の多くの言語は、インド・ヨーロッパ語族というひとつのグループにまとめられる。そこで言語学者は、音の変遷をはるか昔にまでさかのぼり、およそ一五〇〇種類の音からなる、原初のインド・ヨーロッパ語に一番近いものにたどり着いた。彼らが本当に太古の言語の痕跡を見つけたのかどうかを確かめるのは、とても難しい。だが、その後の考古学的発見により、ヒッタイト語やミケーネ・ギリシャ語でそれまで知られていなかった単語がいくつか明らかになった――その単語が、歴史言語学者の予想したとおりのものだったので、彼らのおこなった復元にはある程度信頼できる根拠がある。

こうしたインド・ヨーロッパ祖語のかけらには、「カワウソ」「オオカミ」「アカシカ」「ハチ」「ハチミツ」「ウシ」「ヒツジ」「ブタ」「イヌ」「ウマ」を意味する単語が含まれている。つまり、この祖語は、明らかに新石器時代の始まり以降に誕生したものなのだ――家畜を表す単語があるのだから。それでも、「ウマ」を示す単語が家畜ウマを指しているのかはわからない。しかし、ほかにも手がかりがある。復元されたインド・ヨーロッパ祖語には、「車輪」「車軸」「ワゴン」を示す単語も含まれているのだ。ステップの遊牧民で、ウマに乗り、ワゴンを駆っていたヤムナヤ人が話していた言語は、ヨーロッパや西アジア、南アジアの各地で今も使われつづけているあらゆるインド・ヨーロッパ語の基礎をなしていたようなのである。われわれが、ステップの古代文化のなごりをかすかにとどめる言葉を今なお使っているとは、なんとすてきなことだろう。

## 近縁の親類とありえたかもしれない歴史

家畜ウマの起源の解明は――もはやおなじみのテーマだが――実に難しいことだとわかっている。オオカミと初期のイヌや、オーロックスと初期のウシの場合と同じく、野生ウマと家畜ウマで骨に何か違いを見出すことは難しい。ボタイ遺跡から出土したあの砲骨は、野生ウマの骨とわずかしか違っていなかった。それどころか、はるかに対象を広げ、エクウス属に含まれるどの種の骨格を比べてもほとんど違いがない。シマウマの骨格とノロバの骨格を比べても、見分けるのは至難の業だろう。やはりここで遺伝学が助け船を出してくれる。そして家畜ウマの起源を探る前に、われわれが本当に現生のさまざまなウマの種の違いを理解しているのか、確かめる必要がある。一部の種同士は、以前考えられていたよりもずっと「違いがない」ことが近年明らかになっている。

これまでわれわれは、エクウス属を分類学的に細分化することに熱心になりすぎていたようだ。一見すると異なり、従来は別種とされていた集団同士が、実はずっと近縁であることが遺伝子解析によって示唆されたケースもある。たとえば、サバンナシマウマと絶滅したクアッガは、主に外見上の違いから、長いあいだ別種と見なされていた。ところが現代の遺伝学では、両者はまったく同一の種とされている。また、アメリカ大陸の絶滅した「高足のウマ」は、遺伝学的に真性ウマ類（caballine）――現代の家畜ウマと近縁の親類――なのである［二〇一七年には、高足のウマの一種が家畜ウマとは遠縁であることが明らかになっている］。一方、それまで考えられていたよりウマの系統樹の枝が減り、互いに遺伝的に近い関係になることで、この系統樹の重要な一点は議論の余地がなくなっている。それは、家畜ウマ（*Equus caballus*）――およびその野生の祖先にして親類の*Equus ferus*――と、中央アジアのステップに生き残る生粋の野生ウマ、モウコノウマ（*Equus przewalskii*）が非常に近縁であるという点だ。モウコノウマは小柄だががっしりしたウマで、毛は薄茶色か赤褐色で、鼻面と腹部は白っぽい。褐色のたてがみは剛毛で、背中に沿って一本の筋が走っている。

遺伝子解析の登場によって、真性ウマ類の系譜を復元し、そこに年代を振ることができるようになった。家畜ウマの野生の祖先は、四万五〇〇〇年ほど前、モウコノウマの祖先から単独の系統として分岐した。家畜化が始まるずっと前のことだ。ところが分岐してからも、わずかに交雑が続いた。今日でも、双方向の遺伝子流動の痕跡がゲノムにかなりはっきりと現れている。ほとんどの交雑は、最終氷期の極大期（二万年前）より前に起こっている。氷河期が終わってからも、モウコノウマから家畜ウマの祖先へ遺伝子がまだいくらか流入しており、それは家畜化されたあとも続いた。ところがさらにその後、ちょうど二〇世紀が始まったころに、逆方向に――現代のウマからモウコノウマへ――遺伝子流動が起きた形跡が見られる。こうして最後に家畜ウマの遺伝子がモウコノウマに流れ込んだのは、まさにモウコノウマがつかまえられ、飼育・繁殖されだした時期にあたる。

この二種類のウマが交雑できるという事実は、実を言うととんでもない。両者は別種と見なせるほど——形態学的にも遺伝学的にも——異なっている。おまけに、染色体の数まで違う。これは交雑を妨げる絶対的な障壁と見なされることが多い。家畜ウマの染色体は六四本（三二対）だが、モウコノウマの染色体は六六本（三三対）なのだ。哺乳類の卵子や精子ができるとき、それらには、体のほかの細胞で通常ペアを組んでいる染色体の片方しか入らない。受精の際、卵子の遺伝物質は精子のものと組み合わさり、再びふたつのセットがそろう。卵子のどの染色体も、受精卵が分割して胚発生を始める前に、対をなす精子の染色体とペアを組む必要があるのだ。家畜ウマとモウコノウマが交配すると、その結果できる受精卵には、三二本の染色体が一セットと三三本の染色体が一セット、存在するはずである。それでもどうにかして（遺伝学者でも、これには驚く）、染色体はペアを形成する。そうでなければ、生存可能な子はできない。そして、現代の家畜ウマとモウコノウマのゲノムに残る交雑の痕跡は、できた子が生存可能だったばかりか、生殖能力をもっていた——つまり子を残せた——ことも示している。

もちろん、ウマ科の種間の雑種はよく知られている。ケッテイは、オスのウマとメスのロバの雑種だ。逆の組み合わせ——オスのロバとメスのウマ——からはラバが生まれる。しかも、ケッテイもラバもふつうは子を産めないが、たまに生殖に成功することがある。ロバの染色体が三一対、ウマの染色体が三二対であることを考えれば、これまたかなり驚きだ。ところが、別のウマ科のゲノムには、さらに驚くべき芸当の証拠が残っている——三一対の染色体をもつソマリノロバと、二三対の染色体をもつグレビーシマウマとのあいだの交雑と遺伝子流動だ。こうした発見は、生命現象の仕組みに対するステレオタイプの見方に疑問を投げかける。種の境界は、ゲノム研究の登場以前の予想よりはるかに乗り越えやすいことがわかってきているのだ。染色体数の違いさえ、かつて考えられていたような、生殖を妨げる完全な障壁とはならないようなのである。

遺伝学は、交雑の問題に取り組むほか、昔の個体数の変動についても知見を与えてくれる。家畜ウマの祖先（*Equus ferus*）とモウコノウマはどちらも、およそ二万年前から一万年前の更新世後期から完新世初期にかけて、個体数の激減に見舞われている。個体数はそのまま減りつづけた――およそ五〇〇〇年前に家畜化が始まったときまで。それから、家畜ウマ（*Equus caballus*）の前途が明るくなりだした。しかし、家畜ウマが数をどんどん増やして世界に広がる一方、野生ウマは絶滅の危機に瀕することになる。

家畜ウマの野生の近縁種（*Equus ferus*）はターパンとも呼ばれ、特徴的な灰褐色の毛と短いたてがみをもち、腹部は白っぽく、脚は黒かったが、一九〇九年についに絶滅した。モウコノウマも同じように絶滅へ向かっていた。この希少な用心深いウマを発見したのは、一八七九年に中央アジアのステップを横断していたロシアの探検家・地理学者、ニコライ・ミハイロヴィッチ・プシヴァルスキーである。このころには、すでにモウコノウマの生息地は縮小しており、現在のモンゴル国と内モンゴル自治区のステップに小さな群れを残すだけになっていた。モンゴルを発つ支度をしていたプシヴァルスキーは、銃で仕留められたこのウマの毛皮と頭骨を贈られ、サンクトペテルブルクに持ち帰る。動物学者のI・S・ポリアコフがその遺物を調べ、一八八一年にこの珍しいウマの分類記載を発表した。ポリアコフは、モンゴルから届いたウマの遺物が新種と見なせるほど家畜の系統とは異なっていると判定し、発見者を称える新種の英名（Przewalski's horse）をこのモンゴルの野生ウマに与えた。このウマはたちまち収集の対象となり、遠征隊が動物園用の個体をつかまえにモンゴルへ向かった――それでさらに野生の個体数が減ることとなる。最後に捕獲されたモウコノウマは、オルリッツァと名付けられた雌の子馬だった。このウマは野生ではどんどん希少になっていった。新種と認められたことが、ある意味で破滅をもたらしたのだ。動物学のコレクションを増やすための遠征では、必然的に殺されたり追い散らされたりする動物もいたのである。

　野生のモウコノウマは、一九六九年にモンゴル南西部のジュンガリア・ゴビ砂漠で最後に目撃されている。野生では絶滅したが、動物園では少数のモウコノウマが、繁殖するには十分に長く生き残っていた。一九八〇年代から一九九〇年代にかけて、わずか一四頭の個体——そのうちの一頭はオルリッツァだった——から繁殖させたモウコノウマを用いて、このウマを再び野生に導入する試みがなされた。その試みは成功した。一九六〇年代から一九九六年まで、モウコノウマは「野生絶滅」とされていたが、二〇〇八年には野生に復帰したのである。もっとも、数が非常に少なかったため、「深刻な危機」のカテゴリーに指定されていたが。その数は徐々に増え、二〇一一年には単に「危機」とされるまでになった。これはつまり、五〇頭を超える成体が野生で暮らしていたということである。

　今では数百頭のモウコノウマが檻の外で暮らしていると推定されている。これほど数が少ないと、病気や厳しい冬といった逆境にまだ弱いが、このウマたちは少し助けを得ている。二〇〇一年にモウコノウマが野生に放たれた中国の新疆ウイグル自治区にあるカラマイリ自然保護区では、毎年冬になるとこのウマを柵囲いに集め、余分に餌を与えて家畜ウマとの食料の奪い合いから守っている。二〇一四年には、野生復帰したこのひとつの群れだけで一二四頭になり、中国で最も成功を収めた再導入活動と語られるようになった。

　飼育下の個体数も良好になりつつある。およそ一八〇〇頭のモウコノウマが世界各地の動物園にいて、その数は今も増えている。野生への再導入が主におこなわれているのは、中国とモンゴルの、モウコノウマが野生絶滅する直前まで生息が確認されていた地域だ。一方、一部のモウコノウマは、ウズベキスタン、ウクライナ、ハンガリー、フランスの自然保護区や国立公園にも放たれている。

　こうした野生ウマの物語は、家畜ウマ（*Equus caballus*）がいなかった場合にありえたかもしれない歴史を教えてくれる。家畜ウマが野生のままだったら、どうなっていただろう？　人類史が違う道筋をたどっていたことは間違いないが、ウマの運命も大きく変わっていたはずだ。野生ウマは、旧石器時代の狩猟採集民だったわれわれの祖先にとって食肉の重要な供給源となっていたが、ほかの形でもわれわれの祖先に役立っていなかったら、きっと狩られて絶滅していたか、絶滅寸前になっていただろう。ウマは広大なステップの各地に人を運び、騎士を戦場に連れていき、二輪戦車やワゴンや大砲を引き、人間社会における地位と名声の象徴になった。モウコノウマを野生に戻す試みは、「再野生化」の勝利という成功譚のように見えるが、このウマは、野生と飼育下を合わせても世界にせいぜい数千頭しかいない。それに対し、地球上にはおよそ六〇〇〇万頭の家畜ウマが生息している。遺伝的多様性の低下や品種の減少が懸念されているものの、*Equus caballus* は絶滅危惧種からほど遠い存在なのである。

## 豹紋とウマの顔

家畜ウマの起源はもう突き止められたように思えるかもしれない。だが、その最古の考古学的証拠がポントス・カスピ海ステップから見つかっているのは間違いないとしても、今日のウマのすべてがただひとつの起源に由来しているとは確言できない。もっと新しい家畜化の中心地が別に存在していた可能性もある。なにしろ、ウマはユーラシア大陸に広く分布していたのだから――ヒトとウマが何千年も接触してきた場所は、ほかにもたくさんある。もっと広く散らばった多地域起源説では、別々の群れがひとつに融合して多様性に富む家畜ウマの集団となりながら、地域ごとの違いや独自の起源をとどめつづけているとされる。イヌと同じく、現代のウマに見られる外見上の多様さにもとづけば、複数の起源が最も妥当と言えるかもしれない。かつてこの説を支持するために、一部の家畜品種と地元の野生のポニーとの類似性が持ち出されたことがあった。形態的特徴——骨の形やサイズ——の研究から、エクスムア・ポニーやバスク地方のポトック・ポニーと、絶滅したターパンとの強い類似性が示されているのだ。カマルグという美しい半野生のウマが、氷河期の洞窟壁画に描かれたソリュートレ文化期の野生ウマの直系子孫だと主張する人もいた。ところが遺伝子は、それとは違う、さらに興味深い事実を物語っている。

二〇〇一年にひとつの研究が発表された。その研究では、多くのウマのサンプルでミトコンドリアDNAの三七か所の領域を解析した。すると、こうしたDNAの領域はきわめて変異に富んでいたのである。しかし、この多様性が示しているのは、家畜化の前に系統が分かれていたことなのか、それとも家畜化のあとに分かれたことなのだろうか? 家畜化の前だったのなら、現代のウマが複数の起源をもつことを示唆している。家畜化のあとならば、単一の起源が支持される。この疑問に答えるため、遺伝学者はロバのミトコンドリアDNAに注目した。ウマのものと配列が一六パーセント異なっているのだ。彼らは、ロバとウマが四〇〇万年前（遺伝子による当時の推定）から二〇〇万年前（化石記録からの推定）のどこかで分岐したと考えた。すると、これはある種のものさしとして使える。一〇〇万年ごとに、塩基配列が四パーセント（四〇〇万年前に分岐した場合）から八パーセント（二〇〇万年前に分岐した場合）変異したと考えられるのである。これで遺伝学者は、この変異率を、現代のウマのミトコンドリアDNAで見つけた差異——およそ二・六パーセント——に適用することができる。そしてこのものさしから、現代のウマに見られる系統は、六三万年前から三二万年前のどこかで分かれたにちがいないという結果が出た。遅めに見積もったとしても、この遺伝的多様性が生まれたのは、およそ六〇〇〇年前とされる家畜化が始まった時期よりはるかに昔のことになる。遺伝学者はさらに、野生ウマは昔から広大な地域で捕獲され、食肉としても輸送手段としても利用されたのではないかとまで考えた。その後、野生の集団が姿を消していくと、家畜化された集団の重要性が増して交配が重ねられ、現代のウマの遺伝的基礎が築かれたというのである。彼らは、ウマの家畜化の歴史を、イヌ、ウシ、ヒツジ、ヤギのものと対比している。まず、あとの四種はウマよりもずっと早く家畜化されており（今もそれは正しい）、いずれも少数の起源から広がった。一方、ウマの家畜化は何度も起きたようで、多くの場所では、ウマそのものではなく、ウマの家畜化というアイデア――技術――が広まったことを示していた。

だが、これは雌馬で語られた話だ。雄馬についてはどうなのだろう？　実は、雄馬ではまったく違う話が語られることがわかった。人類学者のデイヴィッド・アンソニーは、ウマは「遺伝学的に支離滅裂だ」と表現している。母系遺伝するミトコンドリアＤＮＡからは、現代の家畜ウマは実に多様な野生の雌を祖先にもつことが示される。ウマがもつミトコンドリアの遺伝的多様性は並外れており、ほかの家畜に比べてとても異常なほどなのだ。ところが父系遺伝するＹ染色体には、野生の雄の祖先がわずかしか記録されていない。

ミトコンドリアから得られるデータとＹ染色体からのデータとの食い違いは、自然界における繁殖のパターンを――ある程度は――反映しているのかもしれない。モウコノウマも野生のウマも、ハレムを形成する。これはウマの社会では自然なことらしい。一頭の支配的な雄馬が雌馬と子馬の群れをまとめるという、一夫多妻が標準なのだ。若い雄は群れを去り、独身の群れで数年過ごしたのち、みずからのハレムを――ほかの雄馬から雌馬を奪うか、戦ってハレムを乗っ取るかして――形成しようとする。そのため、現代のウマの遺伝的特質は、ウマの集団に自然に見られる社会構造や繁殖のパターンを反映しているのかもしれないのだ。

しかし実のところ、これだけでは、ミトコンドリアＤＮＡの系統とＹ染色体とで多様性が著しく異なる傾向を説明できない。この傾向は、雄馬よりも雌馬のほうがはるかに多く家畜化されたことを強く示しているのだ。私には、これはとても納得がいく。雄馬は生来、攻撃的で、独立心が強く、危険ですらある。若い野生の雄馬で、怒り狂って人を振り落とし、頭を蹴ろうとしてこないものは、そうそう見つからない。雌馬は生まれつきもっとおとなしい。あなたが野生ウマをつかまえて飼いならそうとしている牧畜民なら、雌馬をターゲットにしたほうがはるかに見込みがある。したがって、かつて、野生の雄馬よりも野生の雌馬をたくさんつかまえて飼いならしたというのも驚くにあたらない。だが、雌馬のほうが飼いならしやすくても、繁殖させるには雄馬が少なくとも一頭は要る。それが生物の基本なのだ。

ところが、現代のウマのDNAを見るだけでは、パズルのピースを埋めることはできない。家畜ウマの群れに、いつ、どこで特定の系統が加わったのか、そして過去の多様性が時間とともにどれだけ失われたのかが、わからないからだ。昔の骨から取り出された太古のDNAが、話にずっと深みを与えてくれる。氷河期の終わりにかけて、アラスカからピレネー山脈までの地域には、遺伝的なつながりをもつ野生ウマの大集団が存在していた。一万年前までに、北米のウマは消え去り、ユーラシア・ステップの集団はイベリア半島の集団から切り離された。最新の遺伝子研究では、Y染色体の多様性が時代とともに失われたことも明らかになっている。それが、ごく少数の雄馬しか家畜化されなかったという誤った印象を与えていたのである。

太古のDNAと現代のDNAから、ウマの家畜化は銅器時代にユーラシア・ステップの西部で始まったということが言えそうだが、それに加え、家畜ウマがヨーロッパやアジアに広がった際、母系遺伝する――野生の雌馬からの――ミトコンドリアDNAが、家畜ウマの群れに繰り返し入り込んだこともわかっている。鉄器時代には、野生の雌馬がさらに多く捕獲されては家畜化され、中世にも、すでに家畜化されていた群れに野生の遺伝子が加わった。

イベリア半島にいた家畜化以前の太古のウマは、ピレネー山脈によってヨーロッパのほかの地域から隔離されていた。その一部の母系は家畜ウマに紛れ込み、今でもマリスメーニョ、ルシターノ、カバロ・デ・カロといったイベリア半島のいくつかの品種に受け継がれている。スペイン人が南米にウマを再導入したため、この太古のイベリア半島の痕跡が、アルゼンチニアン・クレオール、プエルトリカン・パソ・フィノなどの南米品種にも見つかるのは意外ではない。ところが、この痕跡はフランスやアラビア半島のウマにも見られることがあり、きっとイベリア半島・フランス間の古くからの交易や、スペイン・北アフリカ間の密接な関係を物語っているのだろう。中国ではほとんどのミトコンドリアDNAの系統が、家畜ウマがはるか西から東アジアに広がったことを示しているが、少数の系統が地元の野生の集団から加わったこともわかっている。

ここから浮かび上がるのは、複数の独立した家畜化の中心地があったというのではなく、家畜ウマの一群がステップの発祥地から分布を広げた——ところがその途中で、歴史を通じて、たくさんの野生の雌馬が家畜ウマの群れに加わった——という構図だ。つまり、アイデアや新たな技術が広まっただけではない。ウマ自体も広まったのである。

ほかの飼育栽培種と同じく、話はここで終わらない。選抜育種は一部の形質を促進する一方、ほかの形質を抑え込んだ。イヌやウシやニワトリと同じように、過去二〇〇年のあいだに、ウマには徹底した育種によって強い人為選択が働き、今日知られているさまざまな品種が生み出された。だが、はるか昔にも選択は働いていた。速さと機敏さに長けた小柄なウマは、軽い二輪戦車——青銅器時代の発明——を引かせるために好まれたが、鉄器時代のスキタイ人は、あるものは持久性、あるものは速さを基準に選抜し、もっと大きなウマを生み出した。中型のウマは戦場に駆り出され、ワゴンや、のちには大砲を引く役目を負った。中世になると、体重が最大で九〇〇キログラムにもなる巨大な荷馬が登場した。

現代の品種に見られるいくつかの形質は、家畜化以前のウマにすでに存在していた。ラスコーの壁画を駆けまわるウマは褐色と黒だ。これは天然の毛色であっても不思議はない。ペシュ・メルル洞窟に描かれているウマの斑点は、むしろ想像の産物か、なんらかの象徴、あるいは幻覚を描いたものかもしれないとさえ考えられてきた。ウマのまわりに配された抽象的な水玉模様に溶け込んでいるのだ。だが一方で、ペシュ・メルルのウマの斑点は、クナーブストラップ、アパルーサ、ノリーカーなど、一部の現代の品種に見られる毛皮の「豹紋」にとてもよく似ている。この「豹紋」の遺伝学的な要因はよく知られている。ウマの一番染色体にあるLP遺伝子の、特定の変異型すなわち対立遺伝子だ。遺伝学者は、ヨーロッパとアジアで家畜化以前の太古のウマから三一頭分のDNAを集め、それをスクリーニングして、この変異型が見つかるかどうか調べた。アジアのウマはこのLP遺伝子の変異型をもっていなかったが、彼らが調べた西ヨーロッパのウマ一〇頭のうち、四頭には存在していた。ペシュ・メルルの壁画は明らかにやや脚色されている——ウマの頭はとくに小さく、脚はか細い——が、まだら模様は、氷河期に実在したウマの姿を自然のまま写し取ったとしてもおかしくはない。初期のウマの育種家のなかに、この模様をとくに好む者もいたように思える。たとえばこのLP遺伝子は、トルコ西部の青銅器時代の遺跡から発掘された一〇頭のウマのうち、六頭から見つかっている。

シベリア北部では、ヤクートウマが地元の野生ウマと交雑し、亜寒帯の環境で生き延びるうえで重要な生理学的・解剖学的特徴を手に入れた可能性が指摘されていた。このウマは小型で脚が短く、おまけに驚くほど毛深い。ところが、昔と今のヤクートウマで遺伝子を調べたところ、両者には特別なつながりはないことがわかった。現在のヤクートウマは、一三世紀に持ち込まれたらしい。そして寒冷な環境に非常にすばやく適応した。こうした急速な変化が、体毛の成長、代謝、血管の収縮（体表の熱損失を減らす）に関わる遺伝子に起こったのは、生き延びるために欠かせなかったからにちがいない。もっと一般に家畜ウマについて言えば、ほかの遺伝子で、過去に正の選択を受けた形跡のあるものは、骨格、循環系、脳――さらには行動――の変化に関わっているようだ。

ウマの行動には、ずっと昔から飼い主が知っていたか、少なくとも感づいていた魅力的な点がある。そして今まさに、それが科学的研究によって解明されだしている。イヌやネコが、ヒトの体や声に表れた感情を理解できることをうかがわせる証拠はある。イヌは確かに、ヒトがうれしいときにどんな顔をするのかわかっている節がある。ウマが自分で表情を作り、ほかのウマの表情を認識できることは、すでに知られている。最近の研究では、ウマに対し、怒って顔をしかめた男性の写真と、うれしそうな顔をした男性の写真を見せる実験がおこなわれた。ウマは怒った顔を見せられると、笑顔を見せられたときに比べ、心拍数が上昇する傾向を示した。この結果が、ウマが本当にヒトの感情を読み取っていることを示しているのだとすれば、この能力にはいくつかの説明が考えられる。ウマはずっと昔からほかのウマの表情を読むことができたので、家畜化されてから、ヒトに対しても同じことができるようになったのかもしれない。あるいは、怒りを示すほかの手がかりと、ヒトの怒った顔とを結びつけるなどして、ウマが生きているうちにできるようになった可能性もある。それでも、この能力の根底には、ウマが野生の祖先から受け継いだ、外見から感情を推しはかる生来の性向があるのではなかろうか。

入念に仕組まれた最近の実験からは、ウマがわれわれの行動を理解できるだけでなく、それに働きかけようとすることも示されている。たとえば、ウマが用いる身ぶりのなかには、確かに意図的なコミュニケーション手段と思われるものがある。バケツいっぱいの好物が自分の届かないところにあると、ウマは首を伸ばし、そのバケツのほうへ顔を向けたのだ。ウマはヒトの実験者を見つめ、バケツを指し示すと、また実験者を見つめる。実験者が歩き去ってしまうと、ウマはそれをやめる。だが実験者が近づいてくると、もっと頻繁にその行動をするようになる。ウマはまた、頭を縦や横に振って気を引きもする。したがって、ウマはコミュニケーションをとりたがるだけでなく、ヒトをコミュニケーションのできる相手として認識していることがうかがえる。家畜化されてわずか数千年のあいだにウマがこうした能力を発達させたようには思えないが、これが生得的なものである可能性も低い。むしろ、社会的環境でほかのウマと——そして今ではヒトとも——交流するなかで、こうした行動を身につける下地ができていたのだろう。つまり、その行動は生得的なものではないが、それを発達させる傾向は生まれもっていたのだ。イヌと同じく、ウマは生来社交的な動物なので、ほかの社交的な動物と協力するのに大いに適していた。ポントス・カスピ海ステップでウマを狩っていた人々がウマに乗るようになった銅器時代以降、ウマは良き協力者となった。ウマは旅の道連れとなった。しかし、ウマが運んでいたのはヒトだけではなかった。次に挙げる飼育栽培種の離散は、のちにシルクロードの西端となる道をたどった旅人たちの鞍袋から始まった。この鞍袋には、旅に必要な果物が詰め込まれていた。リンゴである。

# 9　リンゴ　*Malus domestica*

ワッセイル！　ワッセイル！　町じゅうに響く。
白いパンに、茶色のエール。
杯はホワイト・メープルでできている。
ワッセイル（祝い酒）の杯であなたに乾杯。
――『グロスターシャーのワッセイル』

## ワッセイリング

一月の後半、ノース・サマセットの夜は寒い。果樹園には小さな人だかりができている。裸の枝が夜空へ伸び、足元では氷がザクザク言っていた。老いも若きも皆、しっかり上着を着込み、マフラーを首に巻き、毛糸の帽子をかぶっている。凍てつく空気に吐く息が白い。子どもたちは器具を手にしている。それを「楽器」とは呼びがたい。雑音を立てるものばかりで、マラカス、タンバリン、ビンのふたを入れた空き缶、それに、ふた叉の棒からもっとたくさんのビンのふたをワイヤーで吊した即席のガラガラもあった。大人のひとりはトランペットをもっている。動きだした人だかりは、やがて曲がりくねった行列になり、騒々しい音を立てながら木々の下を練り歩く。大変な大騒ぎだ。

秋に豊作となるよう、われわれはリンゴの木を目覚めさせ、悪魔を追い払おうとしている。行列が止まり、ひとりの男性が咳払いをすると、ワッセイリングの歌を歌いだす。公の場で急に歌いだす人を見ると、いつもならひどくうんざりした気分になる。ただの「目立ちたがり」だ。その日の午後に考えたばかりの、他人の子の芝居を見せられているみたいに、逃げられないし、笑うのも失礼にあたる。しかめっ面ではなく励ますような笑顔でそこに座り、終わったら皮肉と思わせずに褒めないといけない。だがこの果樹園では、私のシニシズムの氷が少し解けた。その男性は、美しく、甘く、年季を感じさせる声で、この歌唱に全身全霊を傾けている。まるでわれわれは時を越え、何世紀も前の出来事を再現し、なごりを反響させているかのように思える。

それから一同、ぞろぞろと家へ帰る。毛織物を、コートを、そして過去を脱ぎ捨てる。友人とおしゃべりを始めると魔法が解け、現代に戻る。それでもわれわれはまだ温かいシードル（リンゴ酒）を手にして、互いの健康を祈って乾杯をする。そうするのもまた昔のなごりだ。このワッセイリングの風習は、少なくとも中世にまでさかのぼれる。だがそのルーツはもっと古いにちがいない。これは見るからに異教の儀式で、木の精霊をなだめて豊作にしてもらうためのものなのだ。ワッセイリングについての最古の記録は、一五八五年のケント州のもので、若者たちが果樹園でのワッセイリングに対して報酬を与えられたと記されている。一七世紀には、作家にして古代史好きでもあったジョン・オーブリーが、男たちがワッセイルの杯をもって果樹園に入り「木々を訪ねまわり感謝する」というイングランド西部地方に伝わる風習を記録している。一八世紀には、ワッセイリングの詩や歌が増えたが、一九世紀に一気に廃れた。二〇世紀になると、ところどころでこの古い儀式が復活する。ワッセイリングは、ウェールズとイングランドのセヴァーン川流域で最も根強く残っているようだ。私の友人が果樹園でおこなうワッセイリングは、あとから復活したものだが、長い伝統のなごりを現代に漂わせている。

「ワッセイル（wassail）」は、古ノルド語で「あなたが健康であれ」という意味の「ves heil」に由来する。人々は家に引っ込み、互いの健康を祈ってスパイスの効いた温かいシードルを飲みながら、新年の始まりを祝い、友人たちにとってもリンゴの収穫にとっても良い年となるように願う。

リンゴは英国を象徴するものである。ワッセイリングは、われわれとリンゴの木や果実との太古からのつながりを賛美し、際立たせている。ところが、本書で取り上げたほかの飼育栽培種と同じく、リンゴもヨーロッパ北西部のこの小さな島国を原産とするものではない。リンゴの原産地は、そこから五五〇〇キロメートル以上も離れた場所だった。

## 天の山の中腹で

この場所は――少なくともそのすぐ近くは――前に紹介した。ジュンガリアという地域の名はかつてのモンゴル系民族の帝国にちなみ、今ではそのほとんどが、中国の新疆ウイグル自治区――西のカザフスタンと東のモンゴルにはさまれた一帯――に含まれている。しかしジュンガリアの東端は今なおモンゴルにあり、モウコノウマが野生絶滅する前の一九六九年に、最後の一頭が目撃されたのもこの場所だ。南では、ジュンガリアは天山山脈に接している。天山山脈は西へ連なりながら幅を増し、標高の高い楔形の地域となり、中国の新疆ウイグル自治区の南西部とカザフスタンを隔てるように、今日のキルギスをなしている。

ここはステップと砂漠のなかにある肥沃なオアシスだ。「天山」というその名にたがわぬ趣を感じさせる。植物学者のバリー・ジュニパーは、その美しさをこう表現している。「急峻な峰々は雪をかぶってきらめき、斜面は森で覆われている。高所にかくまわれた牧草地には、春は球根植物や果樹の花が咲き乱れ、秋は果実がたわわに実る。天山山脈は究極の恵み多き古代の山岳王国だ」

一七九〇年、ドイツの薬草学者ヨハン・ジーフェルスが、薬用ダイオウの一種を求めて、シベリア南部と中国をめぐるロシアの探検隊に加わった。彼は道すがら見つけたほかの植物を気にとめないほど、ダイオウの探索に没頭していたわけではなかった。だが、今のカザフスタン南東部にあたる天山山脈の中腹で、ジーフェルスはリンゴの巨木の森を発見した。そこには、とても大きくてカラフルな果実――緑や黄色のものもあれば、赤や紫のものもあった――がたわわに実っていた。ところどころリンゴの木が生えているといった混交落葉樹林ではなく、リンゴが優占種だったのだ。しかも、このリンゴの木は、今日の果樹園で見られるような矮化《わいか》して刈り込まれたものとは違い、高さが最大で一八メートルにもなった。ジーフェルスは、探検から戻ってすぐに、みずからの発見を記述する間もなく三三歳の若さで世を去った。ところがのちに、みずから中央アジアの天の山で見つけたリンゴの学名 *Malus sieversii* にその名をとどめることになる。

一九世紀の初め、植物学者とリンゴ栽培家は、*Malus* 属の絡み合った枝を解きほぐそうとしていた。天山山脈周辺の森林に自生する大きな果実の木々は、ほぼ忘れられていたようだ。その代わりに、栽培リンゴはヨーロッパの野生リンゴから栽培化されたという考えが広まっており、そうした野生リンゴには、「森林リンゴ（*Malus sylvestris*）」、ヨーロッパ南東部の「楽園リンゴ（*Malus dasyphylla*）」、「原始リンゴ（*Malus praecox*）」があった。

一九二九年、ニコライ・ヴァヴィロフがコムギの起源を求めてペルシャへ遠征してから一三年後、世界随一のプラントハンターと広く認められていた彼は、ジーフェルスの足跡をたどることにし、カザフスタン南東部――そのころまでに、拡大するロシア帝国に呑み込まれていた――を旅した。そして、天山山脈のふもとに位置するアルマトイの町の周辺で野生リンゴの森林を探索した。現在、アルマトイはカザフスタン最大の都市であり、二〇〇万人近くが暮らしているが、この都市の名前には、古くからのリンゴとのつながりが秘められている。ロシア語の名称「アルマ・アタ（Alma-ata）」は「リンゴの父」を意味するのだ。この都市が初めて文献に登場したのは一三世紀のことで、その当時は「アルマタウ」と呼ばれていた。これは「リンゴの山」を意味すると考えられている。

ヴァヴィロフはこう記している。「町の周囲は、野生リンゴがふもとの丘を覆い、森になっていた」。その野生リンゴの木に生《な》っている果実には、栽培リンゴとよく似たものがあったので、彼はびっくりした。この野生リンゴは、小粒で酸味の強いヨーロッパの野生のクラブアップルとは違い、丸々とした果実で豊かな風味をもっていた。「なかには、実の質もサイズも上等で、果樹園にそのまま移植できるほどの木もある」とヴァヴィロフは興奮している。これはなんとも驚きで、栽培種がふつうはその野生の祖先と大きく異なることを考えれば、なおさらだった。トウモロコシとテオシント、あるいは栽培コムギと野生コムギの違いを考えてみよう。野生の祖先を突き止めるには、たいてい、探偵のような仕事がかなり必要になる――だが、リンゴの場合はそうではない。中央アジアの野生リンゴが果樹園の栽培リンゴと非常に近しい関係にあり、両者に共通の祖先が存在することに、疑いの余地はないように思える。ヴァヴィロフは、アルマトイの周辺地域がこの果実の原産地――栽培化の中心――にちがいないと確信した。「私の見たところ、この美しい土地こそ、栽培リンゴの発祥地である」と彼は書いている。

それでも二〇世紀の終わりにかけて、一部の植物学者は、栽培リンゴの祖先の有力な候補として、まだヨーロッパのクラブアップル *Malus sylvestris* に注目していた。だが、そこまで確信がもてない人もいた。一九九三年に、米国農務省の園芸学者フィル・フォースラインもカザフスタン南東部の森を訪れた。彼は地元の科学者と共同で、植物学的調査に乗り出した。そのなかで果実の味見もおこない、ナッツに似た味からアニスのような味まで、酸味から甘味まで、さまざまな風味のものを見つけた。彼はまた、できるだけ多くの変種から熱心に種子を集め、そこには将来作物の改良に利用できるような「遺伝資源」の保管庫を作るという目的があった。最終的に、フォースラインらは一万八〇〇〇個以上の種子を米国に持ち帰った。

ジーフェルスやヴァヴィロフのような先達と同じく、フォースラインも、この野生リンゴの一部が栽培品種とよく似ていることにびっくりした。しかし、アルマトイの周辺地域がリンゴの原産地だと考えられる理由はほかにもあった。そこに自生するリンゴの途方もない多様さである。ヴァヴィロフは、多様性が地理的な起源の重要な手がかりとなる可能性に気づいていた。すでに見たように、種はその発祥地に近いほど多様性を増す傾向にある。発祥地では、差異をため込む時間が一番あるからだ。そして大きな実が生るリンゴの木は、少なくとも三〇〇万年ものあいだ、天山山脈の森で育ち、進化しつづけてきたようなのである。

*Malus sieversii* には、奇妙な点がいくつもある。ほかの野生リンゴはクラブアップルと総称され、小粒で酸味の強い果実をつけることが多い。「クラブアップル（crabapple）」という名前の語源については議論がある——そのスコットランド語形「scrabble」から察するに、単に「野生リンゴ」を意味する古ノルド語に由来している可能性もあるが、「crab」には「酸っぱい」という意味もある。クラブアップルは、単独で生えているか、小さな群落を作ることが多い。天山山脈の *Malus sieversii* のように鬱蒼とした森を形成する種はないのだ。*Malus sieversii* に見られる奇妙な点には、木のサイズ、花の色、果実の形やサイズや味などの、途方もない多様性もある。その多様性をもたらした要因として、カザフスタンの森でこの種が進化を遂げた時間の長さが考えられるが、この種には、ほかの *Malus* 属の種にはないような勢いで多様化している傾向もある。それに比べ、クラブアップルはきわめて保守的だ。

この大きな実が生る中央アジアの野生リンゴは、小さな実が生る初期の祖先から進化を遂げたらしく、その初期の祖先は、天山山脈が空へ伸びる以前にアジア各地に広まっていたのかもしれない。天山山脈が形成されると、そこは荒涼とした砂漠に囲まれ、リンゴの孤立した個体群に適した島状の生息地——ユニークな自然環境——となった。更新世に氷期が繰り返され、地球全体で気候の変動が起きた結果、植物は何度も生息地を分断されたのではなかろうか。ひょっとすると、野生リンゴが非常に変化に富む——とくに子が親と大きく異なる——という傾向は、変わりやすい環境に対する有用な適応形態として発達したのかもしれない。

中央アジアの野生リンゴは、シベリアのクラブアップル（*Malus baccata*）と近縁だ。このクラブアップルの果実は小粒で赤く、鳥が好んで食べる。果実を食べた鳥は——種子が消化管を通り抜けたあとに——種子を散布する役目を果たす。*Malus sieversii* の祖先も、鳥に種子を散布してもらっていた可能性が高い。ところがその後、このリンゴが多様化した。大きな果実は、まったく違う種類の動物——哺乳類——を惹きつけて種子の散布を手伝わせたということを強く示唆している。リンゴの果実が初めに大きくなったのは、クマの目を引き、その舌と食欲を満足させるためだったようだ（もちろん、これは手っ取り早い表現にすぎない。リンゴの果実を大きくしたのは、進化の根本にあるメカニズム、すなわち自然選択にほかならない。さまざまな果実のなかで、クマは大きな果実を好んだため、そうした果実が生るリンゴは進化で優位に立ち、より多くの遺伝子を次の世代のリンゴに渡したのだろう）。長い時間をかけて、当初は小さな果実をつけていたリンゴの系統のひとつが、クマが誘惑に抗えないほど大きな果実をつける新種に変化した。小粒のリンゴは魅力に劣るだけでなく、消化管を通ってあまり壊れないまま排泄されると、うまく発芽しないことが多かったはずだ。リンゴの種子は、果肉に包まれたままでは発芽しない。無駄にひねくれているように思えるが、この仕組みのおかげで、親の根元で新しいリンゴが芽吹いて養分の奪い合いになることが防げる。大きなリンゴをかじると種子が露出する。これが発芽に欠かせない要素なのである。リンゴの種子は、歯で噛み砕かれずに済めば、消化管を無傷で通り抜ける。そして消化管の終端から排泄されると、場合によっては親から何キロメートルも離れたところで、新しい木になりうる。クマの尻から出た種子は、栄養豊富な肥やしの山に埋もれたまま林床に着地する。しかし、林床に落とされた状態は――クマの肥やしを考慮に入れても――発育に最適なわけではない。幸い、森林にはリンゴの種子を地中に埋める手助けをしてくれる大型哺乳類がほかにいる。イノシシが、土壌をかき回すといういい仕事をして、発芽の成功率を上げてくれるのだ。

とはいえ、ヒグマ（とイノシシ）が中央アジアの森林にリンゴの種子を拡散させることにかけては間違いなくすばらしい仕事をしたにせよ、この果実がアジアやヨーロッパの全域に、やがては全世界に離散を始めるには、ヒトの――それにウマの――助けが必要だった。

## リンゴの考古学

移動生活を送っていた中央アジアの太古の狩猟採集民は、みずからのかすかな痕跡を残している。ひとにぎりの遺跡から出土した動物の骨片が、彼らの存在を記録しているのだ。そのため、主にウマやノロバやオーロックスを狩っていたことがわかっている。天山山脈そのものにも、最終氷期のピークの前後にヒトがいたことをうかがわせるものがある。地球が温暖化するにしたがい、技術の変革が起きた。約一万二〇〇〇年前の石器――小さな「細《さい》」石刃《せきじん》など――から判断すると、それは狩猟技術の変革だった。細石刃は、投げ槍や銛《もり》の柄《え》に差し込んで使われていたにちがいない。それからウシの登場とウマの家畜化にともない、銅器時代の直前にあたる約七〇〇〇年前に、狩猟から移動型の牧畜への移行が起きた。ほぼ五〇〇〇年前（紀元前三千年紀）には、ユーラシア・ステップで青銅器時代が始まっており、近年の調査からは、このころにカザフスタン東部で穀物が栽培されていたことがわかっている。栽培された穀物には、西から伝わったコムギとオオムギ、東から伝わったアワがあった。天山山脈でこれらの穀物を栽培していた人々は、まだ移動型の牧畜を営んでいた。それでも彼らは明らかに、決まった季節が来ると同じ野営地に戻り、穀物の種をまき、収穫し、脱穀していた。青銅器時代の遺跡群が、東の黄河から天山山脈を経てヒンズークシ山脈まで連なっている事実は、「内陸アジア山地回廊」に沿って、遠い昔の先史時代に東西へ知識がよく伝わっていたあかしである。紀元前二千年紀までには、牧畜民は天山山脈の高所の盆地に移り住んでおり、ヒツジやヤギやウマのほか、コムギやオオムギを一緒に持ち込んだ。

天山山脈に――そして北東のアルタイ山脈にも――根づいた牧畜は、おそらくヤムナヤ人がもたらしたのだろう。それが文化の伝播――社会から社会への知識の伝達――によるものなのか、牧畜民が実際に移り住んだ結果なのかは、ホットな議題だ。アルマトイにヒトの集落があったことを示す最古の証拠は、四〇〇〇年前（紀元前二〇〇〇年）の青銅器時代にまでさかのぼる。ヤムナヤ人と同じく、青銅器時代のアルマトイの人々は、死者のためにクルガンを築いていた。内陸アジア山地回廊の中央に位置するアルマトイは、たちまち、中国中部とドナウ川を結ぶ東西交易ルート――のちにシルクロードとして知られるようになる――の要衝となった。

コムギとオオムギは西から、アワは東から、中央アジアにやってきた。だが今度は、中央アジアが世界のほかの地域に贈り物をする番だった。ヒトとウマは、原初のシルクロードに沿って旅をした。その道は野生リンゴの森を突っ切っていたので、旅人たちが鞍袋にその果実を詰め込んだり、道中で食べたりして、リンゴはその故郷から外へ広まったのである。なにしろ、リンゴの果実は種子を散布する手段として進化を遂げていたのだから。リンゴがおいしいのは偶然ではない。われわれに子孫を広めさせるための戦略のひとつなのだ。ヒト——そしてウマ——は、クマと同じぐらいリンゴを好む。それにウマの場合、クマとイノシシの役割を兼ねることができる。リンゴの種子から果肉を取り除き、その種子を肥やしの山に落とし、さらに蹄を使って種子を地面に埋め込むのだ。

　こうしてリンゴは、自由に受粉し、自然にまかれた種子から芽生えて、離散を開始した。まだ本質的には野生の植物だったが、新たにできた二本足と四本足の仲間が道すがら手を貸したのである。この果物が広まると、名前が必要になった。インド・ヨーロッパ諸語にはリンゴを表す言葉が二種類あり、一方は「abol」、もう一方は「malo」に近い発音がされるが、どちらも元になるインド・ヨーロッパ祖語の「samlu」に由来している可能性がある。ユーラシア・ステップで青銅器時代や鉄器時代にウマに乗っていた人々は、リンゴのことを「amarna」あるいは「amalna」と呼んでいたようだ。これが古代ギリシャ語の「melon」やラテン語の「malum」に変化するのは聞いてわかりやすい。ところが西へ行くにしたがい、この言葉にまた変化が起こる——「m」の音が「b」になるのだ（これは表記の見た目ほどおかしな変化ではない。「mmm」という音を出してから、「mmmb」として、最後にただ「b」とだけ発音しよう。わかっただろうか？　どれも似かよって聞こえるのだ。「m」「b」「p」の音は皆、上下の唇をくっつけたり離したりして生じる）。リンゴを表す古い言葉は、異なる言語や方言に枝分かれしつづけたが、それでもウクライナ語の「yabluko」、ポーランド語の「jablko」、ロシア語の「jabloko」は、ドイツ語の「apfel」、ウェールズ語の「avall」、コーンウォール語の「avel」とかすかに類似性を残している。伝説にあるアヴァロン島［アーサー王伝説で王が最期を迎えた場所とされる］は「リンゴの島」という意味である。リンゴを表す言葉がどんな紆余曲折を経て現在のさまざまな言葉に至ったにせよ、リンゴそのものや、大昔の旅でそれを運んでいたウマと同じように、中央アジアが起源であることをほのめかしているのだ。

　リンゴを表す言葉は、時にかなりまぎらわしい。リンゴのなかで最も有名なのは、エデンの園にあったとされる伝説的なリンゴだろうが、これはそもそもリンゴではなかったかもしれない。物語の小道具となる伝説的なものに意見するのは、おかしなことのようにも思える。しかし、元の話ではリンゴとは言っていない。ヘビが女性に食べろとそそのかした禁断の果実は、「tappuah」と記されている。このヘブライ語の単語にリンゴという意味はない。それどころか、この物語が生まれたであろうパレスチナの、温暖で乾燥した気候でも育つようなリンゴの品種は、ごく最近になって開発されたばかりなのだ。学者たちは、「tappuah」が実際は何を意味していたのかについて議論を戦わせている。それはオレンジだったかもしれないし、ブンタンやアンズやザクロだった可能性もある。だがリンゴでなかったことはほぼ確実だ。

紀元前九世紀に書かれたと考えられるホメロスの『オデュッセイア』（松平千秋訳、岩波書店など）にも、伝説の島スケリエにあるアルキノオス王の果樹園に、リンゴが生えている記述がある。

ここに繁茂している木々は、いつでも真っ盛りだ。ザクロやナシ、真っ赤なリンゴ、汁気たっぷりのイチジク、それにぷりぷりして黒くつややかなオリーブ。

だがこの「リンゴ」は——パリスがアフロディテに渡したものや、ヘスペリデスの園に植えられたものなど、ギリシャ神話に登場するほかのリンゴもそうだが——実際には何かわからない丸い果物だったのかもしれない。ギリシャ語の「melon」は、ほかのインド・ヨーロッパ諸語でリンゴを表す言葉と同じ起源をもつが、リンゴに限って使われるわけではない。ふっくらした丸い果物ならなんでも（メロンも含めて！）表せたのである。

厄介なのは、リンゴを表す古い言葉だけではない。リンゴがメソポタミアに到達すると、リンゴそのものにも厄介な一面があることがわかった。今から四〇〇〇年前、現在の栽培種に近いタイプのリンゴが初めて近東に現れたころ、この地域の人々はすでに何千年も農耕をおこなっていた。彼らは自然の営みを理解していたし、それをコントロールすることもできた……それでも、果樹となると話が違った。太古の人にとって、果実やナッツが重要な食料ではなかったというわけではない。それらが生る植物は、栽培化が非常に難しかったのだ。穀物や豆類と違い、樹木には高い遺伝的変異性が備わっている。リンゴには二セットの染色体がある――われわれと同じだ。そしてリンゴは自家受粉をしない。これを「ヘテロ接合性が高い」という。したがって、対をなす染色体の双方に同じ対立遺伝子が並ぶことは珍しい。この点で、リンゴもややヒトに似ている。われわれはヘテロ接合性（heterozygosity）――なんとも味わい深い、言いにくい言葉だ――をもつので、たいてい子は親と異なっている。同じように、果樹――とりわけリンゴ――は「固定した型」を保たない。あなたが園芸家で、ある望ましい形質を維持する品種の木を育種しようとするなら、これは困った特徴だ。すばらしく甘い実をつけるリンゴの木からも、博物学者のヘンリー・デイヴィッド・ソローが「リスが口を曲げるほど酸っぱい」と書いたように、食べられないほど酸味の強い子孫ができるのはほぼ避けられない。それでも大昔のリンゴ栽培家は、やがてリンゴの形質を保つすべを見出した。貴重なリンゴの木の特質を定着させ、その形質をほかの木に伝える手だてを見つけたのだ。四〇〇〇年も前に、栽培家たちはクローン技術を発明していた。

一部の植物はクローンを作り出すのに向いており、自然にそうしている。地表や地中に匍匐枝《ほふくし》を伸ばし、親からやや離れた場所に自身の片割れを生やす植物は、本質的にみずからのクローンを生み出している。その親子の根を分けても、子は単独で問題なく成長を続けられる。私が育てているハマナス（*Rosa rugosa*）の生け垣は、このようにしてみずからのクローンを生み出すのがとてもうまい。放っておいたら、ハマナスは側枝を伸ばしてあちこちに増殖し、私の庭全体がやぶになってしまうにちがいない。

そうならないように、私は匍匐枝とそこから伸びる若枝を刈り込まないといけない。だがハマナスを増やしたければ、若枝を残してどこかの地面に突っ込めばいい。すると根づいて生長するはずだ。初期の農耕民は、一部の植物がもつこの無性生殖する性質をうまく利用することができた。彼らは、挿し木によってイチジク、ブドウ、ザクロ、オリーブのクローンを栽培でき、ナツメヤシを切り分けた側枝からうまく育てられることに気づいていた。しかし、セイヨウナシやスモモやリンゴは、はるかに扱いにくかった。これらは、種子から育てると固定した型を保てず、挿し木で根づかせることも——とくに近東の乾燥した低地では——非常に難しかった。野生リンゴが、根から若芽を伸ばしたり、地中に埋まった枝から新しい芽を出したりして栄養生殖をおこない、分布を広げた証拠はたくさんあるが、栽培リンゴをこのように繁殖させるのはもっと難しいようなのだ。

それでもだれかが、別々の木を合体できることに気づいていたにちがいない。これは相当昔に発見されていたのかもしれない。ほっそりした木を曲げて簡素なユルト〔中央アジアの遊牧民が用いる移動式のテント小屋〕のような骨組みをこしらえれば、棲みかができる。細いしなやかな枝を切ってそうした骨組みを作っても、その枝が——とくにヤナギやイチジクの枝なら——根づいて伸びることがあり、やがて枝同士が重なり合うところで癒合する。それに気づいたら、あるいは野生の木が二本密着して生えていて融合するのを見たのかもしれないが、「この木を切ってほかの木とくっつけたら、育つだろうか?」という疑問を抱くのは、それほど突飛なことではない。そしてうまくいった。人から人への心臓移植がおこなわれる何千年も前に、われわれの祖先は、ある植物の実を結ぶ枝を別の植物の根づいた枝に移植できることを発見したのである。

接ぎ木をすると、リンゴのただひとつの「親」（厳密には親ではなく、そっくり同じきょうだいだ）から、何百ものクローンが作れるようになる。これにはほかにも利点がある。種をまく場合、生長して開花し実を結ぶまで何年もかかる。ところが成熟した枝を穂木《ほぎ》にすれば、若い台木《だいぎ》に接ぎ木をしたとしても、すぐに実を結びだす。未熟な段階を飛び越してしまうのだ。台木にはいつでも新しい品種を接ぐことができる。台木を注意深く選べば、木のサイズに影響を与え、本来大きくなる品種を矮化《わいか》させることも可能だ。台木によっては、耐虫性や耐乾燥性など、育てたい品種にはないメリットをもたらしてくれることもある。接ぎ木には、ほかにも使い道がある——弱った木を救うためだ。根が病原体の攻撃を受けたり幹の樹皮が裂けたりした場合に、傷ついた木のまわりに若木を植え、上のほうで幹と癒合させると、バイパス移植手術のように、必要な水と栄養を土から枝まで運べるようになる。

接ぎ木は驚くべき技術の進歩に思えるが、リンゴが近東に到達した紀元前二千年紀の初めには、すでにほかの植物でおこなわれていたような形跡がある。その手がかりは、紀元前一八〇〇年ごろにさかのぼる、シュメールの粘土板のかけらに楔形文字で刻まれていた。粘土板は、現在のシリアにあるマリの宮殿の発掘調査で見つかったものだ。この古文書には、宮殿に持ち込まれたブドウの若枝を植えつけたと記されている。これは接ぎ木のことを言っていると広く解釈されている。だが、このブドウの若枝が挿し木に使われていた可能性もあり、実のところはっきりしない。ブドウは簡単に根を伸ばすので、挿し木の可能性のほうが高いかもしれない。それでも、マリで見つかっているほかの粘土板には、宮殿にリンゴが運び込まれたことが明白に記されている。マリの王たちがリンゴの栽培や接ぎ木をおこなっていなかったとしても、彼らがリンゴの味を知っていたのは間違いない。

少し時代を下ると、接ぎ木について、もっと確かな証拠となるようにも見える文書が、ひとつならずいくつも出てくる。ヘブライ語聖書には、紀元前一四〇〇年から紀元前四〇〇年までの一〇〇〇年、すなわち青銅器時代の最後の数世紀から鉄器時代にわたり、執筆・収集された物語や歴史の概要が収録されている。接ぎ木とは具体的に述べられていないが、栽培ブドウが野生の形態に戻ることについて語ったいくつかの寓話で、確かにそれがほのめかされている。ペルシャ人――彼らの帝国は、地中海東岸からインドや西アジアまで広がっていた――が果樹園で接ぎ木を利用していた可能性はきわめて高いが、実際におこなわれていたことを明言している資料はない。

古代ギリシャの文献には、接ぎ木についての最古の明確な説明が記されている。紀元前五世紀の後半に書かれたヒポクラテスの医書にはこうある。「木のなかには、台木となるほかの木に移植した穂木から育つものがある。そうした木は台木の上で独立して生きており、それらに生る実は、台木に生るものとは異なっている」。ローマ人はイタリアに果樹園を作り、そこにはサクラやモモやアンズやオレンジとともに、甘いリンゴも植えられた。ヨーロッパ全土でローマ人が大きな勢力をもちだしていたころには、接ぎ木にかんする記述はふんだんに見られるようになっていた。そしてギリシャ人が、その後ローマ人が、交易網や植民地や帝国を通じて、リンゴや果樹園、接ぎ木の知識を大陸各地に広めたのである。南フランスのサン・ロマン・アン・ガルにある三世紀のすばらしいモザイク画は、果樹園の一年――植栽、接ぎ木、刈り込みから、収穫とシードル造りまで――を描いている。ローマ人にとって、栽培リンゴは文明のあかしだった。タキトゥスは一世紀に、ローマ人が「urbaniores（栽培された、洗練された果実）」を好む一方、ゲルマン人は「agrestia poma（田舎の、野生のリンゴ）」を食べている、と記録している。しかし、ローマ帝国による文明化の影響とともに、栽培リンゴもヨーロッパ全土へ広がった。少なくとも、ローマ人はそう思ってもらいたかったはずだ。ところが、栽培リンゴはそれより早く、英国とアイルランドに到達していた可能性もある。北アイルランドのアーマー州にある青銅器時代のヒルフォート（丘の上の要塞）、ホーヒーズ・フォートにおける発掘調査では、考古学者が三〇〇〇年前の大きなリンゴらしきものを見つけた。この発見は大変な興奮を巻き起こしたが、さらなる調査で、その正体はホコリタケ［おそらくホコリタケ科でもノウタケやオニフスベなどの大型のキノコ］であることが判明した。三〇〇〇年前のホコリタケだったのである。

したがって今のところ、この北西ヨーロッパの片隅では、ローマ帝国以前にリンゴがあった直接的な証拠は見つかっていない。とはいえ、これはそんなに突飛な考えではない――古代ギリシャ・ローマ以前のヨーロッパに、すでに広大な交易網が存在していたのである。じっさい、青銅の製造に使われた錫《すず》の一部は、コーンウォール産だったのかもしれない。またスペイン、フランス、英国の各地には、ローマ帝国以前にリンゴがあったことをほのめかす、鉄器時代に――それ以前とまでは言わないが――さかのぼるかもしれないケルト語由来の地名が残っている。スペインのアビラから、フランスのアヴァロン、アヴァイユ、アヴルイ、さらには英国のどこかにあるとされた幻のアヴァロン島（Ynys Avallach）に至るまで、リンゴっぽい地名は、カザフスタンのあの原初の果樹園とずっと古いつながりがあることを示しているのかもしれない。だがそれは、まだ推測にすぎない。そうしたリンゴっぽい地名が地元の野生リンゴに由来している可能性も、おそらく同じぐらいある。

ローマ人が英国やアイルランド、フランス、スペインに初めてやってきたころ、先住民は、地元のクラブアップルを――ゲルマン人と同じく――当たり前のように利用していたのだろう。デヴォン州にある穴からは、新石器時代の初期――六〇〇〇年近く前――にまでさかのぼる、焼成粘土でできた機織り用の錘《おもり》や、驚くほど保存状態のよい野生のクラブアップルの種子や果柄《かへい》［果実の柄］のほか、まるごと全部の果実も出土している。メソポタミアの都市ウルにある、四五〇〇年前のプアビ女王の墓では、ひもに通したクラブアップルも見つかった。一方、リンゴの痕跡は、スコットランドのさらに古い中石器時代の遺跡で発見されている。また、チェコ共和国のドルニー・ヴェストニツェにある後期旧石器時代の遺跡で見つかったクラブアップルの遺物は、およそ二万五〇〇〇年前のものだった。ヒトとリンゴが同じ場所に存在するかぎり、われわれの祖先は野生リンゴを食べていたと見なすのが妥当なように思える。

クラブアップルは「原始の食事」の一部となっていたようだが、この果実にはほかにも用途があった。薬やシードル造りである。そしてもちろん、クラブアップルは今も野生の形態で利用されている。たとえば栽培リンゴの受粉を助けるために果樹園に植えられる。果実は肉とともに調理して提供されたり、ソースやゼリーにされたりし、今なおシードル造りにも用いられている。それにクラブアップルは可憐だ。私の庭には、四本の「urbaniores」のそばに、美しい小さな「agrestia poma」が一本植わっており、それはピンクの花を咲かせ、黄色い果実が生るクラブアップルなのである。

青銅器時代から鉄器時代にかけて、近東から甘い丸々とした栽培リンゴがヨーロッパ全土に――ローマ帝国だけのおかげではないが、その後押しを受けて――広まった出来事は、最初の大離散と考えられるかもしれない。ローマ帝国が滅びると、果樹園は打ち捨てられた。それでもリンゴは西ヨーロッパの修道院の庭で生き延び、一二世紀にシトー修道会の拡大とともに再びヨーロッパに広まった。一九九八年、赤と黄色の混じった実をつけるリンゴの木が、バードジー島で一本だけ見つかった。おそらくその修道院の果樹園における最後の生き残りで、現在再び栽培されだしている。東ヨーロッパでは、リンゴは八世紀以降のビザンツ帝国の衰退を生き延び、イスラム世界で大切に管理・栽培された。一六世紀から一八世紀にかけて、ヨーロッパの入植者がアメリカ大陸、南アフリカ、オーストラリア、ニュージーランド、タスマニア島に栽培リンゴを植えはじめると、二度目の大離散が起こった。一八三五年、チリに降り立ったダーウィンは、ヴァルディヴィアの港を取り囲むリンゴの果樹園を目にしている。また、タスマニア島はのちに「リンゴの島」として知られるようになる。まさにオーストラリアのアヴァロン島だった。

この二度目の大離散は、たくさんの品種の――温帯の多様な環境に適した――リンゴを生み出した。北米におけるリンゴの成功には、「野生への回帰」が関わっていたようだ。リンゴは種子から育ち、自然選択が働いた結果、厳しい冬のある新しい環境で繁殖できなかった個体は淘汰された。この選別から新たな品種が生まれた一方、栽培リンゴは間違いなくアメリカ原産のクラブアップルと交雑し、有用な適応形質を取り入れてもいた。リンゴは、新しい環境に適応すべく、自分を作り変えることができた。こうした世界的なリンゴの拡散と、再び苗木に対してなされた選別によって、現在おなじみの品種が一九世紀に登場したのである。「マック」の略称で知られるマッキントッシュ（アップル社のマッキントッシュ・コンピュータはこれにちなんでいる）は一八一一年にカナダで誕生し、コックス・オレンジ・ピピンは一八三〇年にバッキンガムシャーで、エグレモントラセットは一八七二年にサセックスで、グラニースミスは一八六八年にオーストラリアで生み出された。二〇世紀になると、選別はいっそう明確な方向性をもち、厳密で徹底的なものとなった。驚くべき多様性は刈り込まれ、数少ないブランドがリンゴの世界市場を支配した。それでも新品種は生まれつづけ、なかには大成功を収めたものもある。ゴールデンデリシャスが一九一四年にウェストヴァージニア州で、アンブロシアは一九八〇年代にカナダで、またブレイバーンは一九五二年、ガラは一九七〇年代、ジャズは二〇〇七年にニュージーランドで誕生している。

多様性は、現代の栽培リンゴでは抑え込まれてしまっている。それでもなお、とくにほかの種と比べれば圧倒的に高い。二〇世紀末と二一世紀初頭におこなわれた植物学の遠征調査は、一九二九年にヴァヴィロフがアルマトイ周辺の果樹の森を訪れたときに下した結論——現代のリンゴの栽培品種に見られる大いなる多様性は、このカザフスタンの原初の果樹園に起源をたどることができるというもの——を裏づけていたようなのである。

## 遺伝子が明かすもの

樹形や花や果実の類似性のほか、史実の手がかりも、栽培リンゴ *Malus domestica* の発祥地が天山山脈のふもとの丘であることを示している。一九九〇年代におこなわれたミトコンドリアDNA——およびび、やはり母系遺伝する葉緑体DNA——の研究の結果は、アジアの野生リンゴ *Malus sieversii* が現代の栽培リンゴの祖先であるという説を裏づけていた。ほかの野生リンゴの種との交雑が栽培リンゴの進化に寄与した可能性はつねにあったが、遺伝学者は、カザフスタンの野生リンゴにまで連綿と続く、かなり混じりけのない祖先の系統らしきものを明らかにしている。われわれが日ごろ食べているリンゴのDNAは、まだおおかた *Malus sieversii* のようなのだ。この野生リンゴの種が野生環境で大きく変異できたことを考えると、栽培リンゴに見られるすべて——あるいはほぼすべて——のバリエーションがこのひとつの起源からかなり容易に生じるというのも、ありえない話ではなさそうだった。植物学者のなかには、栽培リンゴと中央アジアのリンゴを *Malus pumila* という同じ種にまとめている人さえいた。

ところが、フランスの遺伝学者アマンディーヌ・コルニーユらが、二〇一二年にリンゴのさまざまな品種を対象におこなった大規模な研究の結果を公表すると、リンゴの起源にまつわる意外な新事実が描き出された。この研究では、中国からスペインまでのたくさんの品種を調べ、それまでの調査よりも多くそろったDNAサンプルを用いていた。すると驚くほど厖大なバリエーションが明らかになった。ほとんどの飼育栽培種は、野生の親類に見られる多様性のほんの一部しかもっていないが、栽培リンゴは、*Malus* 属の大半の野生種と同じぐらい多様なのである。しかしコルニーユらがそのバリエーションを掘り下げ、栽培リンゴと野生リンゴを注意深く比較すると、リンゴの奥に隠された秘密が明らかになった。

遺伝学者たちは、栽培リンゴの起源が確かにカザフスタンの野生リンゴであることを見出した――だがそれだけではなかった。栽培リンゴがシルクロードに沿って広がるなかで、間違いなく野生のクラブアップルと交雑したことも、突き止めたのだ。リンゴはただひとつの起源から短期間で出現したのではなく、何千年も進化を続けて――そして近縁種と交雑を続けて――きた。これまでのリンゴの歴史では、接ぎ木によってクローンを作り出し、遺伝子に制約を加えてきたものの、自由な自然受粉によって生まれた見栄えのよいリンゴをヒトが選択することで、改良がなされてきた。野生の親類が遺伝子プールに寄与する可能性はいつでもあった。そして、そのような寄与はただ偶然に起こっただけで、交雑をもたらした人間の側に何も意図はなかった。

こうした野生リンゴとの交雑は、栽培リンゴの歴史に細部を加えただけではなかった。歴史を覆してしまったのだ。栽培リンゴの元になった祖先はまだ *Malus sieversi* で、リンゴの栽培化は一万〜四〇〇〇年前に起きたと推定されていた。ところが、ほかの野生リンゴ――とくにヨーロッパのクラブアップルである *Malus sylvestris* ――が多大な影響を与えていた。現代の栽培リンゴを構成する遺伝子の多くは、実のところ元になった中央アジアのリンゴではなく、クラブアップルであることが、研究から示されたのである。

これは驚くべき新事実ではあるが、ブドウやオリーブといったほかの栽培樹木も含め、かなり多くの種で、最近そうしたことが明らかになっている。また、これはトウモロコシの話にもよく似ている。栽培種の *Zea mays* の遺伝子は、最初に栽培化された低地のテオシントよりも高地の野生種のほうに近いのだから。

かつて何人かの植物学者は、シードル用のリンゴがクラブアップルとの交雑によって生み出され、その用途に望ましい苦みと渋みがもたらされていたのではないかと言っていた。先述のコルニーユの研究によれば、交雑は間違いなく起きていたが、現代のシードル用リンゴと食用リンゴのあいだに何の差異も見られなかった。どちらもほぼ同じように、かなりの量の遺伝子を *Malus sylvestris* から受け継いでいたのだ。むしろ、甘い食用リンゴのほうが *Malus sylvestris* の遺伝子を多くもっていた。遺伝学者は、受け継いだDNAの出どころの違いが実際に何を意味しているのかについて、すでに掘り下げはじめている。果実の質を決める遺伝子は、元の祖先である *Malus sieversii* から受け継がれ、そして維持されていた。一方、土着の野生種の遺伝子は、栽培リンゴが天山山脈の森から広まりながら育った新しい環境に適応するのに役立った。

二〇一二年に発表されたコルニーユの研究はまた、栽培リンゴから野生リンゴへと、逆方向の遺伝子流動が大量にあったことも示していた。つまりリンゴの栽培化が、栽培化されていないリンゴの進化に影響を与えていたのだ（ウマやオオカミとまったく同じように）。双方向の遺伝子流動が起こったというこの証拠は最近出てきたばかりなので、農学者や保全生物学者はまだその影響を理解しようとしているところである。野生リンゴについてはどうなのだろうか――そのゲノムに栽培種の遺伝子が入り込むことで、脅威にさらされているのだろうか？　こうしたDNAの交換は、新しい現象ではない。栽培化が始まった当初から起こっていたにちがいない。すぐに結論に飛びつき、栽培種から野生種への遺伝子の移入はすべて有害で好ましくないと考えるのは簡単だ。ところが、栽培種の遺伝子にも有益なものが存在する可能性がある。環境保全の取り組みの舵取りをして野生種を最大限に保護するには、こうした疑問に答えることに力を尽くす必要がある。環境保全は道徳的に正しい、利他的な活動に見えるが、われわれはほかにもっと利己的な理由で、野生種の健全さを気にかけている。現代のリンゴの栽培品種で遺伝子を分析すると、一部の品種は危険なほど近縁らしいことがわかる。はとこやいとこ、ときにはきょうだいに相当するものがあるのだ。すると、遺伝病が深刻になる可能性が高まる――希少な遺伝子変異同士を引き合わせてしまうからだ。現代の栽培リンゴのすべてがもつ遺伝子の多様性は、ほかの飼育栽培種に比べると圧倒的に高いように見える――栽培化による「ボトルネック」が見られない――が、そうした全体の多様性はもっと厄介な事実を覆い隠している。リンゴの生産はクローン作りに頼っている。クローンとクローンのあいだには多くの遺伝的な違いがあるとしても、一種類のクローンのなかにはまったく違いがない。栽培リンゴの木は世界じゅうに無数に生えているが、実はわずか数百種類のクローンにすぎない。実際の個体数は数百なのだ。あるクローンは接ぎ木で実を結ぶほうの穂木となり、またあるクローンは地面に植えるほうの台木となる。これは、リンゴが環境の変化――新たな病原体の登場や気候の変化など――に大きく脅かされることを意味している。

すると、野生リンゴのなかに遺伝子の多様性が健全に保たれていることがいっそう重要となる。栽培リンゴを健全に保つには、そうした野生リンゴの遺伝子プールを利用する必要があるだろう。いや、むしろ間違いなくそうするはずだ。野生リンゴは、すでに栽培リンゴを脅かしているいくつかの一般的な問題に取り組むための鍵も握っているかもしれない。カザフスタンの野生リンゴの森を訪れた植物学者たちは、癌腫《がんしゅ》病や黒星《くろぼし》病に罹らないように見える――こうした病気への耐性がありそうな――木々があることに気づいていた。なかには、きわめて乾燥した条件で生育できる木々もあるようだった。この耐乾燥性は、一部の栽培リンゴにとって大いに役立ちうる。研究室で何がおこなわれようと、それをサポートする野外調査が必要なことも明らかだ。われわれには今も、古くからの場所である野生の地へ赴き、貴重なサンプルを持ち帰ってくれるヴァヴィロフや、フォースラインや、ジュニパーが必要なのである。どこかの原野には、今日の果樹栽培家が直面している難題や、まだ考えられてもいない問題を解決できる遺伝子があるのかもしれない。

遺伝学は、さまざまな種の太古の起源を明るく照らし出している。考古学や歴史学からも手がかりは得られるが、時としてそうした手がかりは誤解を招くことがある。証拠はつねに寄せ集めだからだ。現代と太古のＤＮＡを調べれば、過去を見つめる新しい視点が得られ、足りないところがいくらか埋まる可能性がある。全ゲノムの解読が簡単かつ迅速にできるようになるにつれ、いまや飼育栽培種の歴史にかんする予想外の知見がふんだんに集まりだしている。家畜となったイヌの起源が驚くほど古いことや、英国で意外に早い時期にコムギの痕跡が見られること。あるいは、低地のバルサスのテオシントがトウモロコシの最初の祖先と突き止められたことや、リンゴに確かにクラブアップルの性質が受け継がれていることも。だが、遺伝学が明らかにしたなにより意外な事実のひとつは、とてもなじみ深い種、ホモ・サピエンスに関わるものだった。

# 10
# ヒト

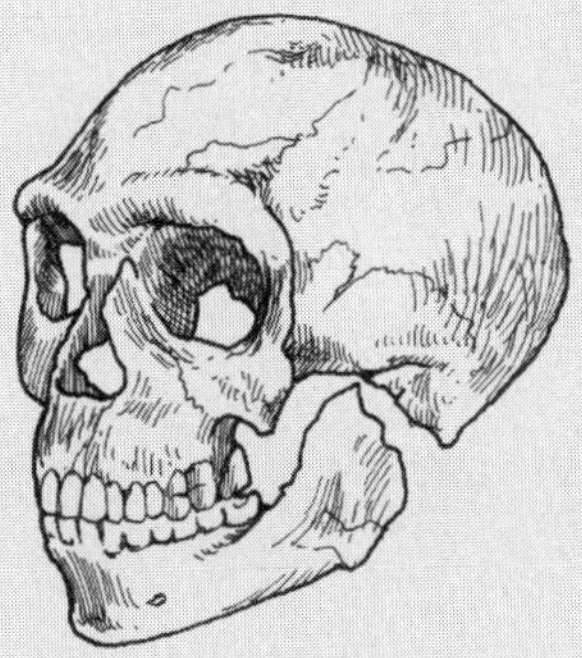

歴史にまつわる多くの問題は、人間と動物と植物の相互作用によってしか理解できない。
——ニコライ・ヴァヴィロフ

**バスク教授の、見事なまでの、原始的で、猿に似て、中頭《ちゅうとう》で、顎の突き出た、野蛮で、脛骨《けいこつ》が扁平な、野生の *Homo calpicus***

一八四八年、「ジブラルタルの岩」の北面にあるフォーブス採石場で、英国による採掘作業の際に、一個の頭蓋骨が発見された。それは、地元のジブラルタル科学協会の会合で披露されたが、額が分厚く、眼窩が大きく空いている、ずんぐりしたこの奇妙な頭蓋が何なのかは、だれにもわからなかった。それはそのまま棚に放置され、ほこりをかぶることとなる。

八年後、別の採石場——今度はドイツ——で、もうひとつの頭蓋骨がほかのいくつかの骨とともに見つかった。出土した場所は、デュッセルドルフに近いネアンデル渓谷のフェルトホーファー洞窟だった。採石の前に洞窟の泥を取り除いていた作業員が、ホラアナグマの骨と思えたものを見つけた。ところが地元の教師がヒトの骨であることに気づき、全部集めたのだ。ボン大学のマイヤー教授は、これらの骨が佝僂《くる》病で死んだコサックの脱走兵のものであり、痛みで顔をしかめ、額が分厚くなったのではないかと主張した。一方、同じ大学のシャーフハウゼン教授は、フェルトホーファーの頭蓋やほかの骨は正常で、病的なものではないと考えた。遺物が絶滅動物の骨とともに見つかっていたので、このヒトはヨーロッパの太古の住人にちがいない、と推理したのである。一八六一年、ロンドンの解剖学者ジョージ・バスクが、フェルトホーファーの化石にかんするシャーフハウゼンの論文を翻訳した。彼はこの頭蓋が太古のタイプの人類のものかもしれないという見方に同調し、さらに化石を求めた。翌年、フォーブス採石場の頭蓋が荷作りされ、ロンドンへ送られた。

一八六四年になると、バスクは「ジブラルタルの、猿に似た原始的な人間」について報告を発表し、それが「かの有名な」フェルトホーファーの化石に似ていると述べた。そして、ジブラルタルとネアンデル渓谷の遺物はただの奇形ではなく、「ライン川からヘラクレスの柱［ジブラルタル海峡の入り口に位置するふたつの岬を指す古名］まで」歩きまわっていた、消えた種族のものだ、と主張した。ダーウィンもその年、この「すばらしいジブラルタルの頭蓋」を見ているが、それ以上のコメントはしていない。バスクの友人だったヒュー・ファルコナーは、同年六月二七日、バスクに宛てた手紙でその標本の名前を提案している。

バスク君へ

猿に似た原始的な頭蓋について、思いついた名前を少し。ジブラルタルの岩の古名「カルペ(Calpe)」にちなんで、Homo var. calpicus とかどうだろう？

……さあさあ！　紳士淑女の皆さん。こちらをご覧ください！　バスク教授の、見事なまでの、原始的で、猿に似て、中頭で、顎の突き出た、野蛮で、脛骨が扁平な、ジブラルタルの野生の Homo calpicus ですよ……

いつでも君の友、H・ファルコナー

ところがバスクは、すぐには動かなかった。バスクの「猿に似た原始的な人間」が公表されてわずか数か月後、クイーンズ・カレッジ（ゴールウェイ）の地質学者ウィリアム・キングが、フェルトホーファーの頭蓋骨の複製を手に入れた。彼はそれが太古のタイプの人類だとは気づいたが、原始的な種類のホモ・サピエンス（*Homo sapiens*）ではなく、その独特さゆえに新たな種名を与えるに値すると考えた。そして、ドイツの渓谷にちなむホモ・ネアンデルターレンシス（*Homo neanderthalensis*）を提案したのである。かくして、バスクやファルコナーでなくキングが太古の人類の種に初めて名前をつけた人物となり、言うまでもなくその名前が定着した。

バスクは絶滅したハイエナやホラアナグマの研究に目を移し、ファルコナーは一八六五年に世を去った。そして、フォーブスの頭蓋骨は再び、今度は英国王立外科医師会の棚にしまい込まれた。あの一八六四年に、事態がわずかに違う展開を見せていたら——たとえばバスクがそこまで慎重でなかったなら——われわれは今ごろネアンデルタール人ではなくカルペ人について話していたはずだ。

この発見によって人類にほかの種がいたことが認知されてから、えてして予想外の場所から化石の発見が続き、系統樹のなかで、ほかのどの類人猿よりもわれわれに近い太古の種たち——われわれも含めてヒト族と総称される——が占める枝に、次々と新しい名前が加わった。今ではヒト族に二〇種以上の名前がつけられ、そのうち八種は二〇〇万年前以降に生きており、われわれに非常に近いので同じホモ（*Homo*）属に含められている。すなわちヒトである。

なかでも最初に名づけられたネアンデルタール人は、今なおヒトの起源にまつわる議論の中心になっている。いまや、何千もの骨が七〇以上の遺跡から見つかっており、またネアンデルタール人に特有の石器とおぼしきものは、数百の遺跡で出土している。長いあいだ、彼らはわれわれに非常に近い親類と考えられてきた。同時期に生きていた現生人類と同じような行動をしていたからで、石を打ち欠いて狩猟道具やスクレイパー〔削ったり掻き取ったりするための石器〕やナイフを作り、死者を埋葬し、貝殻を集め、顔料を使って洞窟の壁に跡を残していたのだ。この「消えた種族」である別の人類は、数万年にわたり地球上で現生人類と共存していた。ところがその後、彼らは姿を消した。長らく疑問となっているのは、「われわれは出会っていたのか？」だ。ネアンデルタール人もわれわれの祖先なのか？　それとも、非常に近い親類にすぎず、われわれの系統樹で最終的に途絶えた枝でしかないのか？

　長年にわたり、古人類学者と考古学者は、ネアンデルタール人の運命をめぐり、とくに現生人類とネアンデルタール人は交雑していたのかについて、論争を繰り広げてきた。骨格のなかには交雑があったことをうかがわせるものもあり、じっさい典型的なネアンデルタール人の特徴が、ほかの点では現生人類に見える骨格に表れている。だが多くの専門家は、まだ懐疑的だった。この謎が解決するには、現代テクノロジーが発達して答えに迫れるようになるのを待つしかなかった。新たなテクノロジーの登場により、われわれは太古の骨からＤＮＡを取り出し、配列を決定する力を手にしている。そしてついに、次の疑問に答えられそうにも思えるのだ。われわれの祖先のホモ・サピエンスは、ホモ・ネアンデルターレンシスと交雑していたのか？　われわれは雑種なのだろうか？

## ヒトの起源を明らかにする物語

ヒトの起源を探る研究の歴史は、もうあなたにもおなじみになった道筋をたどっている。その物語は世界じゅうの現生人類を調べた研究から構築されだし、一九世紀には、次のような問題をめぐって盛んに議論が戦わされた。人類は異なる種族に、あるいは別々の種にさえ分けられるのか？　もし分けられるのなら、それぞれに別々の起源があるのか？　初めはジブラルタルとドイツの頭蓋骨だけだったが、まもなくアフリカのさらに古い化石も加わって、今より前のタイプの人類や原初の人類の化石が発見されると、それらも物語に組み込まなければならなくなった。そして二〇世紀のあいだ、こんな疑問について大論戦が繰り広げられた。現生人類であるホモ・サピエンスは、アフリカ、ヨーロッパ、アジアといった複数の地域から生じたのか？　それとも単一の地域で生まれたのか？

多地域起源説では、われわれは広大な地域に分布していた初期の種から進化したとされた。その集団はいくつかの大陸に分かれて遠く離れていたが、どうにかして相互の遺伝子流動によってつながりを保っていたというのだ。一方、アフリカ単一起源説、別名「出アフリカ」説による主張は、その名が示すとおりのもので、ホモ・サピエンスははるかに孤立した地域で誕生してから、旧世界のほかの地域に広がって、やがて新世界に到達したというのである。

一九七一年、クリス・ストリンガーという決意みなぎる二二歳の学生が、博物館に所蔵された頭蓋骨の化石を求めて、年代物のモーリス・マイナーに乗ってヨーロッパじゅうをめぐりだした。携えていたのは、測定器具——分度器とノギス——だ。彼は、太古の頭蓋骨を所蔵していると知った施設に手紙を書き、一部は返事を受け取った。だが、なしのつぶてだった施設に対しては、いちかばちか、行ったときに見せてもらえるように望みをかけるしかなかった。最終的にストリンガーは八〇〇〇キロメートルを走破し、ベルギー、ドイツ、旧チェコスロヴァキア、オーストリア、旧ユーゴスラヴィア、ギリシャ、イタリア、フランス、モロッコで発掘された頭蓋骨の化石からなんとか寸法のデータを集めた。そしてすべてのデータをブリストルへ持ち帰り、強力な統計的手法——多変量解析——で分析した。この手法を使えば、多くの測定値を一度に比較できるのだ。彼はなんとしても、ネアンデルタール人の頭蓋骨を、およそ三万年前にヨーロッパにいた初期の現生人類であるクロマニョン人のものと比較したかった。それにより、「ネアンデルタール人がクロマニョン人に進化したのか、それとも両者は別の種だったのか？」という重大な問いに答えられることを期待したのである。

　こうしたすべての頭蓋骨の寸法を比較することで、クリス・ストリンガーはあることに気づいた。ネアンデルタール人は、ヒトの系統樹において確かに別個の枝をなしているようで、ヨーロッパで誕生したらしかったのだ。一方でクロマニョン人は、明らかに現生人類ホモ・サピエンスの一派であり、ヨーロッパで誕生したのではなく、突然ヨーロッパにやってきたようだった。このころすでに、現生人類は中東やヨーロッパでネアンデルタール人と交雑していたのではないかと考える科学者もいたが、ストリンガーは、両種が交雑した証拠を化石から見つけられなかった。

　クリス・ストリンガーは博士論文を書き上げ、ヒトの起源をめぐる大問題のいくつかに対して多大な貢献をしたが、彼の調べた化石からは、現生人類がどこから来たのか――どこで最初に生まれたのか――はわからなかった。一九七四年、ストリンガーはエチオピアのオモ・キビシュから出土した頭蓋骨を見る機会を得た。それは、一九六七年にリチャード・リーキーの率いるチームが発見したものだった。当時、この頭蓋骨の年代はおよそ一三万年前と推定されていた。そのころ多くの科学者は、種としてのホモ・サピエンスの歴史は六万年ほどにすぎないと考えていた。ところがストリンガーがオモ・キビシュの頭蓋骨を見たとき、それは太古の種のようには見えなかった。眉弓《びきゅう》［目の上の骨で盛り上がった部分］が低く、脳頭蓋が丸いドーム形をしたこの頭蓋骨は、現生人類を思わせた。ヨーロッパのクロマニョン人の祖先として有望な候補だったのだ。またこれほど年代が古いということは、われわれの種がアフリカで生まれた可能性を示していた。

それから一〇年のあいだに、われわれの種のアフリカ単一起源説を支持する証拠がもっと積み上げられた。一九八七年には、権威ある学術誌『ネイチャー』に革新的な論文が掲載されたことで、遺伝学もこの議論に加わった。カリフォルニア大学の三人の遺伝学者、マーク・ストーンキングとレベッカ・キャンとアラン・ウィルソンが、世界各地で採取した一四七人分のミトコンドリアDNAを調べ、そのデータをもとに系統樹を作成したのである。この系統樹はアフリカにしっかり根を下ろしていた。その後二、三〇年かけて遺伝子データが蓄積されていき、ずっと多くの現代人から全ゲノム情報が取り込まれ、すべてがアフリカ起源を示しているように思われた。アフリカ大陸には、最大の遺伝的多様性——なんと全世界の八五パーセントほど——が存在していたのである。この大陸がわれわれの生まれ故郷であることを示す十分な証拠だ。オモ・キビシュの頭蓋骨の年代も推定しなおされ、ほぼ二〇万年前にまで早まった。遺伝学者たちは、現代人も太古の祖先も含めた現生人類のゲノムの違いをもとに、二六万年前というさらに早い時期に現生人類の分岐が起きたのではないかと考えた。そして二〇一七年の夏、さらなる新事実が明らかになった。モロッコのジェベル・イルードから出土した人骨が、三五万〜二八万年前のものと推定されたのだ。この遺跡からはいくつか頭蓋骨が見つかっており、その脳頭蓋は太古の形状——前後に長く、頭高が低い——だったが、顔は小さく脳頭蓋の下に引っ込んでいた。これは現生人類の決定的な特徴である。

こうして、リチャード・リーキーがオモ・キビシュの頭蓋骨を発見してから四〇年、ヒトの起源を初めてミトコンドリアDNAで探りだしてから三〇年かけて浮かび上がったのは、多地域起源説による旧世界の全土ほど広大ではないが、アフリカ全土と、ひょっとしたらその少し外にまではみ出た広い発祥地というイメージだった。だが一〇万年前以降のある時期、現生人類はその故郷を出て全世界に広がりだした。アフリカからあふれ出た彼らは、まずアラビア半島へ進出し、そこからインド洋の海岸線をたどり、やがて約六万年前までには、オーストラリアに現生人類が住みついていた。五万年前から四万年前にかけて、現生人類は西へ広がってヨーロッパにも入った。

しかしわれわれの祖先は、ヨーロッパやアジアに最初に住んだヒトではなかった。われわれの祖先がやってくるより前に、ホモ・エレクトゥス（*Homo erectus*）、ホモ・アンテセッサー（*Homo antecessor*）、ホモ・ハイデルベルゲンシス（*Homo heidelbergensis*）、ホモ・ネアンデルターレンシスが数十万年にわたりそこに住んでいたのだ。こうしたほかの種のほとんどは、現生人類がたどり着く前に絶滅している。ところがネアンデルタール人は違った。最終氷期のピークに先立つ激しい気候の悪化に二度も打ちのめされ、個体数は減少しつづけたようだが、彼らは踏みとどまった。四万〜三万年前あたりについに化石記録から消え去るまでは。

一九九〇年代から二〇〇〇年代にかけて、現生人類はネアンデルタール人と交雑したかという議論が続いていた。交雑の証拠としていくつかの化石を提示する古人類学者もいたが、それでもほとんどの専門家は納得しなかった。化石の慎重な年代測定によれば、中東とヨーロッパでは、現生人類とネアンデルタール人が確かに同時期におおよそ同じ地域にいたと考えられたが（数千年重複していたかもしれない）、ふたつの種族はつねに距離を置いていたようだった。奇妙に離れてさえいたのだ。ネアンデルタール人の化石から取り出したミトコンドリアDNAは、現生人類のものとは異なり、五〇万年ほど前に分岐したと考えられた。ネアンデルタール人の核DNAを調べた初期の研究からも、現生人類とそうした太古のヨーロッパ人との最後の共通祖先について、同じぐらいの年代が導かれている。そして、その分岐以降にふたつの種族が混じり合ったようには見えなかった。

その後二〇一〇年になって、ライプチヒのマックス・プランク進化人類学研究所の遺伝学者たちが、驚くべき発見を公表している。彼らは、クロアチアの洞窟で見つかった四万年以上前のネアンデルタール人の骨片からDNAを取り出して解析したのである。今度は、前よりもっと総合的に核ゲノムが調べられた。こうして、どうにか組み上げられたネアンデルタール人のゲノムの概要が、今の現生人類のゲノムと比較された。この比較から、一部の現代人――おおかたユーラシアの祖先をもつ現代人――が、主にアフリカの祖先をもつ現代人よりも、ネアンデルタール人との共通点が多いことが明らかになる。この差を説明するには、われわれのなかにはネアンデルタール人と交雑した祖先をもつ者がいるとするのが最も妥当であり、これは刺激的な考えだった。多くの科学者が反論を公表した。だが、太古のDNAが化石からさらに取り出され、現代人のDNAと比べられると、交雑の証拠を否定するのが難しくなっていった。イネのジャポニカが西に伝わる過程でインディカの原種と交雑し、カザフスタンの見事に太ったリンゴがヨーロッパに広がる過程でその地の野生リンゴと交雑したように、われわれ現生人類の祖先も、ヨーロッパや西アジアの先住民であるネアンデルタール人と交雑したのである。

新しい遺伝学ツール――ミトコンドリアの（および植物の葉緑体の）DNAや染色体そのもののDNAを解析する手法――の登場は、過去に対するわれわれの理解を進めると同時に、その理解に制約ももたらした。少なくとも、初期の研究には制約があった。ミトコンドリアのDNAも葉緑体のDNAも、ひとつの根源から続く単純な歴史しかたどれない。どちらも母系を通じてしか受け継がれないからだ。なんらかの情報を与えてはくれるが、一個の遺伝子マーカーと同等でしかない。この見方が歴史の全体像を表していない可能性も非常に高い。細胞がもつDNAのごく一部にしかもとづいていないのだから。あらゆる遺伝子について――それだけでなく、遺伝子の読み取りと発現に関わる、遺伝子間のDNA領域についても――進化の歴史をたどらなければ、この驚くべき生体分子の図書館に収められた豊富な歴史情報を真に利用することはできない。遺伝子解析の歴史そのものが、さまざまな種――われわれも含め――の起源が解き明かされる道筋を決めてきたのである。

ではここで、現在わかっていることを示そう（もっとも、いくつかはデータが集まるにつれ変わるはずだ）。われわれの種は、アフリカの、おそらくはひとつづきの広大な（ひょっとすると西アジアにまで広がっていた可能性すらある）エリアで誕生した。それ以前にも移住はあったかもしれないが、一〇万～五万年前に始まった一大移住が、アフリカ以外の世界への定着をもたらした。そしてわれわれの祖先は、ほかの旧人類の種と間違いなく交雑した。つまり、現生人類のすべてが最近のアフリカに起源をもつという考えはまだ持ちこたえているが、輪郭がぼやけてきたのは確かなのだ。

ここまでは概要だ。しかし、詳細はいっそう興味深い。

われわれの種は、ひとつの明確な発祥地をもつのではなく、大陸全域で散発的に誕生したのかもしれない。これは本質的に多地域起源説に近いようにも思えるが、世界規模の話ではない。コムギの場合、ヒトツブコムギとエンマーコムギの理論上の起源としてトルコ南東部のカラカ山脈がしばらく注目されていたが、その後中東全域と考えられるようになった。それとほぼ同じように、現生人類の故郷も、アフリカの単一の地域に絞られていたが、のちにもっと広い範囲と考えられるようになり、アフリカ全域どころか、アジアの一部にも及んでいた可能性さえあるのだ。現生人類の起源が東アフリカや中央アフリカや南アフリカにあるとする主張については、さまざまな――ゲノム研究と古生物学の両方の――証拠が提示されてきた。だがひょっとしたら、どちらかを選ぶ必要はないのかもしれない。現生人類の特徴は、アフリカ全域とその少し外の――遺伝子流動によってつながった――集団にモザイク状に少しずつ生じ、広がった可能性がある。アフリカ人のＤＮＡは複雑な歴史のなごりをとどめており、サハラ以南のアフリカへの太古の移住や、集団間の遠い昔の分岐――および混ざり合い――の痕跡が垣間見られる。何十万年にもわたり、ホモ・サピエンスの分布はほぼアフリカ大陸に限られていた。だがそれから集団がふくれ上がり、広がりはじめたのだ。

最も総合的におこなわれた最新のゲノムワイド解析の結果は、アフリカから外への大移住が一〇万〜五万年前に一度だけ起こり、全世界への入植がもたらされたというシナリオを裏づけている。入植者の波は、アフリカを出たあとふた手に分かれ、ひとつはインド洋の海岸線沿いを東へ向かい、やがて東南アジアやオーストラリアにたどり着いた。もうひとつの波は北と西へ向かい、西アジアとヨーロッパに到達した。東へ向かった入植者は、もっと前の移住でアフリカを出て、はるばるオーストラリアやパプアにまでたどり着いていた、ほかの現生人類と遭遇したかもしれない。今のところ、南アジアと東南アジアの化石記録はきわめて乏しいので、非常に早い時期の東方への移住があった可能性も排除できないのである。

ヨーロッパに長く住んでいたネアンデルタール人との交雑は、六万五〇〇〇〜五万年前——現生人類がアフリカから離散してまもなく——のことだったと推定されている。非アフリカ人には、ネアンデルタール人のDNAがわずかに(平均で二パーセント)含まれているが、一般にアフリカの系統を引く人のゲノムには、ネアンデルタール人のDNAはほとんどあるいはまったく見られない。私自身、DNAを検査してもらったところ、二・七パーセントはネアンデルタール人らしい。だから私は「純血の」ホモ・サピエンスではない(だれもがそうだ。それどころか、種や亜種における「純血性」という考え自体がまやかしであることがわかっていて、もしかするとそれは一九世紀の遺物かもしれず、現代遺伝学がついにとどめを刺したのかもしれない)。東アジアの人は、西アジアやヨーロッパの人よりも、ネアンデルタール人のDNAを少しばかり多くもっている傾向がある。これにはいくつか理由が考えられる。東アジア人の祖先が——西ユーラシア人と分かれたあとに——より熱烈にネアンデルタール人と交わっていたのかもしれない。ネアンデルタール人のDNAは、初めて現生人類のゲノムに入り込んでから、たいていは少しずつ淘汰されていることもわかっている。すると、西ユーラシア人と東アジア人のどちらの祖先のゲノムにも、初めは同じ量のネアンデルタール人のDNAが混入していたが、その後自然選択により、西ユーラシア人のゲノムのほうからより多く取り除かれたとも考えられるのだ。あるいは、西ユーラシア人にネアンデルタール人のDNAが少ないのは、北アフリカの集団のようなネアンデルタール人のDNAをもたない集団——北アフリカの集団かもしれない——と交雑したことによる希釈効果のためという可能性もある。

だが現生人類の祖先が交わっていたのは、ネアンデルタール人だけではない。東アジアや、太平洋南西部のオーストラリアやメラネシアに現在住んでいる人のゲノムには、また別の太古の集団との交雑があった痕跡が見られる。メラネシア人のゲノムのうち、三〜六パーセントのDNAが別のタイプの祖先——シベリアのデニソワ洞窟で見つかった指の骨と数本の歯でのみ知られている——に由来しているのだ。そうした祖先がどんな姿をしていたのかはわからない。化石の証拠が少なすぎるのである。しかし、骨や歯から取り出した昔のDNAを調べた結果、彼らが現生人類ではなく、ネアンデルタール人でもないことがわかっている。この人類に独自の種名をつけられるほど化石の証拠が見つかっていないため、今のところ彼らは単に「デニソワ人」と呼ばれている。現生人類とデニソワ人の交雑は、オーストラリアや太平洋の島々に人類が住みつく前に、アジアで起こっていたのだろう。アフリカでも、別の太古の種——現時点でその正体はわかっていないが——と交雑が起きていた証拠がある。この旧人類と結びつく化石証拠はまだ見つかっていなくても、現代のアフリカ人のゲノムには、この亡霊のような遺伝子の記憶がとどめられているのだ。

ゲノム研究——ミトコンドリアに包まれたDNAのかけらや、染色体に並んだ個々の遺伝子だけではなく、ゲノム全体を対象とした研究——は、ほんの一〇年前には想像もつかなかった豊かで複雑な歴史を明らかにした。われわれの祖先はさまざまな人類——別の種と見なせるほど異なる人類——と遭遇し、一緒になり、交雑していたのだ。アメリカの古人類学者ジョン・ホークスは、自身のブログにこう記している。「注目すべきは、DNAが手に入っているあらゆるヒト族に加え、DNAをまだ手に入れていないいくつかのヒト族までもが互いに交雑していた証拠があることだ」。遺伝学者で著作家のアダム・ラザフォードは、いつも巧みな言いまわしに心を注いでいるが、われわれの知る人類の誕生をもたらしたこの情事を「一〇〇万年に及ぶひとつの大乱交」と形容している。ヒトはいつでも――ラザフォードが的確に要約しているように――「好色であると同時に移動性をもっていた」のである。

ゲノムからは、ホモ・サピエンスの起源とユーラシア大陸への最初の入植を知るための手がかりや、ほかの人類の種との交雑についての驚くべき新事実が得られるほか、先史時代のもっと最近の出来事をたどることもできる。われわれのDNAの奥深くには、とうに名前が忘れられた先駆者や探検家による、数え切れないほどの航海と探検の記憶が秘められている。それは何度も上書きされた羊皮紙のようなものだが、遺伝学者はついに、この文書の詳細をどうにか引き出そうとしている。

ヨーロッパには、大きな移住の波が三度押し寄せた痕跡が遺伝子に刻まれている。最初の波は、旧石器時代の入植者だ。ただし、この集団で一番初めにやってきた人々は、四万年前までにヨーロッパのはるか西の端である英国にたどり着いていながら、遺伝子の痕跡はほとんど残していない。彼らの人口は、最終氷期の極大期に激減しただろう。しかし氷床が後退すると、南部の地中海のレフュジアで生き残っていた人々が、再び北へ入植した。この狩猟採集民はまだ移動生活を送っていたが、気候が良くなるにつれ――ヨークシャーにあるスター・カーのような中石器時代の遺跡から明らかにしたとおり――やや定住性を高めていった。そこへまもなく、第二波の移住者が加わった。彼らはまったく新しい生活様式を持ち込むことになる。中央アナトリアに出自をもつ農耕民は、断続的にヨーロッパに広がり、そしておそらくは舟に乗って、七〇〇〇年前ごろにイベリア半島に到達し、六〇〇〇年前――ソレントの海底に沈んだコムギの遺伝学的痕跡の二〇〇〇年後――までにスカンジナビアと英国に住みついた。遺伝子研究から、この農耕民は、狩猟採集民の先住集団にすっかり取って代わったのではなく、彼らと手を組んだことが明らかになっている。新石器時代が到来したのだ。狩猟採集民がその生活様式を速やかに定住と農耕に切り替えた場所もあった。一方、イベリア半島などでは、人々は農耕とともに狩猟も続けていた。青銅器時代の初め――約五〇〇〇年前――には、ヤムナヤ人が増大してヨーロッパになだれ込んだことで、第三波の移民がウマと新しい言語をともなって到来した。あなたがおおまかにヨーロッパの系統を受け継いでいるとしたら、何世代も経てDNAが希釈されていても、ゲノムには今もこうした太古の騎馬民族や牧畜民のDNAの断片が含まれているはずだ。あいにく、だからといって、生まれつきウマと相性が良かったり、ウマに乗る天賦の才能があったりするわけではない。それはやはり習得するしかないのだ！

ウマに乗ったステップの牧畜民は、東へも進み、シベリア南部にいた狩猟採集民を駆逐した。そしておよそ三〇〇〇年前にも、アジアで西から東への移住が起こった。さらに昔にさかのぼると、遺伝子研究によって、アメリカ大陸への入植をめぐる疑問に答える手がかりも得られている。海面が下がっていた時代、北東アジアと北米はベーリング陸橋でつながっていた。ヒトの入植者はその陸橋を渡り、最終氷期のピーク以前にユーコンに足がかりを得ていた。だが彼らは、北米を覆っていた巨大な氷床の縁がおよそ一万七〇〇〇年前に少し解けはじめるまで、そこにとどまっていた。その後、おそらくは舟を使って南下しだし、太平洋岸沿いに定住地を築いていったのだろう。一万四六〇〇年前には、モンテ・ベルデの遺跡からわかるように、はるばるチリにまで到達していた。こうしたことは考古学によってわかっているが、このシナリオにはいくつか大きな難点もあった。初期のアメリカ人の頭蓋骨のなかには、形態的にポリネシアや日本、さらにはヨーロッパの集団とのつながりを思わせるものがあったのだ。これは、アメリカ大陸への移住がもっと早い時期にあり、その集団はのちに北東アジアからベーリング陸橋を経て来た入植者に取って代わられた可能性を示していた。ところが、そうした骨から太古のDNAを取り出してみると、現在のアメリカ先住民のDNAに最も近く、その次に近いのがシベリアと東アジアの住人のものだとわかった。集団が入れ替わったという考えは、ついに引導を渡されたように思われた。最初の入植者は、北東アジアからベーリング陸橋を越えてたどり着き、アメリカ大陸を北から南へ埋め尽くしていったのである。一方、はるか北には、のちの大移住の遺伝学的痕跡が残されている。北東アジアから、凍てつく北米の北方地域を経て、グリーンランドへと、極地の人々が東へ広がった痕跡だ。まずは古エスキモーの移住が五〇〇〇〜四〇〇〇年前ごろになされ、続いてイヌイットの拡大が四〇〇〇〜三〇〇〇年前に起きた。

アフリカでは、現代人のゲノムが人口の大移動――太古の拡散と移住――の証拠も示している。約七〇〇〇年前、スーダンの牧畜民が中央アフリカと東アフリカに移住し、五〇〇〇年前には、エチオピアの農耕牧畜民がケニアやタンザニアに拡散した。そして大規模な拡散が、四〇〇〇年前、バントゥー系の農耕民が故郷であるナイジェリアやカメルーンから南へ広がったときに始まった。バントゥー系農耕民は狩猟採集民に取って代わり、彼らを辺縁の環境へ追いやったのである。そこでは今日、ナミビアのブッシュマンなど、最後に残った狩猟採集民がちんまりと暮らしている。

## 日光・山頂・病原菌

ヒトが世界各地に広がり、気候が変動すると、彼らに新たな難題が降りかかった。われわれの祖先はさまざまな形で変化に適応した。生理的な適応――生涯のうちになされる調節――もあっただろうが、遺伝子の変化――本物の進化――をともなうものもあった。このふたつの変化が組み合わさることで、ヒトは過酷な環境で生き残り、繁栄することができたのである。ヒトは北方の高緯度地域へ進出するうちに、季節に応じてまわりの環境が変化する場所に足を踏み入れた。夏は日が長いが、冬には日が短くなるため、日光は貴重になった。また、あなたの体にとっても、日光は確かに貴重なものだ。晴れた日は気分が高揚するだけでなく、代謝にも良い影響がある。外で日光を浴びていると、皮膚ではせっせとビタミンDが作られるからだ。いや正確には、皮膚ではコレステロールをベースとする化合物がビタミンDに近い物質に変わり、それから最終段階を担う肝臓と腎臓で水素と酸素が加わり、活性化されたビタミンになるのである。

体にとってのビタミンDの重要性は、二〇世紀の初頭、子どもで骨の変形を起こす病気――佝僂病《くる》――の原因と治療法を探るなかで明らかにされた。ヨーロッパの工業化はテクノロジーの大きな前進で、最終的に人々の暮らしにさまざまな改善をもたらしたようだが、その過程で多くの犠牲も出た。ごみごみした都市、工場での労働、スモッグに覆われた空。どれも産業革命期の子どもに爪跡を残した。子どもはきちんと成長できず、軟らかい未熟な骨は不格好に曲がって固まった。佝僂病は長らく厄介な疾患であるとともに謎でもあったが、一九一八年にメランビーという名の英国の医師が、イヌを屋内にいさせてオートミールなどの粥《かゆ》で育てると、佝僂病になることに気づいた――さらに、そのイヌにタラの肝油を与えると回復させられることも見出した。翌年、ドイツの研究者フルトシンスキーが、紫外線を当てることで佝僂病の子どもを治療できることを発見した。ほかの研究では、紫外線で処理したさまざまな食材――植物油、卵、牛乳、レタス――で、この病気を予防できることも明らかになった。研究者は、それとは知らずに、そうした食材に含まれるコレステロールや植物ステロールを、ビタミンDの前駆体

（プレビタミンD）に変えていたのである。この必須化合物の正体がとうとう突き止められると、化学者はビタミンDを人工的に合成できるようになった。ついに佝僂病の薬ができたのだ。突破口を開いたドイツの化学者ヴィンダウスは、その功績により一九二八年にノーベル賞を受賞している。

だが、この物質がどうやって骨にそんな魔法をかけるのかは、まだわからなかった。二〇世紀のそれからの数十年、体内をめぐるその化合物の追跡に研究の主眼が置かれた。そして、このビタミンがホルモンのような働きをすることが判明した。ひとたび腎臓で活性化されると、「カルシウムを手に入れよ」というメッセージを携えながら、血流に乗って腸まで行くのである。だがビタミンDは、せわしない小さな化学物質で、一九八〇年代には、カルシウム代謝と骨形成にとって重要なばかりでなく、免疫系においても必須の役割を果たしていることが明らかになりだしていた。ビタミンDが欠乏すると、糖尿病や心臓病、ある種のがんといった、自己免疫疾患（このとき免疫系の軍団が味方を攻撃しだし、反乱を起こすことさえある）にかかりやすくなる。血液一ミリリットルあたり約三〇ナノグラムというわずかな量が、体が健全に機能するのに必要な最低限のビタミンDらしい。食事からもいくらか摂取できるが、ほとんどの人は、必要なビタミンDのおよそ九〇パーセントを、日光を浴びて皮膚で合成し、手に入れている。

もちろん日光は、とくに日光に含まれる紫外線は、害を及ぼすおそれもある。ヒトの皮膚には、メラニン色素など、天然の日焼け止めの役目を果たす化合物がいくつか存在する。ふだんより多く日光を浴びると、皮膚がそうした化合物をもっと作りはじめ、日焼けが起こる。これは白っぽい肌の人に限った話ではない。黒っぽい肌の人も日焼けするのだ。最初にユーラシア大陸に入った現生人類は、肌が黒かっただろう。元いた場所の気候にはそれが最適なのだ。陽射しの強い場所では、日光による炎症を防ぐためにメラニンがたくさん必要になる。だから、自然選択によって赤道地域で黒い肌が選り好まれた理由は容易にわかる。熱帯ではまた、十分な量の紫外線がこのフィルターを通り抜けるので、光によるビタミンDの合成が皮膚で起こる。ところが日照量の少ない場所では、当然ながら、黒い肌は紫外線を遮断しすぎてしまい、この重要なビタミンを十分に作り出せなくなると考えられる。ビタミンDの欠乏によって、免疫系の障害や佝僂病といった悪影響が出るということは、選択圧が働くことを意味している。つまり、少しでも肌が白いと、生存と生殖にとって有利になる――遺伝子を次の世代に残しやすくなる――のだ。そのため、メラニンの生成量を変えて白い肌にする偶然の変異が生じると、その変異は集団全体に広まりやすい。まさしくこれが起きたように見える。北に行くほど、肌の色が次第に白くなるのである。北ヨーロッパと北アジアの人々は、それぞれ少ない日照量に適応するこのプロセスを――しかし異なる変異によって――経ている。これは収斂進化――異なる手段によって同じような結果に到達すること――の典型的な例と言えそうだ。

　白い肌は高緯度地方の少ない日照量への適応として進化したと考える「ビタミンD仮説」は、とても納得がいくように思える。今日、英国と北米に住む色黒の人が、色白の人よりビタミンD欠乏症になりやすいという知見は、この仮説を裏づけていそうなのだ。ところが、生身の人間でビタミンD値を詳しく測定すると、仮説は崩れた。ビタミンD値と日光への暴露を調べた研究から、予期せぬ興味深い結果がもたらされたのである。日光への暴露が増すにつれ、ビタミンD値も（ある程度まで）増すという結果は、予想通りだった。衣服を着ると、当然ながら血中のビタミンD値は低下したのだ。しかし、日焼け止めを薄く塗っても――日光による炎症を防ぐ一方――ビタミンDの産生量は減らないようだった。また、肌の色が黒くてもそうだった。かなり意外だが、色黒の人と色白の人に同じ量の日光を浴びせても、ビタミンDの産生量の増加に違いがなかったのである。

　この研究は確かに、色黒の人が色白の人と同じ効率でビタミンDを作り出せることを示唆している。

一見したところ、こうした新たな知見によって、ヒトの肌の色の進化にまつわるわれわれの仮説は総崩れになったかのようにも思える。それでも、説明を要する事実がいくつか残っている。元からの住人の肌の色は、確かに北へ行くほど薄くなる。また、黒い肌の人は、確かに北方の国々ではビタミンD欠乏症になりやすいのだ。

ひとつめの事実は、進化においてどのようにして起こるのかという疑問に通じる。それは必ずしも、なんらかの変異がメリットをもたらすから起こるとはかぎらない。ときには、選択圧という点でほぼ中立的な変異が、遺伝的浮動という現象によって集団全体に広まって、起こることがある。これは本質的にランダムなプロセスで、偶然によるところが大きい。ひょっとすると、われわれの祖先が北上するにしたがい、黒い肌の――日光による炎症や皮膚がんを防ぐ――強い選択圧が和らいだのかもしれない。すると、肌を白くする変異が生じても、淘汰されなくなる。やがて遺伝的浮動によって広まることになるのだ。それに実は、赤道から北の高緯度地域へ行くにしたがい、肌の色が段階的に白くなるわけではない。肌の色の薄さは、ヨーロッパとアジアのかなり北に住む人々でのみ――おそらくかなりあとになって――進化した。それ以外のヨーロッパとアジアは、肌の色が緯度と相関しない人だらけなのである。ビタミンD仮説のもうひとつの問題は、産業革命以前には、佝僂病の形跡のある骨は多くないということだ。

しかし、今日、英国や北米に住む色黒の人がビタミンD欠乏症になりやすいことについてはどうなのだろう？　現代の人々を対象にした調査のひとつでは、晴れているときの行動を問う詳細なアンケートに答えてもらうことで、手がかりが見つかった。肌の白い人は陽が射すと日なたに出る傾向があったが、肌の黒い人は屋内にとどまることのほうが多かったのである。陽射しの強い土地なら屋内で過ごすのは良い戦略なのだろうが、陽射しが弱く日照量の少ない北方では、晴れた日を――とくに冬のあいだは――なるべく活用する必要がある。初期の現生人類――旧石器時代に移動生活をしていた狩猟採集民――にとって、一年じゅう、毎日戸外で（いや、もっと正確にはテントの外で）過ごすことは必然だったにちがいない。したがって、黒い肌は赤道地域の強い陽射しへの適応かもしれないが、その逆――白い肌はもっと北の地域への一般的な適応だとする考え――は吟味に耐えられない。とはいえ、白い肌の下ではビタミンDの代謝にもっと目立たない変化が見られ、これは高緯度への実際の適応かもしれない。北ヨーロッパの人のゲノムには、体内でビタミンD前駆体の量を増す変異が存在するが、肌の黒い人は、体じゅうのビタミンDの吸収と運搬をうながす別の変異をもっている。またもや、疫学的な厳密さやゲノムのデータによって、広く浸透していた単純な仮説が、はるかに複雑な全体像に取って代わられたのである。ヒトがさまざまな緯度に適応してきたシナリオは、近年、いっそう興味深く、はるかに複雑な、いわば白黒つけがたいものになっている。

緯度の変化は一部の代謝の適応に関係していそうだが、標高の高さも特有の課題を突きつける。EPAS1という遺伝子の特定の変異型は、一部のヒトに、高地の低い酸素濃度に対処する能力をもたらしている。この変異型はヘモグロビン産生量の低下に関わっており、血管網の密度の増加とともに、酸素の乏しい環境には最適なものと言える。このEPAS1遺伝子の変異型には、チベット人において正の選択を受けてきた明らかな痕跡がある。だがその起源は謎だった。それは、人々が高地で暮らしはじめたときにいきなり真価を発揮しだした既存の変異型でもなければ、新たに偶然生じた変異でもなかった。この変異型はどこからやってきたのだろう？　二〇一五年に完了した野心的かつ国際的な「一〇〇〇人ゲノム」プロジェクトにDNAサンプルを提供した人は、わずか二名の中国人を除き、この変異型をもっていなかった。ところが、それがデニソワ人のゲノムに見つかった。したがって、現代チベット人のゲノムにあるこのEPAS1変異型は、祖先のデニソワ人から受け継いだ――そして正の選択によってしっかり保存されてきた――ように見える。リンゴがクラブアップルとの交雑によって有用な適応形質を新たに獲得したように、われわれの祖先も、地域の遺伝情報を取り込んだのである。

新しい環境や変わりゆく環境がもたらす最大級の問題は、これまでにない病原体の登場だ。われわれは微生物と絶えず戦っており、この進化の軍拡競争の歴史は自分たちのゲノムに刻み込まれている。現生人類のゲノムに入り込んだ遺伝子の変異型のなかには、かなり明らかにネアンデルタール人やデニソワ人に由来しているものがある。おそらくそうした変異型は、なんらかの時代や場所において、特定の感染症への耐性を与えてくれたのだろう。

ネアンデルタール人から受け継いだ、感染したウイルスの撃退に関わる遺伝子は、ヨーロッパ人の二〇人にひとりの割合で見つかるが、現代のパプア人では半数以上がこの遺伝子をもっており、強い選択が起きていたようだ。免疫系に関係する遺伝子で、ネアンデルタール人に由来するとおぼしきものはほかにもあり、一部の集団でほかより強い正の選択を受けたらしい。こうした傾向に、進化で偶発性がきわめて重要であることが見て取れる。集団が病原体にさらされると、その病原体へのなんらかの耐性をもたらしうる遺伝子の変異型が重要な存在となり、選択されるのだ。そうでなければ、この変異型は消えてしまうか、少なくとも遺伝子プールのなかで頻度が減るだろう。

われわれのゲノムには互いに近い関係にある遺伝子の一群があり、どれも、身体が外からの侵入者を認識し、それに攻撃を仕掛けるのを助ける重要な仕事に携わっている。こうした遺伝子は、自己認識にも関わっている。われわれの細胞の表面に「旗」のようにくっつき、免疫系が細胞を外からの病原体と誤認しないようしているタンパク質を、コードしているのだ。これらはＨＬＡ遺伝子と呼ばれ、現代のユーラシア人がもつＨＬＡ遺伝子の半分以上は、ネアンデルタール人やデニソワ人から受け継いだものと推定されている。

だが、われわれが太古の人類から受け継いだＨＬＡ遺伝子の一部には、負の側面もある。過去にはそのときどきで有用だったとしても、今日、有害な効果を及ぼす対立遺伝子があるのだ。ＨＬＡ遺伝子の変異型のうち、あるものは自己免疫疾患にかかりやすくするらしい。そのようなＨＬＡ遺伝子では、自己認識が本質的に機能しない。「旗」が変なもの——免疫系にとって警戒すべきほど異質——に見え、結果的に免疫系が自身の体の細胞を攻撃してしまうのだ。ネアンデルタール人から受け継がれた免疫系遺伝子ＨＬＡ－*Ｂ５１は、ベーチェット病という炎症性疾患の発症リスクを高める。この疾患では、口と性器に潰瘍ができ、眼の炎症により最終的に失明に至ることもある。英国ではまれだが、トルコではおよそ二五〇人にひとりがかかっている。ベーチェット病は「シルクロード病」とも呼ばれるが、その起源は、ヒトが織物の交易を始めるはるか以前にさかのぼるようだ。われわれがシルクロードと呼んでいる道は、交易路となる数千年以上も前、移住と入植にとって重要な役割を果たした。現生人類は遠い昔に、中央アジアを貫くこの回廊沿いでネアンデルタール人と出会い、交雑していたのかもしれない。

脂肪の代謝に関わるある遺伝子変異は、現代のメキシコ人に奇妙なほど広まっているが、元はネアンデルタール人に由来しているらしい。かつてはこの変異が、特定の食事と関係してなんらかのメリットをもたらしてくれたのかもしれないが、今日では、別の食事との作用で糖尿病の発症リスクを高めている。われわれのゲノムにこうした「消えた種族」から入った遺伝子変異には、ほかにも皮膚や毛髪の色の違いに関与するものがある。現代のヨーロッパ人の一〇人に七人が、ネアンデルタール人に由来する、そばかすに関わる遺伝子をもっている。太古の人類から受け継いだそれ以外の遺伝子については、現代人のゲノムで機能上どんな意味があるのかあまりわかっていない。一方、太古のＤＮＡがたくさん淘汰されてきたことも明白で、おそらく生殖能力の低下と関係していたためなのだろう。

われわれの祖先は、今は消えている種族と交雑することで、遺伝的変異の宝庫を利用できた。地域の環境――そこにいる病原体も含む――に対する有用な適応形質を手に入れた可能性があるのだ。これは、進化のメカニズムにかんする、比較的新しい重要な知見と言える。遺伝子変異の導入や拡散は、新しい変異が生じたり、集団に昔生じていた変異が急に有用になったりすることで始まりうるが、交雑によって別の近縁の集団からもたらされることもある。リンゴからヒトに至るまで、われわれは皆、交雑の起源を示す証拠をみずからのゲノムに秘めているのである。

しかし、われわれと交雑した近縁のヒトの種だけが、今日のわれわれに影響を与えたわけではない。われわれはほかの種のなかに――動物だけでなく植物にも――固い絆を結ぶ協力者を見つけ、そのうち九種については本書で紹介した。こうしたほかの種と手を組み、それらを飼いならす――あるいはそれらが「自分から飼いならされる」機会を与える――ことで、人類史の進路は、場合によってはわかりにくい形で大きな影響を受けた。新石器時代の影響は、数百年、数千年かけて、さざなみのように伝わっていったのだ。

## 新石器革命

われわれがこの壮大な物語を味わえるのは、あとから過去を振り返り、地理学や考古学、歴史学、遺伝学によってはるか昔まで見通す広い視野が与えられているからにほかならない。何千年にも及ぶ出来事やプロセスを大陸規模で描き出すことと、われわれの祖先の個人的な体験すなわち日常生活を明らかにすることのあいだには、非常に大きな隔たりがある。だが一方で、次第に両者が収斂を見せてきているようにも思える。炭化した穀粒、光沢のある石鎌、土器片に残された乳の痕跡、太古のオオカミの骨から得られたDNA、大昔の言語に見られる「リンゴ」を指す単語のなごり――どれも、細かい事実を見事に垣間見せてくれている。

新たな証拠が現れるたびに要素や複雑さを増して、種の起源の物語が語られてきたように、新石器時代の物語も、時とともに途方もなく複雑さを増してきた。新石器文化の発展――とそれにともなって生まれた新たな協力関係と技術――は、ヒトの意図に突き動かされ、決まった道を一直線に進んだのではなく、はるかに行き当たりばったりのものだった。新石器革命――移動性の狩猟採集から定住性の農耕への転換――は、人口が増すにつれ必然となった。ところがそれに至る道のりは地域ごとに異なり、外部の要因が大きく影響していた。氷河期が世界を支配していた魔の手をゆるめると、農耕は別々の地域で独立に発展を遂げた。農耕が散発的に起こるたびに、ふくれ上がる人口を養う力とともに、アイデアと、技術と、新たな飼育栽培種が発祥地からさざなみのように広がった。

およそ一万一〇〇〇年前にアジアの東西でほぼ同時期に農耕が始まったことは、偶然のはずがない。地球規模の気候変動が、数千キロメートル隔てた双方の人々――とイネ科植物――に影響を及ぼしたのだ。一万五〇〇〇年前から全世界で大気中の二酸化炭素濃度が上昇したことで、植物の生産は増しただろう。野生の穀物の草原は収穫し放題だった。その後、一万二九〇〇～一万一七〇〇年前のヤンガードリアス期に気候が厳しくなった。狩人は手ぶらで帰ることが多くなったと思われる。容易に収穫できる果実やベリーは乏しくなったはずだ。そこで狩猟採集民は、救荒食物に頼った。集めにくいが高カロリーの、イネ科植物の種子などだ。西アジアでは、オートムギ、オオムギ、ライムギ、コムギが、東アジアでは、モロコシ、アワ、イネが利用された。ナトゥーフ人の鎌や石臼など、効率よく収穫したり、硬い種子を挽いて粉にしたりする道具は、栽培化や農耕よりずっと前に登場していた。気候が良くなりだしたころには、そんな穀物への依存は原始農業へと発展していた。

こうした初期の栽培化の中心地は、大変な影響力をもっていた。メソポタミアの「農耕のゆりかご」は、ユーラシア大陸西部の新石器文化における「創始作物」をもたらした。ユーフラテス川とチグリス川のあいだと周辺に広がる肥沃な土地からは、エンドウ、レンズマメ、ビターヴェッチ、ヒヨコマメ、アマ、オオムギ、エンマーコムギ、ヒトツブコムギが最初に栽培されて広まった。黄河や長江の流域からは、アワ、イネ、ダイズが誕生した。しかし、世界にはほかにも栽培化の始まった場所がたくさんあった。ヤンガードリアス期の末に、アフリカの南方にいた人々が北上し、緑に覆われた肥沃なサハラに住みついた。彼らは狩猟採集民で、狩った動物のほか、果実や塊茎や穀物も食べていた。一万二〇〇〇年前から（すりつぶすための）石皿を使っており、まもなく土着のモロコシとトウジンビエの栽培を始めたようだ。ところが、五五〇〇年前ごろに季節風が南にずれると、肥沃だった土地は砂漠に変わり、サハラの農耕は消え去った。一方、サトウキビは約九〇〇〇年前にニューギニアで栽培化され、ほぼ同時期に、メソアメリカではテオシントが栽培化されてトウモロコシになった。

探せば探すほど、飼育栽培化の中心地が見つかるようだ。肥沃な三日月地帯は興味深い。だがその存在が、新石器時代の同じぐらい重要な起源から、えてしてわれわれの目を逸らしてきた。ヴァヴィロフは、飼育栽培化の中心地を七か所突き止めている。ジャレド・ダイアモンドは、世界じゅうに九か所か一〇か所あったと想定した。もっと新しい研究では、二四か所もあったのではないかとされている。種の飼育栽培化は、何度となく、さまざまな場所で起こってきた。飼育栽培化が起こった環境は、かなり多くが――ヴァヴィロフが指摘したとおり――山地だった。山地では多様性が高くなりやすい。標高とともに物理的条件が変わるからだ。しかし、飼育栽培化されうる種にとっては、タイミングだけでなくヒトの性向との相性も良くないといけなかった。ヒトが積極的に生活様式を変えると同時に、種がヒトの介入に対して前向きな反応を示すこと――それは、こうした重要な協力関係を形成するためのすばらしい組み合わせだったのだ。そして、意識的な意思決定がなにかしらの役割を果たすことはめったになかった。

「人為選択」という言葉には、作用や意図の意味があるかもしれないが、必ずしもそうしたものが働いているわけではない。確かに現代の選抜育種のプログラムは、念入りに計画された介入と非常によく考え抜かれた選抜をおこなっているが、かつては必ずしもそうではなかった――とくに飼育栽培化の黎明期には。脱穀場のまわりで育ったコムギは、意図的に種子がまかれたわけではなかったが、それが最初の畑へとつながったのである。ひょっとしたら、自然選択と人為選択を分けること自体が人為的なのかもしれない。ほかの種の進化に影響を及ぼす種は、ヒトだけではない。われわれの存在は、相互依存のもとに成り立っているのだ。ゲノムを覗き込めば、われわれのしわざと思えることがわかるかもしれないが、ヒトがイヌ、ウマ、ウシ、イネ、コムギ、リンゴの進化に影響を及ぼしてきたのと同じぐらい確実に、ハチも花の進化に影響を及ぼしてきた。ハチはそのことを知らないはずだし、われわれと違って深く考えることもしないだろう。それでも、ハチは変化をうながしてきた。ダーウィンがみずからの議論を組み立てる手助けとしてその言葉を使って以来、われわれが人為選択と呼んできたものは、ヒトを介した自然選択にすぎないのである。

多くの場合、飼育栽培化は意図せぬプロセスとして始まったのではないか。種と種が出会い、ぶつかり合い、近しくなり、ついには進化の歴史が絡まり合ったのだ。われわれは、自分が主人で、ほかの種は自発的な僕《しもべ》か奴隷だと当たり前のように考えている。ところが、われわれが動植物と結んだこうした契約関係は、それぞれに異なる複雑なもので、共生や共進化の状態へと徐々に進展した。最初にこの協力関係が築かれたとき、背後に思慮深い意図はほとんどなかった。人類学者や考古学者は、動物の家畜化に至る道筋を主に三つ示している――そして家畜化は、ひとつの「出来事」ではなく、むしろ長期にわたる進化のプロセスなのだった。ひとつめの道筋では、動物がヒトを選び、われわれから資源を手に入れた。距離が縮まると、その動物はわれわれと共進化しだし、ヒトの仕向けた選択――過去数世紀におけるイヌの品種の作出など――が始まるずっと前に飼いならされていた。イヌとニワトリは、このようにしてわれわれの協力者になった。ふたつめの道筋は、獲物からの家畜化だ。この場合も、当初は動物を家畜化する意図はなかっただろう。あったのは、ただ動物を資源として管理しようという思惑である。この道筋は、ヒツジやヤギやウシといった中型・大型の草食動物がたどったようだ。初めは獲物として狩られ、それから食肉用として管理され、やがて家畜として飼養されたのである。三つめの道筋は一番意図的であり、ヒトが最初から動物を捕獲して家畜化しようとした場合だ。通常、こうした動物は、食肉以外にも使い道が考えられた。その最たる例が、乗用に飼いならされたウマである。

　農民や育種家が特定の形質を――望ましくない形質を淘汰することで――選択しはじめ、確かに意図が働きだしたときですら、まだ狙いはとくに長期的な未来を見据えたものではなかった。ダーウィン自身もそれに気づいていた。彼はこう記している。「卓越した育種家たちは、丹念な選抜を繰り返すことで……明確な目標を視野に入れて努力している」が、普通の育種家たちは次の世代にだけ目を向け、「その品種をどんどん変えていくことなどは望まないし、期待もしないはずだ」［『種の起源』（渡辺政隆訳、光文社）より引用］。それでも、こうした選抜が何十年、何百年と続くうちに、品種の「無意識の改良」につながることとなった。ダーウィンは、「未開人」や「野蛮人」さえ（現代人にとって、ダーウィンの表現はきわめて差別的なことがある）、あまり意識的でない選択によって――自分たちにとって好ましい動物を、食糧難のときに食べないようにするだけで――動物を改良できると考えていた。

　われわれが協力者としてうまく誘い込むことができた種がかなり少ないことを考えると、ヒトが自然を支配しているという見方にとどめが刺される。自然をテーマにしたノンフィクション作家のマイケル・ポーランが簡潔に述べたとおり、多くの種は「人間とのダンスには加わらなかった」〔『欲望の植物誌』（西田佐知子訳、八坂書房）より引用〕のである。種がわれわれの協力者となるには、機会が訪れたときにヒトに飼育栽培されやすい、なんらかの素質を備えている必要があった。オオカミに好奇心がなかったら、雌馬に従順な気質がなかったら、イネ科植物に脱粒しない穂軸を生み出す能力がなかったら、中央アジアのリンゴが丸々としていなかったら、イヌもウマもコムギも栽培リンゴも、この世に存在しなかっただろう。

それでも、飼育栽培化は大規模な――世界的な――影響をもたらした。ほかの種との相互依存という新石器文化の中心をなす概念は、人類文化の一面を示す考えとなり、大成功を収めたため、世界に広まることとなったのである。一部の動植物と特別な関係を結んだ結果、われわれの祖先はそうした種を移動させられるようになった。そして行った先で、土地の環境を連れてきた種に合うように改変した。まったくの幸運から生まれたにしても、その戦略は大成功を収めた。

今日、狩猟採集というライフスタイルを実践する人々はどんどん少なくなっている。そんななか、ナミビアのブッシュマンやタンザニアのハザァベ族など、アフリカにはまだいくつか狩猟採集民の小集団が存在する。彼らは、居住にあまり適さない半砂漠地帯――農耕を営めない土地――で暮らしている。そして今に至るまで新石器革命を拒否してきたが、その生活様式は危機に瀕しており、今世紀中に消滅してしまうおそれがある。

## 共進化と歴史の道筋

われわれと相互に関わった種が、かりにそうなっていなかったら――たとえば存在しなかったり、捕獲できなかったり、家畜化できなかったりしたら――ヒトの歴史はまるで違う展開を見せていたはずだ。時にわれわれは、己《おのれ》の運命をすっかり支配し、外部の力はほとんどあるいは何も役割を果たしていないかのように、先史時代も含めた歴史を知ろうとする。だがどんな種の歴史も、単独で語ることはできない。あらゆる種は、ひとつの生態系のなかに存在しているのだから。われわれは皆、相互につながり、依存し合っているのだ。そして、われわれのもつれ合った歴史で働いてきたすべての相互作用には、幸運と偶然が織り込まれている。

ヒトが何千年もかけてほかの種と形成してきた協力関係は、最初の農耕民や、イヌと一緒に暮らした最初の狩人や、最初にウマに乗った人々が夢にも思わなかった形で、人類史を変えてきた。栽培穀物は、人口の拡大に必要な――採集された野生の食物で養える量をはるかに超えた――エネルギーとタンパク質をもたらした。

中東の栽培化の中心地で生まれたコムギが人口増加の燃料となり、あふれたヒトは移住を始め、新石器時代に農耕民がヨーロッパに広がった。家畜化されたヒツジやヤギやウシは、エネルギーとタンパク質を――「歩く食料貯蔵庫」として――たくわえる重要な手段となった。それまで救荒食物だった植物や狩っていた動物と協力関係を築くことで、ヒトは気候変動の直接的な影響をやや和らげだしたのである。エネルギーとタンパク質の供給が安定し、定住性が高くなると、家族の規模が大きくなった。紛れもないサクセスストーリーに思えるが、新石器革命には少しばかり意外な現実があった。新石器革命のせいで、人々は重労働の暮らしに縛りつけられ、老若男女を問わず、健康を損なわれたのだ。

中央アナトリアの――九一〇〇年前から八〇〇〇年前まで一〇〇〇年あまり存続した――遺跡は、この過渡期を生きた人々の状況を見事に垣間見せてくれる。チャタル・ヒュユクの初期の農耕集落には、泥レンガ造りの住居が密集していた。当初、そこで暮らしていたのはわずか数世帯だったが、その後集落は劇的に拡大した。農耕民は主にコムギを栽培していたが、オオムギやエンドウやレンズマメも育て、ヒツジやヤギやいくらかのウシも飼い、さらにオーロックスやイノシシ、シカ、鳥を狩り、野生の植物を採集していた。畑は集落から数キロメートル南にあり、住民は、動物の狩猟や放牧のために広くうろつきまわる必要もあった。チャタル・ヒュユクでは六〇〇体を超えるヒトの遺骨が発見されており、そこから明らかになることがある。そのなかには、多くの新生児を含め、未成年の骨が非常に多く存在する。一見すると、乳児や子どもの死亡率がとくに高かったように思えるが、むしろこの傾向は、そもそも生まれる赤ん坊の数がきわめて多かったことを示しているようだ。時代ごとに数を勘定すると、出生率は狩猟採集から初期の農耕への過渡期に上昇し、もっと集約型の農耕へ移行するとさらに上昇したらしい。集落の住居の数も、それに応じて増加した。乳児の骨の窒素同位体を分析すると、生後約一八か月というかなり早い時期に離乳が始まっていたことがわかった。こうした集団の離乳の早さは、出産の間隔が短くなったことと関連している――人口増加の真っただなかだったのだ。

とはいえ、すべてがバラ色ではなかった。初期の狩猟採集社会に比べ、チャタル・ヒュユクでは生理的ストレスや健康上の問題が増えていた。穀物中心の食事は多くのエネルギーを与えてくれたが、必ずしも体の求める必須アミノ酸やビタミンがすべて得られたわけではなかったのである。ほかの遺跡では成長速度が低下した証拠が見つかっているが、チャタル・ヒュユクではそれはなかったようだ。それでも、骨の感染症など軽度の生理的ストレスがかかったり、おそらくはデンプンの多い食事が関係して、虫歯が高い割合で見られたりしたことを示す証拠はふんだんにある。

今日の工業型農業では、過酷な農作業の大部分は、人間でなく機械が担うようになっている。ところがわれわれは、チャタル・ヒュユクでそうだったように、（祖先の狩猟採集民にとっては救荒食物だった）穀物が主食となった食料生産システムに縛りつけられている。食料供給のグローバル化によって、われわれはほかに重要なビタミン源も手に入れられる（そして今では、遺伝子編集により穀物にビタミンを入れることさえできる）が、われわれの歯はなお、新石器革命の影響にむしばまれている。悪玉のなかでもとくに有害なのが、トウモロコシ由来の異性化糖、高果糖コーンシロップだ。これは、新石器時代の遺産の光と影を詰め込んだ食品に思える。確かにすばらしいエネルギー源だが、実はひそかに健康をおびやかしており、われわれはそれに気づきだしたばかりなのである。トウモロコシ自体は、人類史で大きな役割を果たしてきた。それはインカとアステカの文明を発展させ、コロンブスが（もしかしたらカボットが）新大陸に到達してから世界に広まった。今日トウモロコシは、重量で見ればほかのどの穀物より多く生産されている。それはわれわれの食料になる。だが、ヒトが食べる量に対し、四倍が飼料用に、ほぼ同じ量がバイオ燃料を作り出すために栽培されている。

　飼育栽培種がわれわれのたどった歴史に与えた影響は、彼らがいなければどうなっていたかを考えれば一番わかりやすいかもしれない。このアプローチは、遺伝学者がなんらかの遺伝子の機能を明らかにしようとするときの手だて――ノックアウト生物［人為的に特定の遺伝子を欠損させた生物］を作成すること――と似ている。われわれがたどりえた別の歴史を同じようにして検証することはできないが、それでも思考実験で、さまざまな飼育栽培種がいなければ世界がどう異なっていたかについて、ある程度はわかる。

　栽培穀物がなかったら、われわれは今どうなっていただろう？　新石器時代は知らない展開を遂げていたはずだ。中東からヨーロッパ全体へ人々や家畜や作物が拡散するような人口の増大を、牧畜だけでは支えられなかったにちがいない。初期の文明――中東のシュメール文明、東アジアの黄河文明や長江文明、メソアメリカのマヤ文明――は興っただろうか？　同じ形ではなかったかもしれないが、ユーラシア・ステップの騎馬遊牧民は、文明が移動生活からも興りうることに気づかせてくれる。穀物がない世界では、われわれは今も遊牧民で、家ではなくユルトに住んでいるのだろうか？　それとも、ジャガイモのようなデンプン質の塊茎が穀物の穴を埋めているのか？　それぞれの飼育栽培種が存在しない場合を考えていくと、われわれがよく知り、強く依存している種のない世界を想像することはどんどん難しくなる。

リンゴはどうだろう？　リンゴがなければ文明が滅びたとは思わないが、冬のあいだ保存できる果実はほとんどないので、救荒食物となるリンゴがなければなんらかの影響が出ていた可能性はある。シードルは野生のクラブアップルからでも作れるので、あっただろうし、今でも飲まれていただろう。だが、リンゴにまつわるすばらしい神話は、われわれの文化になかったはずだ。

狩りを助けてくれるイヌがいなければ、ヨーロッパと北アジアの現生人類は、二万年前の最終氷期の極大期にずっとひどい打撃を受けていたかもしれない。最後まで残っていたオオカミを狩るのに利用されたウルフハウンドがいなければ、英国やアイルランドに今もこの捕食動物が生き残っていたのではなかろうか。氷河期にヨーロッパにいたメガファウナ（巨型動物）は、それと戦えるヒトとイヌの非常に強い協力関係がなければ、一部は今でも生き残っていた可能性がある。イヌがいなかったら、今なおシベリア北部にマンモスの小さな群れが歩きまわっていたとさえ考えられるのである。

すでに見たとおり、ニワトリは比較的遅い時期に仲間に加わった――青銅器時代に家畜化された――が、その後一気に地球上で最も重要な飼養動物という主役にのぼりつめた。ニワトリがいなければ、デルマーヴァの「明日のニワトリ」コンテストの女王も生まれなかった。闘鶏もなかったはずだ。サッカーのフランス代表チームも、別のシンボルマークを考え出す必要があっただろう。そして世界じゅうの料理に鶏肉や鶏卵が使われることもなかった。確かにニワトリのほかにも家禽はいるが、ニワトリほど従順で成功を収めたものはいない。もちろん、だれかが「明日のアヒル」コンテストを始めたらすべてが変わる可能性はあるが。

ウマがいなければ歴史はどう展開したのかを思いめぐらすのは、非常に難しい。家畜ウマは最初から大きな経済的影響をもたらし、牧畜民にとって、ステップでウシの番ができる範囲は大きく広がっただろう。ウマがいなくても、ステップの民は同じように東西へ進出して拡大することができただろうか？その可能性は低そうだ。

ウマは先史時代のヨーロッパできわめて重要な役割を果たした。ウマに乗ってヨーロッパ東端のステップからやってきた人々は、今日にもなごりをとどめる言語を話していた。彼らがもたらしたのは、言語だけではなかった。シベリアやポントス・カスピ海ステップに特徴的な、盛り土をしたクルガンや木槨墓《もっかくぼ》［木材で囲んだ墓］の文化も、ヨーロッパに波及した。ステップで発展を遂げた文化を取り入れ、地中海東岸にいた青銅器時代の人々は――すでに見たように――自分たちの王を来世で使う贅沢品とともに巨大な墳墓に埋葬しだした。こうした特権階級の墓からはよく馬具が見つかる。ときには、ウマそのものの骨格が出土することもある。ウマへの崇拝――社会における高い地位と密接に結びついている――は鉄器時代に入っても続き、現代世界にもそのなごりが見られる。

ウマは牽引にも使われた。車輪つきの乗り物が最初に生まれたのはステップではないようだが、二輪戦車は間違いなくステップで――紀元前二〇〇〇年ごろに――生み出された。それから二輪戦車は、東は中国へ、西はヨーロッパへ広まった。紀元前二千年紀に兵士がウマに乗って戦いはじめると、戦争は大きく変わり、騎兵は、第一次世界大戦まで戦いに欠かせない存在だった。ウマがいなければ、世界の争いの歴史は大きく異なっていただろう。ウシも牽引に使えるが、騎兵には使えない。

現代では、ウマは車輪つきの自走する乗り物にほぼ置き換わっているにしても、その速さとパワーと美しさからなお称えられ、愛でられている。ウマは、今も高い地位と結びつけられている。馬術と貴族はつながり合っているのだ。

ウシが歴史から消えても、たいした影響はないように思えるかもしれないが、彼らは肉や乳のためだけでなく、運搬や農耕のためにも欠かせなかった。何世紀も、荷車や鋤を引いてきたのだ。それに、新石器時代の初期――ウマが家畜化されるよりずっと前――から、ヒトと暮らしてきた。一方、ウマと同じように、役畜や栄養源としての役割を超えて、文化的に重要なものにもなった。ひょっとしたら、氷河期の終わりに多くのメガファウナが絶滅した世界において、そうした動物が神話で占めていた位置を、大型だったがゆえに占めるようになったのかもしれない。家畜化されても、ウシは力強さと脅威の象徴だ。クレタ島の雄牛信仰は、ミノタウロスの伝説を生み出した。巨大な雄牛を屠《ほふ》ったミトラス神を崇拝するその謎めいた宗教は、ローマ人とともにはるばる英国まで伝わった。ハドリアヌスの長城に沿って建つ砦のひとつには、ミトラス神の像が彫り込まれた石柱がある。だが、ウシは神話に入り込むばかりか、われわれのＤＮＡにも影響を及ぼしたのである。

## 乳と遺伝子

新石器時代の雌牛は、主に食肉用に育てられていたように思われるが（小さくなる雌牛の謎を思い出そう）、乳の利用は少なくとも紀元前七千年紀にまでさかのぼる。乳はすばらしい食品だ。これには、乳糖の形で存在する炭水化物、脂質、タンパク質のほか、ビタミン、ミネラル（カルシウム、マグネシウム、リン、カリウム、セレン、亜鉛）など、必須栄養素が幅広く含まれている。それでも、成体の哺乳類が摂取する食物としては変わり種だ。ほとんどの哺乳類は、成体になると乳を消化できない。わが子のために乳を生み出すのが雌の哺乳類の特徴であり、われわれヒトも哺乳類だから、乳児のころは乳を飲んで消化する能力を十分に備えている。われわれは、母親の乳で養われるべく生まれてくるのだ。しかし、乳――とくに乳糖――を消化する能力は、哺乳類では成体になるまでにふつうは失われる。ヒトも含めて。乳糖分解酵素ラクターゼをコードする遺伝子のスイッチが、オフになるのだ。それなのに、ヨーロッパではほとんどの人が、大人になっても問題なく乳を飲むことができる。

ウシ（とヒツジとヤギ）の家畜化は、われわれの歴史や文化だけでなく、生体にまで影響を及ぼした。乳のために動物を飼育しだすことで、ヒトはみずからを取り巻く環境を変えた。われわれは、よく人為選択と呼ばれる「ヒトを介した自然選択」によって、確かにウシのDNAを変化させたが、一方で乳を飲むことによって、結局は自分たちに対する自然選択の働き方も変えてしまったのだ。われわれがほかの種を、みずからのニーズや好みや欲求に合うように作りかえてきたのと同じく、そうした種もまた、われわれを作りかえてきたのである。

生乳を飲むことは、われわれの祖先に大きな難題を突きつけただろう。思い切って飲んでみたほとんどの人は、腹部の膨満感や腹痛や下痢に見舞われたはずだ。こうした症状は、乳糖を消化できないために生じる。消化されなかった乳糖が腸にとどまり、細菌によって発酵されると、先ほどの不快な胃腸症状がもたらされるのだ。この問題を防ぐ方法はある。乳に含まれる乳糖を減らせばいい。乳を発酵させるか硬いチーズにしてしまえばよく、どちらの方法でも、乳を飲食に適した形態で長期間保存できる。

リチャード・エヴァーシェッドらが、ポーランドの土器片に残る脂肪を分析して示したように、そこに住んでいた新石器時代の農耕民は、早くも紀元前六千年紀には、おそらくウシの乳からチーズを作っていた。馬乳には牛乳よりも乳糖がかなり多く含まれている。だが、発酵乳の発明によって、馬乳はだれでも安全に飲めるものになった。ユーラシア・ステップのクミス（馬乳酒）――現在も飲まれているアルコール度数の低い「ミルク・ビール」――も、はるか昔に発明されていたらしい。

しかし、一部の人は、母乳に頼る生後何か月かをはるかに過ぎても生乳を楽に消化できるように進化を遂げた。ヨーロッパ人は「乳糖耐性」をもっている。そしてこの体質は、ある対立遺伝子すなわち変異型遺伝子に由来しているため、大人になってもラクターゼが生成されつづけている。こうしたラクターゼの存続に関わるヨーロッパ人の変異型遺伝子は、約九〇〇〇年前に生じたと考えられる。新石器時代の初期に中央ヨーロッパにいた人々は、この変異型をもっていなかった。今から四〇〇〇年前ごろには、この変異型は低頻度で存在していたが、今日では北西ヨーロッパの人々の最大で九八パーセントにラクターゼの存続が見られる（つまり乳糖耐性がある）。ここからわかるのは、彼らの祖先が、（貯蔵された発酵乳製品やチーズだけでなく）生乳を消化する能力が生死を分けるような干ばつや争いの時代を経験したということだ。生乳を飲んで――乳糖耐性をもたない人に――現れる胃腸症状は、紀元前一世紀になってもまだよく知られており、そのころ古代ローマの学者ウァロは、優れた下剤となるのは（それを効能として求めるなら）馬乳で、次に良いのがロバの乳、続いてウシの乳で、最後がヤギの乳だと記している。ほんの二〇〇〇年前ですら、イタリアで乳糖耐性をもつ人は珍しかったようだ。また、乳糖耐性は、今では西ヨーロッパできわめて一般的だが、たとえばカザフスタンの人にはおよそ二五～三〇パーセントしか見られない。

アフリカに住む酪農民の子孫も、同様の適応をなし遂げている。約五〇〇〇年前にアフリカで変異型遺伝子が生まれ、集団全体に広まったのだ。この年代は、家畜ウシの誕生と拡散を示す考古学的な証拠と非常によく一致する。一方、酪農の歴史をもたない大半の東アジア人は、生乳を飲むと顕著な胃腸症状を呈する。

乳糖耐性は、病気への抵抗力に関わる多くの変化以外で、ヒトゲノムにおける最近の適応と進化をとりわけ明確に示すもののひとつだ。とても多くの人が「原始の」食事に惹きつけられているが、新石器革命が太古の生活様式を変えたとき、われわれの祖先の生理機能はそのままだったわけではない。われわれに飼育栽培化された種が変化しただけではない。飼育栽培種のほうも、われわれを変化させたのである。

そうした協力関係の始まり方は、さまざまだった。肥やしの山に埋もれたリンゴの種子が新しい木になるように、思いがけず始まった関係もあったかもしれない。相手の種がもたらした関係もあっただろう――オオカミの一部がイヌとして家畜化される過程では、オオカミのほうから接触してきたと考えられる。われわれの側からもっと意図的に築かれた関係もあったようだ――ウマやウシを捕獲して飼いならしたのは、きっとこのカテゴリーに入る。だが、始まりがどうだったにせよ、どの協力関係も生態学的な共生関係へと発展を遂げた。共進化の実験である。飼育栽培化は双方向のプロセスなのだ。

ところが、ヒトと家畜とのあいだには、もうひとつ奇妙なつながりがある。動物が家畜化されたときに生じた形質の一部が、われわれにも見られるようなのだ。イヌやベリャーエフのギンギツネのように、ヒトは祖先に比べ、顎や歯が小さく、顔が平たくなり、男性の攻撃性が減った。この関連する特徴のまとまりを、「家畜化シンドローム」という。

## 自己家畜化した種

ヒトはきわめて社交的で寛容な動物だ。インターネットや政界、さらには日々の暮らしで不品行を目にすると、時にわれわれは、そのことを忘れてしまう。さらに、犯罪や暴力や戦争のせいで、ヒトは救いがたいほど攻撃的な種であるかのようにも思えてくる。しかし歴史を振り返ると、前世紀やそれ以前に比べ、今日われわれは、概して温和であることがわかる。まだ道半ばとはいえ、われわれは平和に共生することを学びつつあるのだ。

現生動物でヒトに最も近縁であるチンパンジーやボノボに比べると、ヒトは非常にうまくやっている。ヒト以外の類人猿では、大きな社会集団は自壊しやすく、自分と同じ種の見知らぬ個体に出会うと、恐怖やストレスが自然に引き起こされる。だが、なぜかわれわれは、たいていの場合、多くの他人のそばで暮らすのに耐え、見知らぬ人と遭遇しても穏やかに接し、共通の課題に対して大いに協力する。それどころか、われわれが種として比類なき成功を収めたのも、どんどん積み上げられる文化を生み出せたのも、協力して助け合えるその能力のおかげなのである。そうなるために、われわれは「飼いならされる」必要があった。

われわれの種は、三〇万年以上前にアフリカに登場した。象徴行動――コミュニケーションの形式としての芸術や音声言語など――をとる能力は、ホモ・サピエンスが誕生した当初から存在していたようで、その数十万年前、われわれとネアンデルタール人の共通祖先に存在していた可能性さえある。象徴行動の形跡――穴のあいた奇妙な貝殻や、細かく砕かれたオーカー［酸化鉄を含む土で、顔料になる］――は、考古学的記録にときおり現れたのち、五万年前から一気に多発するようになる。それ以降、ヒトが作り出すものは実に多様になる。また、彼らはとても多くの芸術を生み出しはじめたため、その一部は今日に至るまで――象牙を彫った動物や人形、洞窟の壁画といった形で――残っている。こうした創造性を解き放った要因については、タスマニアやオセアニアへの文化の広がりを調べた人類学調査から手がかりが得られている。そこからの類推が成り立つとすれば、氷河期の文化が花開いたのは、集団が十分に大きくなり、よく移動し、集団間のつながりもできた結果、アイデアが生まれて根づき、広がり、発展できるようになったときのようである。

だが、どんな種でも、個体群密度が増加すると問題が生じる。人が増えれば養うべき口が増えるわけであり、資源をめぐる争いも増すのだ。「現生人類の行動」――どんどん積み上げて複雑な文化を作り上げること――の出現は、ことのほか高度な社会的寛容さによって初めて可能になったと言われている。恐れや敵意をなくし、他者からのコミュニケーションを受け入れるようになれば、われわれは学ぶのである。

ギンギツネからマウスまで、ヒト以外の動物で攻撃性の低いものを選択していくと、行動にさまざまな変化が起こる。当然だろうが、はるかに人懐っこくなる。一方、ホルモンを介した行動の変化は、身体面の変化――とくに頭部の形の変化――もともなう。飼いならされたギンギツネは、毛に白いまだらが現れるほか、犬歯や頭蓋が小さくなり、鼻面が短くなる。飼いならされた成体は、野生の子どもに似るのだ。

過去二〇万年のあいだに、ヒトの頭蓋も変化を遂げた。頑丈でなくなり、眉弓が低くなり、骨は全体的に細くなり、犬歯の大きさの男女差があまりなくなったのである。これは、ギンギツネなどの動物を家畜化したときに見られた傾向に似ている。この変化には、テストステロン濃度――行動のみならず骨の成長にも影響を及ぼす――の減少が関わっていると考えられる。テストステロンは、発育の段階に応じて決まった影響をもたらす。子宮のなかで比較的高い濃度のテストステロンにさらされたヒトは、顔が狭くなり、顔の幅が広くなり、下顎が突き出る傾向を示す。思春期にテストステロンの分泌量が多かった男性は面長になり、眉が太くなりやすい。このようなとても「男らしい」顔立ちの男性は、支配力が高くなると見なされている。

現生人類の初期の化石を調べると、もっと新しい標本に比べて、一般に眉弓がはるかに発達している。だが、この変化が実際にいつ起きたのかをもっと明確にできないだろうか？　米国の進化人類学者のチームは、頭蓋の標本を測定し比較することで、それを明らかにすることにした。用いた標本には、二〇万〜九万年前のものや、八万年前以降のもののほか、過去一万年以内のもっと最近の標本もたくさんあった。研究チームは、九万年以上前の頭蓋では、その後のものに比べ、眉弓がはるかに顕著であることに気づいた。古いほうの標本は、面長でもあった。顔の形の「女性化」は完新世に入っても続いていた。こうした顔の形の変化には、テストステロンの量の変化が関わっている可能性がある。そうだとすれば、男女双方でほっそりして女性的になった頭蓋は、人口増加とともに社会的寛容さが選択された副産物とも考えられる。この選択圧がどのように働いたのかは、容易に想像できる。遺伝学者のスティーヴ・ジョーンズが見事に表現したとおり、進化は「ふたつの試験」なのだ。ただ生き延びるだけでなく、生殖する――次の世代に自分の遺伝子を伝える――必要もある。社会からのけものにされていたら、そのふたつ目の試験に通るどころか、その試験を受けることさえ難しいのではなかろうか。攻撃性の減った男性が生殖で成功を収める可能性が高くなれば、その形質は集団全体に速やかに広まるだろう。ヒトの社会が発展して、われわれの祖先が密集して暮らしだし、生き延びるために大規模な社会的ネットワークに依存するようになるにしたがい、ヒトは――はからずも――自分たちを家畜化してしまったようなのである。

家畜とわれわれヒトのあいだには、ほかにも共通の特徴がある。しかもヒトは、この特徴が極端だ。家畜もヒトも、概して成長が遅い。われわれは、野生の親類よりも長いあいだ子どもっぽいのだ。子どもは大人に比べ、他者を信用しやすく、友好的で、遊び好きで、物わかりがいい。動物がヒトに気を許されるか捕獲されるかして、ヒトの存在に慣れるばかりか協力的にさえなったとするシナリオをあれこれ考える場合、その動物が子ども――子犬や子牛や子馬――だとしたらずっと納得がいく。そして、どの世代でも、成長が遅く、長いこと物わかりのいい個体がヒトとの協力関係を続けやすいとしたら、家畜化が――はからずも――長期間「幼い」ままでいさせる選択圧を及ぼしたプロセスが見えてくるのだ。

自分たちを「家畜化」するなかで、われわれは、みずからに対する自然選択の働き方も変えてしまった。長いあいだ若さを保つ――少なくとも若くふるまう――個体が有利になったのだ。これは単純な変化のように見える。旧来の説では、「幼形成熟（ネオテニー）」が鍵を握っているとされていた。これは、成体になぜか身体面でも行動面でも幼さが残るという一種の発育遅滞だ。ところが、生物学――とくに遺伝学――でさらに詳しく分析がおこなわれると、この説は覆される。実はそれほど単純な話ではなかったのだ。子どもっぽくなるのも事実の一部だが、全体を説明しているわけではない。われわれは、自分たちの遺伝子とホルモンと環境（環境中のほかの生物も含む）のあいだで交わされている会話を理解しはじめたばかりにすぎない。それでも、さまざまな動物の「家畜化シンドローム」に見られる、神経や生理機能や身体構造のあらゆる変化を結びつけてくれるかもしれない何かがある。その「何か」は、胚に含まれる特定の細胞群だ。この細胞群は、副腎の細胞から、皮膚の色素産生細胞、顔の骨格の一部、さらには歯に至るまで、さまざまな体組織を作り出す。これらの胚細胞――神経堤《てい》細胞という――がたどるさまざまな運命は、家畜化シンドロームの特徴とほぼ完璧に対応しているように見える。神経堤細胞に関わる遺伝子がひとつふたつ欠損した場合の影響を予測しなければならないとしたら、きっと、特定のホルモンや行動、顔の形、歯の大きさに影響を与え、皮膚の色にいくつか興味深い変化をもたらすと言うだろう。これは現時点では仮説にすぎないが、良い仮説だ。検証可能な予測をしているからである。家畜の胚に含まれる神経堤細胞の数は少ないにちがいない。そして、胚の神経堤細胞に影響を及ぼす、家畜化に関係する変異がいくつか見つかりだせば、家畜化シンドローム全体の仕組み――と、さまざまな哺乳類で家畜化によって同じような変化が起きる理由――を説明できそうだ。時間が、そしてさらなる研究が、答えを明らかにしてくれるだろう。

一八世紀の哲学者ジャン＝ジャック・ルソーは、文明人はある意味で退化していると考えていた。元の高貴な野蛮人の状態から、色白で締まりのない体になったというのだ。別の人文主義者たちは、ヒトの「家畜化」は進歩であり、われわれを凶暴な祖先の状態から引き出したと見なした。ヒトの自己家畜化をめぐる議論は、政治的・道徳的解釈にはまり込んでしまった。生物学の概念はいつでもこのように誤用されているが、進化に道徳的な面はない。そうした現象が起こるのは、自然選択が、そのとき、その環境でうまくいっている適応形質を選り好み、ほかの形質を淘汰してしまうからなのだ。祖先にとって有益だった形質が、今のわれわれにとってはそんなに有益ではないこともある。道徳の観点から、祖先はわれわれより劣っていたわけでも優れていたわけでもない。ヒトが互いに非常に近くに集まってもうまく暮らせるようになったのは、単にそれがうまくいったからであって、道徳的に優れていたためではない。イヌがオオカミより、ウシがオーロックスより、栽培コムギが野生コムギより道徳的に優れているなどとは言わないだろう。

　時とともにヒトに生じた身体上の変化は、攻撃性の低下と寛容さの向上を反映しているようで、家畜に見られた変化を彷彿とさせる。一方でそれは、一部の野生種のあいだに見られる違いとも一致している。ボノボはチンパンジーの近縁種だが、ボノボのほうがはるかに攻撃性は低くて遊び好きだ。また、ボノボの成長はチンパンジーに比べて遅い。ボノボの子どもはあまり物怖じせず、母親に依存しやすい。チンパンジーに比べ、ボノボの雌雄では頭蓋の形や犬歯の大きさに違いが少ない。重要なのは、家畜化したギンギツネで起こったのと同じように、こうした身体構造上の変化が、社交性を選択したことによる副産物として現れたらしいということだ。「自己家畜化」に近いプロセスは、哺乳類の進化において——社会的寛容さの向上が、進化で成功を収めるのに有用でさえあれば——実のところかなり一般的なようなのである。

ヒトの自己家畜化は、進化の通常のルールから、とくに自然選択から逸脱していると述べた哲学者たちもいるが、ほかの――家畜化されていない――動物にも同じような形質の一群が存在する事実は、その考えがまったくの誤りであることを示している。向社会的［報酬を期待せずに社会のためになるような考え方をすること］で、非攻撃的で、協力的な行動が選ばれるときでも、自然選択はしっかり働いているのだ。やはりヒトは、われわれが時に思うような特例ではない。通常のルールがあてはまる。

　われわれが家畜化した動物について言えば、たまたまうまくいったように思える。われわれはただ、そうした動物を飼いならし、自分たちの協力者として確保することで、生来の素質を利用したにすぎない。動物のなかには、ほかの動物よりその素質を発達させているものもいる――その動物の社会や、ほかの種との関わりが、どのような進展を遂げたかによる――ようで、もしかしたらそれで、オオカミがクズリ［イタチ科の獰猛な肉食獣］よりも、ウマがシマウマよりも家畜化しやすいわけが説明できるかもしれない。そしてわれわれヒトの場合、いつでも自己家畜化する準備ができていた。類人猿は社会性動物だ。ヒトは密集した集団で暮らすことで成功を収め、さらに社交的になった。それを阻むものはなかった。われわれはどんな動物よりも、子どもっぽく、遊び好きで、他者を信用する。そして新石器時代が訪れ、増えゆく人口を養えるようになると、われわれの祖先は、みずからが作り出した新しい環境で繁栄した。人口が急増し、人々がかつてないほど寄り集まって暮らしだすと、社会的寛容さがさらに強く選択されるようになったはずだ。チャタル・ヒュユクの人々は、泥レンガ造りの住居からなる小さな集落に、文字どおり重なり合うようにして暮らしていた。今日、人口密度の高い大都市での生活は、われわれが社会的にきわめて寛容で、みずからを家畜化しているからこそ可能なのである。しかしもちろん、われわれが変えたのはみずからの環境だけではない。

## 新石器時代の遺産

　ヒトは、地域だけでなく全世界の物理的環境に著しい影響を及ぼした。従来の見方では、人為的な――ヒトが原因の――気候変化は、一八～一九世紀の産業革命のころに始まったとされていた。そのころから、われわれは化石燃料をどんどん多く燃やすようになり、大気中の二酸化炭素濃度を増加させ、地球を温めたというのである。だが実は、ヒトが全世界の気候に影響を与えはじめたのは、それよりはるかに前――さかのぼること新石器時代――だった。南極の氷床コアからは、大昔の大気中の二酸化炭素やメタンの濃度がわかっており、過去四〇万年の大半において、これらの気体の濃度は決まった自然の周期で変動していた。ところがやがて、そのパターンに変化が起きた――八〇〇〇年前に二酸化炭素で、五〇〇〇年前にメタンで。こうした気体の濃度が、本来なら低下するはずの時期に、上昇しだしたのだ。そのタイミングは、東西アジアで新石器時代が始まった時期と、農耕が集約化された時期に対応する。狩猟採集から農耕への移行は、環境に多大な影響を及ぼした。森林が切り開かれて畑になり、二酸化炭素が大気に放出されたのである。これによって、本来なら北半球をもう一度氷床が覆っていたはずの氷河期の開始が先延ばしになった可能性がある。すると、この気候が安定していた期間に、人類文明が発展して花開いた。しかし今では、われわれは間違いなく度を越している。われわれは地球の気候をいじるどころか撹乱しており、長期的にどんな影響が出るのかをよく理解していない。石器を手にした数百万人のヒトが、はからずも氷河期を先延ばしにするほど気候を温暖にすることができたとしたら、七〇億人を超えるわれわれはどれだけのダメージをもたらすだろうか？

　ヒトが引き起こす気候変動は、われわれだけでなく、ほかの多くの種にとっても、今そこにある明白な脅威である。だが、温室効果ガスの排出をすぐにでも削減する必要がある一方、世界にあふれかえっているヒトを養う必要もある。しかも人口は今も増えつづけている。新石器時代より前、世界人口はせいぜい数百万にすぎなかった。農耕の登場は増大する人口を養ったため、今から一〇〇〇〇年前には、地球の人口はおよそ三億になっていたと推定されている。そして西暦一八〇〇年には、その数が一〇億に達していた。

二〇世紀のあいだに、人口は一六億から六〇億に急増した。食料生産を大きく高める必要があり、それは緑の革命という形でなし遂げられた。一九六五年から一九八五年にかけて、作物の平均収量は五〇パーセント以上も増した。人口の増加率は一九六〇年代にピークに達したのち、今では低下していて、地球の人口は今世紀の半ばに約九〇億で安定しそうだ。それでも、二〇五〇年までに一〇億以上、養うべき人口が増える。軽いマルサス的パニックを引き起こすには十分な数字だ［経済学者のマルサスは一八世紀末、人口の増加に食料の供給が追いつかなくなる事態を予測して人々に衝撃を与えた］。

いまや、もう一度「緑の革命」が必要なように思える。だが実のところ、最初の緑の革命は、決して持続可能な解決策ではなかった。生産量の増加は大きな代償をともなったのだ。同じ穀物でも、今の農業は、「あまり緑ではなかった革命」以前に比べ、エネルギーを食うようになり、化石燃料への依存も高まっている。地球における温室効果ガス排出量のおよそ三分の一は、農業に起因している。熱帯林の伐採や、家畜の尻から出たり水田の微生物が生み出したりするメタン、施肥《せひ》した土から漂い出る亜酸化窒素によるのである。問題はそれだけではない。種子の値段が上がり、単一栽培や商品作物が重視されるようになって、貧しい農家の生活がおびやかされている。農薬の乱用も、人体と野生動物の双方に被害をもたらしている。土地利用の変化と殺虫剤の使用は、昆虫を激減させた。肥料による窒素汚染が環境や健康にもたらす損害は、農業による経済的な利益を上回っているという推定さえある。しかし、ひょっとすると同じぐらい重要なのは、緑の革命は食料生産を増加させたものの、世界の飢餓を解決できなかったということかもしれない。ここで、問題はとてつもなく複雑で高度に政治的なものになる。というのも、すでにだれもが十分食べられるだけの食料が生産されているからで、しかるべき場所に、しかるべき価格で提供されていないだけなのだ。食料の国際貿易は、ますます強大になる企業に利益をもたらす一方、最も必要とされる場所に食料を届けられない。近年、農業用へ転換される土地が増えているが、こうした土地は主に、富裕層のための肉、油、砂糖、ココア、コーヒーを生産するのに利用されているのだ。われわれはまた、とんでもない量――生産量の実に三分の一――の食料を廃棄している。一方で、とりわけ貧しい人々――発展途上国でも、先進国でも――は、栄養のある食品を必要としながら、いまだに手にすることができずにいる。全人口を持続可能な形で養うことを望むのなら、世界の食料供給システムには明らかに大きな見直しが必要だろう。

世界の飢餓を救うための鍵は、すでに大量の余剰を生み出している大規模な営利農場の生産性を高めるだけでは得られそうにない。世界の農場のおよそ九〇パーセントは、二ヘクタールに満たない。だから、小規模農家の生産性向上を支援することが、世界の食料安全保障を実現するうえで重要となる。収量しか見ていないと、エネルギーコストの上昇、温室効果ガス排出量の増加、種々の生息環境や生物多様性の喪失、水質汚染といった、さらなる問題をもたらしやすい。生態学者が主張する最善の策は、農業を集約化したり農薬を使ったりすることではなく、土壌や水質を維持して花粉媒介者を――殺さずに――手助けするように考えられた、持続可能な「農業生態学的」手法を用いることである。われわれにはハチが必要なのだ。ハチがわれわれを必要としている以上に。

遺伝子組み換えも解決策の一部になるだろう。主食の食物を、ゴールデンライスといった形で重要なビタミンを供給するものに変えられることは、すでに見たとおりだ。いまやわれわれには、栄養がよく得られ、病気や干ばつに対して耐性のある作物を作るツールがある。インフルエンザへの耐性をもつニワトリやブタも、ほどなく作り出せるかもしれない。この目標はとても魅力的に――世界の食料安全保障に一歩近づくように――見えるが、当然ながら、そのテクノロジーはまだ議論の渦中にある。

　生物のパーツをほかの生物へ移すこと――ヒトの臓器移植も含めて――は、いつでも動揺を引き起こしてきた。かつては、果樹の接ぎ木も倫理上の反対に遭った。紀元前三世紀のタルムード［ユダヤ教の聖典のひとつ］に記された律法では、別の種類の木同士で接ぎ木をすることを明確に禁じており、「リンゴと野生のナシを、モモとアーモンドを、ナツメとシドラ［ナツメの一種］を接ぎ木することは、似かよってはいても、してはならない」と書かれている。タルムードでは、別の種類の動物を交配させることも禁じている。どうやら、種の境界を越えることに対する懸念は遠い昔にさかのぼるようで、同じ種のあいだの接ぎ木をとがめる人もいた。一六世紀の植物学者ジャン・リュエルは、接ぎ木を「不義の密通（insitione adulteries）」と呼んでいる。さらに「ジョニー・アップルシード」ことジョン・チャップマン――一九世紀初期、リンゴの種子をカヌーに積んで運び、北米の開拓地のあちこちにリンゴの苗木畑を作っていった男――は、このおこないを厳しく非難した。彼はこう言ったとされている。「そりゃあいいリンゴはできるだろうさ。でも、そんなふうに木をちょん切るのは汚いやり方だ。まっとうなのは、よいタネを選んで、よい土地に植えることだ。あとは神さまがよいリンゴにしてくださる」［『欲望の植物誌』（西田佐知子訳、八坂書房）より引用］。これは、遺伝子組み換えに対する現代の反発に通ずるところがある。なにしろ遺伝子組み換えは、分子レベルの接ぎ木なのだから。

　生物種が一定不変であるという錯覚には非常に陥りやすい。ある種が別の種に変化するのを、ヒトの一生という短い期間で見ることはふつうないという事実が、そうした考えを強固なものにしている。だがもちろん、種は不変ではない。それこそ進化の教訓であり、化石や生物の構造やＤＮＡにその事実が見てとれる。そして実は、ヒトの一生やもっと短い期間で変化が見られるケースがある。細菌はおそるべき速さで増殖し進化する。細菌における抗生物質耐性の出現と拡散は、すばやい、最近の――そして大いに厄介な――進化の存在を示している。ところが動物でも、とくに環境が劇的に変化した場合に、また選抜育種によって、進化を「リアルタイムで」目にすることができる。ベリャーエフがギンギツネでおこなったような実験は、こうした変化がどれほど速く起こりうるのかを明らかにしている。さらに、ダーウィンは『種の起源』で、飼育栽培下における変異や変化を説明することに力を注いでいる。それは、だれもが知るような種が変異しうることを示す証拠になる、と彼が知っていたからにほかならない。ダーウィンは、そこまで語り、人為選択の効果を示す証拠を提示したことで、意図せぬ自然のプロセスがどうやって同じような効果を生み出すのか――自然選択がどのように働いて、地球の生命の多様性を生み出せたのか――という説明に移ることができたのである。

種は絶えず流転している。たとえ新たな変異がなくても、集団内に特定のタイプの遺伝子が存在する頻度は、遺伝的浮動や自然選択――そしてほかの種からのＤＮＡの導入――によって、時とともに変化する。この変動を生み出すのが、種のメンバーと環境との相互作用だ。そうして生じる変種のなかには、ほかの変種より有利なものがある。変異が起こると、新たな可能性が加わる。だが、新しい性質をもたらすのは変異だけではない。有性生殖では、配偶子が作られるときにＤＮＡがシャッフルされ、さらに受精卵で母親と父親の染色体が一緒になると遺伝子の新しいペアができるため、既存の遺伝物質から多様性が生じる。環境の変化も新たな圧力を及ぼす。この環境には、物理的なものだけでなく、生物的なもの――生物が関わり合うほかのあらゆる種など――も含まれる。

われわれは、飼育栽培種を取り巻く生物的・物理的環境を何世紀にもわたって変えることで、彼らの発展に影響を与えてきている。われわれは彼らを世界じゅうに運んだ。彼らが交配する相手を操作してきた。彼らを捕食者から守り、十分な食料が得られるようにしてきた。ヒトは彼らのDNAに多大な影響を及ぼしたが、従来おこなわれたのはどれも（放射線育種を除いて）、ゲノムを間接的に変化させる方法だった。だが遺伝子編集は、言うまでもなく、ゲノムを直接修正する能力をわれわれにもたらしている。

ヒト――および飼育栽培化された協力者――を含め、非常に多くの種が本質的に雑種であることが最近明らかになったが、これはまさに驚きの新事実だった。遺伝学者さえ、「種の境界」がどれほどあいまいなのかがわかって仰天した。この発見は、遺伝子をほかの種へ移すことを倫理面から考えるための、新しい土台を提供してくれるにちがいない。

今、環境保護運動にはちょっとした変化が起こっているようだ。遺伝子組み換えをなんでも拒否するのではなく、このテクノロジーが有用で環境に優しいツールとなる可能性を認めるようになっている。保全生物学者でNGO「地球の友」の前理事でもあるトニー・ジュニパーは、遺伝子組み換えのもつ可能性を公の場で認めている。二〇一七年三月にBBCラジオ4の番組『トゥデイ』に出演したとき、彼は、慎重ながらも肯定的な口調で、遺伝子編集の技術を用いて「選抜育種のプロセスを加速」させ、種内に有用な対立遺伝子を広められる可能性について語っていた。しかしジュニパーは、一部のトランスジェニックな――つまりほかの種から遺伝子を導入する――改変の可能性までも受け入れていた。「栽培植物の親類にあたる野生種から遺伝子を取り出して……作物に効率よく導入できれば……気候変動の影響や土壌の劣化、［それに］水不足など、さまざまな問題の解決に役立ちます」と彼は言っている。「GMオーガニック（遺伝子組み換え有機農法）」を話題にする人すら現れている。遺伝子組み換えが新たな「真に緑の革命」の一端を担うとしたら、なんとも奇妙な運命のいたずらだろう。

ところが、遺伝子組み換えをめぐる倫理上の懸念は、生物学的な問題の可能性にとどまらない。だれがそれをおこない、利益を得るのかという疑問があるのだ。食の主導権にまつわる懸念もある。新しいテクノロジーを、望んでいない人や必要としていない人に押しつける懸念である。その一方で、耐虫性をもつBtナスやビタミンを強化したゴールデンライスは、貧しい小規模農家を助ける本物の選択肢を提供してくれる可能性がある。こうした機会を妨げると、とくに農家やそのコミュニティの望みを知らずにそんなことをしたら、結局は現状を維持するだけであり、北半球の富める国々しか新たなテクノロジーの進歩の恩恵にあずかれないことになる。貧しい農家によかれと思ったことを何でもしてやるのではなく、彼らが自分たちで得た情報をもとに決断を下すための支援をすることが、公正なように思える。

ニワトリで遺伝子編集の研究をおこなっていたロスリン研究所の遺伝学者たちは、人々を説き伏せてこのテクノロジーを受け入れさせようとは考えておらず、人々に、もっと情報を得たうえで自分で決断してもらいたがっていた。この遺伝学者たちは、遺伝子組み換えをあがめ奉っているわけではなく、その普及に熱心であるわけでもなかった。これは、民間企業と比べた場合、大学で研究開発される科学技術においては根本的に重要なことだと思う。そこに利権がからむ余地ははるかにないのだ。大学の科学者の大半は、人類の役に立つと思うがゆえに、自分がなすべきことをしており、また、えてしてかなり自己批判をし、控えめで、大げさな主張は――たとえ資金を出してくれた人がそうするようにうながしても――したがらない。高等教育機関の、ビジネス志向が強い利益重視の管理者には強い不満を感じさせるにちがいないが、これは絶対に必要なことだ。公的資金の援助を受けた科学者は、できるだけ多くの利益を上げようとして働くべきではない。彼らは好奇心が導くままに、公共の利益になりうる可能性を探るべきなのだ。

私が会ったことのある遺伝学者のなかで、遺伝子組み換えが万能薬だと言った人はいない。彼らは、それに何か役立つ用途があるのではないかと考えており、その有用性を探るために、発展途上国の農家と協力して研究したがっている。ロスリン研究所のマイク・マグルーは、生態環境の保全に遺伝子編集が使える可能性について語るとき、ことさら生き生きとしていた。だが彼は、厳しい環境でのニワトリの改良を目指し、自分がゲイツ財団の出資を受けてアフリカで進めているプロジェクトのひとつにも、同じぐらい期待をふくらませていた。マグルーはまた、このテクノロジーには、先見性をもち、コミュニティとの関わりを確立して取り組む必要があると確信していた。そして、自身が関わるもうひとつのプロジェクトについても語った。ほかの種の遺伝子をウシに導入することで、トリパノソーマ症という寄生虫症への耐性をもつ乳牛を、アフリカで作り出そうとしているのだ。「計画していることを前もって人々に伝え、それでいいと思うか訊く必要があります。……自分たちの価値観をほかの文化に押しつけてはいけません」

この新しいテクノロジーに関わる最大の問題は、食の主導権にまつわるものかもしれない。農業は単なる食料生産ではなく、権限と利益を求めるものでもあり、その権限と利益は北半球の富める国々に集中している。新たなGM品種も――どれほど効率が良く、丈夫で、病気に強くても――世界の食料供給システムにすでに存在する不平等を強化するだけで、やはり貧しい小規模農家の権利をないがしろにするおそれがある。ラウンドアップ・レディー・ダイズのような第一世代のGM作物は、貧困国にはほとんど縁がなかった。しかし第二世代のGM作物は、うまく扱わないと、世界じゅうの貧しい農民から権限や意思決定を奪ってしまう可能性がある。

伝統的に――少なくとも、ここ一〇〇年ほどの伝統では――農民は、知識を生み出す者ではなく、知識のエンドユーザーとして扱われてきた。これは、新石器時代が始まったときの状況とはまったく違う。また実は、龍脊の棚田から英国の果樹園や牧場に至るまでの土地や田畑で見られる現実とも、かなり異なっている。農民たちはいつの時代も革新的で、実際に実験をして可能性を検証しているのだ。彼らは自分の土地のことをだれよりもよく知っている。最初から農家が関わる研究プロジェクトには見返りが多く、そして農家にとっても、みずから開発を手助けしたイノベーションははるかに取り入れやすい。開発をおこなう専門家は、システム全体を覆す必要があるのではないかと言っている。つまり、政策や貿易協定や規制による現行のトップダウン型のシステムに頼るのではなく、国の支援や国際的な援助とともに草の根から、取り組みを進める必要があると。

これは、なんとも複雑に入り組んだ問題だ。われわれは、しかるべき場所で十分な食料を生産する一方、気候の変化に適応しながら、今以上に気候が悪化しないようにし、生態系を保全し、貧しい農家の暮らしを良くするような手だてを考案する必要がある。解決策がどんなものであれ、連係しながら答えを出さないといけない。真に求められるのは、組織的で総合的な戦略だ――一方でその戦略は、世界レベルだけでなく地域レベルでも、利益とコストをきわめて慎重に検討する。われわれにとって、家畜にとって、そして野生種にとって、賢明な決断を下すつもりなら、二項対立や独断から脱却しなければならない。「工業型の集約農業」か「野生生物に優しい小規模生産」か、「農薬の使用」か「有機農業」か、「既存品種しか認めない」か「新たな遺伝子組み換え品種を作り出す」か、といった単純な問題ではない。それに解決策は、場所によっても異なるだろう。

したがって、世界の食料生産、食料安全保障に答えはある。ただ、実際にはうまくいっていない。非常に多くの人が、今なお飢餓に苦しんでいる。早急な解決が必要だ。また、かりにこれがそこまで大きな問題でなかったとしても、地球上のほかの生命についてはどうだろう？　われわれが飼育栽培化していない種についていては、野生種についていては、どうなのか？　新石器時代の真の遺産は、この惑星においては、ヒトがうまく生き延びて繁栄したことではなく、われわれをとりまく――家畜栽培化されていない――種が新石器文化という革命の影響を受けたことなのである。

**野生**

一〇年ほど前にマレーシアの上空を飛んだとき、森林破壊の広さにぎょっとして胸が痛んだ。古くからの熱帯雨林だった丘や谷は、その自然の装いを剥ぎ取られ、ブルドーザーの轍《わだち》が、ピンクの拇印のように、奇妙な畝《うね》模様を地面に描いていた。緑が戻りつつある場所では、植物は皆整然と並んでいた。パーム油がとれるアブラヤシの若木だ。単一栽培のアブラヤシのプランテーション（大農園）が、規則的な模様を描き、緑一色で広大なエリアを覆っていた。撮影を共にしていたマレーシア人の男性は、パーム油産業とつながりがあったので、私はやんわりと懸念を伝えた。「だけどあなたたちは、数千年前に自分たちの森を切り開いたんじゃないですか」と彼は言った。「とやかく言われる筋合いはないはずですよ」

ヒトは今、自分たちを養うために生物圏の限界を押し広げようとしている。陸地のおよそ四〇パーセントがすでに農耕・牧畜に使われている。人口と食料需要がさらに増すと、あとどれだけが、耕地や家畜の放牧地として利用されるようになるだろう？　食料生産の必要性に応えながら、生物多様性と野生の環境を維持することなど、いったいできるのだろうか？

家畜——とくにウシやヒツジやスイギュウといった大型哺乳類——は、地球にとって大きな重荷となっている。世界人口は七〇億を超え、家畜の総数はおよそ二〇〇億にのぼる。現在、われわれが栽培している植物の三分の一は、こうした家畜に餌として与えられている。栽培穀物は、ますます家畜の餌に回されるようになっている。食料生産がいっそうエネルギーを食うものになるという、本末転倒の傾向である。肉食をやめる手も考えられる。少なくとも、穀物で育てられたウシの代わりに牧草で育てられたウシを食べるか、牛肉からエネルギー消費の少ない鶏肉に切り替えることはできる。このような変更をすれば、今の食料供給システムをはるかに効率の良いものにすることができる――もっと集約化したり、もっとエネルギーや農薬を投入したりせずに。だがひょっとしたら、そもそも家畜を飼養することがいまや理にかなったことと言えるのかどうか、考える必要があるかもしれない。われわれは、国連環境計画の報告が示唆するとおり、世界規模でベジタリアンになることを検討すべきなのだろうか？

家畜は数々の環境問題の原因とされている――それは正しい――が、必ずしも生態系に害をなすとはかぎらない。動物を育てると、そのままでは農地にするのが難しい土地から資源を取り出せるようになる場合がある。ならば家畜は、作物の栽培に使えたはずの場所を占めているわけではない。一方、放牧は壊滅的な結果をもたらすことがある。作家で環境活動家のジョージ・モンビオットは、英国の放牧された土地について、「ヒツジがめちゃめちゃにした」とかなり痛烈に表現している。だが、放牧がいつも大惨事をもたらすとはかぎらない。放牧を慎重に管理すれば、たとえば草原のような環境を開けた状態で保てる。氷河期の終わりに更新世のメガファウナの大半が消え去ってから、われわれの家畜となったメガファウナが、草を食んだり地面を踏みつけたりすることで、消えたメガファウナの役割を担うようになった。それにより、開けた環境で繁殖する動植物の群集を維持できたのだ。混合農業における家畜は、糞という形で天然の肥料を加え、栄養を土に戻す手助けもする。またとても重要なことだが、家畜はタンパク質などの栄養素の供給源にもなり、そうした栄養素は、とくに発展途上国においては、植物だけでは手に入れにくい。皮革や羊毛といった副次的な製品も重要であり、農業の機械化が進んでいない地域では、動物はいまだに牽引や運搬に使われている。ヒトと家畜のあいだに結ばれた「古くからの契約関係」という絆もある。そうした文化的な価値は評価しにくいが、物語や神話に非常によく表れており、われわれはその価値をとても強く感じる。

われわれは、家畜を未来の農場にどう適応させるかについて熟慮する必要がある。これは社会全体にとって重要な問題であり、さまざまな要素——たとえば二酸化炭素排出量の抑制、土壌の質の改善、開けた環境の保全——に対してどれだけの価値を置くべきか、じっくり考えなければならない。工業化されたシステムはきわめて効率的かもしれないが、家畜の飼料の「フードマイル」〔食料の産地から消費地まで運ばれる距離〕がずいぶん増すし、動物福祉の点で疑問も投げかける。カナダの土壌学者にして生物学者でもあるヘンリー・ジャンゼンは、あらゆる長短を考慮しながらそれぞれの土地を調べ、「どうすればここに家畜が一番うまく適応するだろう?」と問う必要がある、と言っている。「適応しない」という答えになる場合もあるだろう。だが、ヒツジやヤギやウシ——われわれの古くからの協力者——をその土地で飼うことが、完全に理にかなっている場合もあるはずで、それにより、環境へのストレスをできるだけ小さくしながら、この共に暮らす偶蹄類がわれわれに与えつづける恩恵にもあずかれる。家畜をまさにそれが依存している土地で飼うことは、その動物にとっても、それと影響し合う生態系にとっても、有益となりうるのだ。

だが、農場が占められる余地はいったいどれだけあるのだろう? この疑問の核心には、農地の生産性を最大限上げるか、それとも野生生物に優しい農業を目指すかという問いがある。「土地を残す」集約型のアプローチをとれば、農地の野生生物が失われるのは仕方ないが、農業の生産性を高めることで、より広い土地をなるべく野生のまま残すことができる。一見したところ、これは賢明な選択のように思える。農地をきっちり囲い、生産性を最大限高めることに注力すれば、それ以外の場所に野生生物の棲む余地をたくさん残すことができるのだから。しかし生態学者は、現実にはそううまくはいかないと主張している。野生種は、孤立した生息地では養えない。野生生物——ハチであれ、鳥であれ、クマであれ——にとっては、保護された原野と半自然環境と管理された土地からなるネットワークのほうがうまく暮らしていきやすいのである。英国では、自然界の生物多様性は、一九六〇年代から農業の集約化の影響を大きく受けた。環境に優しい農場は、昔ながらの農地の生け垣が野生生物にとって重要な連絡通路となるため、レフュジアとしても架け橋としても欠かせない。有機農業は、今は世界の農業の一パーセントにすぎないが、野生の生物多様性を維持でき、伝統的な農業とほぼ同程度の生産性でありながら、もっと多くの収益を上げることができる。これが一番持続可能な選択肢のように見えるが、食と生態系の両方の安全を確保するには、さまざまな場所で多様なアプローチをとる必要があるだろう。「土地を共有する」か「土地を残す」かという議論は続いている。この選択を世界規模の二項対立と見なすのは役に立たない。生態系はそれよりはるかに複雑なのだ。やはりこの問題では、まずそれぞれの場所に注目し、動植物の群集やさまざまな機会や圧力を入念に調べる必要がある。

自然環境と野生生物を守ることは、経済の面で重要な責務でもある。農業の未来がかかっているのだ。飼育栽培化のプロセスでは、その都度、飼育栽培種の野生の祖先に存在した遺伝的多様性から一部が抜き取られた。われわれに飼いならされた種のDNAには、たいてい「ボトルネック」を経た形跡がはっきり見られ、これは飼育栽培化の始まりと関係している場合もあるが、現在われわれが育てている品種を生み出すべく、過去数世紀のあいだに選抜育種が絞り込まれたことと関係している場合もある。緑の革命は、生産性の高いさらに少数の栽培品種に絞り込むことで、多様性をいっそう狭めた。うまい解決策に見えながら、実はわれわれの食料生産システム全体をひどくおびやかしている。どんな生態系や種でも、「将来を保証してくれる」のは、そのなかの多様性や変異なのだ。そのことは、種の歴史、地球の生命の歴史に見てとれる。種をあまりに絞り込もうとすると、将来の変化——特異な病原体の登場や物理的環境の変化——に適応する能力をひどく制限してしまう。あのアイルランドジャガイモ飢饉は、その影響がどれほど壊滅的なものになりうるかを示している。飼育栽培種の野生の親類は、厖大な種類の遺伝子や表現型が収められた宝庫である。飼育栽培化がどのように起こったのかを知り、それらの野生の親類を突き止めることは、歴史や理論の観点から興味深いばかりではない。そうしてわかったことや野生種は、現代の育種プログラムや飼育栽培種の未来にとって重要なのだ。きわめて利己的な理由しかなくても、この野生の宝庫を利用しつづける必要がある。野生種にとって良いことは、われわれにとっても良い。どちらも、進化と生存という同じゲームに参加している。われわれの運命は、ほかの種の運命と密接に結びついているのだ。

野生種は、飼育栽培種の存在によって――遺伝子レベルで――おびやかされている。飼育栽培種と野生種の区別、人為的な環境と自然環境の区別は、次第にあいまいになってきている。飼育栽培種の遺伝子は、すでに――絶えず――われわれの庭から自然環境へ逃げ出している。飼育栽培種からのこうした遺伝子移入が野生種にどんな結果をもたらすのかは、よくわかっていない。自然選択が最終的に「飼育栽培種の」遺伝子を淘汰してしまうかもしれない――すでにそれが起きている可能性はある。あるいは、飼育栽培種の遺伝子が有益で、保持されるかもしれない。最近の研究から、クラブアップルのゲノムに、一般的な栽培リンゴ品種のDNAが多く存在することが明らかになっている。この事実は、将来の野生リンゴの進化に大きな影響を及ぼすおそれがある。そればかりか、ひょっとすると、将来の作物の改良に野生リンゴが使えなくなってしまうかもしれない。またどんなに規制を厳しくしても、遺伝子組み換え生物のDNAが野生種に漏れ出す可能性はなくせない。

飼育栽培種とその野生の親類とのあいだに遺伝的なつながりがある事実は、われわれがなんとも複雑な関わり合いのネットワークの一部であることに気づかせてくれる。飼育栽培種は、どうにかして「自然を離れた」わけではない。依然として自然の一部なのだ。それはヒトにも言える。われわれは、この星の生命に非常に深く広範な影響を与えているかもしれないが、自分たちもやはり生命現象なのである。それどころか、自分たちが自然の一部であることを認めれば、みずからのもつ影響力や、みずからの存在がほかの種にどのように影響を及ぼしているかについて、もっと思慮深くなるにちがいない。われわれは、ほかのあらゆる生命と孤絶することはできないが、こうした関わり合いをもっと良い方向へ推し進めることはできるかもしれない。農業の未来を気にすることが、野生生物を保護する唯一の理由になってはいけない。われわれは、自分たちが生物多様性の脅威となっていることを知っている。われわれには、人類集団の衣食を確保する基本的な必要性と、共にこの星で暮らす種を――飼育栽培種だけでなく野生種も――維持する必要性とを両立する道義的な責任があるのだ。

ヒトは、環境を形作り、気候を変え、ほかの種と共進化の関係を結び、気に入った動植物の拡散を手助けすることで、地球上で進化の強力な要因となってきた。こうした活動によって――事実上、なんであれヒトを介した自然選択によって――飼育栽培種は野生種と交雑しながらそのゲノムを変化させた。リンゴは今も、天山山脈の山腹に広がる野生の果樹に誕生の記憶をとどめているが、その遺伝子構成を見ると、むしろヨーロッパの野生のクラブアップルに近い。同じことはブタにも言える。ブタはアナトリアで誕生したが、ヨーロッパへ広がるうちにイノシシと交雑し、ついにはミトコンドリアDNAの標識がすべて、土着のイノシシのものに置き換わってしまった。ウマは、ステップから出ていきながら野生種と交雑した。今日の商用のニワトリは、脚が黄色い。これは、ニワトリの祖先が南アジアのハイイロヤケイと交雑して手に入れた形質だ。この誕生と拡散と交雑のパターンが、個々の飼育栽培種で複雑に絡み合った遺伝子のタペストリーを織り上げたため、一本一本の糸を解きほぐすのは難しくなっている。さまざまな土地で野生種から遺伝子が入り込んでいるので、飼育栽培化された場所が複数ある可能性もよく取り沙汰された。しかし、遺伝学の研究対象がミトコンドリアDNAから全ゲノムに移り、考古学的遺物から太古のDNAが取り出せるようになると、複雑な実像が現れてきた。ヴァヴィロフとダーウィンは、どちらも正しかったのだ。ヴァヴィロフが予想したとおり、ほとんどの飼育栽培種には、単独の発祥地があった。だがダーウィンも、複数の祖先がいた可能性については正しかった。飼育栽培化の発祥地がばらばらに複数あったのではなく、飼育栽培種が広まりながら交雑が起きたのではあったが。ウシでも、ゼブウシを生み出した第二の家畜化の中心地があるとされていたが、今ではただひとつの家畜化の中心地が近東にあった可能性が高くなっている。イヌも、ユーラシア大陸の遠く離れたふたつの家畜化の中心地で誕生したと長らく考えられていたが、最新の解析結果によれば、ただひとつの発祥地から生まれた可能性が非常に高い。ところが、ブタは本当に例外かもしれない。ユーラシア大陸の東西に、別々の家畜化の中心があることを示す証拠があるのだ。

わずか一〇年前と比べても、今は飼育栽培化についての理解が格段に進んでいる。飼育栽培種と野生種のあいだに引かれた境界線は、一〇年前は不動のものだった。われわれは、自分たちの協力者の物語を解き明かすうちに、みずからの種の進化史も明らかにしてきた。彼らと同じく、われわれも雑種なのだ。ヒトは世界のあちこちへ行き、新たな土地へ住みつきながら、ウマ、ウシ、ニワトリ、リンゴ、コムギ、イネと同じように、「野生の」親類と交雑したのである。

いまや、ヒトはいたるところにいる。そして飼育栽培種も、ヒトとともに世界じゅうに存在する。飼育栽培種が進化で成功を収めるには、確かに大いにわれわれを必要とする。だが、われわれが種をまき、枝を接ぎ、繁殖させ、コントロールしてはいない種が成功を収めるのにも、われわれ――と飼育栽培種――に大きく影響される世界で生き延びる能力が必要なのだ。われわれは、自分たちと手を組んだ種の面倒を見る必要があるだけではない。飼いならされていない野生を――いまや、これまで以上に――守り育てる必要がある。ヒトと自然は分けられるという考えを抱きつづけることはできない。われわれは、野自然とともに生きるすべを学ばなければならない。今世紀の課題は、こうした相互関係を受け止め、野生と戦うばかりではなく共に繁栄する手だてを学ぶことのように思える。

本書を書き終えようとしている今、庭のリンゴの木々は葉を出しかけている。たくさんの実をつけ、見ても楽しめるようにと、今年はかなり木を刈り込んだ。刈り込むとき、私は――絵を描くときと同じで――木から離れて立ち、全体のバランスを見きわめてから、枝を切りにかかる。花はとうに落ちていて、代わりに小粒で丸くて硬い、できかけのリンゴの実が生《な》っている。実はこれから何か月かかけて大きくなり、夏が終わりに近づくと食べごろになっているはずだ。木々の下では、キバナノクリンザクラが――よく草刈りをしているのに――レモン色の花を揺らしている。群生しないミツバチが羽音を立てている。庭の向こうの草地では、何頭かの黒い雄の子牛が、壁の上に首を伸ばしてツタを食べている。アカゲラはちょこまかとリンゴの木を登り、樹皮にご馳走の昆虫を探す。ここには、野生種と飼育栽培種、飼いならされていないものと飼いならされたものを分ける境界がある。しかし結局は、全部がひとつなのだ。ダーウィンが美しく絡み合う生態系を指して言ったように、よく生い茂った土手なのである。

謝辞

なんとも言葉が見当たらないが――専門知識を惜しげもなく提供し、本書の草稿を読み、知見や提言や修正案を示してくれた、以下の方々をはじめとする多くの優しい同僚や友人には、いつまでも、とことん感謝したい。エディンバラ大学ロスリン研究所のアダム・バリックとヘレン・サングとマイク・マグルー（ニワトリと遺伝学について助けを得た）。イバナ・カミジェリ（愛しいゾリータ［Zorrita］の意味を教えてくれたり、スペイン語の簡単なレッスンをしてくれた）。オーストラリア国立大学のコリン・グローヴズ名誉教授（進化生物学の知識が無尽蔵）。バース大学のローレンス・ハースト（遺伝学の至宝とも言える人で、とても注意深く読んでくれた）。ニック・クレストフニコフとミランダ・クレストフニコフ（すてきなワッセイリングのパーティーをありがとう）。オックスフォード大学のグレガー・ラーソン（飼育栽培の神様！）。トリニティ・カレッジ・ダブリンのイーフェ・マクライザト（変異を突き止めた）。イースト・アングリア大学のマーク・パレンとウォリック大学のロビン・アラビー（堆積物について助けを請うた）。アダム・ラザフォード（トラブルシューティングと、早めの警告と、ときに進路変更もしてくれた）。自然史博物館のクリス・ストリンガーとイアン・バーンズ（チェルトナム科学祭でたくさん知恵を貸してもらった）。バーミンガム大学のブライアン・ターナー（話の「分子」に至るまで細かく気にかけてくれた）。キャサリン・ウォーカー（最新の文献資料！）。間違いや見落としがあれば、もちろん私の、私ひとりの責任だ。

版元ハッチンソンの最高に優れた編集者サラ・リグビーと、すばらしく気が利くコピーエディターのサラ＝ジェーン・フォーダーにもお礼を申し上げる。著作権代理人のルイージ・ボノーミからは多大な支援と励ましをいただき、ジョー・サーズビー・マネジメントの最高のチームは本書のブックツアーを助けてくれることになっている。どちらにもいつも感謝している。

そして、ありがとう、デイヴ。あなたはこれがみんな自分のアイデアだと思っている。でも、そうじゃない。いいわ、ほんの少しはそうかもね。

# 訳者あとがき

本書は、*Tamed: Ten Species That Changed Our World*（Alice Roberts, Hutchinson, 2017）の全訳である。ただし、翻訳の底本には、その後の改変が反映されたWindmill Booksによるペーパーバック版（二〇一八年刊行）を用いた。

著者アリス・ロバーツは、英国の人類学者・解剖学者で、現在バーミンガム大学で「科学への市民の関与」という講座の教授を務めている。BBCの科学ドキュメンタリー番組などにも出演して本国ではよく知られ、日本でもNHKの『地球ドラマチック』の一シリーズとして放送されたのをご覧になった方もおられよう。著作家としても精力的に活動し、日本ではこれまでに『人類の進化大図鑑』［編著］（馬場悠男監修、黒田眞知・森冨美子訳、河出書房新社）、『人類20万年 遙かなる旅路』（野中香方子訳、文藝春秋）、『アリス博士の人体メディカルツアー 早死にしないための解剖学入門』（田沢恭子訳、フィルムアート社）、『生命進化の偉大なる奇跡』（斉藤隆央訳、学研プラス）が刊行されている。

＊

原題に「Tamed」と明記されているとおり、本書のテーマはずばり「飼いならし」である。つまり、飼育栽培だ。ヒトは狩猟採集生活を営んでいたころから、次第にいくつもの動植物を手なずけて飼育栽培できるようにしてきた。本書ではそうした動植物を九種選び、考古学と、とくに近年遺伝学によって明らかになってきた、それらの野生の起源からの歴史を、最近までのさまざまな研究を紹介しながら、著者本人の専門である解剖学の視点も交えて丹念に分析し、現場の遺留物から犯人を追う刑事のように解き明かそうとしている。そして最後に、一〇種めとしてヒトを取り上げ、それまで検討したさまざまな動植物を飼育栽培化する過程で、そうした動植物との共進化によってみずからも「飼いならされてきた」のではないかという議論を展開する。飼育栽培種と同様、身体構造や生理機能や行動に変化が現れたというのだ。これは、スティーヴン・ピンカーが『暴力の人類史』（幾島幸子・塩原通緒訳、青土社）で主張する「人類は暴力が減り平和的になってきた」という話にも通じる。

類書として昨年、動物、とりわけ哺乳類に特化した『家畜化という進化』（リチャード・C・フランシス著、西尾香苗訳、白揚社）が出ており、やはりヒトの自己家畜化についても語られているが、それに対して本書は（動物の飼育のみならず植物の栽培の意味もある domestication 本来の意味に従って）より幅広く植物までも扱い、原書が刊行されたその年に明らかになった事実まで載せていて最新の研究状況がわかる。また、それぞれの飼育栽培種が飼いならされた歴史のみならず、ほかの種の話とも絡ませてヒトを含む世界の生態系の変遷・進化を一望する壮大な物語としてまとめられているのも大きな魅力だ。

ヒトの自己家畜化の議論については、ジェームズ・C・スコットの『反穀物の人類史』（立木勝訳、みすず書房）でもなされているが、同書ではとくに行動面・社会面に注目し、農耕が国家の形成をもたらしたのではなく、国家が人民を隷従させ飼いならすことによって、元来決して狩猟採集に比べて有利とは言えなかった農耕が発展したとする説を提示して話題となっている。なお、農耕が重労働で健康上の問題ももたらしたことについては、本書のヒトの章でも触れられている。

当然ながら、原書刊行後も飼育栽培種やヒトについて次々と新たな発見がなされている。たとえばトウモロコシについては、二〇一九年、一〇〇品種以上のＤＮＡ解析によって、中米メキシコから持ち出された原種がおよそ六五〇〇年前までにアマゾン南西部で半栽培種となっていたことが示されている。その後アマゾン東部へも持ち込まれながら改良が続き、トウモロコシの栽培化にアマゾンも大きく貢献したと考えられるという。

またホモ・サピエンスのアフリカ脱出は本書でも一〇万年前以降とされているが、二〇一九年、ギリシャの洞窟で見つかった頭蓋骨が放射性炭素年代測定で二一万年前と同定され、はるかに早い時期にアフリカを出ていたのではないかという見方もされるようになっている。さらに二〇二〇年の七月には、人類のアメリカ大陸への移住が、従来の定説より一万五〇〇〇年以上早く、三万年前よりも昔にさかのぼりそうな考古学的証拠が提示されている。ただしこれについては、現場からヒトの骨やDNAなどが見つかっておらず、発見された石器が穴を掘る動物によって古い地層に運ばれ、実際より昔の年代と判定された可能性などもあることから、疑問の声も上がっているようだ。

本書は、飼育栽培の歴史を探るだけでなく、未来にも目を向けている。われわれ人類の文明の発展とともに野生種が失われる一方、栽培種も多様性が減って病原体などに対して脆弱になっているおそれも指摘しているのだ。遺伝子組み換えや遺伝子編集といった新技術については、環境や人体への影響が未知数の部分があるとして慎重さが求められるのは確かだ。しかし、有機農法の効率性・重要性を認めながら、栽培種の多様化と強化にそうした新技術も利用する選択肢を検討することも必要だとの立場から、農家と科学者の協力と対話が欠かせないとする著者の主張は、至極まっとうなものだと思う。

余談になるが、動物、植物に加え、酒や味噌、醤油、パンなどに使われる麹・酵母（菌類）や、納豆菌・乳酸菌などの細菌についても、ヒトと関わり合った「飼いならし」の歴史がありそうだ。それをひもとけば、また何が明らかになるだろうか。そんなことも考えさせられた。

*

本書の翻訳にあたっては、佐藤亮さんに一部お手伝いいただいた。細かいところまでよく調べて正確なお仕事をしてくださったことに感謝したい。訳文を丹念に読み込んで的確な指摘をくださった明石書店の柴村登治さんにも、ここに記してお礼を申し上げる。

二〇二〇年八月

斉藤隆央

*Nature Plants*, 2: 1–8.

Rowley-Conwy, P.（2011）, 'Westward Ho! The spread of agriculture from central Europe to the Atlantic', *Current Anthropology*, 52: S431–S451.

Ruddiman, W. F.（2005）, 'How did humans first alter global climate?', *Scientific American*, 292: 46–53.

Schlebusch, C. M., *et al*.（2017）, Ancient genomes from southern Africa pushes modern human divergence beyond 260,000 years ago. *BioRxiv* DOI: 10.1101/145409

Stringer, C. & Galway-Witham, J.（2017）, On the origin of our species. *Nature,* 546: 212–14.

Tscharntke, T. *et al.*（2012）, 'Global food security, biodiversity conservation and the future of agricultural intensification', *Biological Conservation,* 151: 53–9.

Wallace, G. R., Roberts, A. M., Smith, R. L., & Moots, R. J.（2015）, 'A Darwinian view of Behcet's disease', *Investigative Ophthalmology and Visual Science*, 56: 1717.

Whitfield, S. *et al.*（2015）, 'Sustainability spaces for complex agri-food systems', *Food Security*, 7: 1291–7.

Abi-Rached, L. *et al.*(2011), 'The shaping of modern human immune systems by multiregional admixture with archaic humans', *Science*, 334: 89–94.

Benton, T. (2016), 'The many faces of food security', *International Affairs*, 6: 1505–15.

Bogh, M. K. B. *et al.* (2010), 'Vitamin D production after UVB exposure depends on baseline vitamin D and total cholesterol but not on skin pigmentation', *Journal of Investigative Dermatology*, 130: 546–53.

Brune, M. (2007), 'On human self-domestication, psychiatry and eugenics', *Philosophy, Ethics and Humanities in Medicine*, 2: 21.

Cieri, R. L. *et al.* (2014), 'Craniofacial feminization, social tolerance and the origins of behavioural modernity', *Current Anthropology,* 55: 419–43.

Elias, P. M., Williams, M. L., & Bikle, D. D. (2016), 'The vitamin D hypothesis: dead or alive?', *American Journal of Physical Anthropology*, 161: 756–7.

Fan, S. *et al.* (2016), 'Going global by adapting local: a review of recent human adaptation', *Science*, 354: 54–8.

Gibbons, A. (2014), 'How we tamed ourselves – and became modern', *Science*, 346: 405–6.

Hare, B., Wobber, V., & Wrangham, R. (2012), 'The self-domestication hypothesis: evolution of bonobo psychology is due to selection against aggression', *Animal Behaviour*, 83: 573–85.

Hertwich, E. G. *et al.*(2010), *Assessing the environmental impacts of consumption and production,* UNEP International Panel for Sustainable Resource Management.

Hublin, J-J, *et al.* (2017), New fossils from Jebel Irhoud, Morocco and the pan-African origin of *Homo sapiens. Nature*, 546: 289–92.

Janzen, H. H. (2011), 'What place for livestock on a re-greening earth?', *Animal Feed Science and Technology,* 166–7; 783–96.

Jones, S., *Almost Like a Whale*, Black Swan: London, 2000.

Larsen, C. S. *et al.* (2015), 'Bioarchaeology of Neolithic Çatalhöyük: lives and lifestyles of an early farming society in transition', *Journal of World Prehistory*, 28: 27–68.

Larson, G. & Burger, J. (2013), 'A population genetics view of animal domestication', *Trends in Genetics*, 29: 197–205.

Larson, G. & Fuller, D. Q. (2014), 'The evolution of animal domestication', *Annu. Rev. Ecol. Evol. Syst.*, 45: 115–36.

Macmillan, T. & Benton, T. G. (2014), 'Engage farmers in research', *Nature,* 509: 25–7.

Nair-Shalliker, V. *et al.* (2013), 'Personal sun exposure and serum 25-hydroxy vitamin D concentrations', *Photochemistry and Photobiology*, 89: 208–14.

Nielsen, R. *et al.* (2017), 'Tracing the peopling of the world through genomics', *Nature*, 541: 302–10.

Racimo, F. *et al.* (2015), 'Evidence for archaic adaptive introgression in humans', *Nature Reviews: Genetics*, 16: 359–71.

Reganold, J. P. & Wachter, J. M. (2016), 'Organic agriculture in the twenty-first century',

*PLOS ONE*, 8: e55950.
Waters, M. R. *et al.*（2015）, 'Late Pleistocene horse and camel hunting at the southern margin of the ice-free corridor: reassessing the age of Wally's Beach, Canada', *PNAS*, 112: 4263–7.
Wendle, J.（2016）, 'Animals rule Chernobyl 30 years after nuclear disaster', *National Geographic*, 18 April 2016.
Xia, C. *et al.*（2014）, 'Reintroduction of Przewalski's horse（Equus ferus przewalskii）in Xinjiang, China: the status and experience', *Biological Conservation*, 177: 142–7.
Yang, Y. *et al.*（2017）, 'The origin of Chinese domestic horses revealed with novel mtDNA variants', *Animal Science Journal*, 88: 19–26.

リンゴ

Adams, S.（1994）, 'Roots: returning to the apple's birthplace', *Agricultural Research*, November 1994: 18–21.
Coart, E *et al.*（2006）, 'Chloroplast diversity in the genus Malus: new insights into the relationship between the European wild apple（Malus sylvestris（L.）Mill.）and the domesticated apple（Malus domestica Borkh.）, *Molecular Ecology,* 15: 2171–82.
Cornille, A. *et al.*（2012）, 'New insight into the history of domesticated apple: secondary contribution of the European wild apple to the genome of cultivated varieties', *PLOS Genetics*, 8: e1002703.
Cornille, A. *et al.*（2014）, 'The domestication and evolutionary ecology of apples', *Trends in Genetics*, 30: 57–65.
Harris, S. A., Robinson, J. P., & Juniper, B. E.（2002）, 'Genetic clues to the origin of the apple', *Trends in Genetics,* 18: 426–30.
Homer, *The Odyssey,* translated by Robert Fagles, Penguin: London, 1996.［邦訳：『オデュッセイア』（松平千秋訳、岩波書店）など］
Juniper, B. E. & Mabberley, D. J., *The Story of the Apple*, Timber Press: Portland, Oregon, 2006.
Khan, M. A. *et al.*（2014）, 'Fruit quality traits have played critical roles in domes-tication of the apple'.*The Plant Genome*, 7: 1–18.
Motuzaite Matuzeviciute, G. *et al.*（2017）, 'Ecology and subsistence at the Mesolithic and Bronze Age site of Aigyrzhal-2, Naryn Valley, Kyrgyzstan', *Quaternary International*, 437: 35–49.
Mudge, K. *et al.*（2009）, 'A history of grafting', *Horticultural Reviews*, 35: 437–93.
Spengler, R. *et al.*（2014）, 'Early agriculture and crop transmission among Bronze Age mobile pastoralists of central Asia', *Proc. R. Soc. B*, 281: 20133382.
Volk, G. M. *et al.*（2015）, 'The vulnerability of US apple（Malus）genetic resources', *Genetic Resources in Crop Evolution,* 62: 765–94.

ウマ

Bourgeon, L. *et al.* (2017), 'Earliest human presence in North America dated to the last glacial maximum: new radiocarbon dates from Bluefish Caves, Canada', *PLOS ONE*, 12: e0169486.

Cieslak, M. *et al.* (2010), 'Origin and history of mitochondrial DNA lineages in domestic horses', *PLOS ONE*, 5: e15311.

Jonsson, H. *et al.* (2014), 'Speciation with gene flow in equids despite extensive chromosomal plasticity', *PNAS*, 111: 18655–60.

Kooyman, B. *et al.* (2001), 'Identification of horse exploitation by Clovis hunters based on protein analysis', *American Antiquity*, 66: 686–91.

Librado, P. *et al.* (2015), 'Tracking the origins of Yakutian horses and the genetic basis for their fast adaptation to subarctic environments', *PNAS*, E6889–E6897.

Librado, P. *et al.* (2016), 'The evolutionary origin and genetic make-up of domes-tic horses', *Genetics*, 204: 423–34.

Librado, P. *et al.* (2017), 'Ancient genomic changes associated with domestication of the horse', *Science*, 356: 442–5.

Malavasi, R. & Huber, L. (2016), 'Evidence of heterospecific referential commu-nication from domestic horses (Equus caballus) to humans', *Animal Cognition*, 19: 899–909.

McFadden, B. J. (2005), 'Fossil horses – evidence for evolution', *Science,* 307: 1728–30.

Morey, D. F. & Jeger, R. (2016), 'From wolf to dog: late Pleistocene ecological dynamics, altered trophic strategies, and shifting human perceptions', *Historical Biology*, DOI: 10.1080/08912963.2016.1262854

Orlando, L. *et al.* (2008), 'Ancient DNA clarifies the evolutionary history of American late Pleistocene equids', *Journal of Molecular Evolution*, 66: 533–8.

Orlando, L. *et al.* (2009), 'Revising the recent evolutionary history of equids using ancient DNA', *PNAS*, 106: 21754–9.

Orlando, L. (2015), 'Equids', *Current Biology,* 25: R965–R979.

Outram, A. K. *et al.* (2009), 'The earliest horse harnessing and milking', *Science*, 323: 1332–5.

Owen, R. (1840), 'Fossil Mammalia', in Darwin, D. R. (ed.), *Zoology of the voyage of H.M.S. Beagle, under the command of Captain Fitzroy, during the years 1832 to 1836,* 1(4): 81–111.

Pruvost, M. *et al.* (2011), 'Genotypes of predomestic horses match phenotypes painted in Palaeolithic works of cave art', *PNAS*, 108: 18626–30.

Smith, A. V. *et al.* (2016), 'Functionally relevant responses to human facial expressions of emotion in the domestic horse (Equus caballus)', *Biology Letters*, 12: 20150907.

Sommer, R. S. *et al.* (2011), 'Holocene survival of the wild horse in Europe: a matter of open landscape?', *Journal of Quaternary Science*, 26: 805–12.

Vila, C. *et al.* (2001), 'Widespread origins of domestic horse lineages', *Science*, 291: 474–7.

Vilstrup, J. T. *et al.* (2013), 'Mitochondrial phylogenomics of modern and ancient equids',

ancestral Polynesian chickens across the Pacific', *PNAS,* 111: 4826–31

## イネ

Bates, J. *et al.* (2016), 'Approaching rice domestication in South Asia: new evidence from Indus settlements in northern India', *Journal of Archaeological Science*, 78: 193–201.

Berleant, R. (2012), 'Beans, peas and rice in the Eastern Caribbean', in *Rice and Beans: A Unique Dish in a Hundred Places,* 81–100. Berg, Oxford.

Choi, J. Y. *et al.* (2017), 'The rice paradox: multiple origins but single domestication in Asian rice', *Molecular Biology & Evolution*, 34: 969–79.

Cohen, D. J. *et al.* (2016), 'The emergence of pottery in China: recent dating of two early pottery cave sites in South China', *Quaternary International,* 441: 36–48.

Crowther, A. *et al.* (2016), 'Ancient crops provide first archaeological signature of the westward Austronesian expansion', *PNAS*, 113: 6635–40.

Dash, S. K. *et al.* (2016), 'High beta-carotene rice in Asia: techniques and implications', *Biofortification of Food Crops*, 26: 359–74.

Fuller, D. Q. *et al.* (2010), 'Consilience of genetics and archaeobotany in the entangled history of rice', *Archaeol Anthropol Sci,* 2: 115–31.

Glover, D. (2010), 'The corporate shaping of GM crops as a technology for the poor', *Journal of Peasant Studies*, 37: 67–90.

Gross, B. L. & Zhao, Z. (2014), 'Archaeological and genetic insights into the origins of domesticated rice', *PNAS*, 111: 6190–7.

Herring, R. & Paarlberg, R. (2016), 'The political economy of biotechnology', Annu. Rev. Resour. Econ., 8: 397–416.

Londo, J. P. *et al.* (2006), 'Phylogeography of Asian wild rice, Oryza rufipogon, reveals multiple independent domestications of cultivated rice, Oryza sativa', *PNAS*, 103: 9578–83.

Mayer, J. E. (2005), 'The Golden Rice controversy: useless science or unfounded criticism?', *Bioscience,* 55: 726–7.

Stone, G. D. (2010), 'The anthropology of genetically modified crops', *Annual Reviews in Anthropology*, 39: 381–400.

Wang, M. *et al.* (2014), 'The genome sequence of African rice (Oryza glaberrima) and evidence for independent domestication', *Nature Genetics*, 9: 982–8.

WHO (2009), *Global prevalence of vitamin A deficiency in populations at risk 1995–2005*: Geneva, World Health Organization.

Wu, X. *et al.* (2012), 'Early pottery at 20,000 years ago in Xianrendong Cave, China', *Science*, 336: 1696–700.

Yang, X. *et al.* (2016), 'New radiocarbon evidence on early rice consumption and farming in south China', *The Holocene*, 1–7.

Zheng, Y. *et al.* (2016), 'Rice domestication revealed by reduced shattering of archaeological rice from the Lower Yangtze Valley', *Nature Scientific Reports*, 6: 28136.

Hadza hunter-gatherers', *American Journal of Physical Anthropology,* 40: 751–8.
Sponheimer, M. *et al.* (2013), 'Isotopic evidence of early hominin diets', *PNAS*, 110: 10513–18.
Spooner, D. *et al.* (2012), 'The enigma of Solanum maglia in the origin of the Chilean cultivated potato, Solanum tuberosum Chilotanum group', *Economic Botany*, 66: 12–21.
Spooner, D. M. *et al.* (2014), 'Systematics, diversity, genetics and evolution of wild and cultivated potatoes', *Botanical Review*, 80: 283–383.
Ugent, D. *et al.* (1987), 'Potato remains from a late Pleistocene settlement in south-central Chile', *Economic Botany,* 41: 17–27.
van der Plank, J. E. (1946), 'Origin of the first European potatoes and their reac-tion to length of day', *Nature*, 3990: 157: 503–5.
Wann, L. S. *et al.* (2015), 'The Tres Ventanas mummies of Peru', *Anatomical Record*, 298: 1026–35.

## ニワトリ

Basheer, A. *et al.* (2015), 'Genetic loci inherited from hens lacking maternal behaviour both inhibit and paradoxically promote this behaviour', *Genet Sel Evol*, 47: 100.
Best, J. & Mulville, J. (2014), 'A bird in the hand: data collation and novel analysis of avian remains from South Uist, Outer Hebrides', *International Journal of Osteoarchaeology*, 24: 384–96.
Bhuiyan, M. S. A. *et al.* (2013), 'Genetic diversity and maternal origin of Bangladeshi chicken', *Molecular Biology and Reproduction*, 40: 4123–8.
Dana, N. *et al.* (2010), 'East Asian contributions to Dutch traditional and western commercial chickens inferred from mtDNA analysis', *Animal Genetics*, 42: 125–33.
Dunn, I. *et al.* (2013), 'Decreased expression of the satiety signal receptor CCKAR is responsible for increased growth and body weight during the domestication of chickens', *Am J Physiol Endocrinol Metab*, 304: E909–E921.
Loog, L. *et al.* (2017), 'Inferring allele frequency trajectories from ancient DNA indicates that selection on a chicken gene coincided with changes in medieval husbandry practices', *Molecular Biology & Evolution*, msx142.
Maltby, M. (1997), 'Domestic fowl on Romano-British sites: inter-site compari-sons of abundance', *International Journal of Osteoarchaeology*, 7: 402–14.
Peters, J. *et al.* (2015), 'Questioning new answers regarding Holocene chicken domestication in China', *PNAS,* 112: e2415.
Peters, J. *et al.* (2016), 'Holocene cultural history of red jungle fowl (Gallus gallus) and its domestic descendant in East Asia', *Quaternary Science Review*, 142: 102–19.
Sykes, N. (2012), 'A social perspective on the introduction of exotic animals: the case of the chicken', *World Archaeology*, 44: 158–69.
Thomson, V. A. *et al.* (2014), 'Using ancient DNA to study the origins and dis-persal of

## トウモロコシ

Brandolini, A. & Brandolini, A.（2009）, 'Maize introduction, evolution and dif-fusion in Italy', *Maydica*, 54: 233–42.

Desjardins, A. E. & McCarthy, S. A.（2004）, 'Milho, makka and yu mai: early journeys of Zea mays to Asia': http://www.nal.usda.gov/research/maize/index.shtml

Doebley, J.（2004）, 'The genetics of maize evolution', *Annual Reviews of Genetics*, 38: 37–59.

Gerard, J. & Johnson, T.（1633）, *The Herball or Generall Historie of Plantes,* translated by Ollivander, H. & Thomas, H., Velluminous Press, London 2008.

Jones, E.（2006）, 'The Matthew of Bristol and the financiers of John Cabot's 1497 voyage to North America', *English Historical Review,* 121: 778–95.

Jones, E. T.（2008）, 'Alwyn Ruddock: "John Cabot and the Discovery of America"', *Historical Research*, 81: 224–54.

Matsuoka, Y. *et al.*（2002）, 'A single domestication for maize shown by multilocus microsatellite genotyping', *PNAS*, 99: 6080–4.

Mir, C. *et al.*（2013）, 'Out of America: tracing the genetic footprints of the global diffusion of maize', *Theoretical and Applied Genetics*, 126: 2671–82.

Piperno, D. R. *et al.*（2009）, 'Starch grain and phytolith evidence for early ninth millennium BP maize from the Central Balsas River Valley, Mexico', *PNAS*, 106: 5019–24.

Piperno, D. R.（2015）, 'Teosinte before domestication: experimental study of growth and phenotypic variability in late Pleistocene and early Holocene environments', *Quaternary International*, 363: 65–77.

Rebourg, C. *et al.*（2003）, 'Maize introduction into Europe: the history reviewed in the light of molecular data', *Theoretical and Applied Genetics,* 106: 895–903.

Tenaillon, M. I. & Charcosset, A.（2011）, 'A European perspective on maize history', *Comptes Rendus Biologies,* 334: 221–8.

van Heerwarden, J. *et al.*（2011）, 'Genetic signals of origin, spread and introgression in a large sample of maize landraces', *PNAS,* 108: 1088–92.

## ジャガイモ

Ames, M. & Spooner, D. M.（2008）, 'DNA from herbarium specimens settles a controversy about the origins of the European potato', *American Journal of Botany,* 95: 252–7.

De Jong, H.（2016）, 'Impact of the potato on society', *American Journal of Potato Research*, 93: 415–29.

Dillehay, T. D. *et al.*（2008）, 'Monte Verde: seaweed, food, medicine and the peopling of South America', *Science*, 320: 784–6.

Hardy *et al.*（2015）, 'The importance of dietary carbohydrate in human evolution', *Quarterly Review of Biology*, 90: 251–68.

Marlowe, F. W. & Berbescue, J. C.（2009）, 'Tubers as fallback foods and their impact on domestication: implications for the origin of agriculture', *Molecular Biology and Evolution*, 24: 2657–68.

Maritime Archaeological Trust (Bouldnor Cliff): http://www.maritimearchaeologytrust.org/bouldnor

Momber, G. *et al.* (2011), 'The Big Dig/Cover Story: Bouldnor Cliff', *British Archaeology,* 121.

Pallen, M. (2015), 'The story behind the paper: sedimentary DNA from a submerged site reveals wheat in the British Isles' The Microbial Underground: https://blogs.warwick.ac.uk/microbialunderground/entry/the_story_behind/

Zvelebil, M. (2006), 'Mobility, contact and exchange in the Baltic Sea basin 6000–2000 BC', *Journal of Anthropological Archaeology*, 25: 178–92.

## ウシ

Ajmone-Marsan, P. *et al.* (2010), 'On the origin of cattle: how aurochs became cattle and colonised the world', *Evolutionary Anthropology,* 19: 148–57.

Greenfield, H. J. & Arnold, E. R. (2015), '"Go (a)t milk?" New perspectives on the zooarchaeological evidence for the earliest intensification of dairying in south-eastern Europe', *World Archaeology,* 47: 792–818.

Manning, K. *et al.* (2015), 'Size reduction in early European domestic cattle relates to intensification of Neolithic herding strategies', *PLOS ONE*, 10: e0141873.

Meadows, W. C. (ed.), *Through Indian Sign Language: The Fort Sill Ledgers of Hugh Lenox Scott and Iseeo, 1889–1897,* University of Oklahoma Press, Oklahoma 2015.

Prummel,W. & Niekus, M. J. L.Th (2011), 'Late Mesolithic hunting of a small female aurochs in the valley of the River Tjonger (the Netherlands) in the light of Mesolithic aurochs hunting in NW Europe', *Journal of Archaeological Science*, 38: 1456–67.

Roberts, Gordon: http://formby-footprints.co.uk/index.html

Salque, M. *et al.* (2013), 'Earliest evidence for cheese-making in the sixth millen-nium BC in northern Europe', *Nature,* 493: 522–5.

Singer, M-HS & Gilbert, M. T. P. (2016), 'The draft genome of extinct European aurochs and its implications for de-extinction', *Open Quaternary*, 2: 1–9.

Taberlet, P. *et al.* (2011), 'Conservation genetics of cattle, sheep and goats', *Comptes Rendus Biologies,* 334: 247–54.

Upadhyay, M. R. *et al.* (2017), 'Genetic origin, admixture and populations history of aurochs (Bos primigenius) and primitive European cattle', *Heredity*, 118: 169–76.

Warinner, C. *et al.* (2014), 'Direct evidence of milk consumption from ancient human dental calculus', *Scientific Reports*, 4: 7104.

migration and hybridization on modern dog breed development', *Cell Reports*, 19: 697–708.
Reiter, T., Jagoda, E., & Capellini, T. D. (2016), 'Dietary variation and evolution of gene copy number among dog breeds', *PLOS ONE*, 11: e0148899.
Skoglund, P. *et al*. (2015), 'Ancient wolf genome reveals an early divergence of domestic dog ancestors and admixture into high-latitude breeds', *Current Biology*, 25: 1515–19.
Thalmann, O. *et al.* (2013), 'Complete mitochondrial genomes of ancient canids suggest a European origin of domestic dogs', *Science*, 342: 871–4.
Trut, L. *et al.* (2009), 'Animal evolution during domestication: the domesticated fox as a model', *Bioessays*, 31: 349–60.

## コムギ

Allaby, R. G. (2015), 'Barley domestication: the end of a central dogma?', *Genome Biology,* 16: 176.
Brown, T. A. *et al.* (2008), 'The complex origins of domesticated crops in the Fertile Crescent', *Trends in Ecology and Evolution*, 24: 103–9.
Comai, L. (2005), 'The advantages and disadvantages of being polyploid', *Nature Reviews Genetics*, 6: 836–46.
Conneller, C. *et al.* (2013), 'Substantial settlement in the European early Mesolithic: new research at Star Carr', *Antiquity*, 86: 1004–20.
Cunniff, J., Charles, M., Jones, G., & Osborne, C. P. (2010), 'Was low atmos-pheric CO2 a limiting factor in the origin of agriculture?', *Environmental Archaeology*, 15: 113–23.
Dickson, J. H. *et al.* (2000), 'The omnivorous Tyrolean Iceman: colon contents (meat, cereals, pollen, moss and whipworm) and stable isotope analysis', *Phil. Trans. R. Soc. Lond. B*, 355: 1843–9.
Dietrich, O. *et al.* (2012), 'The role of cult and feasting in the emergence of Neolithic communities. New evidence from Gobekli Tepe, south-eastern Turkey', *Antiquity*, 86: 674–95.
Eitam, D. *et al.* (2015), 'Experimental barley flour production in 12,500-year-old rock-cut mortars in south-western Asia', *PLOS ONE*, 10: e0133306.
Fischer, A. (2003), 'Exchange: artefacts, people and ideas on the move in Mesolithic Europe', in *Mesolithic on the Move*, Larsson, L. *et al.* (eds) Oxbow Books, London.
Fuller, D. Q., Willcox, G., & Allaby, R. G. (2012), 'Early agricultural pathways: moving outside the "core area" hypothesis in south-west Asia', *Journal of Experimental Botany*, 63: 617–33.
Golan, G. *et al.* (2015), 'Genetic evidence for differential selection of grain and embryo weight during wheat evolution under domestication', *Journal of Experimental Botany*, 66: 5703–11.
Killian, B. *et al.* (2007), 'Molecular diversity at 18 loci in 321 wild and domesticate lines reveal no reduction of nucleotide diversity during Triticum monococcum (einkorn)

# 参考文献

## イヌ

Arendt, M. *et al.* (2016), 'Diet adaptation in dog reflects spread of prehistoric agriculture', *Heredity,* 117: 301–6.

Botigue, L. R. *et al.* (2016), 'Ancient European dog genomes reveal continuity since the early Neolithic', *BioRxiv*, doi.org/10.1101/068189.

Drake, A. G. *et al.* (2015), '3D morphometric analysis of fossil canid skulls contradicts the suggested domestication of dogs during the late Paleolithic', *Scientific Reports,* 5: 8299.

Druzhkova, A. S. *et al.* (2013), 'Ancient DNA analysis affirms the canid from Altai as a primitive dog', *PLOS ONE*, 8: e57754.

Fan, Z. *et al.* (2016), 'Worldwide patterns of genomic variation and admixture in gray wolves', *Genome Research*, 26: 1–11.

Frantz, L. A. F. *et al.* (2016), 'Genomic and archaeological evidence suggests a dual origin of domestic dogs', *Science*, 352: 1228–31.

Freedman, A. H. *et al.* (2014), 'Genome sequencing highlights the dynamic early history of dogs', *PLOS Genetics*, 10: e1004016.

Freedman, A. H. *et al.* (2016), 'Demographically-based evaluation of genomic regions under selection in domestic dogs', *PLOS Genetics*, 12: e1005851.

Geist, V. (2008), 'When do wolves become dangerous to humans?' www.wisconsinwolffacts.com/forms/geist_2008.pdf

Germonpre, M. *et al.* (2009), 'Fossil dogs and wolves from Palaeolithic sites in Belgium, the Ukraine and Russia: osteometry, ancient DNA and stable isotopes', *Journal of Archaeological Science*, 36: 473–90.

Hindrikson, M. *et al.* (2012), 'Bucking the trend in wolf-dog hybridisation: first evidence from Europe of hybridisation between female dogs and male wolves', *PLOS ONE*, 7: e46465.

Janssens, L. *et al.* (2016), 'The morphology of the mandibular coronoid process does not indicate that Canis lupus chanco is the progenitor to dogs', *Zoomorphology*, 135: 269–77.

Lindblad-Toh, K. *et al.* (2005), 'Genome sequence, comparative analysis and haplotype structure of the domestic dog', *Nature*, 438: 803–19.

Miklosi, A. & Topal, J. (2013), 'What does it take to become "best friends"? Evolutionary changes in canine social competence', *Trends in Cognitive Sciences,* 17: 287–94.

Morey, D. F. & Jeger, R. (2015), 'Palaeolithic dogs: why sustained domestication then?', *Journal of Archaeological Science*, 3: 420–8.

Ovodov, N. D. (2011), 'A 33,000-year-old incipient dog from the Altai Mountains of Siberia: evidence of the earliest domestication disrupted by the last glacial maximum'. *PLOS ONE* 6 (7): e22821.

Parker, H. G. *et al.* (2017), 'Genomic analyses reveal the influence of geographic origin,

## ま行

た行

# 索引

著者紹介

**アリス・ロバーツ**

Alice Roberts

人類学者。バーミンガム大学教授（「科学への市民の関与」講座）。1973年イギリス生まれ。テレビ番組の司会者や著作家としても知られ、BBC2で人類進化をテーマとするいくつかのシリーズ——The Incredible Human Journey（「人類 遙かなる旅路」としてNHK E テレ『地球ドラマチック』で2013年に放映）、Origins of Us、Coast、The Celtsなど——に出演。翻訳された著書に『人類20万年 遙かなる旅路』（文藝春秋）、『アリス博士の人体メディカルツアー 早死にしないための解剖学入門』（フィルムアート社）、『生命進化の偉大なる奇跡』（学研プラス）、編著に『人類の進化大図鑑』（河出書房新社）がある。

訳者紹介

**斉藤隆央**

Takao Saito

翻訳家。1967年生まれ。東京大学工学部工業化学科卒業。訳書に、ジム・アル＝カリーリ『エイリアン——科学者たちが語る地球外生命』（紀伊國屋書店）、ミチオ・カク『人類、宇宙に住む』『フューチャー・オブ・マインド』（以上NHK出版）、ホヴァート・シリング『時空のさざなみ』（化学同人）、アリス・ロバーツ『生命進化の偉大なる奇跡』（学研プラス）、ニック・レーン『生命、エネルギー、進化』、ポール・J・スタインハート『「第二の不可能」を追え！——理論物理学者、ありえない物質を求めてカムチャツカへ』（以上みすず書房）、ほか多数。

# 飼いならす
## 世界を変えた10種の動植物

二〇二〇年一〇月一〇日　初版第一刷発行

著　者――アリス・ロバーツ
訳　者――斉藤隆央
発行者――大江道雅
発行所――株式会社 明石書店
一〇一-〇〇二一　東京都千代田区外神田六-九-五
電　話　〇三-五八一八-一一七一
FAX　〇三-五八一八-一一七四
振　替　〇〇一〇〇-七-二四五〇五
http: //www.akashi.co.jp
印　刷――モリモト印刷株式会社
製　本――モリモト印刷株式会社
（定価はカバーに表示してあります）
ISBN 978-4-7503-5085-1